ひとりでマスターする
Biochemistry of Metabolism
生化学

亀井碩哉 著
Hiroya Kamei

講談社

まえがき

読者の みなさんへの メッセージ

　私たちの遠い遠い、気が遠くなるように遠い祖先は海の中で生まれた。その記憶は私たちの血液の組成に刻まれている。私たちの体をつくり上げている細胞は、もとをたどっていくと水の豊かな世界で誕生したらしい。太古の昔から連綿と続き変化してきた、私たちの生命を支えている代謝について学び、考えてみよう。

　主な代謝にはどのようなものがあるのだろう？

　代謝の仕組みはどうなっているのだろう？

　代謝を触媒する酵素などの物質は、どのような構造を持ち、どのようにして機能を発揮するのだろう？

　代謝をよく見ると、生命の発生や生物の進化についても見えてくるものがある。生物の基礎単位といわれる細胞は、どのようにしてつくられたのだろう？　地球上の生物をより深く知ることは、宇宙での生命の在り方を考える手がかりになるかもしれない。

　生化学は、生物学、医学、薬学、農学などと同じ自然科学の一分野である。分子生物学や遺伝子工学分野の先端的な研究は、生化学の基礎のうえに成り立っている。工学的にも応用されている。日常生活で、バランスのよい食事や健康の問題を考える基盤でもある。

　生化学で扱う範囲は広くて深い。あらゆることが生

化学に関係している。宇宙レベルの問題から電子やプロトンの動きまで、生命の起源から今日の生物に至る進化や分化の問題まで。生化学で学ぶ内容は無限の広がりを持っている。学べば学ぶほど興味が増して、おもしろくなるのが生化学である。

2015 年 8 月　　　　　　　　　　　**亀井碩哉**

海からはじまり、はるかな時を経て生まれた私たち。生化学の目で生命の発生、細胞の形成、代謝のあり方などを見てみよう。これからの生き方に役立つことも見つかるかもしれない。

ひとりでマスターする生化学
BIOCHEMISTRY OF METABOLISM

contents

まえがき　読者のみなさんへのメッセージ　iii

第I部　代謝の基礎にはどのようなことがあるのだろう？　1

第1章　水と生命　2

1.1　生物の分子構成　3
1.2　生命は細胞を単位にして存在する　4
1.3　水の分子は分極して水素結合する　5
1.4　生体分子の水素結合と親水性・疎水性　7
　column ◆ ファンデルワールス力とヤモリ　9
1.5　脂質のミセルと2重層の膜　10
1.6　化学進化　12
1.7　細胞の成立　14
　補項1.1 ● 生物の元素構成など　15
　補項1.2 ● 水溶液の化学的性質　16
　補項1.3 ● 結合のエネルギーや物質量　20
　column ◆ 地球の歴史と生命の歴史　21

第2章　代謝の多様性と共通性　22

2.1　生物は多様だが、共通の特徴を持つ　23
2.2　代謝は多段階で、それぞれのステップは酵素によって進行する　24
2.3　代謝にはエネルギーが関わる　26
2.4　代謝経路や酵素活性は種々の方法で制御される　27
2.5　生命体の維持に必要な主な代謝経路　29
補項2.1 ●エネルギーや炭素をどこから得ているか　31
補項2.2 ●エネルギーの獲得方法は進化の産物である　32

第3章　生化学反応のエネルギー　33

3.1　運動中、エネルギーの供給源は変わっていく　34
3.2　自由エネルギーという尺度　35
3.3　エントロピー（乱雑さ・自由度）が増す反応は自動的に起こる　36
3.4　エネルギー供給の方法　37
column ◆ ATP がエネルギーを供給するもう1つの方法　38
3.5　高エネルギー化合物の代表　ATP（アデノシン三リン酸）　39
3.6　共役反応の例　ATP の加水分解による反応の進行　41
3.7　アセチル CoA も高エネルギー化合物　42
3.8　電子の受け渡しをする酸化還元補酵素　43

第4章　生体膜と代謝　46

4.1　生体膜をつくる脂質の種類と性質　47
4.2　生体膜の流動性と透過性　49
4.3　生体膜とその周辺では種々のタンパク質や糖鎖が働いている　51
column ◆細胞膜の融合　52

4.4　生体膜を横切る物質の輸送　53

4.5　シグナルの伝達　細胞外物質による細胞内代謝の変化　54

4.6　膜小胞の形成と移動・融合による物質の取り込みや排出　55

4.7　膜は膜から生じる　56

　column ◆ シャボン玉の膜と生体膜　57

4.8　膜を利用した区画による代謝の効率化・専門化　58

第5章　糖とヌクレオチド　59

5.1　糖の化学的性質と開環・閉環　60

5.2　主な単糖と近縁化合物　62

5.3　主な二糖とその分解産物　64

5.4　ヌクレオチド　65

　補項 5.1 ● 糖の存在状態と環の形　67

　補項 5.2 ● 糖の異性体　68

第6章　アミノ酸とペプチド　69

6.1　アミノ酸の化学構造と鏡像異性体　70

6.2　アミノ酸とその側鎖の性質　親水性か疎水性か、荷電しているか　71

6.3　タンパク質を構成するアミノ酸　72

　column ◆ 21番目のアミノ酸セレノシステインと22番目のアミノ酸ピロリシン　73

6.4　生理活性を持つアミノ酸とアミン　74

6.5　ペプチドには生成の仕方の異なる2つのグループがある　75

　column ◆ D異性体のアミノ酸もあるのに、タンパク質のアミノ酸はすべてL異性体なのはなぜだろう？　76

　補項 6.1 ● アミノ酸からのH^+の解離と荷電はpHで変化する　77

第7章　DNAとRNA　79

- 7.1　核酸の化学構造と塩基の対合　80
- 7.2　核酸の合成のされ方　82
- 7.3　DNAは主に2本鎖で、RNAは主に1本鎖で存在する　83
- 7.4　2本鎖のDNAは構造が安定で遺伝子に向いている　84
- 7.5　遺伝子としてのDNA　85
- column◆一人のヒトが持つDNAの2重らせんの長さ　87
- 7.6　1本鎖のRNAは複雑な構造をつくる　88
- 7.7　RNAと遺伝情報　89
- 7.8　RNAによる遺伝子発現の抑制　91
- column◆生命の歴史の初期にRNAが遺伝子や酵素として活躍していた時期があった（RNAワールド）　92

第8章　タンパク質の構造と機能　93

- 8.1　タンパク質は構造も機能も多種多様　94
- column◆タンパク質の立体構造の表現　95
- 8.2　タンパク質の構造は階層に分かれている　96
- 8.3　ペプチド結合の性質　アミノ酸からペプチドへ　97
- column◆タンパク質に関わる言葉　99
- 8.4　タンパク質の2次構造　100
- 8.5　タンパク質の構造形成　102
- 8.6　タンパク質は特異的な空間構造をつくり多様な機能を持つ　105
- 補項8.1 ●タンパク質の検出と電気泳動　108

第9章　金属イオン・ビタミン・補酵素　110

9.1　主な金属イオンの働き　111

　column◆同位元素の明と暗　113

9.2　ビタミン　114

9.3　補酵素　118

　補項 9.1 ●ビタミン A の働き　121

　column◆ビオチンと生卵　122

　補項 9.2 ●コラーゲン繊維の形成に働くビタミン C　123

　補項 9.3 ●血液凝固に働くビタミン K　124

　column◆ヒトの腸内細菌　125

第10章　酵素の働き方　126

10.1　酵素の種類と名称　127

　column◆酵素の語源　128

10.2　酵素の性質　129

10.3　酵素の基質特異性はどのようにして決まるのだろう？　130

10.4　基質によるタンパク質の構造の変化　誘導適合　131

10.5　酵素は活性化エネルギーを下げることによって反応を促進する　132

10.6　さまざまな触媒機構　133

10.7　酵素と効率的に反応できる基質の濃度　134

10.8　1つの酵素に種々の阻害剤がある　137

　補項 10.1 ●炭酸脱水酵素（炭酸デヒドラターゼ）　139

　補項 10.2 ●ペプチドを分解するセリンプロテアーゼ　141

　補項 10.3 ●ラインウィーバー・バークの両逆数プロット　143

第II部 主な代謝はどのように行われているのだろう？ 145

第11章 解糖系の代謝 146

- 11.1 解糖系から電子伝達系への代謝は異化代謝の中心 147
- 11.2 解糖系の前半 炭素6個の糖から炭素3個の糖への代謝 148
- 11.3 解糖系の後半 炭素3個の糖からピルビン酸への代謝 149
- column ◆解糖系バラエティ 150
- 11.4 解糖系の調節 151
- 11.5 主な糖は解糖系に入って代謝される 153
- 11.6 発酵の代謝はピルビン酸で呼吸と分岐する 155
- 補項11.1 ●乳酸脱水素酵素の触媒機構 156
- 補項11.2 ●トリオースリン酸イソメラーゼの触媒機構 157
- column ◆グルコースと糖尿病 159

第12章 解糖系の周辺 160

- 12.1 解糖系を逆行する糖の新生 161
- column ◆生命の歴史のなかでの糖の新生と解糖系 163
- 12.2 ペントースリン酸経路 164
- column ◆ペントースリン酸経路と光合成の二酸化炭素固定経路の関係 167
- 12.3 リボース5-リン酸はヌクレオチド合成の原料 168
- 補項12.1 ●トランスケトラーゼの触媒機構 169
- 12.4 グリコーゲンの合成と分解 170
- 12.5 グリコーゲン代謝はタンパク質のリン酸化とホルモンで調節される 172
- column ◆代謝の相互関係のイメージ 173
- 補項12.2 ●グリコーゲン代謝のホルモンによる調節 174

第13章 クエン酸回路は好気的な代謝の中心　176

13.1　ピルビン酸の好気的な代謝はミトコンドリアで進行する　177
13.2　クエン酸回路の代謝　178
13.3　クエン酸回路は代謝のターミナル　181
　column◆意外に身近なクエン酸回路のメンバー　182
　補項13.1●ピルビン酸脱水素酵素は巨大な複合体　183
　補項13.2●ピルビン酸のアセチルCoAへの変換　184
13.4　グリオキシル酸経路　185
13.5　ポルフィリン環とヘムの合成　186
　column◆クエン酸回路の現在と未来　187
　column◆回転するもの…水車とクエン酸、そして…　188

第14章 プロトンの濃度勾配を利用したATPの生成（電子の伝達と酸化的リン酸化）　189

14.1　電子の伝達と酸化的リン酸化によるATPの生成　190
14.2　電子の伝達方向と構成メンバー　191
14.3　電子伝達系の複合体Ⅰ　電子はNADHから複合体Ⅰを経てQH$_2$へ　193
14.4　電子伝達系の複合体Ⅱ（クエン酸回路のコハク酸脱水素酵素）　194
14.5　電子伝達系の複合体Ⅲ　電子はQH$_2$から複合体Ⅲを経てシトクロムcへ　195
14.6　電子伝達系の複合体Ⅳ　電子はシトクロムcから複合体Ⅳを経て酸素へ　196
14.7　ミトコンドリア内膜のATP合成酵素　197
　補項14.1●化学合成独立栄養細菌の電子伝達とATPの生成　199
　補項14.2●複合体ⅣにおけるO$_2$による電子の受容と水の生成　200
　補項14.3●プロトンのミトコンドリア内への流入と発熱　201
　補項14.4●好気呼吸でのATP生成量　202
　補項14.5●還元電位の測定　204

第15章 脂質の吸収と分解　205

- 15.1 脂質は効率のよい燃料体　206
- 15.2 脂質の吸収と分解の全体像　207
- 15.3 脂質の分解とリポタンパク質による輸送　208
- 15.4 細胞で脂肪酸はアシルCoAになりミトコンドリアに入る　210
- 15.5 脂肪酸の分解は2炭素分ずつの短縮で進行する（β酸化）　211
  - 補項15.1 ●リポタンパク質の細胞への取り込み　214
  - column ◆悪玉コレステロールと善玉コレステロール　215
  - 補項15.2 ●過剰になったアセチルCoAはケトン体となり利用される　216
  - column ◆コレステロールと動脈硬化　217
  - 補項15.3 ●脂肪細胞からの脂肪酸の動員　218
  - column ◆シス脂肪酸とトランス脂肪酸　219

第16章 脂質の合成　220

- 16.1 脂質合成の全体像　221
- 16.2 パルミチン酸の合成　222
- 16.3 脂肪酸鎖の伸長と不飽和化　223
- 16.4 C_3化合物への脂肪酸の付加　225
- 16.5 コレステロールとステロイドホルモン　226
  - 補項16.1 ●脂肪酸合成酵素による脂肪酸合成反応　228
  - 補項16.2 ●プロスタグランジンの合成　230

第17章 光合成（1）光エネルギーから化学エネルギーへの変換　232

- 17.1 光合成の全体像　233
- 17.2 光合成を行う生物と葉緑体　234

column ◆シアノバクテリアの成長でつくられた岩石（ストロマトライト）　235
17.3　光を吸収する光合成色素　236
17.4　光エネルギーの吸収と電子の伝達　238
17.5　光化学系 II での光エネルギーの吸収と電子の伝達　239
17.6　シトクロム *bf* 複合体とプラストシアニン　241
17.7　光化学系 I でも光エネルギーを吸収した電子が飛び出す　242
　　　column ◆植物工場と LED（発光ダイオード）ライト　243
17.8　NADPH の生成　244
17.9　プロトンの濃度勾配を利用した ATP の生成　245
　補項 17.1 ●スペシャルペアに電子を補充するために水が分解されて酸素が発生する　246
　補項 17.2 ●光の捕捉と光エネルギーの伝達　247
　　　column ◆太陽光の波長と生物　248
　補項 17.3 ●酸化的リン酸化と光リン酸化には共通点が多い　249

第18章　光合成 (2) 二酸化炭素の固定による糖の生成　250

18.1　光合成の暗反応の全体像　251
18.2　二酸化炭素を固定するカルビン回路（還元的ペントースリン酸回路）　252
18.3　二酸化炭酸の固定酵素 RuBisCO　254
18.4　RuBisCO の触媒作用　255
18.5　C_4 植物と CAM 植物の代謝　257
18.6　デンプンとスクロースの合成・分解　259
　　　column ◆光合成と呼吸の決算　260
　補項 18.1 ●チオレドキシンによる酵素の活性調節　261
　補項 18.2 ●RuBisCO の活性調節　262

第19章 窒素とアミノ酸の代謝　263

19.1　地球上での窒素の循環　264
19.2　窒素の固定　ニトロゲナーゼによるアンモニアの生成　265
19.3　アンモニアのアミノ酸への取り込み　267
19.4　アミノ基の転移反応で新しいアミノ酸が生成する　268
19.5　アミノ酸の生成経路　269
　補項19.1 ●アミノ基の転移はピリドキサールリン酸に結合して進行する　270
19.6　アミノ酸から派生する低分子化合物　271
19.7　アミノ酸の異化代謝（1）アミノ基はアンモニアを経て処理される　272
19.8　アミノ酸の異化代謝（2）炭素骨格は糖や脂肪酸に再利用される　274
　補項19.2 ●アミノ酸合成の例（1）ヒスチジンの合成　275
　補項19.3 ●アミノ酸合成の例（2）哺乳類のシステイン合成　276
　補項19.4 ●アミノ酸合成の例（3）シキミ酸経路　277
　補項19.5 ●アミノ酸異化の例　フェニルアラニンとチロシンの分解　278

第20章 ヌクレオチドの代謝　279

20.1　ヌクレオチドの新規合成（デノボ経路）　280
20.2　ヌクレオチドの再利用合成（サルベージ経路）と合成の調節　282
20.3　デオキシリボースとチミンの生成　284
20.4　ヌクレオチドの異化と再利用　286
　column ◆プリン体と痛風　287
20.5　デオキシリボースの生成を触媒するリボヌクレオチド還元酵素　288
　補項20.1 ●ヌクレオチドの新規合成では効率的な代謝を可能にする酵素系が発達　290
　補項20.2 ●リボヌクレオチド還元酵素の触媒機構　292

参考資料　295
巻末付録　PDB IDリスト　297
あとがき　301
索引　303

ブックデザイン──安田あたる
本文イラスト──TSスタジオ
第II部扉イラスト──MINOMURA

第 I 部

代謝の基礎にはどのようなことがあるのだろう？

　生物の種類ごとに代謝は多様で異なっているように感じる。しかし、生物としての存在の基盤や代謝の基礎は意外に共通している。私たちは、そして地球上のすべての生物は水の存在を前提に生きている。細胞が体の基本単位になっており、タンパク質を主とした酵素の働きで代謝が行われ、そして核酸の遺伝子を持っている。
　第Ⅰ部では、生物としての存在の基盤や代謝の基礎について学ぶ。

第1章 水と生命

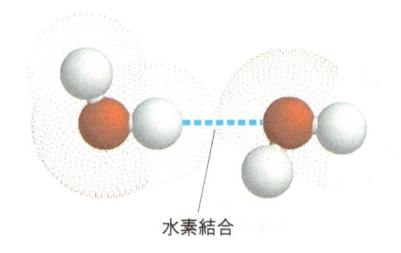

水素結合

地球外生命の探索では、水の存在の証拠になるものが調べられている。なぜ水の存在が生命の発生、存在につながるのか？

　地球外の天体で生命が存在しているかどうかということは、SFとしてではなく、科学として調査・研究の対象になっている。火星で水が存在しており、生命が発生した可能性があることなどがニュースで報道されている。

　なぜ「水」が重要なのか？　生命にとっての「水」について考えてみよう。一つひとつの水分子の性質が、大量の水分子の集団では思いもよらない影響力を持つようになる。

　NASA（米航空宇宙局）は大量の水が存在する惑星が発見されたことを報じた（2011年12月）。地球以外に大量の水が存在する天体はそれまで見つかっていなかった。Kepler-22bという惑星は金星ぐらいの大きさで、恒星のKepler-22から適度に離れた位置で、その恒星の周りをまわっており、生命が発生し、生存できる可能性があると考えられている。

大量の水が存在する惑星（NASA）
Kepler-22bの画像は実物の写真ではなく想像上のイメージである。陸地はつくられていないのか水ばかりのようだ

KEY WORD　　水素結合　　弱い相互作用　　化学進化

1.1 生物の分子構成

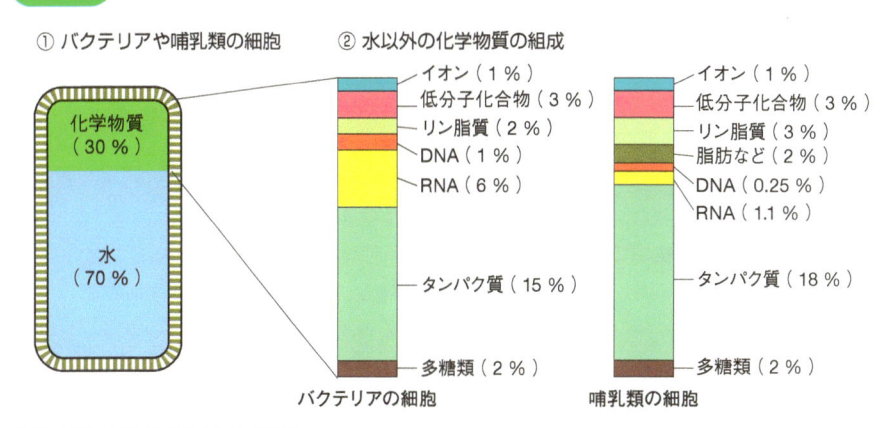

① バクテリアや哺乳類の細胞　② 水以外の化学物質の組成

バクテリアの細胞:
- イオン（1％）
- 低分子化合物（3％）
- リン脂質（2％）
- DNA（1％）
- RNA（6％）
- タンパク質（15％）
- 多糖類（2％）

哺乳類の細胞:
- イオン（1％）
- 低分子化合物（3％）
- リン脂質（3％）
- 脂肪など（2％）
- DNA（0.25％）
- RNA（1.1％）
- タンパク質（18％）
- 多糖類（2％）

細胞全体: 化学物質（30％）／水（70％）

生物の体は約70％が水（①）

生物の体をつくっている物質の約70％が水。バクテリアでも私たちヒトでもほぼ同じである。体の70％が水でもビチャビチャしたりブヨブヨしたりしないのは、体が細胞をもとにできており、細胞の内外にタンパク質や核酸、多糖類でできた種々の構造があるからである。

残りの30％の化学物質の成分は？（②）

水以外の化学物質の組成を棒グラフの下から見ていこう。多糖類は、例えばセルロースやグリコーゲン。セルロースは植物の細胞壁をつくっている。グリコーゲンは細胞の中で栄養を蓄えている。多糖類にはグルコースなどの単糖が重合してできた糖鎖がタンパク質や脂質に結合し、細胞表面を保護するものもある。

次はタンパク質。タンパク質はアミノ酸が重合したもので、細胞の構造をつくったり、酵素になって働いている。化学物質のなかでいちばん量が多く、種類も多い。髪の毛のケラチン、肌のコラーゲン、赤血球のヘモグロビン、呼吸で働くシトクロムなどである。

次は核酸のDNAとRNA。DNAは遺伝子の本体で、RNAはDNAの遺伝情報に基づいてタンパク質を合成するときなどに働く。RNAのなかには遺伝子や酵素として働くものもある。核酸はヌクレオチドが重合してつくられる。多糖類／糖鎖とタンパク質および核酸は細胞の内外で働いたり、細胞の構造をつくる生体高分子物質である。

次は脂質。脂質には脂肪やリン脂質などがある。リン脂質は細胞をつくるうえで重要な物質で、細胞膜の主成分である。哺乳類の細胞ではリン脂質以外にも脂肪などが多い。脂肪は生体の保温やエネルギー源として備蓄されている。

そして種々のイオンや低分子化合物。低分子化合物のなかには、代謝の途中段階の物質もあれば、タンパク質でできた酵素を助ける補酵素として働く物質もある。

第1章　水と生命

1.2 生命は細胞を単位にして存在する

すべての生命体は細胞を単位にして存在している。ウイルスやファージなどは細胞ではないが、感染した宿主の細胞の中で増殖する。タンパク質や核酸は主に細胞の中で合成され、細胞の内外に分布して働く。細胞は脂質が主になった細胞膜で囲まれている。細胞膜の外側は主に糖鎖などの外皮で守られ、細胞膜の内側には膜を裏側から支えるタンパク質などが存在する。細胞膜には脂質の他にタンパク質も埋め込まれている。

原核生物の細胞と真核生物の細胞（①、②）

生物は、遺伝子がむき出しで核を持たない原核生物と、遺伝子などが核膜で保護されている真核生物に分けられる。バクテリアなどが原核生物で、原生動物、さまざまな動物、キノコやカビなどの菌類、藻類、植物などは真核生物である。原核生物の細胞には細胞膜の内側に遺伝子のDNAを主とする核様体がある。細胞膜の内側には細胞膜の一部がめくれ込む場合もある。真核生物の細胞では遺伝子DNAは核膜によって守られている。細胞質には小胞体、ゴルジ体、リソソーム、分泌顆粒などの膜でできた小胞も多数存在する。また、2重の膜で囲まれたミトコンドリアが存在する。藻類や植物では2重の膜に囲まれた葉緑体も細胞質の中に存在している。

① 原核生物の細胞

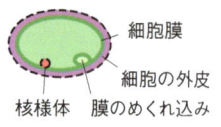

② 真核生物（植物）の細胞

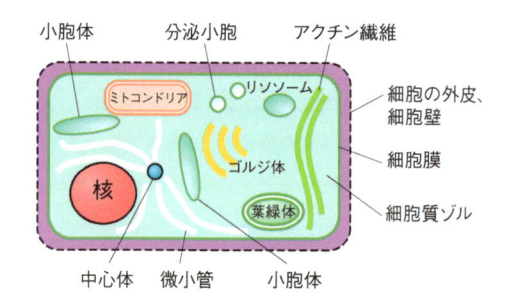

細胞を単純化してみると…（③）

なぜ生命は細胞を単位にして存在しているのだろうか？　そこではどのような物質間の相互作用があって、生命を維持する代謝を成り立たせているのだろうか？

細胞を囲んでいるのは脂質2重層の膜である。単純化して考えると、脂質2重層の膜の外は水溶液、中も水溶液ということができる。

生物の体の70％を占め、細胞の内側や外側の主成分になっている水の性質について見てみよう。水の性質を知ることによってこれらの疑問を解くヒントを見つけることができる。

③ 細胞を単純化して考えると

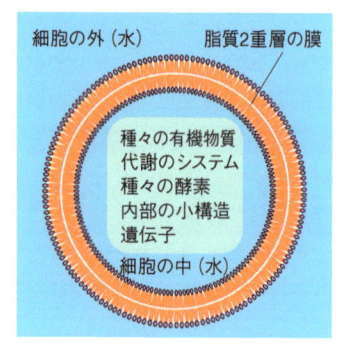

1.3 水の分子は分極して水素結合する

水の分子の形は？（①）

水の分子式は？　H_2O
では構造式は？　H–O–H

でも実際の構造は、水素、酸素、水素の各原子が直線的に結合しているのではなく、足を開いた形で結合している。原子と原子は互いに近づくにつれ強い力で引き合うが、近づきすぎると反発し合って離れようとする。原子どうしが結合していない状態でいちばん近づける距離をファンデルワールス半径という（参照→ 1.4）。水分子の空間充塡モデルの図では、白と赤の球は互いのファンデルワールス半径を超えて食い込んでいる。これは水素原子と酸素原子が共有結合しているためである。

① 水分子の形のさまざまな表現方法

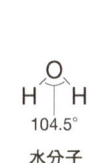

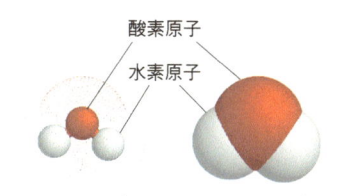

水分子　　球と棒のモデル　　空間充塡モデル
右の空間充塡モデルと同じ大きさのものであることがわかるように、原子の表面をドットで示した
原子はファンデルワールス半径を持つ球で表示

水分子は足を開いた形をしているだけでなく、分極もしている

水分子の水素、酸素、水素の各原子は直線ではなく足を開いた形で結合していることを見た。水の分子の特徴はそれだけではない。じつは電子の分布の仕方に偏りがあるのである。

酸素原子は水素原子より電子を引っ張る力（電気陰性度）（参照→ 1.4）が強いので、水素原子と酸素原子の共有結合に参加している電子は水素原子と酸素原子の間に均等に分布するのではなく、酸素原子のほうに強く引っ張られて分布する。

一方、酸素原子の外殻電子のうち、水素原子との共有結合に関係しない非共有電子対（孤立電子対）は、水素原子とは反対側に分布する（②）。図②で薄い赤色と青色の部分が電子が主に分布するところである。

電子が偏って分布するので、酸素原子の水素原子と離れた側が2か所、ほんのちょっと(−)に、一方、電子を引っ張られている水素原子のほうはほんのちょっと(+)に荷電する*。

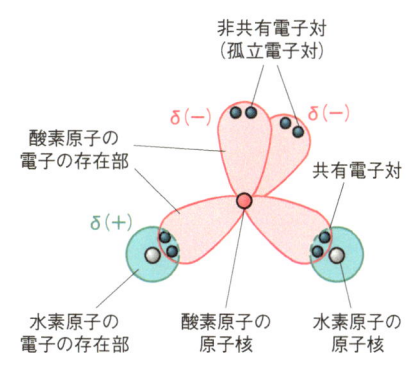

② 水分子の電荷の偏り

非共有電子対（孤立電子対）
δ(−)　δ(−)
酸素原子の電子の存在部
共有電子対
δ(+)
水素原子の電子の存在部　酸素原子の原子核　水素原子の原子核

---

*ほんのちょっと(−)というのをδ(−)、ほんのちょっと(+)というのをδ(+)と表現する。δはデルタと読む。
電子の分布が偏っていることを分極しているという。電子が偏って分布している分子は「極性を持つ」という。

第1章　水と生命　5

次に、水分子の集団の性質を考えてみよう。

水の分子は酸素原子のほうに電子が引き寄せられてδ(−)、水素原子のほうは電子の分布が少なくてδ(+)、という状態で分極していることを学んだ。そのような水の分子がたくさんあると、どういう状態になるだろうか？

δ(−)とδ(+)の部分が隣り合って、お互いに引き合う。そのような場面があちこちで生じる。水の分子の集団で、水素原子は1つの酸素原子と、1つの酸素原子は1つまたは2つの水素原子と弱い電気的な力で引き合う。これを水素結合という（③）。水素結合は共有結合と比べると弱い結合で、水分子の分子運動によって、つくられたり切れたりを繰り返す。

水分子の集団と水素結合

温度の低いときは水分子の運動は不活発で、水の分子は近隣の他の水分子と水素結合をつくってまとまっている（④）。0℃以下ではほとんどすべての水分子が互いに水素結合をつくって結晶状態になっている。温度を上げていくと水分子の運動も活発になり、水素結合は切れやすくなる。液体の状態では1つの分子は近くの分子と水素結合をつくったり切れて離れたりを繰り返している。3つの水の分子が水素結合でつながった3量体、4つの分子が集団になった4量体などがあちこちで生じたり分散したりしている。100℃になると水分子の集団の中で水素結合はどんどん切れ、制約のなくなった水分子は空気中に蒸発していく。

水の水素結合の効果

◆ 水の比熱や蒸発熱が大きい。
◆ 生物が大量の水を含む→細胞内の温度の変動が小さい。
◆ 水分子は水素結合によって結晶化すると氷になる。しかし氷よりも4℃の水溶液のほうが密度が高い。そのため池や海の表面が氷結しても氷の下には液体の水が残り、生物が生存できる。

③ 水分子の水素結合

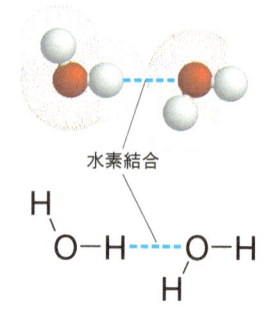

④ 水素結合で結ばれた水の分子集団（クラスター）

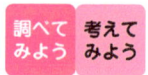

調べてみよう　考えてみよう

◆ 水分子が分極し、水素結合を形成できることが、生命の発生、今日の生物の構造形成や代謝を可能にしている。そこを注意して見ていこう。さまざまな水の性質や役割について自分でも調べてみよう。

1.4 生体分子の水素結合と親水性・疎水性

水素結合がつくられる条件（①）

　水素結合は電荷の分極した化学基（原子団）が隣接しているときに、水素原子を仲立ちにしてつくられる。水素原子と向き合っている原子は電子を強く引っ張って（電気陰性度＊が高くて）、δ(−)に荷電するものに限られる。

　電荷の分極は、電気陰性度（②）の高い酸素原子 O や窒素原子 N および硫黄原子 S などと、他の電気陰性度の低い原子との結合で起こる。

　水素結合で水素を供給する化合物の部分を水素供与体といい、その水素と水素結合する化合物の部分を水素受容体という。

水素結合のエネルギー

　水素結合のエネルギー（水素結合を切るために必要なエネルギー）は、通常の共有結合などより2桁くらい低い。環境の温度の変化や他の物質との相互作用による構造のゆがみなどですぐに切れるが、また近くの水分子などによりすぐに新しい水素結合がつくられる。

水素結合をつくれる物質（③）

　生体のさまざまな物質にはその一部分が分極できるものが多い。それらは水分子やあるいは生体分子間で水素結合をつくることができる。分子の一部に、−OH（ヒドロキシ基、ヒドロキシル基）や >N−H（アミンやアミノ基）、あるいは−SH（SH基）などがあると、その部分は水素の供与体になる。一方、分子の一部に、>C=O

① 水素結合の構成

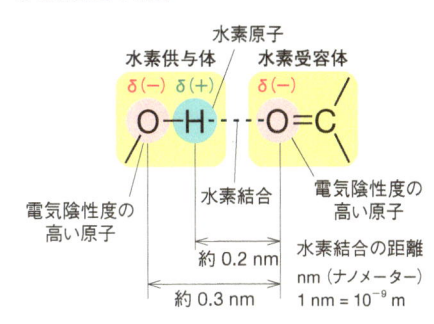

水素供与体　水素原子　水素受容体
δ(−) δ(+)　　δ(−)
−O−H‒‒‒‒O=C−
電気陰性度の高い原子　　水素結合　　電気陰性度の高い原子
　　　　　　約 0.2 nm　　水素結合の距離
　　　　　　　　　　　　nm（ナノメーター）
約 0.3 nm　　　　　　　1 nm = 10^{-9} m

水素結合のエネルギー：約 2〜20 kJ/mol

② 主な生体原子の電気陰性度

O	3.5
N	3.0
Cl	3.0
C	2.5
S	2.5
I	2.5
P	2.1
H	2.1
Mg	1.2
Ca	1.0
Na	0.9
K	0.8

③ 水素結合をつくる原子団の組み合わせの例

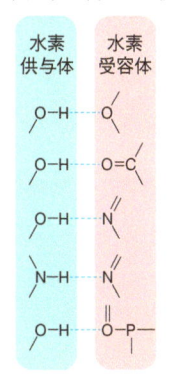

水素供与体　　水素受容体
O−H　　　　　O−
O−H　　　　　O=C
O−H　　　　　N≡
N−H　　　　　O=P
O−H　　　　　O=P

＊電気陰性度：共有結合している原子が電子を引きつける相対的な強さを数値化したもの。電気陰性度の大きい原子のほうに電子が引きつけられる。生物を構成する主な原子では酸素と窒素の値が大きい。

（アルデヒド基やケト基）、–O–、=N<、あるいは P=O や P–O（リン酸基の一部）などがあると、その部分は水素の受容体になる。

水素結合が働いている場面はさまざまである

水素結合は、タンパク質の構造形成や酵素作用、その他さまざまなところで働いている。遺伝子のDNAは2重らせんの構造をしているが、この2重らせんをつくらせているのは2本のDNA鎖の向き合っている塩基の間で働くたくさんの水素結合である（参照→ 7.1）。また、植物の細胞壁をつくるセルロースでは、1本の糖鎖の中だけでなく、隣接した糖鎖とも多数の水素結合を形成している（④）。

④ セルロースの糖鎖–糖鎖間の水素結合

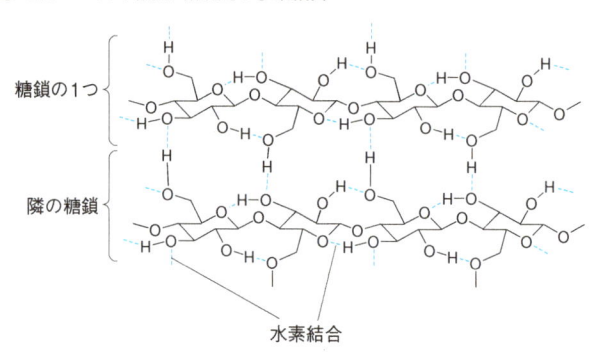

水のネットワーク

化合物には電荷が分極するものと、しないものとがある。大きな化合物で、分子の一部分では電荷が分極するが、他の大部分では分極しないというものもある。水素結合をつくったり離れたりを繰り返している水の溶液の中に、小さな分子が入った場合、どうなるだろうか？ それぞれの分子が分極できるかどうかでその答えは違ってくる。

⑤ 親水性と疎水性

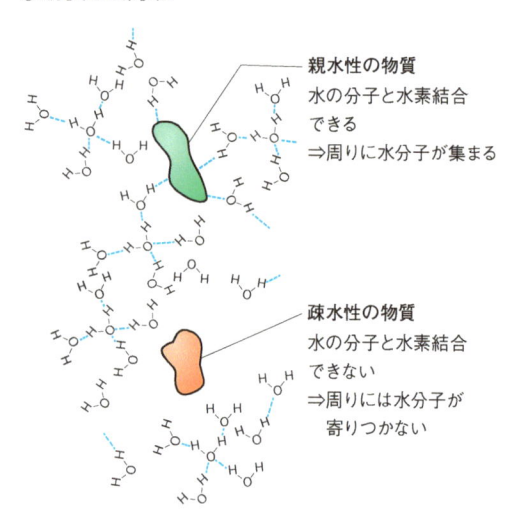

親水性の物質
水の分子と水素結合できる
⇒周りに水分子が集まる

疎水性の物質
水の分子と水素結合できない
⇒周りには水分子が寄りつかない

親水性と疎水性（⑤）

分極する分子は水の分子と水素結合をつくり、水の分子集団の中に取り込まれ水に溶け込む。水に親しむという意味で親水性という。

一方、分極しない分子は水とは水素結合をつくることができないので、

水の分子集団からは排除されていく。水に疎まれる、あるいは水を疎むという意味で疎水性という。

疎水性相互作用（⑥）

複数の疎水性の分子が水の集団に入れられた場合はどうなるだろうか？

水の集団から排除された疎水性の物質は互いに集まり、凝集する。この疎水性の物質集団を水溶液の中でバラバラにするには大きなエネルギーが必要になる。疎水性の物質どうしが集まることを疎水性相互作用という。電子を介した結合ではないが、疎水結合という言い方もされる。

⑥ 疎水性相互作用（疎水結合）

疎水性の物質
水の分子と水素結合できない

疎水性の物質の凝集
水の分子と水素結合できない物質どうしが密集する

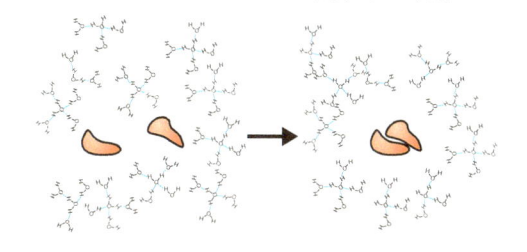

疎水性相互作用の例

油は水に溶けず、水より軽い場合は水の上に浮かぶ。小麦粉を水に溶かすとき、いっぺんに粉を入れると小麦粉の「ダマ」ができる。このような「ダマ」は箸やスプーンでつぶそうとしてもなかなかつぶれない。

ファンデルワールス相互作用（⑦、⑧）

親水性・疎水性にかかわらず、物質どうしが密着した場合には2つの物質の原子と原子の間でごく弱い相互作用が発生する。これをファンデルワールス相互作用という。

ファンデルワールス相互作用では2つの原子核の間がファンデルワールス半径の和だけ離れているとき、引力が最大になる。逆にそれより近づくと反発力が増す。

⑦ ファンデルワールス相互作用

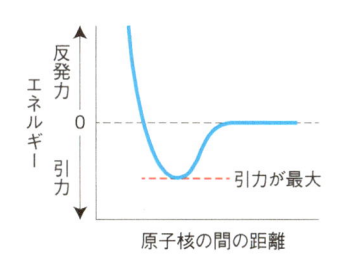

⑧ 主な原子のファンデルワールス半径（Å）

H	1.2	P	1.9
C	1.7	S	1.8
N	1.5	Cl	1.8
O	1.4	K	2.8
Na	2.3	Se	1.9
Mg	1.7	I	2.0

1Å = 0.1nm

column　ファンデルワールス力とヤモリ

写真はガラス窓にへばりついて、エサになる昆虫が来るのを待つヤモリ（腹側から撮影）。ヤモリの足指のひだには多数の微細毛があり、壁やガラスの窪みに入り込む。大量に生じるファンデルワールス相互作用がヤモリの重力による落下を防いでいる。

1.5 脂質のミセルと2重層の膜

リン脂質は親水性の部分と疎水性の部分がある両親媒性（①）

リン脂質にはいろいろな種類があるが、基本的な構造は同じで、親水性の極性部分と疎水性の非極性部分からできている。

親水性の部分はリン脂質の種類により異なる。疎水性の部分は2本の長い脂肪酸でできている。脂肪酸は炭素と水素ばかりが長く続き、荷電や電荷の分極はまったくない。そのうちの1本は途中に2重結合があって足の膝のように少し折れ曲がっている。

1つの分子の中で親水性の部分と疎水性（親油性）の部分が偏って存在していると、分子の一方は水に溶け込もうとし、他方は水から遠ざかり、油に溶け込もうとする。このような分子の性質を両親媒性という。

① リン脂質の例
（ホスファチジルエタノールアミン）

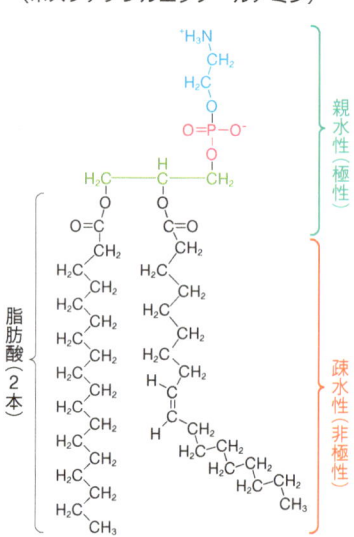

リン脂質を水と混合するとどうなるだろうか？（②）

リン脂質の集団を水と激しく混ぜ合わせるとどうなるだろう？ リン脂質は2層になって膜をつくり、その膜は小さな球形の袋（小胞）をつくる。これをリポソームという。「リポ」はリン脂質、「ソーム」は小胞を意味する。リポソームは細胞膜の原型といえる。図②はリポソームの断面を示している。小胞の外側は水溶液、小胞の内側も水溶液である。

疎水性の足どうしはお互いに側面が寄り合い、足の裏ももう1層の足の裏と寄り合っている。一方、極性の頭部は、小胞の外側で1層の頭部たちが水に接するように並んでおり、小胞の内側でも別の1層の頭部たちが内部の水溶液に接するように並んでいる。つまり、リン脂質のつくる膜は2層になる。

石鹸の脂質では疎水性の足は1本

② 水溶液中で脂質分子の集団はどうなるだろう？

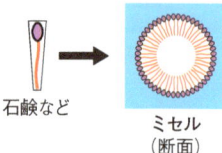

リン脂質 など → 2重層の膜（断面） → リポソーム（断面）

石鹸 など → ミセル（断面）

である。このような脂質の集団を水と混合すると1層の膜が閉じて小さな球状になる。これをミセルという。疎水性の足はミセルの内側に詰め込まれるので水とは接しない。

リポソームの利用（③）

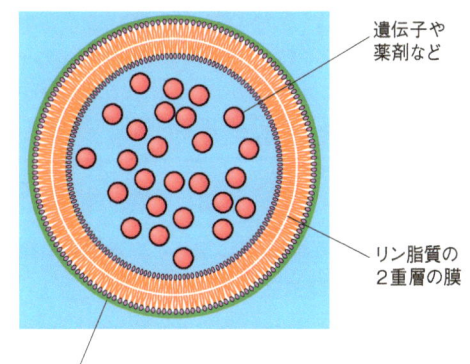

リポソームの中に遺伝子の断片を組み込んだベクター（遺伝子操作用のDNA）や薬剤を入れたのち、リポソームを細胞に融合させて遺伝子や薬剤を細胞内に送り込み、作用させることができる。リポソームの表面に糖鎖などで特異性を持たせ、特定の組織や細胞、がんなどに薬剤を送り込む研究が行われている。

③ リポソームの利用

遺伝子や薬剤など

リン脂質の2重層の膜

膜の表面に糖鎖やタンパク質をコートする場合もある

1.6 化学進化

地球の誕生、生命の誕生

宇宙は約137億年前に生じ、太陽系は約46億年前に生まれた。地球もそのころに小惑星の衝突などでできた。では、生命はいつごろどのようにして生まれたのだろうか？ このような疑問に対し、SFではなく科学的な探求が行われている。

生命発生の科学的な研究

ユーリーとミラーは地球が生まれたころの大気の組成をフラスコの中に設定し、雷や紫外線を模した放電によって生じる物質を調べ（1953年）①、さまざまなアミノ酸や有機物が生じることを示した（②）。

最近では、太古の昔の大気の組成についても研究が深まり、また、深海で地球のマグマが噴き出すようなところでの有機物の生成についても、条件を設定した実験が行われている。隕石の研究からは、宇宙空間でグリシン、アラニン、グルタミン酸などのアミノ酸が生じていることがわかってきた。大自然のダイナミックな環境で、大気成分や海水成分などの無機物から種々の有機化合物が生じることがわかる。地球に衝突した小惑星や隕石などからも、無機物とともに有機化合物が供給されたであろう。

こうして生じた種々の有機化合物は水に溶け込み、濃縮され、ごくゆっくりと互いに反応して、徐々に複雑な化合物が生じたと考えられる。濃縮される場所は干潟や粘土、鉱物などの吸着しやすい物質の表面などで、金属などが反応の触媒になったと考えられている。

前生物的合成による化学進化

地球上に生命体が生まれる前に進行した有機物の複雑化を化学進化という。酵素が存在しない状態での有機物の合成（前生物的合成）は、次の状態で進行した。

① ユーリーとミラーの実験

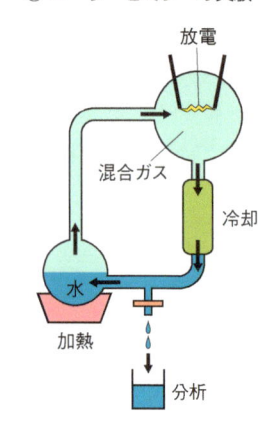

② 混合ガス（CH_4、NH_3、H_2、H_2O）中の電気放電で生じた有機化合物

有機化合物	収量（%）
ギ酸	4.0
グリシン	2.1
グリコール酸	1.9
アラニン	1.7
乳酸	1.6
β-アラニン	0.76
プロピオン酸	0.66
酢酸	0.51

◆ 大気の成分：H_2O、N_2、CO_2、CH_4、NH_3、SO_2、H_2
◆ 海洋の成分：主に H_2O（隕石の衝突や海中でのマグマの噴出で成分は多様化した）
◆ エネルギー源：太陽の紫外線、雷の放電、宇宙線、マグマの噴出、潮の潮汐
◆ 触媒：粘土表面や金属
◆ 低分子化合物の供給：隕石

種々の低分子有機化合物が化学進化のなかで生じ、蓄積された。それらの物質は溶液中

でぶつかり合い、あるいは鉱物などの表面に吸着して接近し、さらに複雑な物質の生成が起こったのであろう。

前生物的合成と生合成の比較

核酸塩基のプリン環の合成について、前生物的合成の推定生成経路と現在の生物での生合成経路を見てみよう。

前生物的合成ではプリン環はシアン化水素（HCN）などの縮合により生じ、その反応を進めるエネルギーは熱や光であったと推定されている（③）。

現在の生物の生合成ではタンパク質や核酸などの高分子物質だけでなく、すべての低分子有機化合物も酵素の触媒作用によってつくられる。核酸塩基のプリンはグリシンやアスパラギン酸などから少しずつ材料を得て形成される（④）。

合成のステップは細分化されており、それぞれのステップで特有の酵素が働いている。また、素材のグリシンやグルタミン、アスパラギン酸自体も特定の酵素群が働いてつくられている。ギ酸（蟻酸）はやや複雑な低分子化合物（ホルミルテトラヒドロ葉酸）から供給される。反応を進めるエネルギーはATP（アデノシン三リン酸）や電子を供給するNADH（ニコチンアミドの化合物）などである。

特定の酵素や酵素群による代謝システムは遺伝子（核酸）によって、細胞から細胞へと代々伝えられており、生合成システムとしての生命体の維持と発展が可能になっている。

③ 前生物的合成におけるヌクレオチドのプリン環の推定生成経路

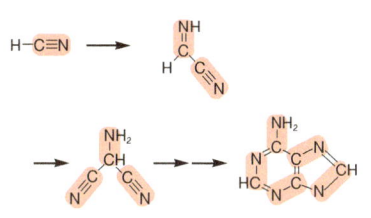

④ 現在の生物におけるヌクレオチドのプリン環を構成する成分の由来

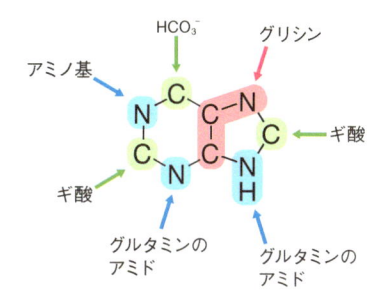

学生の感想など

◆バクテリアでRNAの比率が高いのはなぜですか？
⇒バクテリアは哺乳類の細胞に比べて分裂・増殖が速いためタンパク質の代謝回転が速いものが多くなる。タンパク質の合成に必要となるRNAが多くなるのだと思います。

第1章 水と生命

1.7 細胞の成立

細胞の成立に至る可能性のありそうな道筋を考えてみよう。

化学進化

化学進化のなかで有機化合物が複雑化し、多様化し、濃度も高まっていった。アミノ酸のつながったもの、ヌクレオチドのつながったもの、糖のつながった糖鎖、物質の変化（代謝）を触媒する物質が登場したであろう。しかし、区画のない、周囲に開かれた水中では、代謝のシステムは保持されず、遺伝子による伝承も困難である。

小胞の中にさまざまな物質が閉じ込められ、代謝のシステムが保持され、遺伝子によって伝承された

多様な有機物質のなかにはリン脂質のような両親媒性の物質もある。そのような物質が大量にできれば、波しぶきなどで攪拌されたときにリポソーム様の膜小胞が生じやすくなる。小胞の中にさまざまな物質が閉じ込められて、初めて代謝のシステムは保持され、遺伝子による伝承も可能になる。

小胞の内外で生じたリン脂質様の物質は小胞の膜に潜り込み、小胞はだんだん大きくなり、ブヨブヨの大きな小胞は波しぶきを受けただけでも小さな小胞に分裂しただろう。小さな小胞はまたしだいに大きくなって分裂するということが繰り返されたと考えられる。

生命体としての細胞には何が必要だろうか？（①）

こうして細胞が生じ、生命の誕生に発展したのであろう。では、生命体としての細胞には何が必要だろうか？

エネルギーを取り出したり、構造をつくる物質を合成する物質代謝のシステム、そのための素材になる化合物を外から取り込むシステム、物質代謝のシステムを次代に伝承するシステムなどなど、さまざまなシステムが必要である。

細胞に必要な物質や代謝のシステムがそろっていくこと、核酸の複製とタンパク質への翻訳が行われること、これらの代謝が膜によって外界と区別され効率よく進行すること、そして細胞が自己複製できるようになったときが生命の始まりになったと考えられる。

① 細胞に必要なものは何か考えてみよう

細胞の内と外の区別、外部との交流
- 脂質２重層の膜で物質透過・輸送を行うタンパク質
- 脂質２重層の膜を保護するタンパク質や糖

物質代謝のシステム
- 細胞内で物質代謝を行う酵素（主にタンパク質）
- 種々の低分子物質
  - エネルギー源になるものや高分子物質の素材になるもの
  - 物質の変化を触媒するもの
- エネルギー生産システム

遺伝子とその発現のシステム
- タンパク質のアミノ酸配列を定める核酸
- 核酸の遺伝と発現を可能にするタンパク質や核酸

細胞が自己複製できるようになること

補項1.1 生物の元素構成など

生物の体液組成は、海水と類似する（①）。これは生命が海洋で生じた名残りである。

生体成分は炭素（C）が中心になってつくられている（②）

炭素（C）は4価で、どの物質との結合でもほぼ同じ結合エネルギーを持っている（④）。そのため種々の元素と結合でき、化学反応しやすい原子の集団（官能基）を形成できる。長鎖や環状、枝分かれなどで立体的な分子構造を多様につくることができる。

ケイ素（Si）も4価で宇宙に多いが生体には不向き（③、④）

ケイ素（Si、シリカ）もCと同じ4価で、宇宙でも多い元素だが、化合物は硬いので生物には不向きである。ガラスなどがケイ素化合物である。Si-Siの結合エネルギーはSi-Oなど他の原子との結合エネルギーよりも低いため、ケイ素鎖は7個以上では不安定である[*3]。酸素と接触すると自然発火して燃焼し、水に出合えば分解してしまう。酸化ケイ素は安定で多様な構造をつくることができるが、岩石になる。

① 海水と細胞外液の組成

イオン	海水(mM)	細胞外液(mM)
Cl^-	550	115
Na^+	468	145
Mg^{2+}	53	1.5
SO_4^{2-}	28	1
K^+	10	4
Ca^{2+}	10	2.5
HCO_3^-	2.3	30
HPO_4^{2-}	0.001	2

② 人体の元素組成

元素	乾燥重量（%）
C	61.7
N	11.0
O	9.3
H	5.7
Ca	5.0
P	3.3
K	1.3
S	1.0
Cl	0.7
Na	0.7
Mg	0.3
Fe、Zn、I	微量
Se、Co、Mo、他	微量

③ 宇宙の元素組成[*1]

元素	組成	元素	組成
H	3.1×10^{10}	Al	8.3×10^4
He	2.6×10^9	Ca	6.0×10^4
O	1.5×10^7	Na	5.8×10^4
C	8.3×10^6	Ni	4.9×10^4
Ne	2.6×10^6	Cr	1.4×10^4
N	2.6×10^6	P	8.3×10^3
Mg	1.1×10^6	Mn	9.9×10^3
Si	1.0×10^6	Cl	5.3×10^3
Fe	8.7×10^5	K	3.7×10^3
S	4.4×10^5	Ti	2.5×10^3
Ar	7.8×10^4	Co	2.3×10^3
		Zn	1.3×10^3

④ 元素間の結合エネルギーの比較[*2,3]

Cと他の元素との結合エネルギー（kcal）

結合	エネルギー
C–H	98.7
C–C	82.6
C–Cl	81
C–O	85.5
C–N	72

Siと他の元素との結合エネルギー（kcal）

結合	エネルギー	
Si–H	76	
Si–Si	42.2	←値が低い
Si–Cl	91	
Si–O	185	←値が高い

[*1] 太陽系元素組成からの推定。Siの存在量を1.0×10^6とした場合の各元素の存在量。国立天文台 編（2014）理科年表 平成27年、p.141、丸善出版のデータをもとに作成（基礎単位は原子数）。
[*2] 結合エネルギー：結合している原子を引き離して無限の遠くまで持っていくのに必要なエネルギー。値が低いと不安定。値が高いほど安定。
[*3] 石本真 著（1996）物質から生命へ−生化学のすすめ、p.12、表I③、新日本出版社

第1章 水と生命

補項1.2　水溶液の化学的性質

一部の水分子は H^+ と OH^- に解離し、H^+ は近傍の水分子に結合して H_3O^+（ヒドロニウムイオン）となる（①）。H_3O^+ は近くの水分子や（−）に荷電したイオンに H^+ を与えて H_2O に戻る。水分子は H^+ を与える場合もあれば、H^+ を受け取る場合もある。H_3O^+ を便宜的に H^+（プロトン）として扱う。

① 水分子の解離とヒドロニウムイオンの形成

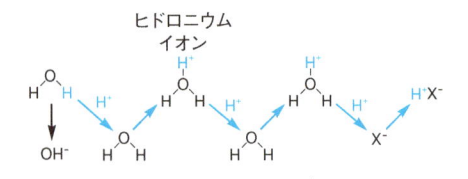

$H_2O \rightleftharpoons H^+ + OH^-$

$H^+ + H_2O \rightleftharpoons H_3O^+$

質量作用の法則と平衡定数

化学反応の速度は、反応物質の濃度の積に比例する（質量作用の法則）。可逆反応では、反応が平衡に達した状態では正反応と逆反応の速度が等しくなる。

$A + B \rightleftharpoons C + D$ の反応では、

正反応の速度　$v = k[A][B]$

逆反応の速度　$v' = k'[C][D]$　（k, k'：速度定数）

$v = v'$ より、$k[A][B] = k'[C][D]$

したがって、$\dfrac{[C][D]}{[A][B]} = \dfrac{k}{k'} = K$　（K：平衡定数）

水の解離の平衡定数

水の溶液中では H^+ と OH^- への解離と、H^+ と OH^- から H_2O への再結合が繰り返されている。

$H_2O \rightleftharpoons H^+ + OH^-$

右向きの反応と左向きの反応が平衡に達しているときの反応物と生成物の濃度の比を平衡定数（K_{eq}）という（反応物を分母に、生成物を分子にとる）。

$K_{eq} = ([生成物1][生成物2])/[反応物]$

[　] 内はそれぞれの物質のモル濃度（mol/L）

水の解離の平衡定数は、

$K_{eq} = ([H^+][OH^-])/[H_2O] = 1.8 \times 10^{-16}$ (M)

（1気圧25℃で一定）（なお $[H_2O]$ は 55.5 M）

pHは [H^+] の負の対数

$[H^+][OH^-]$ は水のイオン積 K_w で

$K_w = [H^+][OH^-] = 1.0 \times 10^{-14}$ (M^2)

一定になる。$[H^+]$ の負の対数を pH（水素イオン濃度指数）という。$pH = -\log[H^+]$。

② pHの値はH^+の濃度とは逆

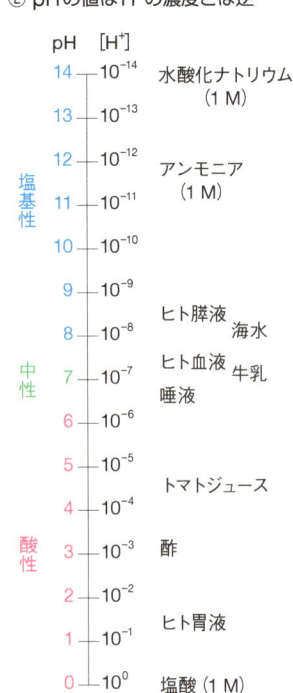

pH	[H^+]	
14	10^{-14}	水酸化ナトリウム (1 M)
13	10^{-13}	
12	10^{-12}	アンモニア (1 M)
11	10^{-11}	
10	10^{-10}	
9	10^{-9}	
8	10^{-8}	ヒト膵液　海水
7	10^{-7}	ヒト血液　牛乳　唾液
6	10^{-6}	
5	10^{-5}	トマトジュース
4	10^{-4}	
3	10^{-3}	酢
2	10^{-2}	
1	10^{-1}	ヒト胃液
0	10^{0}	塩酸 (1 M)

塩基性／中性／酸性

pHの値が低いほうがH⁺の濃度が高い（②）

pHはH⁺の濃度［H⁺］を対数で表したとき、10のマイナスn乗のnのことを示す数値である。pH 3は［H⁺］= 10^{-3}、pH 7ということは［H⁺］= 10^{-7}、pH 12は［H⁺］= 10^{-12}である。つまり、pHの値が低いほど［H⁺］の濃度は高い。

酸と塩基（③）

酸　：H⁺を供給する物質。
塩基：H⁺を受け取る物質。
水溶液では常に酸と塩基は対になって存在する（共役酸、共役塩基）。

強い酸と弱い酸（④）

強い酸（強酸）：H⁺を完全に解離する。硫酸や塩酸。
弱い酸（弱酸）：H⁺を一部しか解離しない。解離と再結合は可逆的。炭酸、酢酸、クエン酸、アミノ酸。

pK_a値は小さいほどH⁺を解離する度合いが強い（⑤）

例えば酢酸の解離は可逆的なので平衡定数（K_a）が存在する。

$$K_a = \frac{［生成物質の濃度］}{［反応物質の濃度］} = \frac{［H^+］［CH_3COO^-］}{［CH_3COOH］}$$

酢酸のK_a（25℃）= 1.76×10^{-5} M（この値は滴定で求められる（⑥）。

K_aの負の対数値をpK_aとする。（定義）

$$pK_a = -\log K_a = \log \frac{1}{K_a}$$

酢酸の場合はpK_a = 4.8になる。塩酸のpK_aは-3.7である。pK_aの値が小さいほどH⁺を解離しやすい強い酸である。

pK_aとpHの関係

$$HA \overset{K_a}{\rightleftharpoons} H^+ + A^- \quad より$$
（共役酸）　　（共役塩基）

$$\log K_a = \log\left(\frac{［H^+］［A^-］}{［HA］}\right) = \log\left(［H^+］\times \frac{［A^-］}{［HA］}\right)$$

つまり、

---

③ 酸と塩基

$$HA \rightleftharpoons H^+ + A^-$$
（共役酸）　　（共役塩基）

④ 強い酸と弱い酸

〈強い酸の例、塩酸〉
$$HCl \rightleftharpoons H^+ + Cl^-$$

この場合の実際の反応は

$$HCl + H_2O \rightleftharpoons Cl^- + H_3O^+$$
（酸）（塩基）　（塩基）（酸）

〈弱い酸の例、酢酸〉
$$CH_3COOH \rightleftharpoons H^+ + CH_3COO^-$$

⑤ 水溶液のpK_a値（25℃）

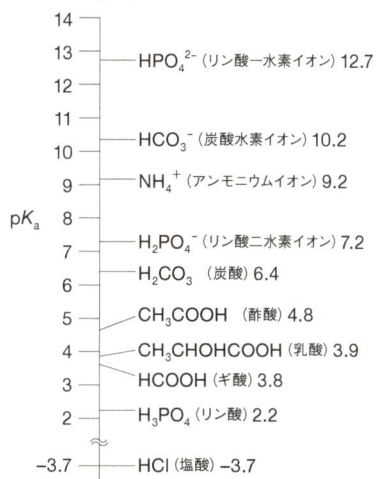

pK_a
- HPO₄²⁻（リン酸一水素イオン）12.7
- HCO₃⁻（炭酸水素イオン）10.2
- NH₄⁺（アンモニウムイオン）9.2
- H₂PO₄⁻（リン酸二水素イオン）7.2
- H₂CO₃（炭酸）6.4
- CH₃COOH（酢酸）4.8
- CH₃CHOHCOOH（乳酸）3.9
- HCOOH（ギ酸）3.8
- H₃PO₄（リン酸）2.2
- HCl（塩酸）-3.7

第1章　水と生命　17

⑥ 酢酸水溶液の滴定

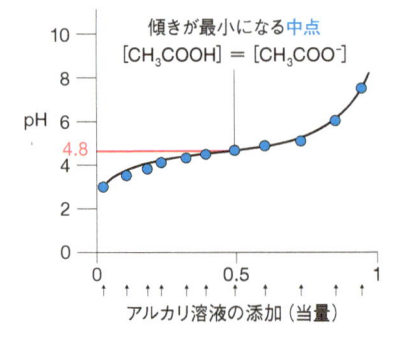

傾きが最小になる中点
[CH₃COOH] = [CH₃COO⁻]

酢酸の水溶液に濃度既知のアルカリ溶液を少しずつ添加混合してpHを測定する。グラフの曲線の傾きが最小になる中点のpHがpK_aである。pK_aの周辺のpH域では溶液のpHは外部からの解離物質の添加にあまり影響を受けない（緩衝作用）。

$$\log K_a = \log [\text{H}^+] + \log \frac{[\text{A}^-]}{[\text{HA}]}$$

右辺、左辺を入れ替えると

$$-\log [\text{H}^+] = -\log K_a + \log \frac{[\text{A}^-]}{[\text{HA}]}$$

pHおよびpK_aに置き換えると、

$$\text{pH} = \text{p}K_a + \log \frac{[\text{A}^-]}{[\text{HA}]} \quad \text{あるいは、} \quad \text{pH} = \text{p}K_a + \log \frac{[\text{H}^+\text{受容体}]}{[\text{H}^+\text{供与体}]}$$

この関係式をヘンダーソン・ハッセルバルヒの式という。

解離する化合物のイオン種（⑦）

H⁺を解離したり結合したりする化合物は、それぞれの状態の化合物をイオン種という。リン酸の場合、H_3PO_4（リン酸、pK_1 = 2.2）、$H_2PO_4^-$（リン酸二水素イオン、pK_2 = 7.2）、HPO_4^{2-}（リン酸一水素イオン、pK_3 = 12.7）、およびPO_4^{3-}（リン酸イオン）の4種類のイオン種がある。pK_aの値がすべて同じではなく、徐々に大きくなるのは先に解離したH⁺の影響で後のH⁺が解離しにくくなるためである。

⑦ 解離する化合物にはイオン種がある
　（例）リン酸のイオン種とpK値

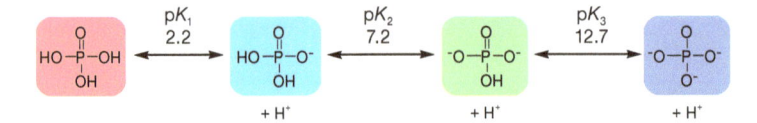

イオン種の存在割合はpHで変化（⑧）

ヘンダーソン・ハッセルバルヒの式から特定のpHでのH⁺解離前のイオン種とH⁺解離後のイオン種の存在割合を計算で求めることができる。pH = pK_aのときは両者の濃度が等しくなる。pHがpK_aよりも2.0以上離れている場合にはどちらか一方の存在はほとんど無視できる。1つの例として、リン酸のイオン種の存在割合の変化を示す（⑨）。

⑧ 特定のpHでのイオン種の存在割合

[H⁺解離前のイオン種]：[H⁺解離後のイオン種]		
pHがpK_aと	等しいとき	1：1
pHがpK_aより	1.0低いとき	10：1
	2.0低いとき	100：1
	3.0低いとき	1000：1
	1.0高いとき	1：10
	2.0高いとき	1：100
	3.0高いとき	1：1000

ヘンダーソン・ハッセルバルヒの式から、

$$\mathrm{pH} - \mathrm{p}K_a = \log \frac{[\mathrm{H}^+\text{解離後のイオン種}]}{[\mathrm{H}^+\text{解離前のイオン種}]}$$

⑨ リン酸のイオン種の存在割合のpHによる変化

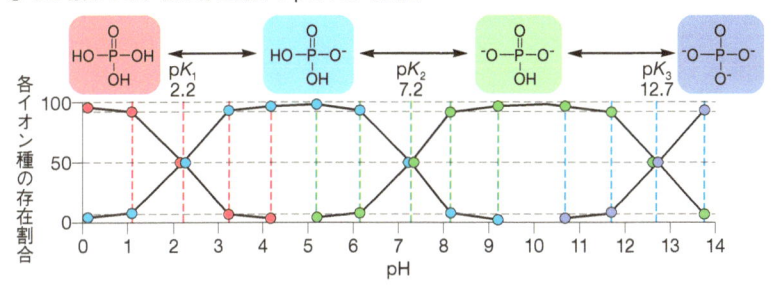

緩衝作用

　水溶液にH⁺を解離・結合できる物質が含まれていると、その物質のpK_aの周辺のpH域では急激なpHの変化が防止される。細胞にはリン酸その他の解離性の低分子化合物やタンパク質などが含まれている。タンパク質はアミノ基やカルボキシ基など種々の解離基を持っている。血液にはタンパク質の他に炭酸イオンも多く含まれており、緩衝作用に貢献している。生化学の実験ではトリス緩衝液やリン酸塩緩衝液などが使われる。ヘペス緩衝液などpK_aが7前後のものは、細胞の培養でもよい緩衝剤として使われる。

補項1.3　結合のエネルギーや物質量

種々の結合・相互作用(①)

生体成分の相互作用や構造形成では、共有結合のような強い力の相互作用だけでなく、種々の弱い力の相互作用が大きな役割を果たしている。この章では、水素結合、疎水性相互作用およびファンデルワールス相互作用について学んだ。他にも、電荷−電荷の相互作用（イオン結合）や配位結合などがある。

① 結合や相互作用の強さ

結合や相互作用	結合のエネルギー（結合を切るのに必要なエネルギー）
共有結合	
単結合 C–C、C–H など	340〜450 kJ/mol
2重結合 O=O、C=O など	500〜800 kJ/mol
3重結合 N≡N	945 kJ/mol
配位結合	
金属–配位子	150〜200 kJ/mol
イオン結合 〈(−)電荷と(+)電荷の間の相互作用〉	
–COO$^-$…$^+$H$_3$N– など	約40〜200 kJ/mol
水素結合 〈δ$^-$の電荷とδ$^+$の電荷の間の相互作用〉	
–O–H…O< など	約2〜20 kJ/mol
ファンデルワールス力 〈2つの原子が結合しないで最接近したときの引力〉	約0.4〜10 kJ/mol
疎水性の相互作用 〈2つの非極性基の間の相互作用〉	
>CH$_2$…H$_2$C< など	約3〜10 kJ/mol

エネルギーや物質の数量の単位

1 J（ジュール）は1 N（ニュートン）の力である物体を1 m動かすときの仕事である。1 Jは約0.24 calである。

1 Nは1 kgの質量を持つ物体に1 m/s^{2}の加速度を生じさせる力である。

1 cal（カロリー）は4.184 Jで、水1 gの温度を1℃上げる熱量である。

物質の量1 molは6.02×10^{23}個の分子で、ある物質の化学式の元素の原子量の和にgをつけた量に相当する。例えば塩化ナトリウム（NaCl）1 mol（6.02×10^{23}個）は（22.99 + 35.45）g = 58.44 gの重さになる。NaClを58.44 g量り取ると、そこにはNaClが6.02×10^{23}個存在する。

物質の質量(大きさ、重さ)

1 Da（ダルトン）は、炭素12（^{12}C）原子の質量の1/12である。例えばNaClの質量は58.44 Daである。

物質の濃度

モル濃度（mol/L）は溶液1 Lに溶けているある物質のモル数のことで、ある物質が1 mol溶けている場合は、1 M（モーラー）という。

column 地球の歴史と生命の歴史

　生命は約40億年前に誕生した。その後、地球環境の変化の影響を受けながら多様な代謝が生じてさまざまなグループに発展・分岐した。

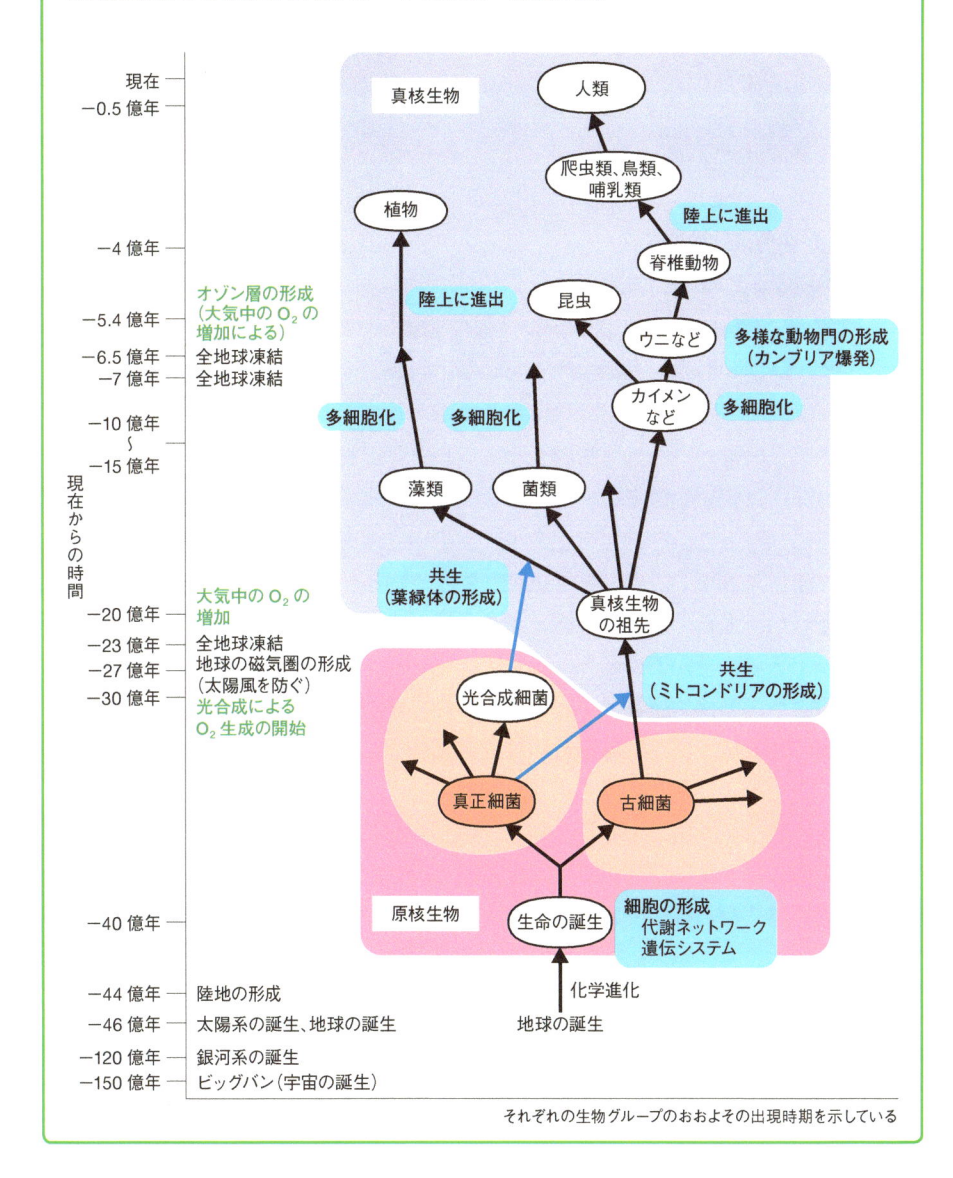

現在からの時間	地球環境のできごと	生物の進化
現在 −0.5億年		真核生物／人類
−4億年		爬虫類、鳥類、哺乳類／陸上に進出／脊椎動物／植物
−5.4億年	オゾン層の形成（大気中のO_2の増加による）	陸上に進出／昆虫／ウニなど／多様な動物門の形成（カンブリア爆発）
−6.5億年	全地球凍結	
−7億年	全地球凍結	カイメンなど／多細胞化
−10億年〜−15億年		多細胞化／多細胞化／藻類／菌類
−20億年	大気中のO_2の増加	共生（葉緑体の形成）／真核生物の祖先
−23億年	全地球凍結	
−27億年	地球の磁気圏の形成（太陽風を防ぐ）	光合成細菌／共生（ミトコンドリアの形成）
−30億年	光合成によるO_2生成の開始	真正細菌／古細菌
−40億年		原核生物／生命の誕生／細胞の形成・代謝ネットワーク・遺伝システム
−44億年	陸地の形成	化学進化
−46億年	太陽系の誕生、地球の誕生	地球の誕生
−120億年	銀河系の誕生	
−150億年	ビッグバン（宇宙の誕生）	

それぞれの生物グループのおおよその出現時期を示している

第2章 代謝の多様性と共通性

生物圏は多様な生物で成り立っている

　上の写真のなかで、独立栄養生物は何か？　従属栄養生物は何か？　好気生物は？　嫌気生物は？

　写真には写っていないが、土の中、水の中、水の下の泥の中、岸辺の草むら、さまざまな所でさまざまな生物が生きている。栄養の摂り方、酸素が必要かどうか、生育、繁殖の仕方、生体の構造など、その背景にある物質代謝はバラエティに富んでいる。

　このように多様な生物界だが、生化学の立場から見てみると細胞のつくりや代謝の仕方など基本的な部分では共通点が多い。化学進化を経て代謝ネットワークとその遺伝システムを持った細胞として生命が誕生したのが約40億年前。現在の生物はすべてこの生命体の集団に由来すると考えられている。生物圏は多様な生物で成り立っているが、その多様な生物はもとをたどすと共通の祖先にたどりつくのである。

KEY WORD　多段階の代謝　酵素と調節　エネルギー

2.1 生物は多様だが、共通の特徴を持つ

生物のシステムは開放系、定常状態、そして変化している（①）

多様性に富んだ生物には、生物としての共通性がある。
- ◆ 開放系：常に外界との物質や情報のやり取りがある。
- ◆ 定常状態：それぞれの物質は不変ではなく、つくられるものと変化して失われていくもののバランスで存在している。
- ◆ 変化：細胞の成長、増殖、死滅、分化。個体についても同様。変異や新しい代謝システムの誕生など、常に何らかの変化をしている。

① 生物の代謝システム

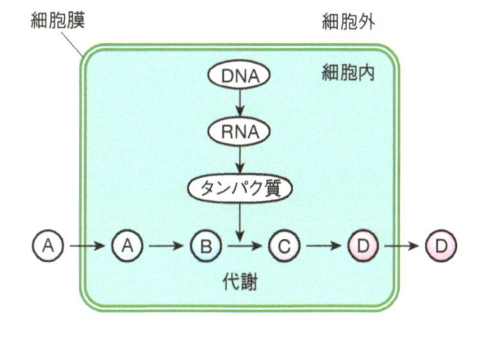

生物は脂質2重層の膜で囲まれた細胞が基本単位

生物の体は脂質2重層の膜で囲まれた細胞をもとにしてできている。脂質2重層の膜は細胞の外部の水溶液と内部の水溶液を分ける疎水性のバリアになっている。細胞は外界から物質を取り込み、代謝し、外部に排出する。細胞膜にはどういう物質を取り込んで、どういう物質を排出するか、それぞれ特異性を持つタンパク質でできた構造がある。

代謝により何を得て、何をつくっているのか

代謝によって生体を構成するのに必要な成分をつくり、代謝を進めるのに必要なエネルギーを取り出し、タンパク質、核酸、脂質、糖鎖などを合成する。さらにそれらをもとにして、細胞の構造を形成し、また組織などをつくる。

物質の代謝は酵素が促進、酵素の遺伝情報を保全する遺伝子は核酸

物質の代謝は酵素で促進される。酵素は主にタンパク質でできている。どういうタンパク質をつくるのかという情報は、遺伝子の核酸DNAの塩基配列に保存されており、子孫に伝えられる。それぞれの酵素が遺伝子によってコントロールされる。したがって代謝のシステムも遺伝子によって保存され、コントロールされているといえる。

代謝系の改変と進化

ある代謝系に新しい酵素が加わったり、一部の酵素が変異するなどの積み重ねにより、長い年月をかけて少しずつ代謝系が変化し、新しい代謝系が発達する。別の場合には、ある代謝系を持った生物に、別の代謝系を持った生物が取り込まれ、あるいは寄生し、両方の代謝系を持った新しい生物が誕生する。

2.2 代謝は多段階で、それぞれのステップは酵素によって進行する

グルコースの燃焼と代謝を比較してみる（①）

1分子のグルコースは6分子の酸素 O_2 と反応して6分子の二酸化炭素 CO_2 と6分子の水 H_2O になる。燃焼と代謝では最初の状態（グルコース + $6O_2$）と最後の結果（$6CO_2 + 6H_2O$）は同じである。しかしその途中経過はまったく異なる。

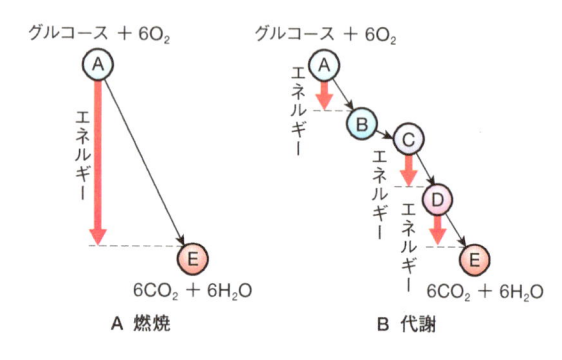

燃焼（①-A）

燃焼の場合にはこの反応は一瞬のうちに起き、大きなエネルギーが炎の光と熱になって放出される。

代謝（①-B）

生物の細胞の中で燃焼が起こると、細胞は熱で破壊されてしまう。細胞の中ではグルコースは酵素の触媒作用によって少しずつ改変されていく。エネルギーは細胞の中で小分けにされた使いやすい形（ATP、NADHなど）で取り出され、エネルギーの必要な反応に使われる。各ステップで余分になった少量のエネルギーは微量の熱になって周辺に放出される。

活性化エネルギー（②）

グルコースを燃やすにはマッチなどで火をつけなければならない。グルコースが空気中の酸素 O_2 と反応して自然に燃えてしまわないのは、反応を起こすために越えなければならないエネルギーの壁があるためである。この壁がなければグルコースは不安定ですぐに燃えて分解され、なくなってしまう。このエネルギーの壁を越えるために必要なエネルギーを活性化エネルギーという。

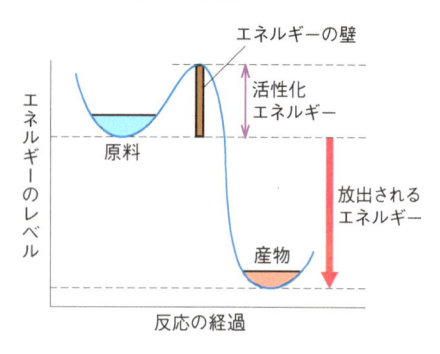

小分けにされた多段階の反応では活性化エネルギーも小分けにされ、それぞれが低い壁になっている。そのためマッチの火は必要ない。ちょっとした補助でそれらの壁を越えて反応が進む。このちょっとした補助をするのが触媒であり、生体の中で働く触媒が酵素である。酵素は活性化エネルギーの壁を低くして反応の進行を援助している。

多段階の代謝は経路が分岐できるので、多様な生成物が生じる（③）

多段階の反応は途中で代謝経路が分岐できる。分岐することによって多様な生成物を生じることができる。

酵素のある/なしで代謝の経路が変わる（④）

Aという物質はその分子の一部の改変によってB、C、Dなどいくつかの異なる物質に変化できる。その際、特定の変化が特定の酵素の触媒作用で促進されれば、その変化だけが主に起こり、他の物質への変化はほとんど起こらなくなる。したがって、分岐のある多段階の代謝経路では酵素の発現量や活性の強弱によって代謝がどちらの方向に進むかが決まる。

③ 多段階の反応

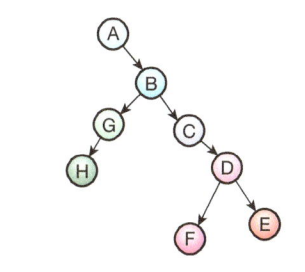

④ 同じAという物質でも酵素があれば別の物質に変化する

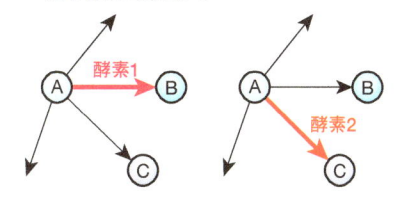

グルコース6-リン酸の代謝の例（⑤）

グルコース6-リン酸は、存在している酵素によってはまったく異なる代謝へと進んでいく。グルコース6-リン酸イソメラーゼが発現していればフルクトース6-リン酸に代謝される。フルクトース6-リン酸はその後ATPを合成する方向に代謝されていく。

ホスホグルコムターゼが発現している場合はグルコース1-リン酸に代謝される。グルコース1-リン酸はグリコーゲンを合成する方向に代謝が進んでいく。

グルコース6-リン酸脱水素酵素が働く場合は6-ホスホグルコノラクトンになり、6-ホスホグルコノラクトンはヌクレオチドを合成する方向に代謝されていく。

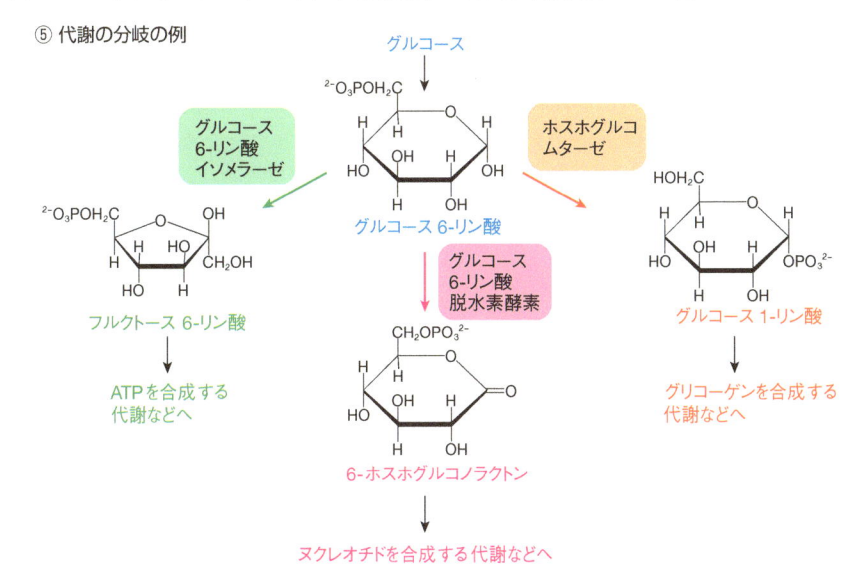

⑤ 代謝の分岐の例

第2章　代謝の多様性と共通性

2.3 代謝にはエネルギーが関わる

異化代謝と同化代謝（①、②）

外部から細胞の中に取り込まれたグルコースなどの物質は少しずつ代謝されて、小分けにされたエネルギーが回収されていく。回収されたエネルギーは生体の成分や貯蔵物質をつくる代謝で使われる。

図①と図②は縦軸にそれぞれの物質が持つエネルギーのレベル、横軸に代謝の経過時間をとったモデル図である。図①は外部から取り込んだ物質の分解によりエネルギーや低分子の素材を得る代謝（異化代謝）、図②は低分子の素材やエネルギーを使って生体の成分や貯蔵物質をつくる代謝（同化代謝）を表している。

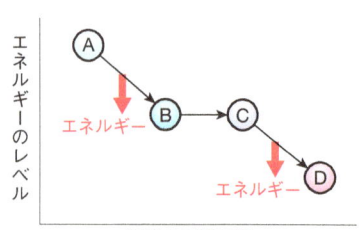

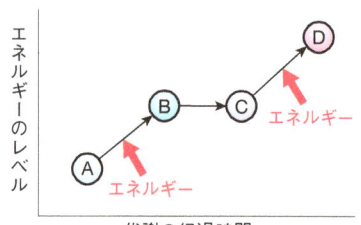

エネルギーが回収される反応とエネルギーが使われる反応

代謝経路のなかには、エネルギーレベルがあまり違わない反応、エネルギーレベルが大きく下がる反応、エネルギーレベルが大きく高まる反応がある。エネルギーレベルが大きく下がる反応では小分けにされたエネルギーが回収され、それとは逆に、エネルギーレベルが大きく高まる反応では小分けにされたエネルギーが利用される。ただし、異化代謝ではエネルギーが回収されるが、代謝の途中で一時的にエネルギーが消費される場合もある。

小分けにされたエネルギーを担っている3つのグループ

小分けにされたエネルギーを担っているのは次の3グループである。
グループ1　ATPやCoA-SH（補酵素A）に代表される高エネルギー化合物
グループ2　NADHやQH$_2$（ユビキノール）に代表される還元型の補酵素
グループ3　脂質2重層の膜を隔てた物質の濃度勾配。H$^+$イオンやNa$^+$イオンの濃度勾配
　ATPとNADHについては次章で詳しく説明する。エネルギーを担う物質や状態のうちで、グループ3のH$^+$イオンの濃度勾配の役割は最後に発見された。

2.4 代謝経路や酵素活性は種々の方法で制御される

さまざまなレベルと時間での調節

1つの酵素に対してさまざまなレベルでの調節がある。ただし、すべての酵素に対してすべての種類の調節があるわけではない。調節は代謝の要所要所で行われる。環境の変化や刺激などに対応する調節のスピードには差がある。

- ◆ 数日：細胞の増殖や構造の変化を伴うもの。抗体の生産など
- ◆ 数時間～1、2日：遺伝子の調節、発現を伴うもの
- ◆ 数分～数時間：酵素のレベルでの調節（①～④）
- ◆ 数秒：カルシウムイオンによる調節（⑤）
- ◆ ただちに：基質と生産物の濃度バランスの調節

酵素の質と量による調節

酵素の遺伝情報を持っている遺伝子が、どの時期に、どの細胞で働くか（遺伝情報の発現）などが制御されている。また、同じ作用をするAという酵素でも、ある臓器・組織の細胞ではA1というサブタイプの酵素、別の臓器・組織の細胞ではA2、さらに別の組織の細胞ではA3というサブタイプの酵素が発現するようになっている場合もある。

酵素が働いている代謝の現場での調節

フィードバック阻害（①-A）

代謝経路の後のほうの代謝産物が、その代謝経路の前のほうのステップを触媒している酵素の活性を抑制する。もうたくさんできたから、原料の供給を止めてくれという調節。

フィードフォワード促進（①-B）

原料になる物質が大量にあるときに代謝経路の先のほうの酵素の活性を上げて、代謝をどんどん進める制御である。代謝産物が途中で過剰にたまると病気を起こす原因にもなるので、フィードバックやフィードフォワードのシステムは大切である。

アロステリック制御（②）

アロステリック制御とは、ある酵素の触媒活性部位とは異なる部位に特定の化合物が結合することによって酵素の構造に影響を及ぼし、その酵素の活性を促進あるいは阻害する制御である。可逆的な反応である。フィード

① フィードバック阻害とフィードフォワード促進

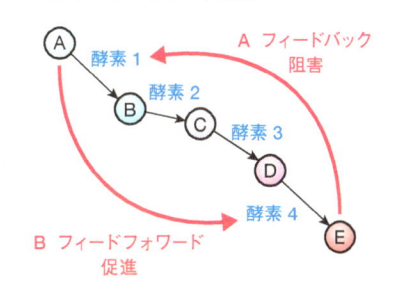

② アロステリック制御

触媒部位
酵素の基質が結合し、化学変化が促進される

アロステリック部位
代謝経路の物質が結合し、酵素活性を制御する

酵素タンパク質

第2章 代謝の多様性と共通性

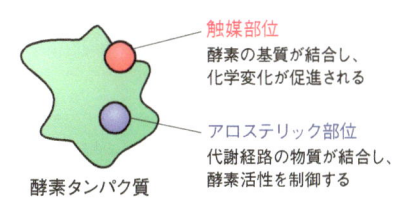

バック阻害とフィードフォワード促進は、主にアロステリック制御による（アロは「異なる」という意味。ステリックは「場所」という意味）。

可逆的な共有結合修飾（③）

タンパク質のリン酸化／脱リン酸化、アセチル化／脱アセチル化などがあげられる。タンパク質の一部分の電荷が変わり、構造が変化して活性に影響する。

③ 可逆的な共有結合修飾

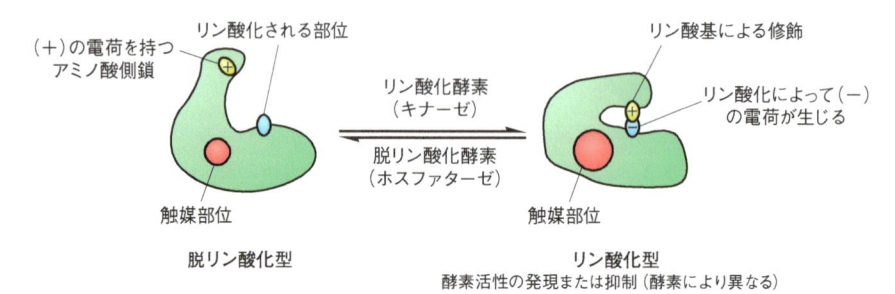

脱リン酸化型

リン酸化型
酵素活性の発現または抑制（酵素により異なる）

不可逆な切断による酵素の活性化（④）

トリプシノーゲンが部分切除され、トリプシンになる反応などがある。タンパク質をつくるアミノ酸配列の部分的な切除によってタンパク質の構造が変わり、触媒機能部位が生じる。部分切除前の活性のない酵素タンパク質をプロエンザイム（プロ酵素）という。

④ 不可逆な切断による酵素の活性化

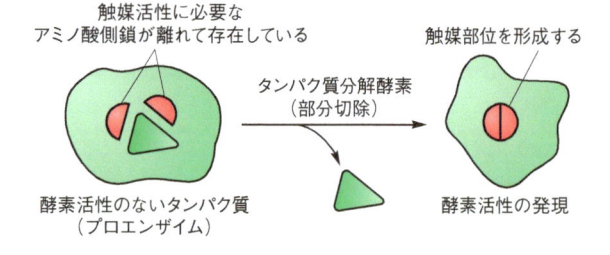

酵素活性のないタンパク質（プロエンザイム）→ 酵素活性の発現

カルシウムイオンによる調節（⑤）

カルシウムイオンは外部からの特定の刺激に対応して細胞内の小胞体の中から放出される。カルシウムイオンはカルモジュリンという小さいタンパク質に結合し、カルモジュリンの構造を変化させる。構造の変化したカルモジュリンは標的になるタンパク質に結合し、そのタンパク質の機能を調節する。細胞の中ですばやく起こる調節である。

⑤ カルシウムイオンによる調節

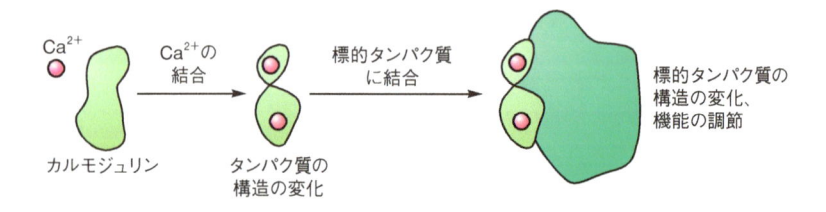

カルモジュリン → Ca^{2+}の結合 → タンパク質の構造の変化 → 標的タンパク質に結合 → 標的タンパク質の構造の変化、機能の調節

2.5 生命体の維持に必要な主な代謝経路

　下の図は生命体の維持にとって必要な主要代謝経路を示している（①）。これらの代謝経路は必ずしもすべての生命体が持っているわけではないが、地球上の生物全体としては相互に補完している。

低分子物質の主要な代謝系

　解糖系は、グルコースを徐々に分解してエネルギーを取り出していく。この代謝系を中心にして他の代謝経路が発達している。解糖系、発酵、クエン酸回路（TCA回路）、呼吸の電子伝達系と酸化的リン酸化、ペントースリン酸経路の5つの代謝経路をもとにさらに他の重要な代謝経路（糖の新生、光合成のカルビン回路［二酸化炭素固定］、ヌクレオチドの代謝、脂質の代謝、窒素固定、尿素回路、アミノ酸の代謝、ヘムの代謝）も発達している。タンパク質の素材になるアミノ酸は、種々の代謝経路で生産される。

① 生命体にとって必要な主要代謝経路

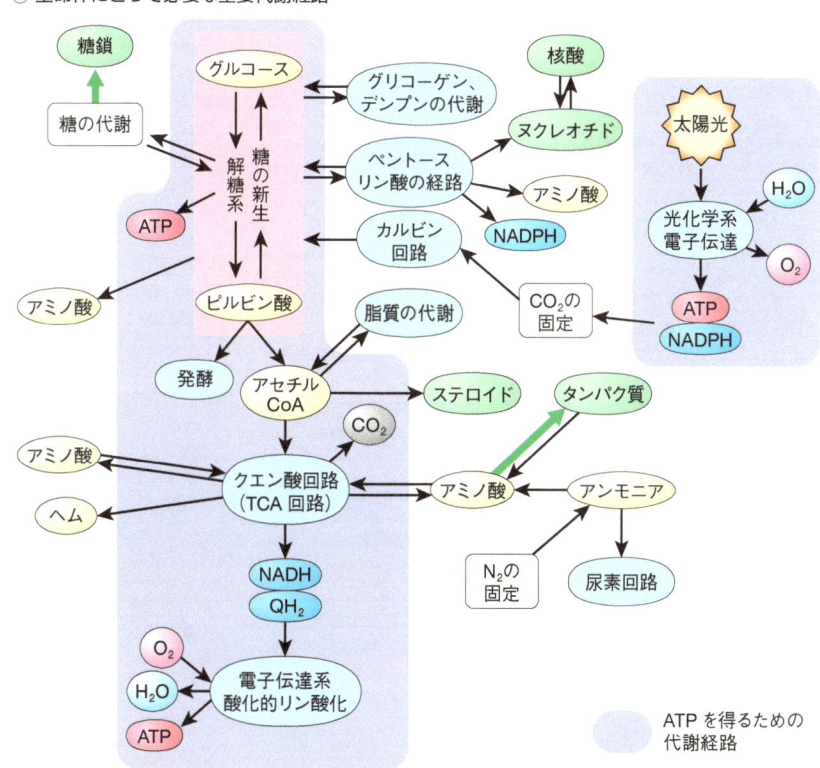

第2章　代謝の多様性と共通性　29

生体高分子の主要な代謝
　多様な代謝で生じる物質を素材にしてタンパク質、核酸、糖鎖などの生体高分子の合成が行われる。

それぞれの生物群に特有の低分子物質をつくる2次代謝
　それぞれの生物群に特有の低分子物質をつくる2次代謝も発達している。植物などでは種々のアルカロイド、色素、ポリフェノールなどの合成系、微生物では抗生物質などの合成系が発達している。2次代謝はそれぞれ主要代謝経路から出発している。

代謝経路は網目状につながっている
　それぞれの代謝経路はどこかでつながっており、孤立した代謝系はない。生物での物質代謝と工場などでの化学合成との違いの1つである。生物の代謝系は代謝ネットワーク（代謝網）という言葉で表される。

エネルギーを得るための代謝経路
　ATPはエネルギー通貨としてさまざまな代謝で使われる。ATPを得るための代謝経路は2つある。1つはグルコースから始まる経路（解糖系、クエン酸回路など）で、もう1つは太陽光から始まる光合成の経路である。

学生の感想など

◆生物は代謝によってエネルギーを生み出し、それを活用して生命活動を行っている。代謝は生物における最も重要なシステムなのだと感じた。

◆生物が進化の過程で獲得してきた代謝の反応やエネルギーの獲得の方法は本当に効率的ですごいと思う。

◆生物の膜は物質の選択をしたり、エネルギーをつくり出したりと、とても重要だということを知りました。

◆鶏の生む無精卵は生命といえるのでしょうか？　それ自体では発生せず、何も動くことはないですが。
⇒生命です。卵の多くの部分は個体の発生に備えた栄養分ですが、卵の中には受精に備えた構造やそれを維持する代謝があります。時間の経過とともに細胞成分を分解していく代謝が進むでしょう。

◆フィードバック阻害は、言葉として知っていたが、具体的に触媒部位やアロステリック部位がどうなっているのか、はじめて知ることができておもしろかった。

◆植物は同じ空間で光合成と呼吸を行っているのですか？
⇒植物体をつくっている細胞の中には葉緑体とミトコンドリアがあり、光合成は葉緑体で、呼吸はミトコンドリアで行われます。

◆エネルギーの獲得方法は進化の産物だそうですが、動植物においてエネルギー代謝のさらなる効率化は望めないのでしょうか？
⇒植物では環境に応じた光合成システムの適応、進化が起こっています。動物でも、生物種や組織によって微調節や適応があるはずです。

調べてみよう　考えてみよう

◆深海底では熱水が噴気し、光が届かず、噴気孔からは硫化水素が放出されている。どのような生物がどのような代謝を行い生活をしているだろう？

◆動物の排泄物をエサにして、どのような生物がどのような代謝をしているだろう？　下水処理場（水再生センター）を見学してみよう。

◆無機物（S、N、Feの化合物）を代謝する生物の、エネルギーの獲得方法について調べてみよう。［例：Sを代謝する生物…硫黄バクテリア（好気的、独立栄養生物）・光合成硫黄バクテリア（嫌気的、独立栄養生物）・硫酸還元菌（嫌気的、従属栄養生物）］

◆酸素は細胞や生体にどのような毒性を及ぼすのか調べてみよう。

◆酸素の毒性を防ぐための生体物質や代謝について調べてみよう。

補項2.1　エネルギーや炭素をどこから得ているか

生物の多様性のもとには体の構造や形態の違いだけではなく、エネルギーや炭素の摂り方の違いがある（①）。

エネルギーや炭素をどこから得るか（②）

エネルギーや炭素をどこから得るかによって、独立栄養生物と従属栄養生物に分けられる。

独立栄養生物は、自分で無機物や太陽光を利用してエネルギー源や細胞の成分をつくることができる。

(1) 化学合成無機栄養生物

NH_3、H_2S、Fe^{2+}などの無機物質の酸化でエネルギーを得る。

(2) 光（合成）栄養生物

光エネルギーを化学エネルギーに変換してエネルギーを得る。シアノバクテリア（藍藻）、紅色細菌、珪藻、藻類、植物。

従属栄養生物は独立栄養生物のつくった物質を取り込んでエネルギー源や細胞の成分をつくる。動物、腐生菌など。

① 植物の葉をエサにする蛾の幼虫

植物は独立栄養生物。幼虫は従属栄養生物。両者はともに絶対好気生物

② エネルギーや炭素をどこから得ているか
- 独立栄養生物
  - (1) 化学合成無機栄養生物
  - (2) 光（合成）栄養生物
- 従属栄養生物

酸素と生物の関係（③）

現在の地球の大気は酸素 O_2 を大量に含んでいる。しかし生命体が発生した初期の地球では酸素はほとんど存在しなかった。酸素は光合成をする生物が現れてから大気中に増えてきた。酸素自体はさまざまな生体成分を酸化し、老朽化させる物質で、過酸化物は遺伝子の分断をも起こす。多くの生物では酸素の毒性を防御する物質の生産や代謝機構が発達している。そのような防御機構は環境に適応するなかで発達する。防御機構を持たない生物は酸素濃度の低い環境で生き延びていく。その一方で酸素をエネルギー獲得のために利用する代謝である呼吸も発達し、いつしか酸素がなければ生きていけない生物も生まれた。嫌気生物は硫酸塩や硝酸塩を酸化剤にするので、酸素がなくても生存できる。

(1) 絶対嫌気生物

酸素が毒になる生物。

(2) 通性嫌気生物

酸素があってもなくても構わない生物。

一方、（絶対）好気生物は、酸素に依存し、酸素がなければ生存できない。

こうして、酸素の存在を嫌い地中や水底に生活する生物と、酸素がなければ生きられない生物という区別が生じた。

③ 酸素が生存に影響するか
- 嫌気生物
  - (1) 絶対嫌気生物
  - (2) 通性嫌気生物
- （絶対）好気生物

補項2.2　エネルギーの獲得方法は進化の産物である

エネルギーの獲得方法には互いに共通した部分がある（①〜③）

　発酵、呼吸、光合成をよく見比べてみよう。エネルギーの獲得方法にはそれぞれ共通した部分がある。これらの代謝系が独立して一挙に出現したのではないことがわかる。電子伝達やプロトンの濃度勾配については第II部で学ぶ。その際はこの図を振り返ってほしい。

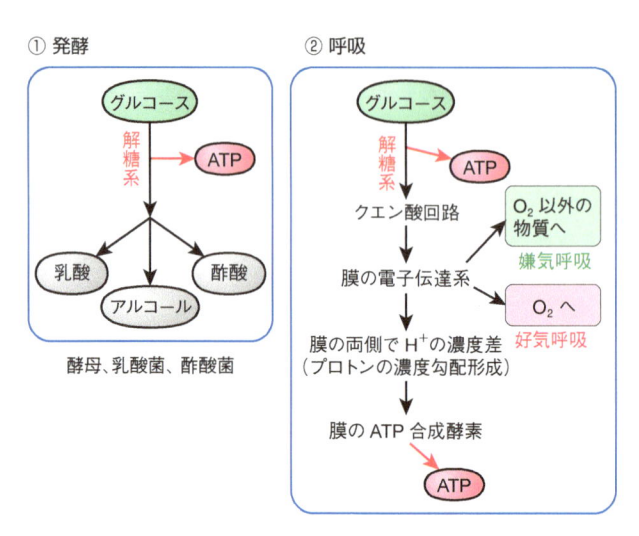

① 発酵

グルコース → (解糖系) → ATP
　　　　　→ 乳酸 / アルコール / 酢酸

酵母、乳酸菌、酢酸菌

② 呼吸

グルコース → (解糖系) → ATP
↓
クエン酸回路
↓
膜の電子伝達系 → O_2 以外の物質へ（嫌気呼吸） / O_2 へ（好気呼吸）
↓
膜の両側で H^+ の濃度差
（プロトンの濃度勾配形成）
↓
膜のATP合成酵素
↓
ATP

③ 光合成と呼吸

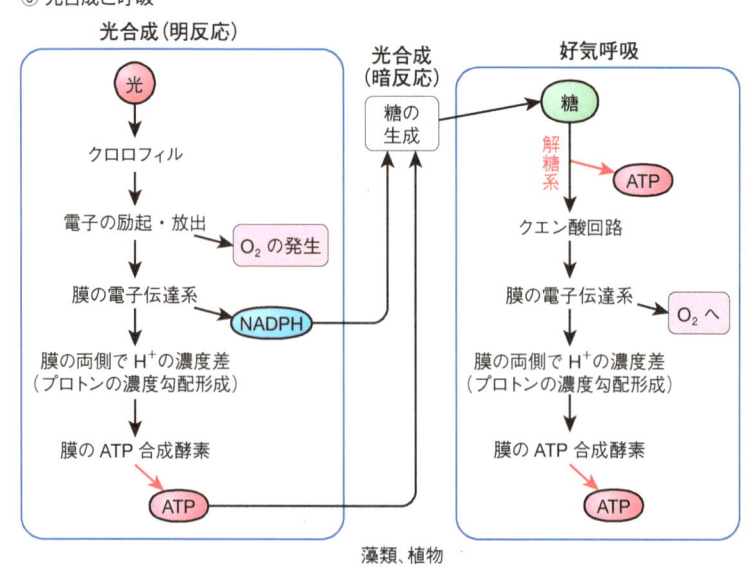

光合成（明反応）

光 → クロロフィル → 電子の励起・放出 → O_2 の発生
↓
膜の電子伝達系 → NADPH
↓
膜の両側で H^+ の濃度差
（プロトンの濃度勾配形成）
↓
膜のATP合成酵素
↓
ATP

光合成（暗反応）

糖の生成

好気呼吸

糖 → (解糖系) → ATP
↓
クエン酸回路
↓
膜の電子伝達系 → O_2 へ
↓
膜の両側で H^+ の濃度差
（プロトンの濃度勾配形成）
↓
膜のATP合成酵素
↓
ATP

藻類、植物

第3章 生化学反応のエネルギー

自由エネルギーとは何だろう？
ATPはなぜエネルギーの通貨なのか？
還元力って何だろう？

　上の写真は楽しいハイキングの様子。のんびりと歩く人もあれば、走り回ってはしゃぐ子もいる。歩き方や走り方、経過時間によってエネルギーの供給源は違ってくる。

　この章では生化学反応を推し進めるエネルギーについて、さまざまな角度から見てみよう。エネルギーの状態を統一的に表す基準、生化学反応にどんな形でエネルギーが供給されるのか、エネルギーの通貨といわれるATPの性質や反応性、ATPと少し違った通貨のアセチルCoA、そして最後に酸化還元反応で還元力を提供する補酵素類を解説する。

KEY WORD　自由エネルギー　エントロピー　ATP

3.1 運動中、エネルギーの供給源は変わっていく

運動中に筋肉で消費されるエネルギーの供給源は時間とともに変わっていく（①）。

すでにあるATPの消費（①-A）

最初は筋肉中にあるATPが消費される。ATPは急激に減少していく。ATPは筋肉繊維のミオシンによって加水分解され、ADPとP_i（無機リン酸）になる。

リン酸化合物からATPを補充（①-B）

クレアチンリン酸（ホスホクレアチン）（②）からADPにリン酸基が供給されATPとなる。クレアチンリン酸はATPを補充するための高エネルギー貯蔵体で、筋肉に多い。

糖を分解してATPを生産（①-C）

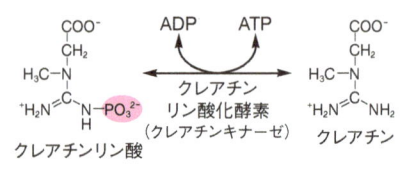

糖分の嫌気的な代謝（解糖系）により、ATPが生産される。酸素がなくても糖分を分解してエネルギーをATPとして回収できる。筋肉中には分解産物である乳酸がたまってくる。

呼吸によってATPを生産（①-D）

好気的な代謝（解糖系の後に続くクエン酸回路と酸化的リン酸化）により、大量のATPが生産される。酸素を必要とし、代謝に時間もかかるが、ATPは大量に生産される。

グリコーゲンが分解され、糖分が補充される。脂質も分解されてATP生産に使われる。さまざまな代謝やシステムでエネルギー担体のATPが供給される。

① 運動中のエネルギーの供給源*

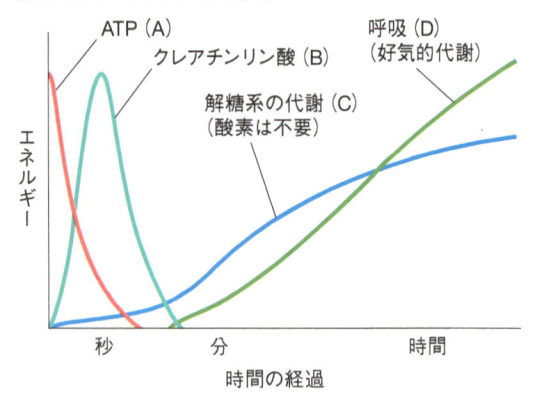

② クレアチンリン酸（ホスホクレアチン）

学生の感想など

◆ ATPによって体が動いているのは知っていたけれど、ATPはいろんな所から供給されているんだと知っておどろきました。
◆ エネルギー供給の面から見て、疲れにくい走り方はありますか？
⇒ゆっくり走ることです。乳酸はたまらず、酸素の供給でATPが大量につくられます。

---

*J. M. Berg・J. L. Tymoczko・L. Stryer 著、入村達郎・岡山博人・清水孝雄 監訳、ストライヤー生化学 第7版（2013）東京化学同人、p.369、図15.7を一部改変。

3.2 自由エネルギーという尺度

化学反応に使えるエネルギー（①）

化学反応に使うことのできるエネルギーをギブズが「自由エネルギー」という言葉で定義した。等温等圧の条件下で、仕事に使える自由エネルギーの量 G は、

$G = H - TS$

H：エンタルピー（熱量）
T：温度（ケルビンの絶対温度）（0℃ = 273 K）
S：エントロピー（乱雑さ）

自由エネルギーの変化 ΔG は、

$\Delta G = \Delta H - T\Delta S$

① 自由エネルギー（G）と ΔG

$\Delta G = G_{(生成物)} - G_{(原料)}$

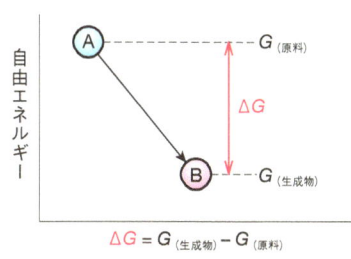

化学反応は自由エネルギーが低下する方向に進む（②-A）

自由エネルギー G が低下するので、ΔG は負になる。ΔG が負になる反応とは、1. または 2. である。

1．ΔH が負になる反応。つまり、物質の熱含量が下がる反応である。
2．ΔS が正になる反応。つまり、乱雑さが増す反応である（参照→3.3）。

自由エネルギーがほぼ同じ場合には、反応はどちらにでも進む（②-B）

どちらの方向にでも行けるときは、濃度の高い物質から低い物質へと変化する反応が多くなり、やがて平衡状態になる。

自由エネルギーが高くなる変化にはエネルギーの供給が必要（②-C）

自由エネルギーのレベルが高い物質に変化するためには、外からエネルギーの供給が必要になる。ここで ATP などのエネルギーが使われる。

② 自由エネルギーと化学反応の進む方向

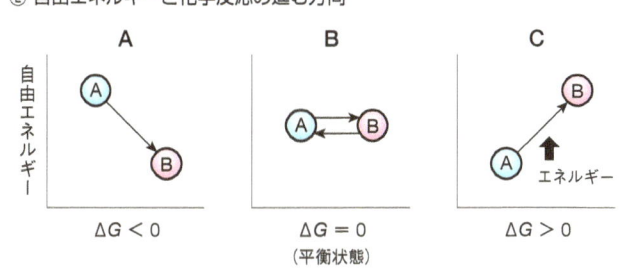

A: $\Delta G < 0$
B: $\Delta G = 0$（平衡状態）
C: $\Delta G > 0$

＊Δ：デルタと読み、反応後の値から反応前の値を引いた「差」を示す記号。細胞内での代謝反応では、反応前と後での温度や圧力の変化はないものとしてよい。それで、$\Delta G = \Delta H - T\Delta S$ となる。

3.3 エントロピー（乱雑さ・自由度）が増す反応は自発的に起こる

エントロピーは乱雑さ（自由度の大きさ）の尺度

　エントロピーという言葉は聞き慣れないので難しいと感じる人が多いと思うが、生化学にとって重要な言葉（概念）なので慣れてほしい。エントロピー S は乱雑を量で表すときの尺度で、単位は J/K（Kは絶対温度）。温度が上がれば無秩序さは増し、分子の運動が盛んになる。

　エントロピーが増す反応（ΔS が正になる反応）、つまり乱雑さが増す反応は、自発的に進行する（熱力学第2法則）。

物質の拡散と混合はエントロピーの増加（①）

　気体は広い空間に分散するとそれぞれの分子は自由に動き回れる場所が広がる。これは水溶液でも同じである。濃いものは水に入れると拡散し薄くなっていく。乱雑さが増し、エントロピーが増加している。逆に、秩序をつくるにはエネルギーが必要である。拡散した物質を狭い領域に集めるにはエネルギーと装置が必要になる。

① エントロピーが増加する現象の例：物質の拡散、混合

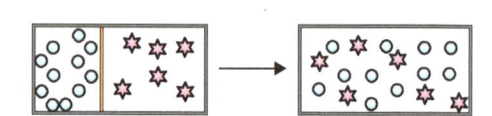

高濃度側から低濃度側への物質の移動
（ランダムな運動による）

乱雑さが増すことによって自発的に起こる現象は生物にとって重要

◆ 疎水性の相互作用

　水の中で疎水性の物質が凝集すると疎水性の物質の周りにある水分子の数が減少し自由に動き回れる水分子の数が増える。つまり多数の水分子の乱雑さが増す。この疎水性の相互作用の力が働いてタンパク質の折りたたみや脂質2重層の膜の形成が起こる。

◆ タンパク質の折りたたみ

　水溶液中ではタンパク質の中心のほうに疎水性のアミノ酸側鎖が凝集しようとし、外側には親水性のアミノ酸側鎖が分布しようとする。その結果、タンパク質の立体構造の基礎ができていく。

◆ 脂質2重層の膜の形成

　水溶液の中で脂質2重層の膜が形成されることが細胞の成立、生命の発生につながる。

◆ 濃度の高い場所から低い場所への物質の移動

　何かでかき混ぜなくても、細胞の中でさまざまな物質が拡散する。拡散し、衝突するので化学反応が起こる。また、膜を隔てて片側の濃度が高い物質は、膜の反対側に移動しようとする。半透膜*で隔てられているときは、濃度が同じになるように水や低分子の物質が移動する。

---

*半透膜：水などの低分子の物質は通すが、タンパク質など高分子の物質は通さない膜のことである。　細胞膜は半透膜であるとともに疎水性のバリアにもなっている。

3.4 エネルギー供給の方法

自由エネルギーが増加する反応は自然には起こりにくいので、外部からエネルギーを供給して反応を進める。次の3つの方法がよく使われる。

共役反応（①）

自由エネルギーが増加する反応を進めるために、自由エネルギーが減少する反応を組み合わせるやり方。共役反応は、

$$\begin{cases} A \to B \\ C \to D \end{cases} \quad \text{または} \quad A \underset{C}{\overset{B}{\searrow}} D \quad \text{と表現される。}$$

しかし、A→B の反応と C→D の反応は、それぞれ独立に起きる反応ではない。実際には、A と C が反応して中間体 M ができ、その後、B と D が生じるという経過をたどる。このとき、C には ATP などの高エネルギー化合物が使われる。

$$A + C \to M\text{（中間体）} \to B + D$$

① 共役反応

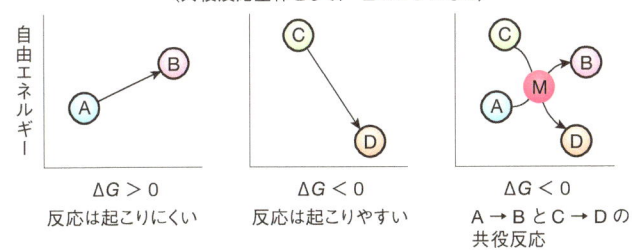

$\Delta G > 0$ の反応は、$\Delta G < 0$ の反応と共役して進行する
（共役反応全体として、$\Delta G < 0$ になる）

自由エネルギー

$\Delta G > 0$	$\Delta G < 0$	$\Delta G < 0$
反応は起こりにくい	反応は起こりやすい	A→B と C→D の共役反応

電子を与える反応（②）

電子（e^-）を与えるのは還元型補酵素の NADH などである。電子は原子と原子を結びつけて新しい化合物を生じさせることができる。

電子は電子を引きつける力の強い化合物や金属などへと飛び移る。電子を引きつける力に差のある物質が近いところに並んでいると、電子はパッパッパッパと飛び移っていく。最後に電子を受け取った物質はその電子を使って別の物質と結合して、新たな化合物をつくる。

② 電子を与える（還元する）

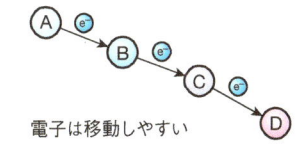

電子は移動しやすい

第3章 生化学反応のエネルギー

膜の両側での物質の濃度差（濃度勾配）を利用する方法（③）

　それぞれの物質は濃度の高いほうから低いほうに拡散する。間に膜があって仕切られていても、膜に通過できる所があればそこを通って流れ込む。その流れる力を利用する方法である（参照→ 14 章、17 章）。

③ 濃度の差を利用する

濃度勾配

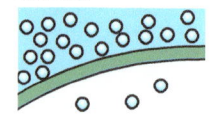

流れ込む力を利用

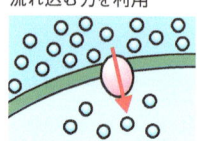

---

　　column　　**ATP がエネルギーを供給するもう 1 つの方法**

　ATP の化学結合のエネルギーが、タンパク質の変形を介して力のエネルギーに変わり、細胞内外の仕事に利用される。

　筋肉のタンパク質ミオシンの頭部の中央に、ATP が抱え込まれるように結合している（①）。筋肉繊維は多数のミオシンの束と、これまた多数のアクチン繊維の集団が主要な構成メンバーになっている。

　ミオシンに結合している ATP が加水分解されると ATP に結合して保たれていたミオシンの構造がゆるみ、変形する。その結果、筋肉繊維をつくっているアクチン繊維とミオシン繊維の配置がずれて、筋肉繊維の収縮が起こる。

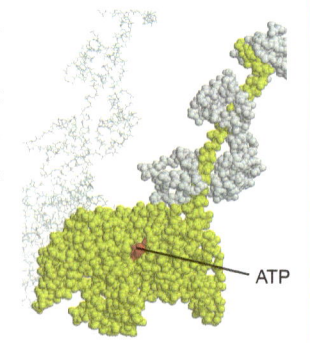

① ミオシンの頭部と ATP

ATP

[PDB ID：1DFL]

3.5 高エネルギー化合物の代表 ATP（アデノシン三リン酸）

高エネルギーリン酸結合（①）

① ATPの加水分解

ATPではリン酸基が3個つながって結合している。糖に近いほうから α 位、β 位、γ 位のリン酸基という。リン酸基の α と β、β と γ の間の結合を、高エネルギーリン酸結合という。

リン酸無水物結合自体は普通の共有結合で、結合自体のエネルギーは他の共有結合と同じである。ではなぜ高エネルギー結合といわれるのだろう？

それはATPよりも加水分解産物のADP + P_i（無機リン酸）やAMP + PP_i（ピロリン酸、無機二リン酸）のほうがエネルギー的にはるかに安定で、逆反応が起こるためにはエネルギーの供給が必要だからである。

ATPとその加水分解産物との安定性の違いには、いくつかの理由がある。

ATPよりも加水分解産物のほうが水分子との水素結合が多い（①）

リン酸基のO原子には水分子が水素結合する。ATPよりも加水分解産物のADP + P_i やAMP + PP_i のほうが水素結合できる水分子の数が多い。

近接した（−）電荷どうしの反発

α、β、γ のリン酸基はそれぞれ H^+ を解離して（−）電荷を持っている。近接した物質がそれぞれ（−）電荷を持っているので互いに反発し、離れようとして不安定になる（棒磁石の同じ極どうしをくっつけようとしても反発し合ってすぐ離れるのと同じ）。細胞の中では、多くの場合、Mg^{2+} が1分子、ATPのリン酸基とリン酸基の間に静電結合（イオン結合）をして、ATPを安定化している。

第3章 生化学反応のエネルギー

加水分解で生じる P_i には複数の共鳴構造があるので安定（②）

無機リン酸 P_i には P 原子と O 原子を結ぶ単結合と 2 重結合の位置が入れ替わった共鳴構造がある。共鳴構造がある分子では電子が特定の結合に属さず非局在化し、安定性が高い。

ATP よりも加水分解産物の ADP + P_i や AMP + PP_i のほうがエネルギー的にはるかに安定になるのと同じ理由で、PP_i よりもその加水分解産物の P_i + P_i のほうが安定である。

② 無機リン酸の共鳴構造

ATP のエネルギーは ATP の生成と利用に手ごろな大きさ（③）

図の上部にある物質ほど、加水分解したときに大きな自由エネルギーを放出し、ΔG の（−）の数値が大きい。ATP は図のほぼ中央に位置している。ATP はエネルギーが大きく変化する代謝では、ちょうどいい位置にいる。

③ 加水分解したときの自由エネルギー変化量*

$\Delta G^{0'}$ (kJ/mol)

- −60 ● ホスホエノールピルビン酸　A
- −50 ● 1,3-ビスホスホグリセリン酸
- −40 　　　　　　　　　　B　● クレアチンリン酸
- 　　　　　　　　　　　　　　● アセチルCoA
- −30 ● ATP → AMP + PP_i
- 　　● PP_i → 2P_i　● アルギニンリン酸
- 　　● ATP → ADP + P_i
- −20 　　　　　　　　　　　　C
- 　　● グルコース 1-リン酸
- −10 ● グルコース 6-リン酸
- 　　● グリセロール 3-リン酸　● AMP → アデノシン + P_i

ATP よりも多量の自由エネルギーを放出するもの（③-A）

ATP よりも上にあるホスホエノールピルビン酸と 1,3-ビスホスホグリセリン酸は、グルコースを分解してエネルギーを取り出していく解糖系の代謝で生じる物質で、それぞれ ADP にリン酸基を与えて ATP をつくり出している。

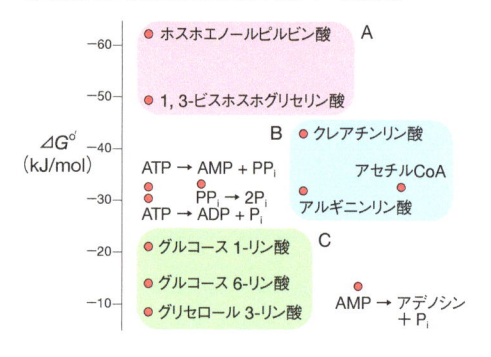

ATP と同程度の自由エネルギーを放出するもの（③-B）

ATP と近いエネルギーレベルにある物質のうち、クレアチンリン酸とアルギニンリン酸はそれぞれ ATP が減少したときに ADP にリン酸基を与えて ATP を補充する、いわば高エネルギーの貯蔵体である。アセチル CoA は脂肪酸の代謝などでエネルギーの供与体として活躍する。解糖系の代謝産物がクエン酸回路に入っていくときにも、アセチル CoA が一役買っている。

ATP が AMP と PP_i に分解されると、PP_i は酵素のピロホスファターゼによってただちに加水分解される。この際の自由エネルギー変化量も ATP が放出するエネルギー量とほぼ等しい。細胞内に水は圧倒的に大量にあるので、PP_i の生成を伴う反応は不可逆なステップになる。

ATP よりも少量の自由エネルギーを放出するもの（③-C）

ATP よりも下にある物質は、いずれも ATP からリン酸基をもらって生成する。

---

*$\Delta G^{0'}$：生化学的な標準条件での ΔG の値。生化学的な標準条件とは、温度 25℃、気圧 1 気圧、物質の濃度 1 M（ただし水の濃度は不問）、pH 7.0 のこと。

3.6 共役反応の例 ATPの加水分解による反応の進行

　共役反応がどのように起こるのか、グルタミンの合成の反応（①）を例にして見てみよう。グルタミンの合成ではグルタミン酸にアンモニア NH_3 が結合してグルタミンが生成する。このとき ATP のエネルギーが反応を進行させるのに使われている。

① グルタミン合成の共役反応

グルタミン酸 + アンモニア（NH_3）　→　グルタミン
　　　　　　ATP　　　　　　　　　　　ADP + P_i

共役反応の具体的な中身（②）

　最初にグルタミン酸に ATP のリン酸基が渡されて、グルタミル 5-リン酸（γ-グルタミルリン酸）という高エネルギーの中間体ができ ADP が生じる。次に、グルタミル 5-リン酸にアンモニア NH_3 が結合して、グルタミンと無機リン酸 P_i が生じる。

　化学反応を電子の動きで見てみると、

② グルタミン酸にアンモニアを取り込んでグルタミンを生成する反応*

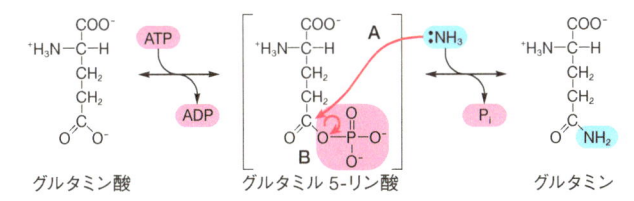

：：非共有電子対
↻：電子対の流れ

②-A　グルタミル 5-リン酸のリン酸基の付け根にある炭素原子 C は、リン酸基のほうに電子が引っ張られ、やや（+）になっている。そのため、アンモニア NH_3 の N が持つ非共有電子対が、その炭素原子 C に向かっていき、N と C の間に共有結合ができる。

②-B　リン酸基の付け根にある炭素原子 C とリン酸基の O との共有結合をつくっていた電子対は、リン酸基の O のほうに回収され、C と O の共有結合が切れる。無機リン酸 P_i が遊離し、グルタミンが生じる。

酵素は反応しやすい場を提供する

　この共役反応はグルタミン合成酵素が触媒している。酵素はグルタミン酸と ATP が反応しやすい位置にくるようにしたり、不安定なグルタミル 5-リン酸の分解を防いでいる。

---

*L. A. Moran・H. R. Horton・K. G. Scrimgeour・M. D. Perry 著, 鈴木紘一・笠井献一・宗川吉汪 監訳, ホートン生化学 第5版 (2013) 東京化学同人, p.263, (10.17) を一部改変。

3.7 アセチルCoAも高エネルギー化合物

アセチルCoAはCoA（補酵素A、CoA-SHまたはSH-CoA）の–SH基の–HがアセチルH基で置換された化合物である（①）。加水分解されたときにATPとほぼ同じ大きさの自由エネルギーを放出し、糖の好気的な分解、脂質代謝などで中心的な働きをする。

アセチルCoAはATPのエネルギーを利用してつくられる

アセチルCoAの原料は酢酸とCoA-SHである。ATPは反応中間体の形成に使われるが最終産物のアセチルCoAにはATPに由来する化学物質は何も残らない（②）。ATPが持っていたエネルギーの一部がアセチルCoAのチオエステルの反応性の高さとして残される。

① アセチルCoA

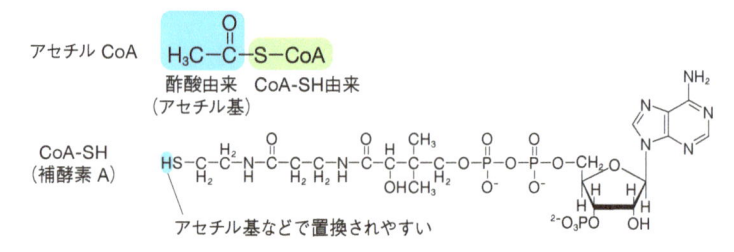

② CoA-SHからアセチルCoAがつくられるステップ

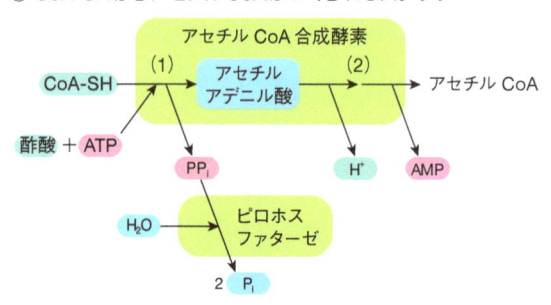

アシルCoAのアシル基は他の物質に転移しやすい

アセチルCoAやマロニルCoAはアシルCoA（③）の1種である。アシルCoAのアシル基は硫黄原子Sとチオエステルをつくっている。そのカルボニル基は酸素原子に結合しているエステルのカルボニル基よりも電子密度が高く、電子密度の低い化合物部分に結合しやすい。そのためチオエステルのアシル基は転移しやすい。マロニルCoAのアシル基は、脂肪酸の合成部品になる。

③ アシルCoA

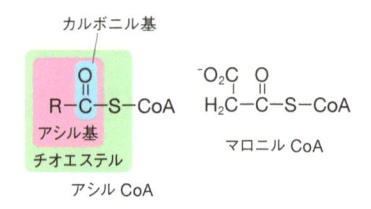

3.8 電子の受け渡しをする酸化還元補酵素

電子は原子と原子を結合させるもとであり、電子を与えることによってエネルギー的に起こりにくい反応が起こりやすくなる。電子の受け渡しは化学物質の酸化と還元を伴う。電子の受け渡しをする補酵素を、酸化還元補酵素という。

NAD$^+$とNADP$^+$の変化（①）

酸化型のNAD$^+$（ニコチンアミドアデニンジヌクレオチド）はタンパク質（酵素）中で低分子の有機物質から電子2個を持つH$^-$（ヒドリドイオン）を得て還元型のNADHになる。

NADHはタンパク質から離れて移動し、別のタンパク質（酵素）の窪みに入ってそこで他の有機物質にH$^-$を渡し、酸化型のNAD$^+$に戻る。NADの酸化還元では電子は2個同時に受け渡される。

NADP$^+$（ニコチンアミドアデニンジヌクレオチドリン酸）もNAD$^+$と同じ変化をする。

① NAD$^+$とNADP$^+$の変化

NAD$^+$、NADP$^+$（酸化型） ⇌ NADH、NADPH（還元型）

赤：酸化還元で変化する部分
R：化学構造式を省略した部分
◀：紙面手前へ
⊸：紙面裏側へ

FADとFMNの変化（②）

酸化型のFAD（フラビンアデニンジヌクレオチド）はH$^-$の形で電子2個を得て還元型のFADH$_2$になる。還元型のFADH$_2$は電子を1個ずつ他の物質に渡し、ラジカルを経てもとの酸化型のFADに戻る。還元型のFADH$_2$は酸素で酸化されやすいので、タンパク質に守られて働く。

FADは有機分子から電子2個を同時に受け取れる一方で、CuやFeなどの金属を含む物質に電子を1個ずつ渡すことができる。

FMN（フラビンモノヌクレオチド）もFADと同じ変化をする。

② FADとFMNの変化

FAD、FMN（酸化型）
FADH$_2$、FMNH$_2$（還元型）
FADH・、FMNH・（ラジカル）

H$^-$：ヒドリドイオン（水素化物イオン）
H$^+$、e$^-$、e$^-$で構成される
・：不対電子

ユビキノンの変化（③）

酸化型のユビキノン（Q）は電子を1個ずつ2回得て、還元型のユビキノール（QH$_2$）になる。ユビキノールは脂質2重層の膜の中を移動し、別のタンパク質と結合して、そこで金属を含む物質などに電子を1個ずつ2回渡すことができる。

第3章 生化学反応のエネルギー

③ ユビキノン（Q）の変化

ユビキノン（Q）（酸化型） ⇌ セミキノン（·Q⁻）（ラジカル） ⇌ ユビキノール（QH₂）（還元型）

酸化還元の変化をしない部分の役割

酸化還元の変化をしない部分は、簡略化されて R で表現されることが多い。しかしこの部分は、それぞれの物質がどこでどのタンパク質との組み合わせで働くかに影響する。

NAD⁺、NADP⁺、FAD、FMN

NAD⁺ と NADP⁺（④）、FAD と FMN（⑤）は、それぞれ特定の酵素タンパク質に結合して働く。点線で囲んだ部分は特定のタンパク質との結合に必要な部分である。NAD⁺ と NADP⁺ はほとんど化学構造は同じだが、それぞれの働く代謝系は異なっている。

- ◆ NADH　　酸化還元の酵素反応、酸化的リン酸化で ATP 生産に働く。酵素から酵素へ移動して電子を渡す。
- ◆ NADPH　脂肪酸、アミノ酸、デオキシリボヌクレオチドなどの合成に働く。酵素から酵素へ移動して電子を渡す。
- ◆ FADH₂ と FMNH₂　酸化還元の酵素反応で、特定の酵素の中で電子を渡す。

ユビキノンは脂質2重層の膜の中で働く

ユビキノンでは、R で表した部分は長くて大きな疎水性部分になっている（⑥）。そのためユビキノン類は脂質2重層の膜に溶け込んで働いている。疎水性の部分は可塑性に富み、炭素5個のイソプレノイドの単位が6〜10個つながっている。ヒトのユビキノンはイソプレノイド単位が10個つながったものなので、補酵素 Q_{10}（コエンザイム Q_{10}）とも呼

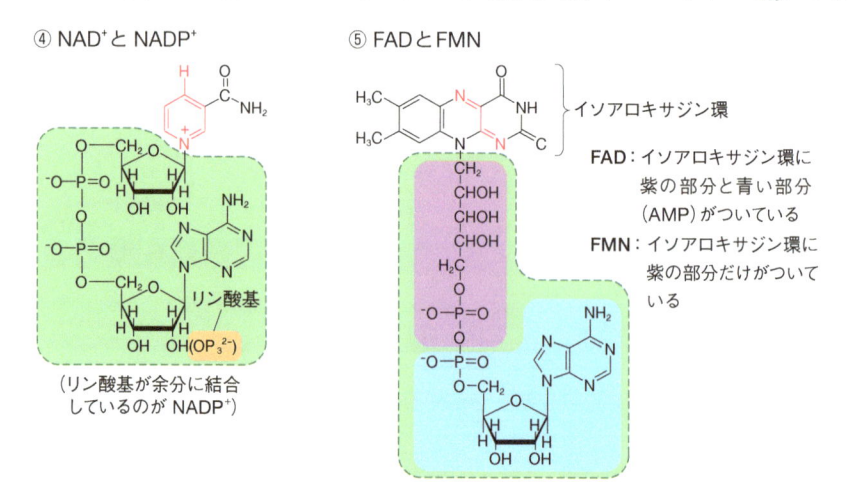

④ NAD⁺ と NADP⁺

（リン酸基が余分に結合しているのが NADP⁺）

⑤ FAD と FMN

イソアロキサジン環

FAD：イソアロキサジン環に紫の部分と青い部分（AMP）がついている

FMN：イソアロキサジン環に紫の部分だけがついている

ばれる。ユビキノンは膜の電子伝達系で働き、ミトコンドリアでのATP生産に寄与する。また、葉緑体にはユビキノンと化学構造の近いプラストキノンが存在し、光合成でのATP生産に寄与する。

⑥ ユビキノン（Q）

イソプレノイド単位10個（補酵素 Q_{10}）の場合の例。多数ある単結合のそれぞれは自由に回転できるので、疎水性の長い尾の向きや形は変幻自在である。図に示したのはそれらの構造のうちの2つ

第4章

生体膜と代謝

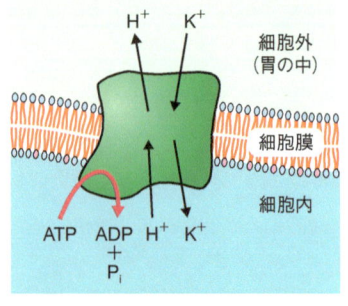

細胞膜には代謝に関係する種々の機能がある

　細胞膜では脂質2重層の中にさまざまなタンパク質が入り込んで働いている。細胞内にも膜がつくるミトコンドリアや小胞体などの小さな構造が発達しており、そこでも脂質2重層の膜にさまざまなタンパク質が組み込まれている。細胞膜や細胞内の膜を総称して、生体膜という。

　生体膜は脂質2重層が細胞や膜で包まれた小さな構造を内側と外側に区分けしているとともに、膜を利用した代謝のシステムも発達している。細胞の中では膜を利用した代謝の区画化と効率化が進んでいる。この章では生体膜の構成や構造、生体膜を利用した代謝、生体膜の形成などを見ていく。

　上の図に示したのはタンパク質でできている H^+-ポンプ（H^+, K^+-ATP加水分解酵素）である。ATPの加水分解によってタンパク質が変形し、細胞内部の H^+ イオンを細胞外にくみ出す。細胞外からは代わりに K^+ イオンを取り込む。H^+-ポンプは胃壁をつくる細胞の細胞膜にあり、胃の内腔に H^+ イオンが胃酸として放出されて、胃の中が強い酸性になる。私たちが食べた食物中のタンパク質は酸性条件下で構造が崩れ、酸性で働くタンパク質分解酵素によって分解される。

KEY WORD　膜と脂質　膜と物質の出入り　シグナルの伝達

4.1 生体膜をつくる脂質の種類と性質

リン脂質（①）

　膜をつくる脂質は親水性の頭部（①-A）と疎水性の尾部（足）（①-B）を持つ、両親媒性の物質である。頭部になる物質には、リン酸化合物または糖鎖がある。リン酸化合物が付いたものをリン脂質、糖鎖が付いたものを糖脂質という。頭部と尾部は炭素3個の化合物で連結されている（構造式の緑色の部分）。

　尾部になる脂肪酸（構造式の紫色の部分）は炭素数16個または18個のものが多いが、それらより短いものや長いものも使われる。尾部の R_1 には飽和脂肪酸、R_2 には不飽和の脂肪酸のアシル基が主に使われる。R_2 の足の途中に2重結合が入った（①-C）不飽和脂肪酸が使われると、膜の脂質の詰め込みがゆるくなり膜に柔軟性が生じる。

① リン脂質

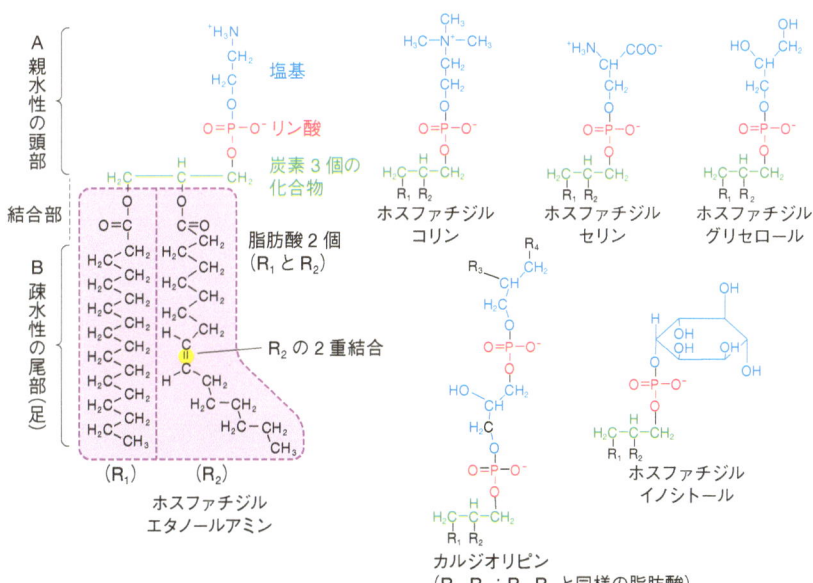

脂質分子は多様

　頭部-結合部-尾部にそれぞれどのような部品が使われるかによって、生体膜をつくる脂質分子は多様なものになる。生体膜の脂質はリン脂質が多いが、糖脂質も含めそれらがどの割合で使われて膜が構成されるかは生物種、組織、細胞、生息環境などによって異なる。プラズマローゲン（②）は神経系の細胞膜に多く、スフィンゴミエリン（③）は神経軸索を囲むミエリン鞘に多い。

糖脂質（④）

　頭部になる物質に糖鎖が付いたものが糖脂質である。糖脂質は脂質2重層の膜の細胞表面側に主に存在する。糖脂質の糖鎖は多様である。

　ガラクトセレブロシド（④-A）は神経軸索を囲むミエリン鞘に多く、ガングリオシド（④-B）は細胞表面に多い。糖鎖の末端にシアル酸が結合している場合も多い（④-C）。シアル酸は電荷（−）を持っている。

コレステロール（⑤）

　コレステロールは動物の細胞膜の成分である。植物や菌類にはコレステロールと近縁のステロイド化合物がある。コレステロールは他の膜構成脂質と異なって、硬くて扁平なステロイド骨格を持っている。コレステロールが脂質2重層の膜に存在すると、他の脂質の運動を妨げたり、脂肪酸の炭素鎖の緊密な詰め込みを妨げる（⑥）。脂質の膜は適度な流動性と硬さを持つようになる。コレステロールは膜のところどころで凝集し、タンパク質がコレステロールの凝集塊の周囲に集まることもある。

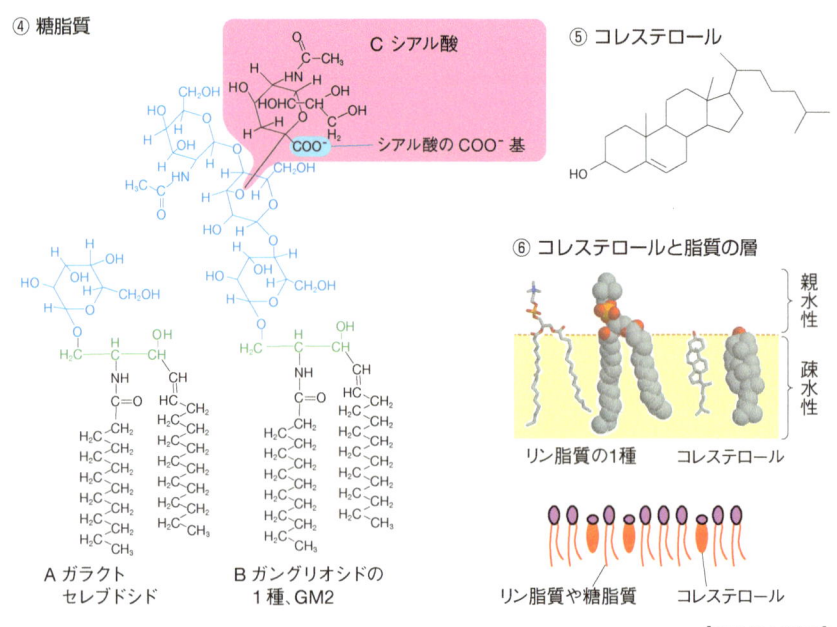

② プラズマローゲン　③ スフィンゴミエリン

④ 糖脂質

C シアル酸

シアル酸の COO⁻ 基

A ガラクトセレブロシド

B ガングリオシドの1種、GM2

⑤ コレステロール

⑥ コレステロールと脂質の層

リン脂質の1種　コレステロール

リン脂質や糖脂質　コレステロール

［PDB ID：3K2S］

48　第Ⅰ部　代謝の基礎にはどのようなことがあるのだろう？

4.2 生体膜の流動性と透過性

脂質2重層の膜の中での脂質の運動（①）

それぞれの脂質分子は脂質2重層の膜の中で適度に動いている。その結果、脂質には液体のような流動性が生まれる。脂質分子の運動には3種類ある。

①-A　分子の振動、回転

①-B　1つの脂質の層の中での横方向への移動（2次元的な移動になる）

①-C　2重層の膜をつくっている1つの脂質の層からもう一方の脂質の層への移動（フリップ・フロップ）。この移動は親水性の脂質頭部が疎水性の層を横切る必要があり、タンパク質の酵素（フリッパーゼなど）によって行われる。

低温や高温への膜の適応

脂質2重層の膜は、低温では脂質分子の運動が不活発なため流動性が低く硬いゲル状態になる。逆に高温では、脂質分子の活発な運動により膜の内部は流動し、液状になる。脂肪酸鎖の長いものは高温でも液状化しにくい（②-A）。一方、不飽和度が高いものや脂肪酸鎖の短いものは低温でも液状化しやすい（②-B）。細胞をつくっている膜では硬すぎず液状化もしていない適度な柔軟性をもった状態が保たれる脂質組成になっている。

例えば魚類では不飽和度が高い（2重結合の数が多い）脂肪酸の含量が多い。低温でも、細胞の活動に必要な膜の柔軟性を保てるようになる。

① 脂質2重層の膜の中での脂質の運動

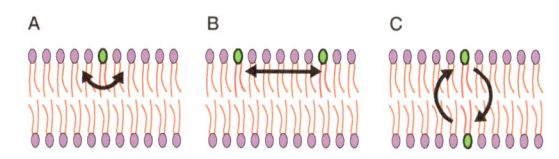

② 膜の柔軟性（流動性）

A　脂肪酸鎖の長いもの、高温でも液状化しにくい
B　不飽和度が高いものや脂肪酸鎖の短いものは、低温でも液状化しやすい
C　コレステロールは、ゲル化/液状化の変化を穏やかにする

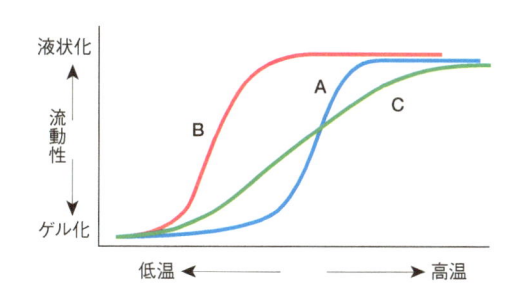

第4章　生体膜と代謝

コレステロールの存在は膜の急激な液状化やゲル化を防ぐ

　細胞膜にはリン脂質や糖脂質の他にコレステロールが含まれている。コレステロールが適度に混在すると細胞膜は適度な硬さと柔軟性を持ち、周囲の温度の変化に対しても流動性のないゲル状から流動性のある液状への変化が徐々に起こるようになる（②-C）。

生体膜の透過性

　下の図③は脂質2重層の膜での物質の透過性を比較したものである。脂質2重層の膜は親水性の物質やイオン（例：H^+、Na^+、K^+、Cl^-）を透過させない。ただし、水分子[*1]と非極性物質（例：O_2）は透過できる。疎水性の物質は膜に溶け込む。実際の生体膜ではタンパク質の含量や脂質構成成分の違いなどにより、膜の透過性が異なる。葉緑体のチラコイド膜ではCl^-とMg^{2+}は輸送体に依存せずに膜を透過する（参照→17.9）。

③ 脂質2重層の膜の透過性[*2]

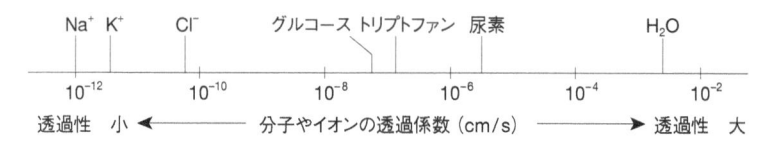

Na^+ K^+	Cl^-	グルコース トリプトファン	尿素		H_2O
10^{-12}	10^{-10}	10^{-8}	10^{-6}	10^{-4}	10^{-2}

透過性　小 ←──── 分子やイオンの透過係数 (cm/s) ────→ 透過性　大

[*1] 水分子のスムーズな出入りを保証するために、アクアポリンというタンパク質が水の透過のための小孔をつくっている細胞もある。
[*2] J. M. Berg・J. L. Tymoczko・L. Stryer 著, 入村達郎・岡山博人・清水孝雄 監訳, ストライヤー生化学 第7版 (2013) 東京化学同人, p.320, 図12.15を一部改変。

4.3 生体膜とその周辺では種々のタンパク質や糖鎖が働いている

細胞膜などの生体膜にはさまざまな役割を持つタンパク質が存在する（①）

細胞膜をはじめとする生体膜にはタンパク質が脂質の1/2～2倍くらいの量で存在している。膜に存在するタンパク質は次のような働きをしている。

①-A 外部から特定のイオンや低分子物質を取り込む。
①-B 外部に特定のイオンや低分子物質を排出する。
①-C 外部の特定の低分子物質に反応して、内部に代謝の変化を起こす（参照→4.5）。
①-D 他の物質から電子を受け取って、その電子を次の物質へと伝達し、他の仕事に役立てるグループ作業をする（参照→14章、17章）。
①-E 外部に存在する高濃度のイオンを通過させて、その勢いを利用してエネルギーを担う物質をつくる（参照→14.7、17.9）。
①-F 外部の物質や他の細胞に接着する。

細胞膜の外側は糖鎖によって保護されている（②）

脂質2重層でできている膜は、膜どうしが接近し接着すると融合してしまう。もし細胞が何の制約もなく融合してやたらに巨大化すると、ブヨブヨとしてちょっとした衝撃でも壊れてしまう。

また、水分子は脂質2重層の膜を透過できるので、細胞内で膜を透過しにくい物質の濃度が高くなると、水が細胞内に浸透してそれを薄めようとする。その結果、風船が膨らむように細胞が水で膨らんで、やがて破裂してしまう。

① 細胞膜に存在するタンパク質の働き

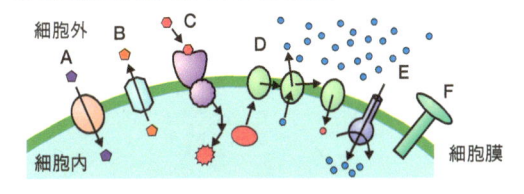

② 細胞膜のタンパク質と糖鎖による保護

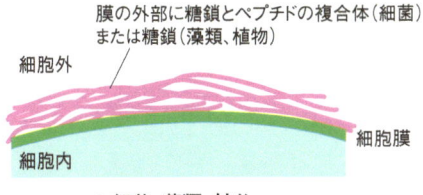

A 細菌、藻類、植物

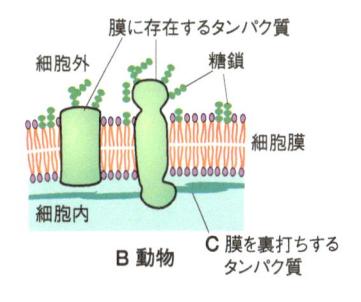

B 動物

C 膜を裏打ちするタンパク質

これらの危険を避けるため、細胞膜の外側には糖鎖の層が発達している。

②-A 細菌では、ペプチドで連結された糖鎖が袋状の構造物をつくり、菌の細胞全体を包み込んで菌体をつくっている。藻類や植物では、糖鎖を中心にした細胞壁が細胞を守っている。

②-B 動物では、細胞膜を構成している脂質やタンパク質に短い糖鎖が結合していて、細胞表面を覆っている。

動物の細胞膜の内側には膜を裏打ちして保護するタンパク質がある

②-C 動物の細胞膜では細胞膜の内側に膜を裏打ちするメッシュのようなタンパク質の構造が発達している。

---

column　細胞膜の融合

細胞膜どうしは接触すれば融合する。動物の細胞はポリエチレングリコールを使って細胞どうしを接着させると融合する。植物の細胞は細胞外壁のセルロースなどを酵素で消化して、裸の細胞（プロトプラスト）にしてから、ポリエチレングリコールで処理すると細胞が融合する（細胞融合）。

インフルエンザウイルスは細胞由来の膜を被った粒子である。インフルエンザウイルスが感染するときはウイルス粒子の表面にあるタンパク質が細胞表面の糖鎖と結合し、ウイルス粒子の膜と細胞膜が接近して融合する。その結果、ウイルス粒子の中身（遺伝子や酵素）が細胞の中に入り込む。

細胞の融合は、抗体の大量生産に利用されている（①）。さまざまな抗体を生産する脾臓細胞と無限の増殖能を持つ骨髄がん細胞（ミエローマ）とを融合すると、無限の増殖能を持つ雑種細胞（ハイブリドーマ）ができ、そこから1種類の抗体（モノクローナル抗体）だけを生産する細胞集団を得ることができる。

① 細胞融合を利用した抗体生産

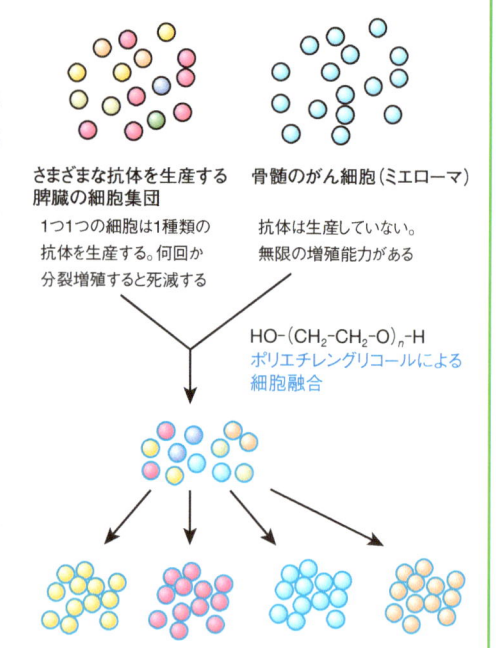

さまざまな抗体を生産する脾臓の細胞集団
1つ1つの細胞は1種類の抗体を生産する。何回か分裂増殖すると死滅する

骨髄のがん細胞（ミエローマ）
抗体は生産していない。無限の増殖能力がある

$HO-(CH_2-CH_2-O)_n-H$
ポリエチレングリコールによる細胞融合

1種類の抗体だけを生産する細胞集団が得られる

4.4 生体膜を横切る物質の輸送

　細胞膜をはじめとする多くの生体膜では、タンパク質が通路や輸送体になった種々の輸送方法が発達している（①）。

①-A　特定の物質が、濃度差に応じて自由に通過拡散できるタンパク質の小孔。小孔の性質や形状に見合った物質が、濃度の高いほうから低いほうに移行する。例えばポーリン。

　①-B、C、Dは、特定の物質を内側に取り込む、または外側に排出する輸送体。

①-B　受動輸送　特定の物質が、濃度差に応じて、タンパク質の輸送体によって輸送される。エネルギーは不要。例えば多くの細胞に存在するグルコース輸送体は、細胞外の高濃度のグルコースを取り込む。

①-C　能動輸送　特定の物質が、ATPのエネルギーを利用してタンパク質の輸送体によって輸送される。例えばNa^+-ポンプ（Na^+, K^+-ATP加水分解酵素）は、ATPの加水分解でタンパク質の構造が変化することで、細胞内のNa^+イオンを細胞外に排出し、同時に細胞外のK^+イオンを細胞内に取り込む。

①-D　2次性能動輸送　H^+イオンやNa^+イオンの濃度勾配が利用される。例えばグルコース輸送体の1種は細胞外のNa^+イオンの流入の勢いを利用してタンパク質が変形し、グルコースを取り込む。小腸などにある。輸送に利用されるイオンの濃度勾配は、輸送とは別の膜タンパク質によりつくられる。

　①-E、Fは、2種類の物質を同時に輸送する。

①-E　共輸送　同じ方向に輸送する（参照→13.1）。

①-F　対向輸送　逆方向に輸送する（参照→18.6、19.7）。

① 生体膜を横切る物質輸送

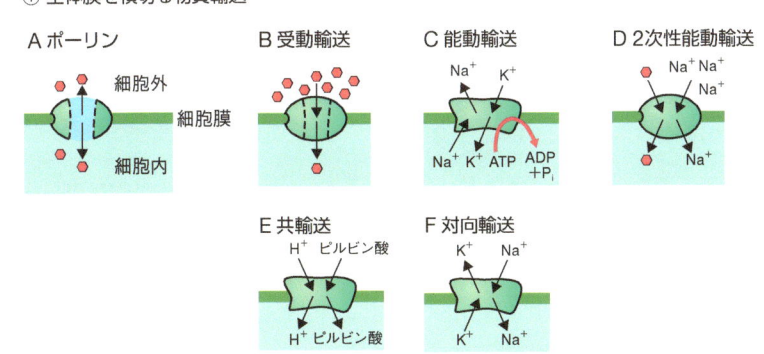

A ポーリン　　B 受動輸送　　C 能動輸送　　D 2次性能動輸送

E 共輸送　　F 対向輸送

第4章　生体膜と代謝

4.5 シグナルの伝達 細胞外物質による細胞内代謝の変化

細胞膜周辺では、細胞外の情報を受け取り細胞内の代謝の変化を起こすシステムが発達している。その特徴は、a. タンパク質でできた受容体が細胞膜を貫通して存在する。b. 受容体の細胞外部分で特定の物質と結合する。c. 受容体の細胞内部分の構造変化が起きる。d. その構造変化によって細胞内での代謝が変化する。e. 細胞内での代謝の変化は増幅されていく。

栄養物への走化性などは原核生物にもある。下記のものは動物細胞での主な刺激伝達である。

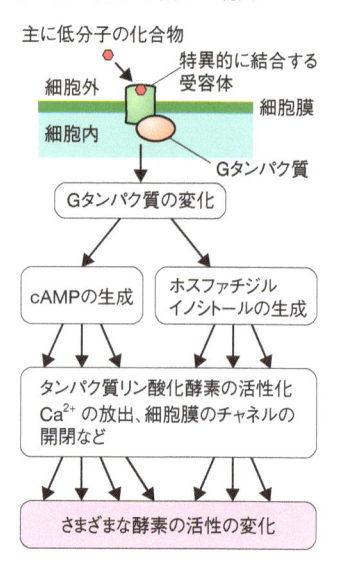

味覚・嗅覚に関係する低分子の物質など（①）

受容体は 7 回膜貫通タンパク質である。細胞質側で結合している G タンパク質の変化を通じて、cAMP やホスファチジルイノシトール、Ca^{2+} などの 2 次メッセンジャーが生産または放出され、刺激効果が増幅されて種々の酵素タンパク質の活性変化が起こる（参照→補項 12.2）。

ペプチドやタンパク質性の細胞増殖因子など（②）

上皮細胞増殖因子（EGF）やインターフェロン、成長ホルモンなど、タンパク質性の因子が結合した受容体は細胞質部分のチロシン側鎖のリン酸化を起こす。そこに結合してくるタンパク質をリン酸化し、リン酸化されたタンパク質が細胞内に刺激を伝える。多くは細胞核内に移行し、標的になる遺伝子の転写の調節を起こす。

ステロイドホルモンやビタミン A など（③）

疎水性の低分子物質は細胞膜を透過して細胞内に入る。細胞質で特異的な受容体と結合すると受容体の構造が変化し、核膜も通過する。受容体は DNA の特定の塩基配列と結合し、DNA の転写に影響する（参照→補項 9.1）。

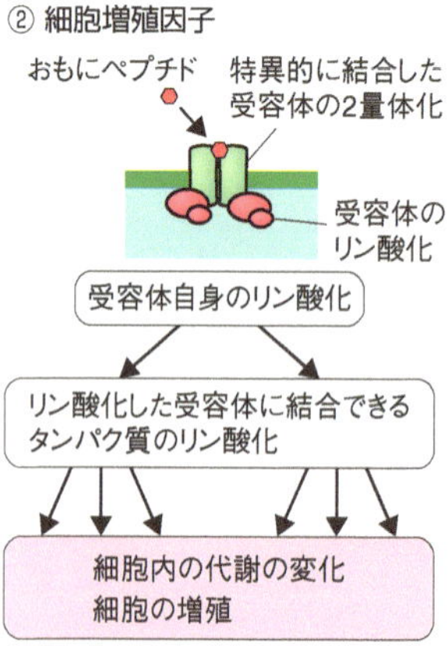

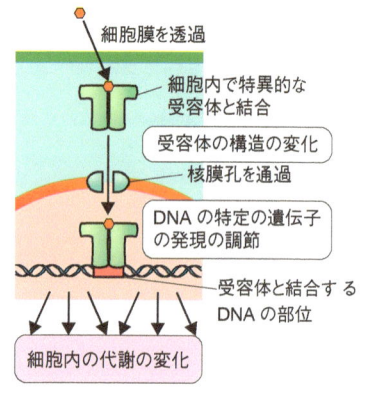

4.6 膜小胞の形成と移動・融合による物質の取り込みや排出

真核生物の細胞では、細胞膜や細胞内の小胞体やゴルジ体から膜小胞が出芽し、移動して他の膜と融合することが頻繁に起こる*。

物質の取り込み（食細胞運動、エンドサイトーシス）（①）

細胞外部の物質が細胞表面に接着すると、その部分の細胞膜が細胞の内側に向かって陥入し膜小胞をつくる。付着した物質を包み込んだ膜小胞は細胞内部に移動し、その物質を分解して細胞の栄養分にする。空の膜小胞は細胞膜のほうに戻って細胞膜と再び融合する。

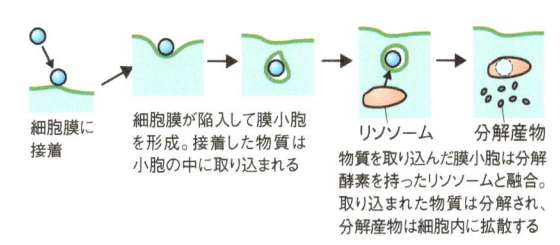

物質の排出（分泌、エクソサイトーシス）（②）

細胞外に分泌されるタンパク質は、リボソームで合成されながら小胞体の内部に入る。小胞体からは膜小胞が出芽し、膜小胞はゴルジ体と融合する。膜小胞の中のタンパク質はゴルジ体の中で糖鎖が付加されたりして成熟する。ゴルジ体からタンパク質を包み込んだ膜小胞が出芽によって生じ、移動して細胞膜と融合する。中にあったタンパク質は細胞外に分泌される。

① 物質の取り込み

細胞膜に接着 → 細胞膜が陥入して膜小胞を形成。接着した物質は小胞の中に取り込まれる → リソソーム → 分解産物

物質を取り込んだ膜小胞は分解酵素を持ったリソソームと融合。取り込まれた物質は分解され、分解産物は細胞内に拡散する

② 物質の排出

細胞膜／細胞外／細胞内

分泌されるタンパク質は膜小胞に包まれて細胞膜に運ばれる → 膜小胞は細胞膜と融合して、小胞中のタンパク質は細胞外に分泌される

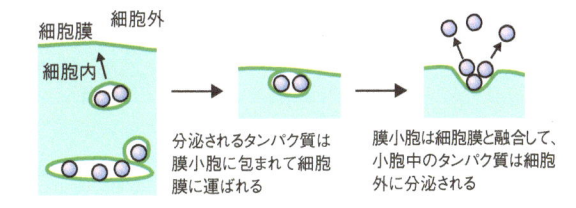

③ 裏打ちタンパク質による膜小胞の形成

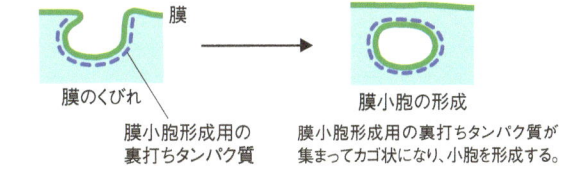

膜のくびれ／膜／膜小胞形成用の裏打ちタンパク質 → 膜小胞の形成

膜小胞形成用の裏打ちタンパク質が集まってカゴ状になり、小胞を形成する。

膜小胞の形成や他の膜との融合はタンパク質が補助している（③）

小胞体やゴルジ体からの出芽や細胞膜の陥入による膜小胞の形成、膜小胞の他の膜との融合などには、裏打ちタンパク質や仲介タンパク質などが働いている。

---

*原核生物では裏打ちタンパク質が未発達なので、膜小胞の形成や融合がないと考えられている。

第4章 生体膜と代謝

4.7 膜は膜から生じる

細胞膜の伸長と分裂、膜成分の次世代への伝達

脂質の2重層の膜は新たに合成された大量のリン脂質が一挙に会合して生じるのではない。新たに合成された脂質はすでに存在している脂質2重層の膜に取り込まれ、脂質2重層の膜が伸長していく（①）。

脂質2重層の膜の伸長により、細胞体の容積が大きくなる（②-A）。細胞内では脂質合成だけでなく、さまざまな代謝も行われている。さらにそれらの代謝を行うのに必要な酵素タンパク質、細胞の構造を支えるタンパク質も合成される。タンパク質の遺伝情報を担っている核酸も複製される。

① 既存の脂質2重層の膜への脂質の取り込み

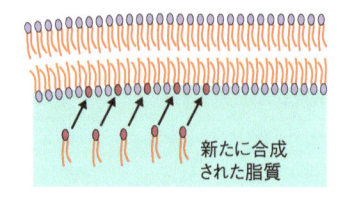

新たに合成された脂質

② 細胞膜の伸長と分裂、娘細胞への分配

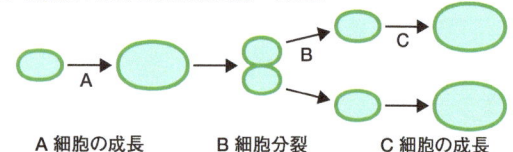

A 細胞の成長
脂質2重層の膜の伸長
細胞質の物質の増加
遺伝子の複製

B 細胞分裂
遺伝子の分配
脂質2重層の膜の分配
細胞質の物質の分配

C 細胞の成長

細胞分裂では複製された遺伝子の核酸が2つの娘細胞に均等に分配される（②-B）。このとき、娘細胞には細胞質の内容物も分配され、新たな細胞の成長が始まる。そして、見落としてならないのは細胞膜が細胞分裂によって娘細胞に引き継がれているということである。

娘細胞に引き継がれた細胞膜は、新たに合成される脂質を取り込んで再び伸長のサイクルに入る（②-C）。細胞内の代謝を進める物質群も盛んに合成され、遺伝子の核酸も複製されていく。

長い時間を経て進化が起こり、膜も徐々に変化した

どのような脂質が合成されるかは酵素によって決まる。どのような酵素が合成されるかは遺伝子によって決まる。遺伝子の核酸はときどき変異を起こす。細胞の生存に有利な遺伝子の変異が起こった細胞は子孫が多くなった。さまざまな細胞群が生じ、さらに変異が蓄積されて、多様な生物群へと進化した。この過程で膜を構成する脂質の種類も徐々に変化したであろう。現在の地球上の生物群では、古細菌と細菌および真核生物で膜を構成する脂質の性質が一部異なっている。

古細菌の膜の脂質（③）

　古細菌には高温、高圧、高塩濃度、低いpHなどの過酷な環境条件で生き延びてきたものが多い。古細菌の膜脂質は、通常の細菌類や真核生物の膜脂質よりも加水分解や酸化反応に耐える化学構造になっている。グリセロールと炭化水素鎖間はエステル結合よりも加水分解されにくいエーテル結合であり、炭化水素の鎖は2重結合を持たず、完全飽和しており酸化されにくい。また炭化水素鎖は分枝鎖を持っている。

③ 古細菌の膜脂質

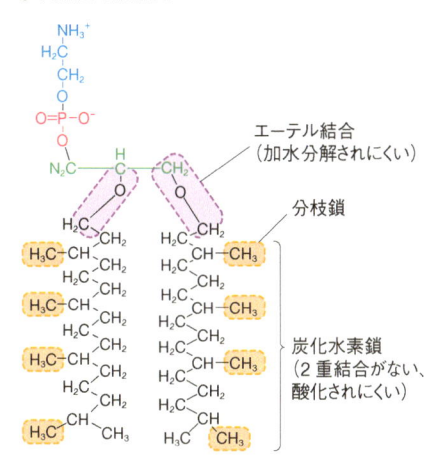

エーテル結合（加水分解されにくい）
分枝鎖
炭化水素鎖（2重結合がない、酸化されにくい）

---

column　シャボン玉の膜と生体膜

　石鹸を溶かした水でシャボン玉遊びをした人は多いと思う。シャボン玉（①）と生体膜（またはリポソーム）の、膜としての共通点と相違点はなんだろう？

◆共通点

　シャボン玉も脂質の2重層で膜をつくっている。膜は3次元的に閉じた空間をつくっている。穴が空いたら壊れやすい。

◆相違点

　シャボン玉の脂質2重層は親水性の頭部が向かい合わせになっていて、疎水性の尾部（足）が2重層の外部に向いている。つまり、生体膜とはまったく逆を向いている。

　シャボン玉の外は空気の相、シャボン玉の中も空気の相。そして脂質2重層の頭部どうしの隙間が水相になっている。脂質2重層の頭部どうしの隙間の水は水滴になって徐々に下のほうに落下していく。

① シャボン玉

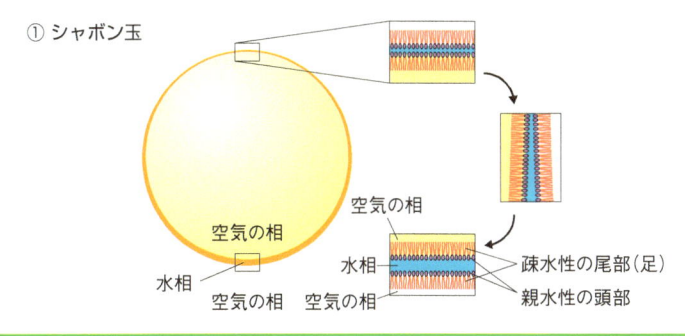

空気の相　空気の相　水相　疎水性の尾部（足）
水相　空気の相　空気の相　親水性の頭部

第4章　生体膜と代謝

4.8 膜を利用した区画による代謝の効率化・専門化

真核生物の細胞内では代謝の効率化と専門化が進んでいる（①）

　脂質2重層膜は、細胞質の中においても種々の膜小胞をつくって区画化している。膜小胞はそれぞれに特有の酵素を持ち、複雑な代謝を手分けして行っている。

ミトコンドリアと葉緑体

　原核生物の古細菌にミトコンドリアのもとになる細菌が細胞内共生し、動物や植物の祖先となる細胞が生じた。その後葉緑体のもとになる光合成のできる細菌（シアノバクテリア）が細胞内共生して植物の祖先となる細胞が生じた。そのためミトコンドリアと葉緑体は内膜と外膜という2種類の膜を持ち、それらの膜は物質代謝で重要な働きをしている。

① 真核生物の細胞では代謝の分担が発達している

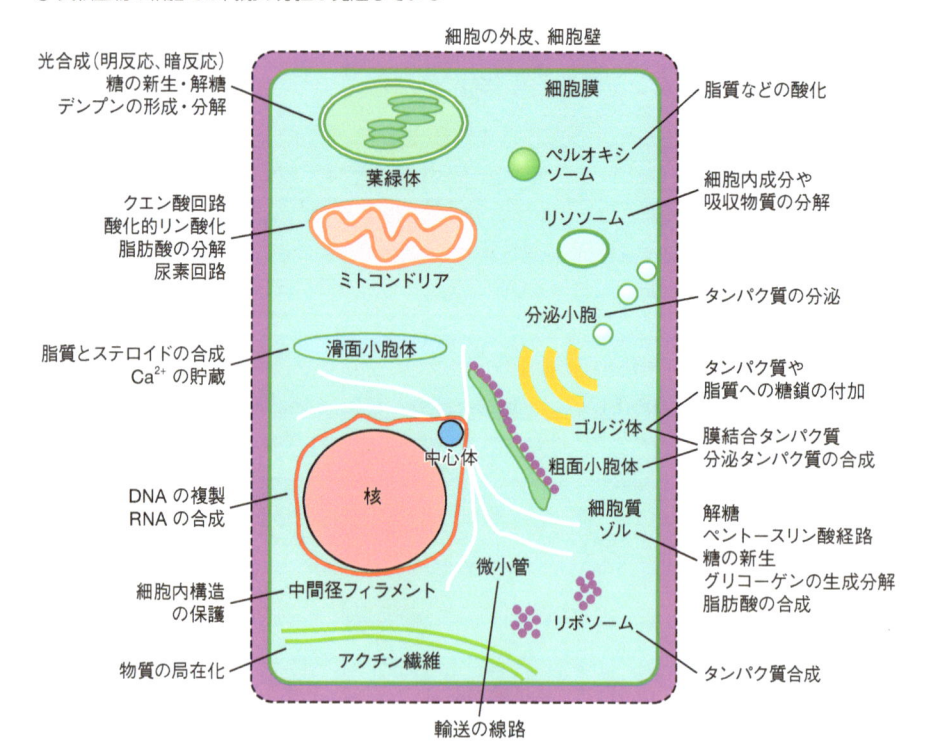

葉緑体：光合成（明反応、暗反応）、糖の新生・解糖、デンプンの形成・分解
ミトコンドリア：クエン酸回路、酸化的リン酸化、脂肪酸の分解、尿素回路
滑面小胞体：脂質とステロイドの合成、Ca^{2+}の貯蔵
核：DNAの複製、RNAの合成
中間径フィラメント：細胞内構造の保護
アクチン繊維：物質の局在化
微小管：輸送の線路
細胞の外皮、細胞壁
細胞膜
ペルオキシソーム：脂質などの酸化
リソソーム：細胞内成分や吸収物質の分解
分泌小胞：タンパク質の分泌
ゴルジ体：タンパク質や脂質への糖鎖の付加
粗面小胞体：膜結合タンパク質、分泌タンパク質の合成
細胞質ゾル：解糖、ペントースリン酸経路、糖の新生、グリコーゲンの生成分解、脂肪酸の合成
リボソーム：タンパク質合成
中心体

第5章 糖とヌクレオチド

　上の写真はタンポポの花の蜜を集めるミツバチ。静かな野原では耳を澄ますとミツバチの羽音が聞こえてくる。虫は甘いものに惹かれてやって来る。私たちも甘いものは好きである。でもなぜ甘いものが好きだったり、惹かれたりするのだろう？　甘いものとは糖分であり、エネルギーのもととなるもの、そしてもっといえば生命体をつくる基本材料のもとになるものである。

　ヌクレオチドのなかにはうまみ成分になっているものがある。生命体は生命の維持に重要な化学物質として認識機構を発達させたのであろう。

　この章では、糖とヌクレオチドについて学ぶ。糖はエネルギー代謝のもとであり、糖鎖や多糖類の構成成分である。糖はさらに核酸の原料になるヌクレオチドの原料にもなる物質である。ヌクレオチドは核酸の原料であるだけではなく、ATPをはじめとする主要な補酵素の材料である。ユニークな働きをする環状ヌクレオチドもある。

KEY WORD　　鎖状と環状　　糖の結合　　ヌクレオチドの種類

5.1 糖の化学的性質と開環・閉環

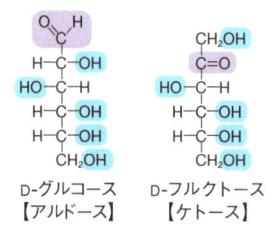

糖はカルボニル基を持つ多価アルコールである（①）

糖のカルボニル基にはアルデヒド基（–CHO）とケト基（>C=O）がある。アルデヒド基を持つ糖をアルドース、ケト基を持つ糖をケトースという。

多価アルコールには–OH が多数ある。

糖は炭素原子を3個以上持ち、3個のものを3炭糖、n 個のものを n 炭糖という。

① アルドースとケトース

D-グルコース【アルドース】　D-フルクトース【ケトース】

糖の開環・閉環

アルデヒド基やケト基が–OH と反応できるため、糖は開いた鎖状の構造と閉じた環状構造の両方をとる。グルコースが六員環の環状構造をつくる（閉環する）ときは、C5 の位置についている OH 基の O が、C1 にある CHO 基の C に結合する（②）。糖が重合して糖鎖をつくるときは環状の構造が基本になる。

αとβのアノマー

閉環すると C1 には4種の異なった化学基が結合するので立体異性体が生じる。

C1 の下側に OH 基のついたものを α 型（α アノマー）（②-A）、C1 の上側に OH 基のついたものを β 型（β アノマー）（②-B）という。

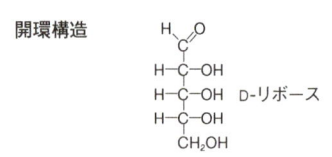

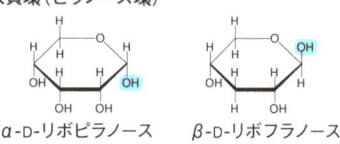

五員環（フラノース環）と六員環（ピラノース環）（③）

閉環してできる五員環はフラノース環、六員環はピラノース環という。D-グルコースは

② 糖は開環と閉環を繰り返している

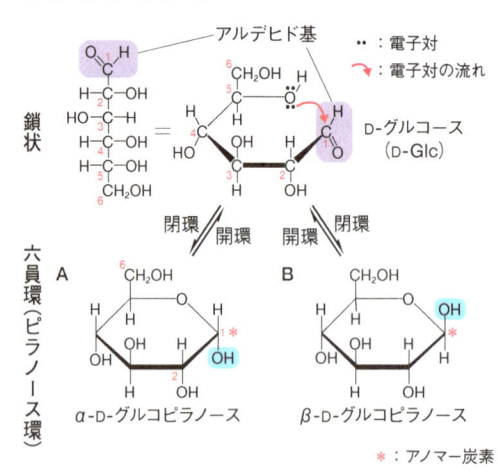

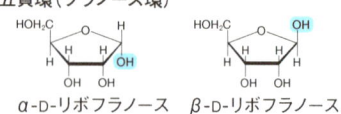

アルデヒド基
・・：電子対
↷：電子対の流れ

鎖状　D-グルコース（D-Glc）

閉環／開環　　開環／閉環

六員環（ピラノース環）

A　α-D-グルコピラノース
B　β-D-グルコピラノース

＊：アノマー炭素

③ D-リボースの5態

開環構造　D-リボース

五員環（フラノース環）

α-D-リボフラノース　β-D-リボフラノース

六員環（ピラノース環）

α-D-リボピラノース　β-D-リボピラノース

主に六員環をつくる。D-リボースは五員環も六員環もつくる。五員環と六員環、およびそれぞれのα型とβ型は、開環した鎖状型を経て相互に変換するので、糖は数種類の構造の平衡混合物になる。

糖の化学反応性と物性

部位によるOH基の性質の違いは糖鎖の形成の仕方に影響し、電荷や親水性・疎水性の分布状態は糖鎖や多糖の特徴に影響する（④）。

(1) アルデヒド基やケト基は反応性が高く還元性である

糖は開いた鎖状構造をとっているときは、C1の位置がアルデヒド基、またはC2の位置がケト基になっていて化学的に反応性が高い。また還元性が強く、糖の呈色試薬で銅イオンを還元する。

(2) 部位によるOH基の性質の違い

グルコースの閉環した構造ではOH基が5か所についている。このうち、C1（アノマー炭素）に結合しているOH基は開環するとアルデヒド基になり、化学反応性が高い。糖鎖をつくるときはこの部分で前にある糖に結合する。アノマー炭素以外の部位のOH基は種々の修飾を受けやすく、糖鎖では次にくる糖がこれらのOH基に結合する。

(3) 電荷

糖は多くの場合電荷を持っていない。糖で電荷を持つのは、単糖ではシアル酸（ノイラミン酸）のカルボキシ基の（−）荷電、修飾された糖ではスルホニル基（硫酸基）およびカルボキシ基が（−）荷電を持つ。

(4) 親水性と疎水性

グルコースの閉環構造では疎水性のピラノース環を核にして親水性のOH基が四方に出て、微小な親水性部位をつくっている。

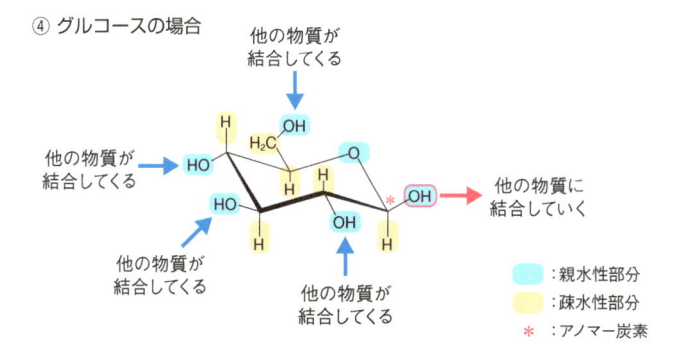

④ グルコースの場合

第5章 糖とヌクレオチド

5.2 主な単糖と近縁化合物

主な単糖（鎖状構造）

	ケトース	アルドース		
3炭糖 （トリオース）	ジヒドロキシアセトン CH₂OH−C(=O)−CH₂OH	D-グリセルアルデヒド		
4炭糖 （テトロース）				D-エリトロース
5炭糖 （ペントース）	D-リブロース	D-キシルロース	D-リボース (Rib)	D-アラビノース (Ara)	D-キシロース (Xyl)
6炭糖 （ヘキソース）	D-フルクトース	D-ソルボース	D-グルコース (Glc)	D-マンノース (Man)	D-ガラクトース (Gal)
7炭糖 （ヘプトース）	セドヘプツロース			

糖アルコール

糖のカルボニル基の C=O が還元されて C-OH になったものを糖アルコールという。糖アルコールは甘味料などで利用される。

グリセロール（グリセリン）

キシリトール

ソルビトール

主な単糖（環状構造）

五員環（フラノース環）

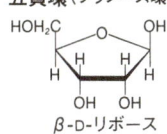

β-D-リボース 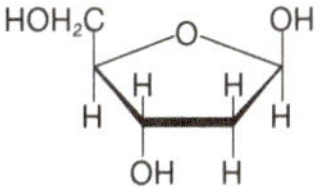　　β-D-デオキシリボース 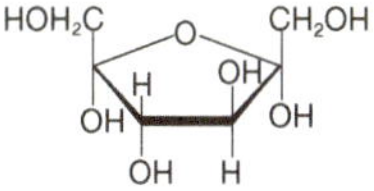　　β-D-フルクトース

□ : 糖の修飾部分

六員環（ピラノース環）

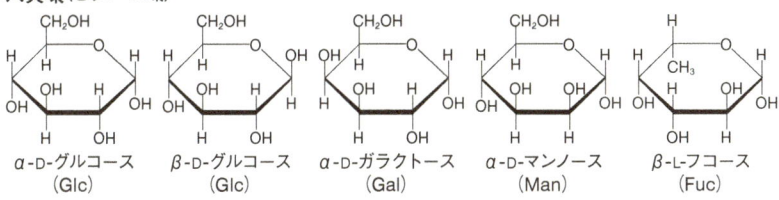

α-D-グルコース　β-D-グルコース　α-D-ガラクトース　α-D-マンノース　β-L-フコース
（Glc）　　　　（Glc）　　　　（Gal）　　　　（Man）　　　　（Fuc）

アミノ糖

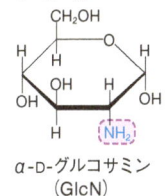

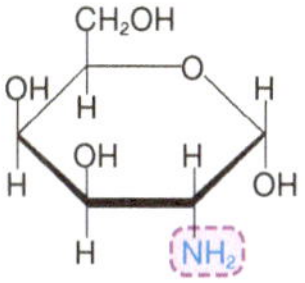

α-D-グルコサミン　　N-アセチル-α-D-グルコサミン　　α-D-ガラクトサミン　　N-アセチル-α-D-ガラクトサミン
（GlcN）　　　　　　（GlcNAc）　　　　　　　　　　（GalN）　　　　　　　（GalNAc）

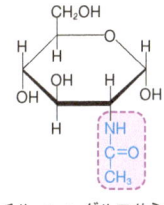

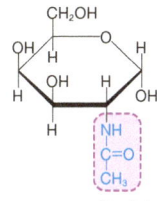

シアル酸（Sia）

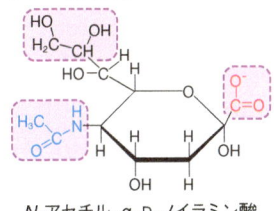

N-アセチル-α-D-ノイラミン酸　　N-グリコリル-α-D-ノイラミン酸
（NeuAc）　　　　　　　　　　（NeuGc）
代表的なシアル酸

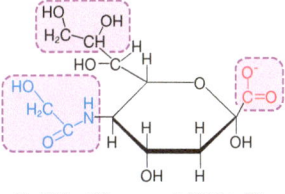

その他の類縁体

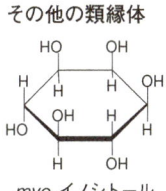

myo-イノシトール

修飾された単糖

　糖は細胞の中では主にリン酸基によって修飾されて代謝される（リン酸化された糖の構造式については参照→11章、12章）。リン酸基以外にもアミノ基、アセチル基、硫酸基などでも修飾されることがある。これらの単糖は主に糖鎖などの形成に利用される。

第5章　糖とヌクレオチド　63

5.3 主な二糖とその分解産物

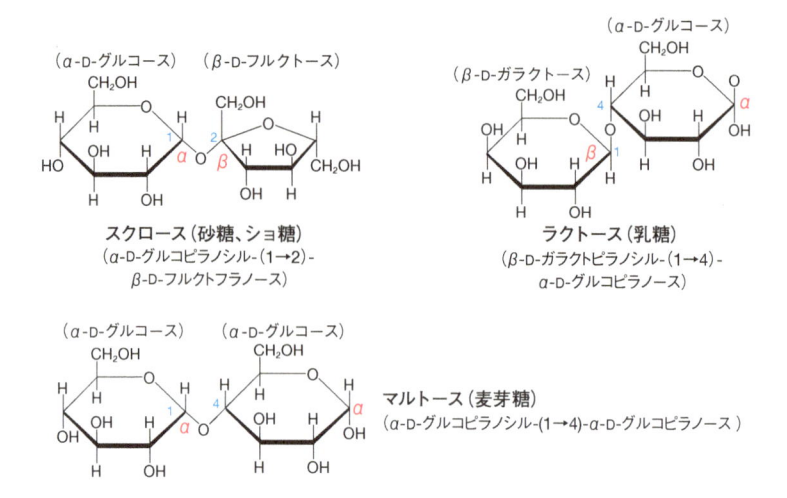

(α-D-グルコース) (β-D-フルクトース)

スクロース(砂糖、ショ糖)
(α-D-グルコピラノシル-(1→2)-β-D-フルクトフラノース)

(β-D-ガラクトース) (α-D-グルコース)

ラクトース(乳糖)
(β-D-ガラクトピラノシル-(1→4)-α-D-グルコピラノース)

(α-D-グルコース) (α-D-グルコース)

マルトース(麦芽糖)
(α-D-グルコピラノシル-(1→4)-α-D-グルコピラノース)

◆ スクロース（砂糖、ショ糖）は、グルコースとフルクトースのアノマー炭素どうしが結合しているので還元性はない。植物で糖分の輸送と貯蔵に使われる。
◆ ラクトース（乳糖）は、哺乳類の乳の栄養成分である。ラクターゼで加水分解されてガラクトースとグルコースになる。
◆ マルトース（麦芽糖）は、デンプンやグリコーゲンの加水分解で生じる。麦芽からつくるモルトに多い。モルトはビール、ウイスキー、水あめになる。マルターゼで加水分解されてグルコースになる。

　二糖類はそれぞれ小腸上皮細胞の表面で酵素によって加水分解され吸収利用される。スクロースはスクラーゼ（サッカラーゼ、インベルターゼ）で加水分解されてグルコースとフルクトースになる（①）。スクロースは還元性を持たないが、その加水分解産物は還元性を持つ。また、スクロースとグルコースは右旋性だが、フルクトースは強い左旋性なので、スクロースの加水分解産物は左旋性を示す。スクロースの加水分解産物を転化糖という。蜂蜜は転化糖が主成分である。

① スクロースの加水分解

スクロース
還元性なし
右旋性

$\xrightarrow{H_2O}$

グルコース
還元性
右旋性

＋

フルクトース
還元性
強い左旋性

5.4 ヌクレオチド

核酸を構成しているのはヌクレオチドである。DNA はデオキシリボヌクレオチドの重合体で、RNA はリボヌクレオチドの重合体である。ヌクレオチドは補酵素になっているものも多い。エネルギー担体として代謝に欠かせない ATP は、ヌクレオチドそのものである。

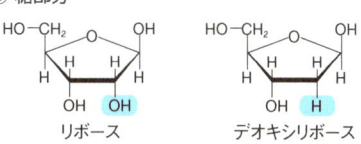

ヌクレオシドとヌクレオチド（①）

リボース環またはデオキシリボース環の 1′ 位の炭素原子に塩基がグリコシド結合したものをヌクレオシドという。

ヌクレオシドのリボース環またはデオキシリボース環の 5′ 位の C にリン酸基が 1～3 個つながって結合した化合物がヌクレオチドである。ヌクレオチドの化学物質の名称は、ヌクレオシド一リン酸、ヌクレオシド二リン酸、ヌクレオシド三リン酸となる。

次のページの表に主なヌクレオシドとヌクレオチドをまとめた。

ヌクレオチドの化学構成（①）

五員環の糖を中心にして、環の 1′ 位の炭素原子に塩基がグリコシド結合で結合し、5′ 位にリン酸基またはポリリン酸基（リン酸基 2～3 個）が結合している。

ヌクレオチドの塩基部分（②）

プリン塩基とピリミジン塩基がある。プリン塩基にはアデニンとグアニンなどがあり、ピリミジン塩基にはチミン、シトシン、およびウラシルなどがある。

ヌクレオチドの糖部分（③）

リボース環またはデオキシリボース環である。リボース環の 2′ 位の -OH の酸素原子がとれて -H になっているのがデオキシリボース環である。「デ」は失うという意味、「オキシ」は酸素という意味。

① ヌクレオチドの化学構成

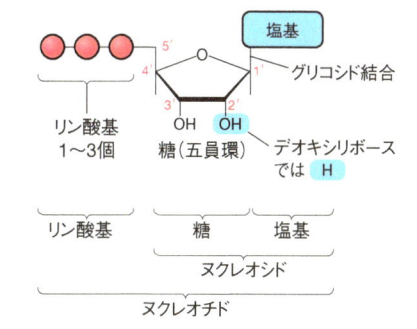

② 塩基部分

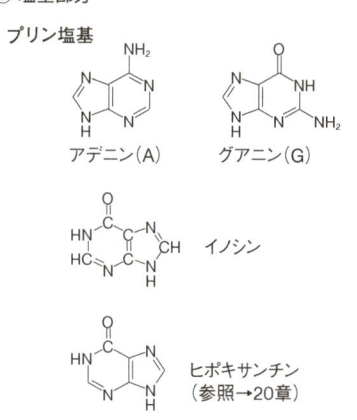

プリン塩基
アデニン（A）　グアニン（G）
イノシン
ヒポキサンチン（参照→20章）

ピリミジン塩基
チミン（T）　シトシン（C）　ウラシル（U）
オロチン酸（オロト酸）（参照→20章）

③ 糖部分
リボース　デオキシリボース

第5章 糖とヌクレオチド

主な塩基のヌクレオシドとヌクレオチド

塩基	糖	ヌクレオシド	ヌクレオチド 一リン酸	ヌクレオチド 二リン酸	ヌクレオチド 三リン酸
アデニン (Ade、A)	リボース	アデノシン (Ado、A)	アデノシン一リン酸 (アデニル酸、AMP)	アデノシン 二リン酸 (ADP)	アデノシン 三リン酸 (ATP)
グアニン (Gua、G)	リボース	グアノシン (Guo、G)	グアノシン一リン酸 (グアニル酸、GMP)	グアノシン 二リン酸 (GDP)	グアノシン 三リン酸 (GTP)
シチシン (Cyt、C)	リボース	シチジン (Cyd、C)	シチジン一リン酸 (シチジル酸、CMP)	シチジン 二リン酸 (CDP)	シチジン 三リン酸 (CTP)
ウラシル (Ura、U)	リボース	ウリジン (Urd、U)	ウリジン一リン酸 (ウリジル酸、UMP)		
アデニン (Ade、A)	デオキシリボース			デオキシアデノシン 二リン酸 (dADP)	デオキシアデノシン 三リン酸 (dATP)
グアニン (Gua、G)	デオキシリボース			デオキシグアノシン 二リン酸 (dGDP)	デオキシグアノシン 三リン酸 (dGTP)
シチシン (Cyt、C)	デオキシリボース			デオキシシチジン 二リン酸 (dCDP)	デオキシシチジン 三リン酸 (dCTP)
チミン (Thy、T)	デオキシリボース	チミジン (dT)	デオキシチミン 一リン酸 (dTMP)	デオキシチミン 二リン酸 (dTDP)	デオキシチミン 三リン酸 (dTTP)
ヒポキサンチン	リボース	イノシン	イノシン一リン酸 (イノシン酸)		

環状ヌクレオチド（④）

環状ヌクレオチドは、ヌクレオシド三リン酸からつくられる。サイクリック AMP（cAMP）とサイクリック GMP（cGMP）がある。

環状ヌクレオチドは代謝の変化を引き起こす

cAMP は細菌では遺伝子発現の調節物質として働き、細胞性粘菌では細胞の集合を起こす物質として働いている。哺乳類ではホルモン刺激などで細胞内の酵素が活性化されると一時的に生産され、細胞内の代謝を変える2次メッセンジャーとして働く。

cGMP は利尿ペプチドや一酸化窒素（NO）などで活性化される酵素によってつくられる。後者の場合は血管の平滑筋を弛緩させて血流を増すときに働く。

④ 環状ヌクレオチド

サイクリック AMP (cAMP)

サイクリック GMP (cGMP)

補項5.1　糖の存在状態と環の形

糖の存在状態

糖は開環と閉環を繰り返している。溶液中では次の存在割合になる。

D-グルコースの存在割合	
β-D-グルコピラノース	約64 %
α-D-グルコピラノース	約36 %
β-D-グルコフラノース	<1 %
α-D-グルコフラノース	<1 %
開環構造	<1 %

D-リボースの存在割合	
β-D-リボピラノース	58.5 %
α-D-リボピラノース	21.5 %
β-D-リボフラノース	13.5 %
α-D-リボフラノース	6.5 %
開環構造	<1 %

環の形（コンフォメーション*）

　五員環のフラノース環は4個の炭素原子でほぼ平面をつくり、5個目の炭素原子がこの平面から外れて、封筒型の構造をしている。C5と同じ側に突き出る原子がC2の場合をC_2エンド型、C3の場合をC_3エンド型という（①）。核酸の糖部分はリボースでフラノース環である。

　六員環のピラノース環にはいす型と舟型がある（②）。いす型の場合、環に結合する置換基は、環の平面にほぼ垂直になるもの（アキシアル結合）と環の平面にほぼ平行なもの（エクアトリアル結合）の2つに分かれる。

① フラノース環（2種類の封筒型）

C_2 エンド型　　C_3 エンド型

② ピラノース環（いす型と舟型）

いす型　　　　　舟型

---

*化合物の立体的な形をコンフォメーションあるいは立体配座という。

補項5.2　糖の異性体

●：不斉炭素原子

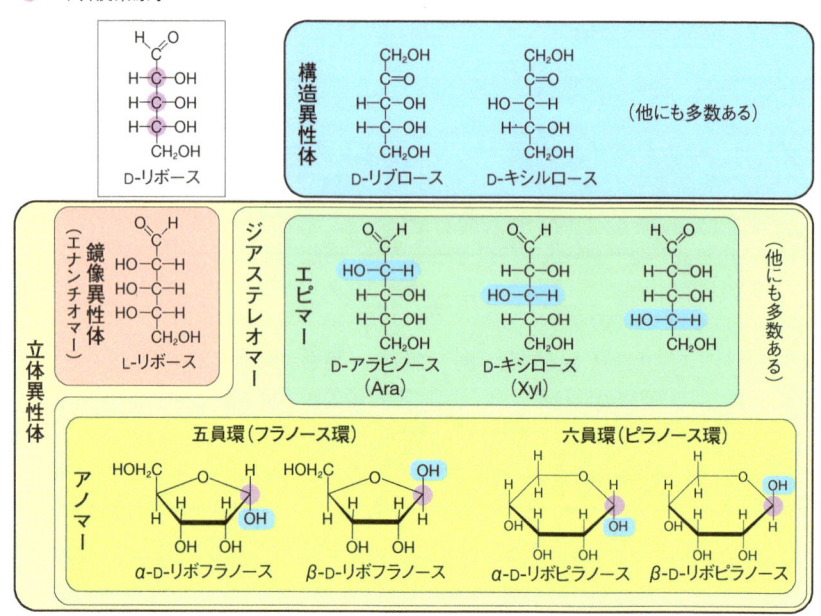

構造異性体：D-リブロース、D-キシルロース（他にも多数ある）

立体異性体
- **鏡像異性体（エナンチオマー）**：L-リボース
- **ジアステレオマー**
  - **エピマー**：D-アラビノース（Ara）、D-キシロース（Xyl）（他にも多数ある）
  - **アノマー**
    - 五員環（フラノース環）：α-D-リボフラノース、β-D-リボフラノース
    - 六員環（ピラノース環）：α-D-リボピラノース、β-D-リボピラノース

　同じ分子式を持ち、構造が異なる化合物を異性体という。異性体には（1）原子の結合順序が異なる構造異性体と、（2）原子の結合順序は同じなのにその空間的な配置が異なる立体異性体がある。立体異性体はさらに種々の異性体に分けられる。上の図で、D-リボース（$C_5H_{10}O_5$）を例にして、どのような異性体があるかを見てみよう。

　鏡像異性体（エナンチオマー）は左右対称で、鏡に映した像と同じ。アルデヒド基やケト基からいちばん遠くにある不斉炭素原子*の立体配置でD体とL体が決められる。

　ジアステレオマーは鏡像異性体以外の立体異性体。ジアステレオマーには次の2種類のものも含まれる。エピマーは、数個ある不斉炭素原子のうちの1か所だけで原子や化学基の配置が異なるもの。アノマーは、閉環して不斉炭素原子が生じたときの異性体。αとβのアノマーがある。

＊不斉炭素原子：炭素原子は4個の原子や化学基と結合できる。炭素原子に結合する物質が4個とも異なる場合には左右対称に描いた物質どうしは重ね合わせることができない。この炭素原子を不斉炭素原子という。

第6章

アミノ酸とペプチド

グルタミン酸 → {タンパク質 / 他のアミノ酸のアミノ基 / グルタチオン / うま味物質 / 神経伝達物質（主に興奮性）}

アンモニア →

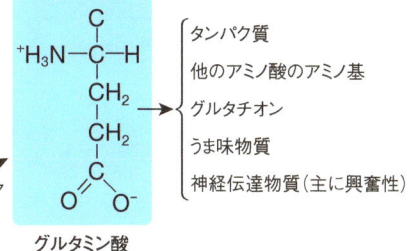

　アミノ酸はタンパク質の原料になる成分である。不足すると成長などに影響する成分として同定されたものもある。今日ではタンパク質は20種類のアミノ酸からつくられていること、それらのアミノ酸はD体とL体がある光学異性体のうち、すべてL異性体であること、しかし生物界ではD異性体も広く存在していることなどがわかっている。

　この章ではアミノ酸の種類とそれらの荷電や解離、親水性・疎水性などの性質について学ぶ。アミノ酸どうしが脱水縮合してできるペプチドについても見ておこう。

　写真はダシに使う昆布とカツオ節。これらのうまみ成分はグルタミン酸である。グルタミン酸は私たちの脳の中では神経伝達物質の1つとして、主に神経が興奮する方向で働いている。アミノ酸の生成では、アンモニアがグルタミン酸やグルタミンのアミノ基として取り込まれ、そのアミノ基が他のアミノ酸の生成に使われる。つまりグルタミン酸はアミノ酸の生成経路の出発点に位置している（参照→19章）。グルタミン酸が生命体の維持に重要な位置を占めていることと、グルタミン酸がポジティブな生理作用を持つこととの間に関係があるのかもしれない。

KEY WORD　アミノ酸の荷電　親水性と疎水性　ペプチドの2類型

6.1 アミノ酸の化学構造と鏡像異性体

アミノ酸の化学構造（①）

アミノ基とカルボキシ基の両方を持つ化合物をアミノ酸という。アミノ酸の炭素原子はカルボキシ基の隣から α、β、γ … と番号をつける。タンパク質を構成するアミノ酸では $C_α$ 原子に H と種々の側鎖が結合している。

化学基を区別する必要がある場合は、結合している炭素原子の番号をつける。$C_α$ 原子に結合している化学基は、α-カルボキシ基、α-アミノ基と呼ぶ。側鎖ではγ-カルボキシ基やε-アミノ基などとなる。

① アミノ酸の化学構造

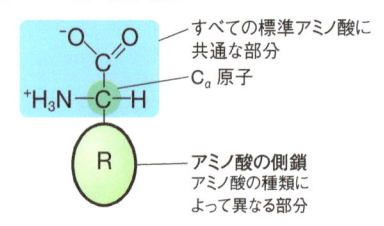

すべての標準アミノ酸に共通な部分
$C_α$ 原子

アミノ酸の側鎖
アミノ酸の種類によって異なる部分

アミノ酸の鏡像異性体（②）

$C_α$ 原子には 4 種の異なる原子や化学基が結合できるので立体異性体が生じる。L 異性体と D 異性体の鏡像異性体である。鏡像異性体は実像と鏡に映した像との関係、あるいは右手と左手との関係にあたる。

すべての生物のタンパク質は 20 種類のアミノ酸でできている。アミノ酸はグリシンを除き、すべて L 異性体

グリシン以外のアミノ酸は $C_α$ 原子に 4 種の異なる原子（原子団）が結合しているので、鏡像異性体がある。通常の化学合成では D 異性体、L 異性体は等量ずつ生じるが、生物がつくるタンパク質はすべて 19 種類の L-アミノ酸とグリシンだけで構成されている。グリシンは側鎖が H（水素原子）なので異性体はない。なお、天然で D 異性体のアミノ酸を含むペプチドもある（参照→ 6.5）。

② アミノ酸の鏡像異性体

L異性体　鏡　D異性体

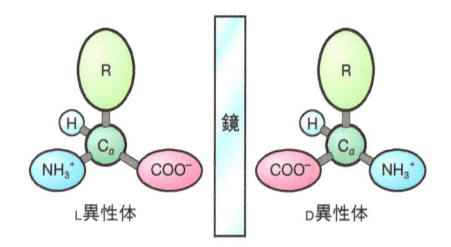

$C_α$ 原子の後方に H 原子、手前に他の原子（団）となるように配置したとき、カルボキシ基（–COO⁻）から反時計回りに CO-R-N となる配置が L 異性体。R は側鎖

6.2 アミノ酸とその側鎖の性質
親水性か疎水性か、荷電しているか

アミノ酸の共通構造は生理的条件*で荷電する（①）

アミノ酸のアミノ基（–NH₂）は pK_a が 9 付近なので、pH 7 付近ではプロトンを結合して–NH₃⁺になる。カルボキシ基（–COOH）は pK_a が 3 以下なので、pH 7 付近ではプロトンを解離して–COO⁻になる。

① アミノ酸の共通構造の部分は生理的条件で荷電している

アミノ酸の側鎖にも生理的条件で荷電するものがある（②）

pH 7 付近で（−）の荷電を持つのはアスパラギン酸とグルタミン酸の側鎖である。一方、pH 7 付近で（＋）の荷電を持つのはリジンとアルギニンの側鎖である。ヒスチジン側鎖も（＋）荷電を持つが変動しやすい。

② アミノ酸の解離基のpK_a値と荷電

アミノ酸と解離基	pK_a	中性付近での化学構造
全アミノ酸に共通する解離基		
α-アミノ基	8.7〜10.5	–NH₃⁺
α-カルボキシ基	1.8〜2.5	–COO⁻
側鎖の解離基		
アスパラギン酸（β-カルボキシ基）	3.9	–COO⁻
グルタミン酸（γ-カルボキシ基）	4.1	–COO⁻
リジン（ε-アミノ基）	10.5	–NH₃⁺
アルギニン（グアニジウム基）	12.5	–NHC（=NH₂⁺）NH₂
ヒスチジン（イミダゾール基）	6.0	–C=CH–NH⁺=CH–NH

アミノ酸側鎖の親水性・疎水性（③）

アミノ酸には側鎖が疎水性のものが多い。疎水性にも強弱はある。アミノ酸が重合してタンパク質を構成する場合には、疎水性部分がタンパク質の立体構造の中心部に集まりやすいなど構造形成に大きく影響する。

親水性の部分は電荷を持っていたり、水素結合をつくれる部分である。

③ アミノ酸側鎖の親水性・疎水性

疎水性の側鎖を持つアミノ酸	
疎水性の強いもの	Ile, Val, Leu, Phe, Met, Trp
疎水性の弱いもの	Ala, Pro, Gly
部分的に親水性	Tyr, Cys
親水性の側鎖を持つアミノ酸	
（＋）荷電	Arg, Lys, His
（−）荷電	Asp, Glu
中性	Asn, Gln, Ser, Thr

（3文字表記については参照→6.3）

---

*生理的条件：私たちの身体の体液や細胞が通常に置かれている温度、気圧、pHなどの条件。

第6章　アミノ酸とペプチド　71

6.3 タンパク質を構成するアミノ酸

親水性のアミノ酸

塩基性、酸性、および中性のアミノ酸が親水性のアミノ酸である。

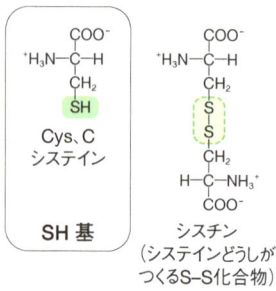

塩基性アミノ酸（①）

リジン（リシン）とアルギニンは中性では（+）に荷電し、主にタンパク質の表面側に分布する。リジンとアルギニンはアセチル化修飾を受けると電荷を失う。ヒスチジンは（+）に荷電したり、中性になったりと変化しやすい（参照→補項6.1）ので、酵素の触媒部位に使われることが多い。金属イオンと結合することも多い。

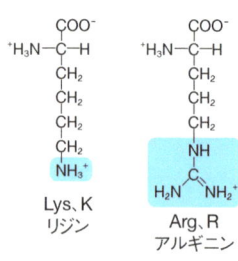

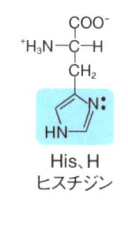

酸性アミノ酸（②）

アスパラギン酸とグルタミン酸は中性では（−）に荷電し、主にタンパク質の表面側に分布する。酵素の触媒部位で使われることが多い。

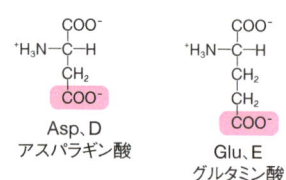

中性アミノ酸（③）

アスパラギンとグルタミンはアミド基が極性を持ち、主にタンパク質の表面側に分布する。アスパラギン側鎖のNには糖が結合して糖鎖がつくられることがある。

セリン、トレオニン（スレオニン）、チロシンはOH基を持ち、主にタンパク質の表面側に分布する。これらのOH基はリン酸化の修飾を受けやすい。セリンとトレオニンのOH基には糖が結合し、糖鎖がつくられることがある。チロシンは芳香環があるため疎水性の部分も大きい。システインはSH基の反応性が高く、ジスルフィド結合（S–S結合）の形成によるタンパク質構造や会合体の安定化に寄与する。酵素の触媒部位に使われることもある。システインどうしがS–S結合するとシスチンになる。

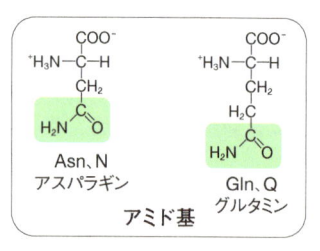

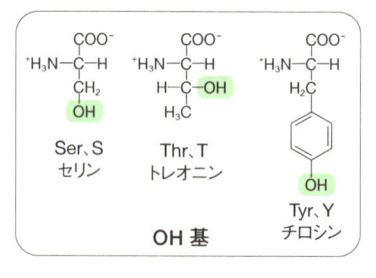

疎水性のアミノ酸

疎水性のアミノ酸には、脂肪族の側鎖を持つもの（④）、芳香族の側鎖を持つもの（⑤）、および環状アミノ酸（⑥）がある。疎水性のアミノ酸はタンパク質の内部で疎水性の中核部をつくりやすい。大きさと形がさまざまなので互いに密に詰め合える。

脂肪族の側鎖を持つもの（④）

ロイシン、イソロイシン、バリン、フェニルアラニンなどは疎水性の程度が高い。一方、グリシンとアラニンの疎水性の程度は低い。

メチオニンはシステインと同じくSを含んだアミノ酸だが、システインの–SH基とは異なりメチオニンの–SCH$_3$は反応性に乏しい。

芳香族の側鎖を持つもの（⑤）

フェニルアラニンやトリプトファンは環構造を持つので大きくかさばる。トリプトファンの >NH の部分は水素結合できる。

環状アミノ酸（⑥）

プロリンは側鎖が主鎖のアミノ基と結合して環構造をつくっている。そのためペプチド鎖を折り曲げ、タンパク質表面に分布しやすい。

④ 脂肪族の側鎖を持つもの

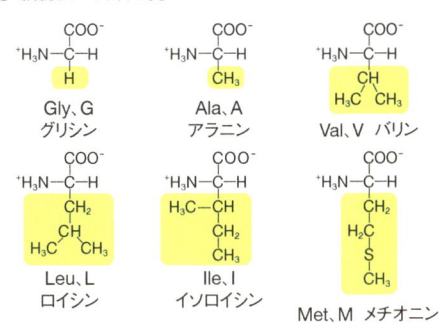

Gly、G グリシン
Ala、A アラニン
Val、V バリン
Leu、L ロイシン
Ile、I イソロイシン
Met、M メチオニン

⑤ 芳香族の側鎖を持つもの

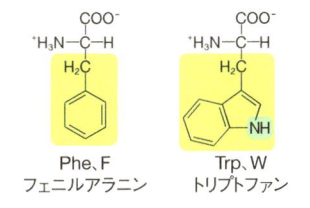

Phe、F フェニルアラニン
Trp、W トリプトファン

⑥ 環状アミノ酸

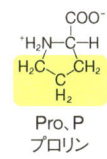

Pro、P プロリン

---

column　21番目のアミノ酸セレノシステインと22番目のアミノ酸ピロリシン

すべての生物のタンパク質は20種類のアミノ酸で構成されている。しかし、一部の生物の特定のタンパク質では例外的に21番目と22番目のアミノ酸も使われていることがわかってきた。

セレノシステインは、システインの–SHが–SeHに変わったものである。Seはセレン。

ピロリシンは、リジンのアミノ基がピロリン環を持つものに変わっている。

セレノシステイン

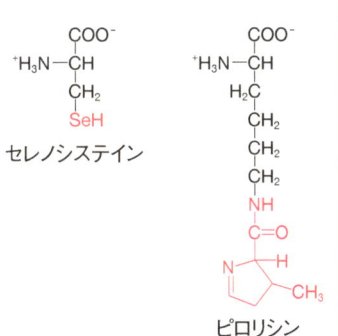

ピロリシン

第6章　アミノ酸とペプチド

6.4 生理活性を持つアミノ酸とアミン

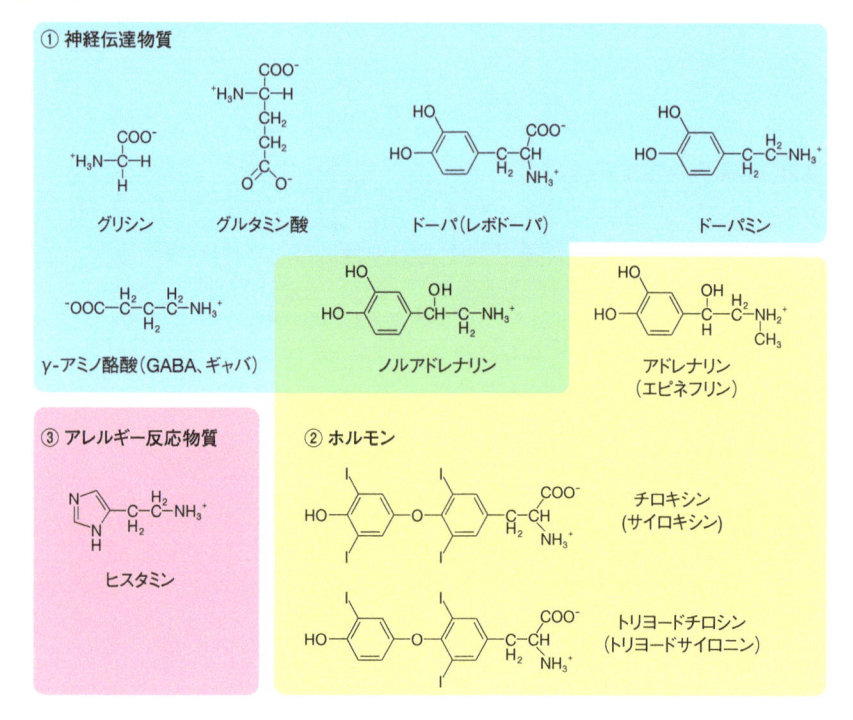

① 神経伝達物質

グリシン　グルタミン酸　ドーパ（レボドーパ）　ドーパミン

γ-アミノ酪酸（GABA、ギャバ）　ノルアドレナリン　アドレナリン（エピネフリン）

③ アレルギー反応物質

ヒスタミン

② ホルモン

チロキシン（サイロキシン）

トリヨードチロシン（トリヨードサイロニン）

　アミノ酸は種々の生理活性物質やその原料にもなっている。アミノ酸からカルボキシ基が失われたものはアミンである。

神経伝達物質（①）
◆ グリシンは主に抑制的に働く。
◆ グルタミン酸は主に興奮する方向に働く。うまみの成分でもある。
◆ γ-アミノ酪酸（GABA、ギャバ）は興奮やけいれんを鎮めるなど、主に抑制的に働く。
◆ ドーパ、ドーパミンはチロシンからつくられる。ドーパミンは意欲、快感、学習などに関係する。アドレナリン（エピネフリン）およびノルアドレナリンの前駆物質にもなる。

ホルモン（②）
　ノルアドレナリンは神経伝達作用とホルモン作用の両方を持つ。アドレナリンとノルアドレナリンはともにストレスや危機に対処する物質として分泌される。
　チロキシン（サイロキシン）、トリヨードチロシン（トリヨードサイロニン）はチロシンとヨード（ヨウ素）でつくられる。甲状腺から分泌される成長ホルモンである。

アレルギー反応に関係するもの（③）
　ヒスタミンはヒスチジンからつくられる。アレルギー反応や炎症に関係する。

6.5 ペプチドには生成の仕方の異なる2つのグループがある

ペプチド（①）

アミノ酸のカルボキシ基とアミノ基が脱水縮合した物質をペプチドという。タンパク質もペプチドだが、その分解産物など比較的小さいものがペプチドと呼ばれる。ペプチドには、核酸の塩基配列に依存したアミノ酸配列を持つものと、核酸の塩基配列に依存せず酵素作用で生じるものの2種類がある。

① ペプチド

核酸の塩基配列に依存して生じるペプチド

タンパク質の消化で生じる多様なペプチドや特定の酵素による限定分解で生じるインスリンなどのペプチドホルモンがある。インスリンは前駆体のペプチドが分子内でS-S結合を形成した後に限定分解され、A鎖とB鎖がS-S結合でつながった構造になる（②）。

② インスリン

(A鎖) H₃N⁺-Gly-Ile-Val-Glu-Gln-Cys-Cys-Thr-Ser-Ile-Cys-Ser-Leu-Tyr-Gln-Leu-Glu-Asn-Tyr-Cys-Asn-COO⁻

(B鎖) H₃N⁺-Phe-Val-Asn-Gln-His-Leu-Cys-Gly-Ser-His-Leu-Val-Glu-Ala-Leu-Tyr-Leu-Val-Cys-Gly-Glu-Arg-Gly-Phe-Phe-Tyr-Thr-Pro-Lys-Thr-COO⁻

核酸の塩基配列によらずに酵素反応でつくられるペプチド

私たちの体内にもあるグルタチオン（GSH）（③）や、細菌の細胞壁をつくっているペプチドグリカンのペプチド部分、微生物が生産する抗生物質のペプチドなどは塩基配列に依存せずにつくられる。これらのペプチドでは個別のアミノ酸がそれぞれ特異的な酵素の触媒作用で付加され、通常のペプチドでは見られないペプチド結合やD型のアミノ酸が存在する場合が多い。

細胞は酸化的な環境にさらされている。GSHは細胞内で酸化によってS-S架橋したタンパク質を-SH、-SHに解離したり、酸化物質を還元して酸化型グルタチオン（GS-SG）になる。GS-SGは酵素の働きでGSHに戻る（④）。

グラミシジンS（⑤）は、L-オルニチン、D-フェニルアラニンの混在する環状ペプチドである。土壌細菌（バシラス属）が生産する抗生物質で食中毒の原因にもなる。細胞膜にイオンを通す通路を形成し、細胞障害を起こす。

③ グルタチオン
（還元型グルタチオン、GSH、G-SH）
グルタミン酸の側鎖のカルボキシ基がペプチド結合に使われている
グルタミン酸　システイン　グリシン

細菌の細胞壁のペプチド（⑥）にはD-グルタミン酸、D-イソグルタミン酸、D-アラニンが混在する。リジンのε-アミノ基とグリシンのα-カルボキシ基によるペプチド結合もある。

④ グルタチオン（GSH）はS-S結合で架橋されたタンパク質をSH型にする

グルタチオン還元酵素
還元型グルタチオン（GSH）
酸化型グルタチオン（GS-SG）
S-タンパク質 / S-タンパク質
SH-タンパク質 / SH-タンパク質

⑤ グラミシジン S

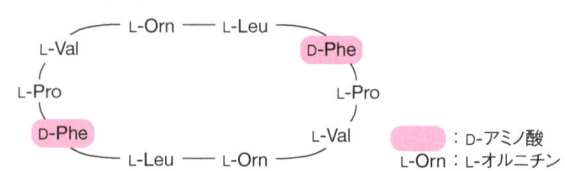

L-Val — L-Orn — L-Leu — D-Phe
L-Pro   L-Pro
D-Phe — L-Leu — L-Orn — L-Val

■ : D-アミノ酸
L-Orn : L-オルニチン

⑥ 細菌の細胞壁に見られるペプチドの例

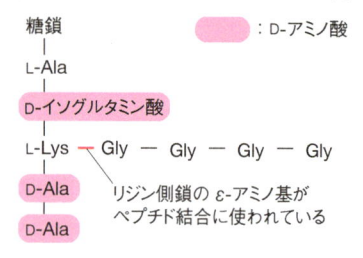

糖鎖
│
L-Ala
│
D-イソグルタミン酸
│
L-Lys — Gly — Gly — Gly — Gly
│
D-Ala
│
D-Ala

■ : D-アミノ酸

リジン側鎖のε-アミノ基がペプチド結合に使われている

---

column　D異性体のアミノ酸もあるのに、タンパク質のアミノ酸はすべてL異性体なのはなぜだろう？

　生命発生の初期に何らかの原因でL異性体のアミノ酸だけがタンパク質の合成に使われるようになった。なぜL異性体のアミノ酸だけがタンパク質の合成に使われるのだろう？

　アミノ酸からペプチドになるまでには、それぞれのアミノ酸について、その合成、アミノ酸とtRNAとの結合の形成、アミノアシルtRNAのリボソームへの移行などのステップで、L異性体に対応する構造と機能を持った酵素の働きが必要である。L異性体に対応したシステムがたまたま先に生じ、そのまま発展したとは考えられないだろうか。

補項6.1　アミノ酸からのH⁺の解離と荷電はpHで変化する

　アミノ酸からのH⁺の解離と荷電はpHによって変化する。アミノ酸には解離基が2～3個ある。代表的なアミノ酸についてイオン種とpK_aを示す（参照→補項1.2）。

アスパラギン酸のイオン種と荷電の変化（①）

　アスパラギン酸の側鎖のカルボキシ基（–COOH）のH⁺は、pHが4.4付近よりも低いときはカルボキシ基のOに結合している。pHが高くなると解離して、カルボキシ基は–COO⁻となり、（–）に荷電する。細胞の中のpHは通常7.5付近なので、側鎖は（–）に荷電している。グルタミン酸も同様である。

① アスパラギン酸

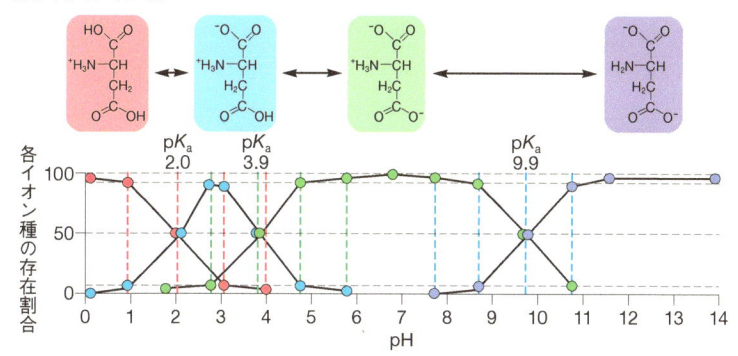

ヒスチジンの荷電（②）

　ヒスチジンはpH7付近でも側鎖にH⁺がついたり離れたりしている。ヒスチジンは他の物質からH⁺を取ったり取られたりしやすい。そのため酵素の触媒部位ではヒスチジンがよく使われる。

② ヒスチジン

リジンやアルギニンの側鎖は中性付近では（＋）に荷電（③）

　リジンは側鎖の pK_a が 10.5 と高いため、中性付近では側鎖は H$^+$ を結合して（＋）に荷電している。アルギニンも同様である。

③ リジン

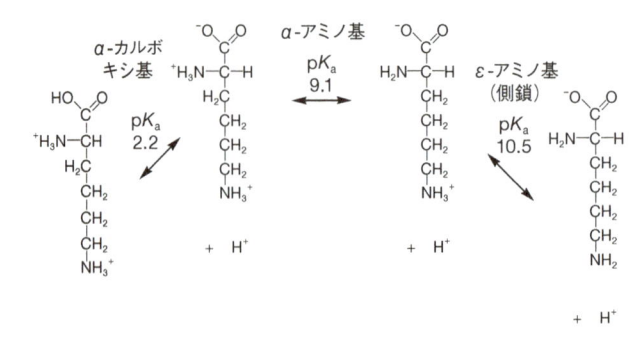

等電点 pI（④）

　アミノ酸やペプチド、およびタンパク質で分子の荷電がプラスマイナス 0 になる pH を等電点（pI）という。等電点では分子集団の電荷が 0 になるので水への溶解度は最小になり、沈殿が起きやすい。等電点は分子が持っている解離基の pK_a 値から計算できる。荷電が 0 になるイオン種が存在する両脇の pK_a 値の平均値をとれば等電点になる。

　ペプチドやタンパク質では各解離基の pK_a は近接する解離基の影響を受けて変動する。また側鎖がリン酸基などで修飾されている場合もあるので、等電点を計算で正確に求めるのは難しい。

④ pI の計算（アスパラギン酸）

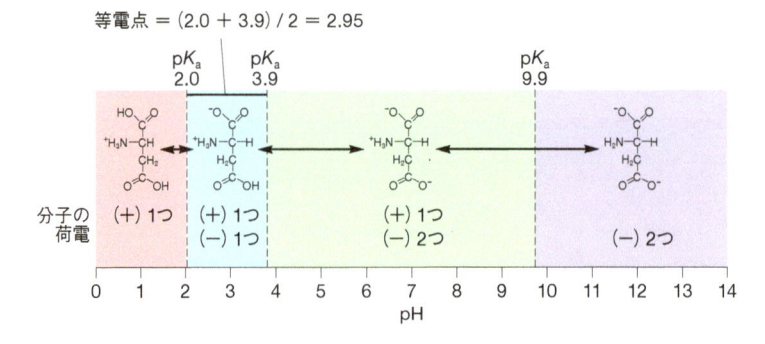

等電点 ＝（2.0 ＋ 3.9）/ 2 ＝ 2.95

第7章 DNAとRNA

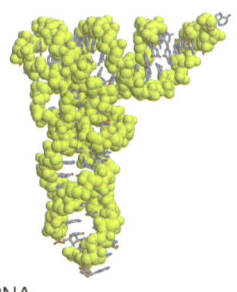

RNA
バックボーン部分は実体モデル（黄色）で、塩基部分はスティックで表示。図はtRNA。
[PDB ID：6TNA]

　遺伝子の本体であるDNAとDNAを助けて働くRNA。DNAとRNAにはどのような違いがあるのだろう？　DNAとRNAの機能の違いはほんのわずかな化学構造の違いがもとになっており、さらに合成のされ方によって生じる立体構造の違いがそれに輪をかけている。
　この章ではDNAとRNAの機能の違いをもたらした化学構造と立体構造の違い、DNA → RNA → タンパク質という遺伝情報の発現の仕方について確認しておこう。さらに、RNAには酵素として働くものや特定の遺伝情報の発現を抑制できるものなどがあることも学ぶ。

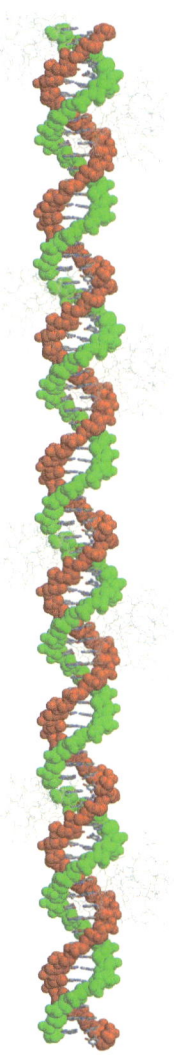

DNA
バックボーン部分は実体モデル（赤と緑）で、塩基部分はスティックで表示。図はDNAのごく一部。[PDB ID：1HDD]

KEY WORD　　DNAとRNAの違い　　相補的な塩基対　　RNAの働き

7.1 核酸の化学構造と塩基の対合

DNA の化学構造（①）
◆ 糖−リン酸−糖−リン酸−糖−リン酸−… という主鎖（バックボーン）を持つ。
◆ 糖の部分にはアデニン（A）、グアニン（G）、チミン（T）、シトシン（C）という塩基がついている。この塩基の配列順が遺伝子としての DNA が代々伝える遺伝暗号になる。

RNA の化学構造（②）
　RNA は DNA とほとんど同じ化学構造をしているが、次の 2 点が異なる。
◆ 糖の 2′ の位置の C に結合しているもの。DNA では H だが、RNA では OH 基。
◆ 塩基の一部。DNA でチミン（T）のところが、RNA ではウラシル（U）になる。
　この 2 点の違いが、RNA ではなく DNA が遺伝子の本体として発展した要因である。

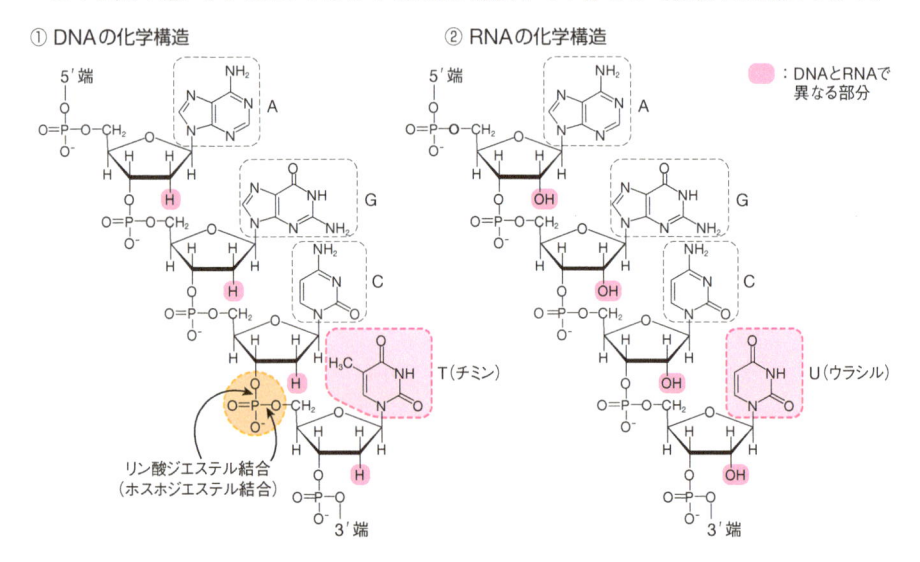

① DNA の化学構造　　② RNA の化学構造

：DNA と RNA で異なる部分

T（チミン）　　U（ウラシル）

リン酸ジエステル結合
（ホスホジエステル結合）

DNA を遺伝子の主役にした化学構造のわずかな違い
（1）RNA は加水分解されやすいが、DNA は加水分解されにくい
　アルカリ条件では溶液中の H^+ 濃度が低いので、OH 基から H^+ が解離する。核酸の主鎖では糖の 2′ の位置に OH 基があると H^+ が解離したあとに残った O^- が近くにあるリン酸基の P に働きかけてホスホジエステル結合の加水分解が起き、核酸の主鎖が切断される。そのため RNA は分解されやすく不安定である。DNA は糖の 2′ の位置に OH 基がないので、そのような加水分解が起きない。
（2）RNA はシトシンの変異が固定され、DNA ではシトシンの変異は修復される
　塩基のシトシンは脱メチル化されてウラシルに変化することがある。RNA にはもともと

ウラシルがあるので、もとからあるウラシルとシトシンが変異して生じたウラシルとの区別がつかず、変異が固定されてしまう。DNAにはウラシルがないので、シトシンが変異したウラシルを検出し、除去して修復できる。

核酸の塩基の対合は水素結合でつくられる（③）

核酸は塩基対合によって、自己複製できる。また、自己の塩基配列の情報を他の核酸に伝えることもできる。

アデニン（A）とチミン（T）およびアデニン（A）とウラシル（U）の間では水素結合が2本形成される。また、グアニン（G）とシトシン（C）の間では水素結合が3本形成される。核酸の2本の主鎖間の距離は塩基の対合で等しくなる。これらの塩基対合は相補的な塩基対と呼ばれる。塩基対は2本の核酸の鎖が互いに逆向きになって並んでいるときに、効率よくつくられる（④）。

相補的な塩基対の形成はDNAとRNAの区別なく可能

生物の世界ではDNA自身の複製、DNAからRNAへの転写、RNAからDNAへの逆転写、RNAとRNAの対合による未熟なRNAの成熟の手助けなどで、相補的な塩基対が形成される。

③ 塩基間の水素結合

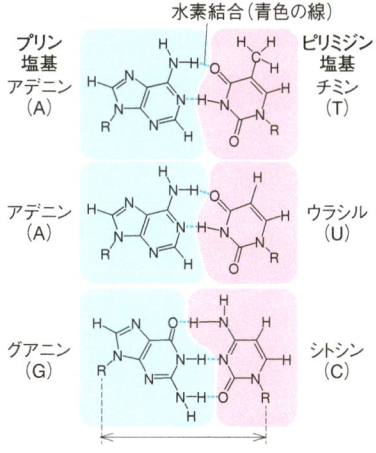

④ DNAの2重らせん構造*と塩基の対合

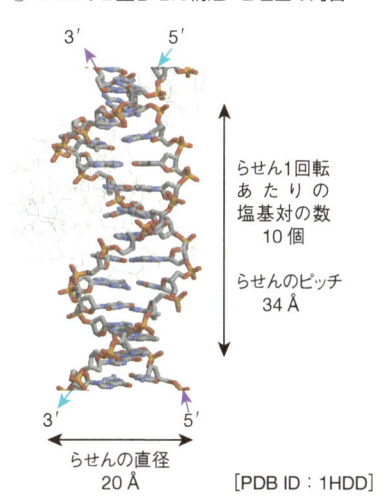

[PDB ID：1HDD]

---

*核酸のつくる2重らせん構造にはA型、B型、Z型の3種類がある。A型はRNAが加わったときにつくられる。DNAがつくるのは主にB型で、Z型はGとCに富む。DNAの2重らせんの図④はB型のものである。

第7章 DNAとRNA 81

7.2 核酸の合成のされ方

核酸はヌクレオチドの規則的な重合でつくられる

　DNAは4種類のデオキシリボヌクレオシド三リン酸の重合でつくられる。RNAも4種類のリボヌクレオシド三リン酸の重合でつくられる。

核酸の合成は鋳型に依存し、鋳型とは逆向きに進行する（①）

　ヌクレオシド三リン酸が重合するとき、すでにある核酸（DNAまたはRNA）の鎖を鋳型にする。その際、重合するヌクレオチドの塩基は、鋳型の核酸鎖にある相手の塩基と水素結合で正しく対合できるものが選ばれる（①-A）。また、重合するヌクレオチドのリン酸基は、伸長途中の鎖の末端のヌクレオチドの3′の位置にある−OH基に共有結合する（①-B）。

　核酸の鎖はリン酸基の付いている5′側が先頭になり、3′の位置に−OH基が付いているほうが後から付加した部分になる。そのため、核酸の鎖の先頭側を5′末端、鎖の後方側を3′末端という。核酸の合成は、鋳型になる鎖は3′末端側から5′末端側に向かって塩基配列が読み取られていき、新生する鎖は5′末端側から3′末端側に向かって伸長していく。

DNAの合成には足場になる短い鎖（プライマー）が必要（②）

　DNA鎖が新生するとき、最初のヌクレオシド三リン酸が結合するための−OH基が必要である。鋳型になる鎖にDNAまたはRNAの鎖が対合して存在していれば、その3′末端の−OH基が重合の足場になる。DNA鎖が新生する前に、あらかじめ対合している短い核酸鎖をプライマーという。

① 核酸は既存の核酸を鋳型にして鋳型とは逆向きに合成されていく

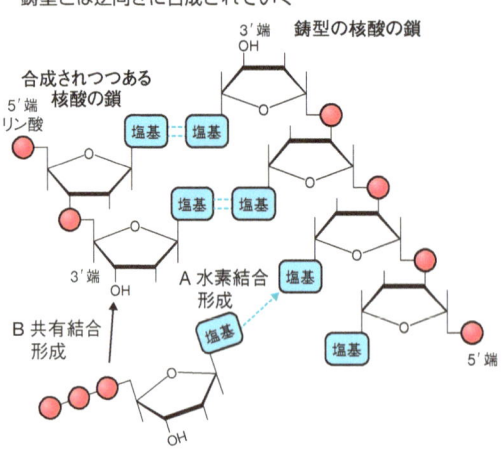

② プライマーはヌクレオチドが結合するための −OH 基を提供する

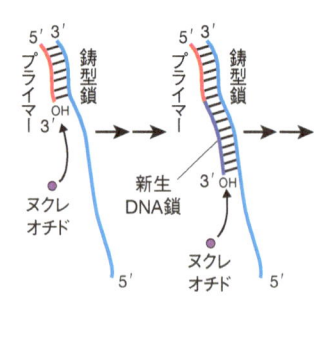

7.3 DNAは主に2本鎖で、RNAは主に1本鎖で存在する

新生 DNA 鎖は鋳型になった DNA 鎖と2本鎖をつくる（①）

　DNA も RNA も合成されるときには鋳型になる DNA 鎖との2本鎖の状態で新しいヌクレオチドが付加重合していく。合成が進行していくと、新生 DNA は鋳型の DNA 鎖と2本鎖の状態を維持したまま、新しい2本鎖 DNA になる。

新生 RNA 鎖は鋳型になった DNA 鎖から離れ、1本鎖としてこの世に出てくる（②）

　一方、新生 RNA は鋳型の DNA から離れて、1本鎖の状態で出ていく。RNA の鋳型になった DNA 鎖はもともとのペアを組んでいた DNA 鎖とよりを戻して2本鎖状態を回復する。

DNA 鎖と RNA 鎖の誕生の仕方の違いは酵素の働きの違いによる

　DNA 鎖が誕生のときから2本鎖で、RNA 鎖が誕生のときから1本鎖になるのは、DNA と RNA の化学的な違いのためではなく、それぞれを合成する酵素の働きの違いによる。ウイルスなどでは2本鎖の RNA や、1本鎖の DNA も存在する。

DNA 鎖と RNA 鎖の存在状態の違いは構造的・化学的安定性に影響する

　新生 DNA はすぐに2本鎖になるので構造的にも化学的にも安定だが、新生 RNA は1本鎖として生じるので、変形しやすく化学修飾を受けやすい。

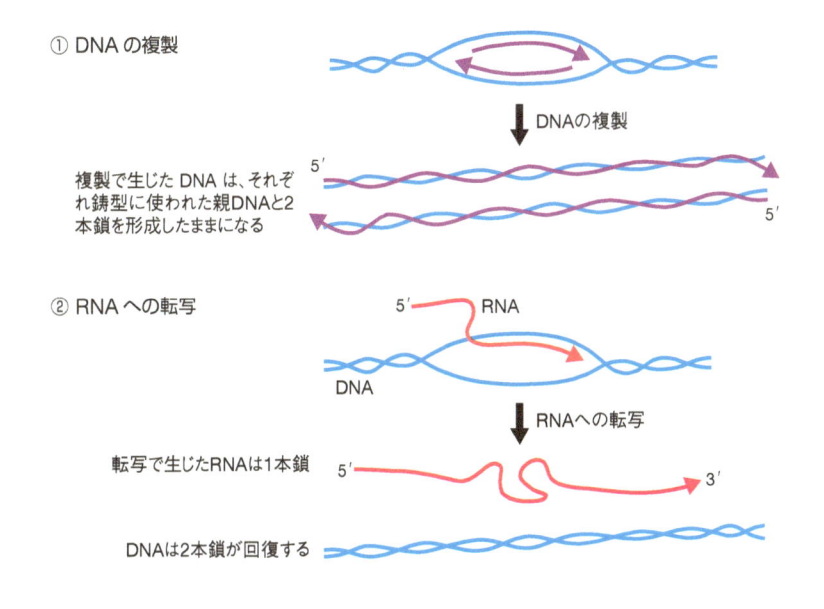

① DNA の複製

複製で生じた DNA は、それぞれ鋳型に使われた親DNAと2本鎖を形成したままになる

② RNA への転写

転写で生じたRNAは1本鎖

DNAは2本鎖が回復する

7.4 2本鎖のDNAは構造が安定で遺伝子に向いている

2本鎖DNAの利点（①）

　DNAでは2本の主鎖（バックボーン）が2重らせんの内部の塩基対を守り、塩基は2重らせんの外側には露出しない。塩基が外部に飛び出すと周囲の雑多な化学物質との相互作用や化学変化が起こりやすくなる。塩基対の重なりも構造を安定化させる。水分子は2重らせんの上下に重なった塩基対の間に入り込めず、塩基対の水素結合が乱されない。

　DNA鎖は塩基の対合で合成されるため、子孫のDNAに塩基配列の情報が正確に伝えられる。その結果遺伝が安定する。さらにDNAの配列情報がRNAを経由してタンパク質が発現するので、RNAに塩基配列の変異が起きても、もとのDNAでの変異ではないため大多数のタンパク質は均一になる。

① DNAの2重らせん構造

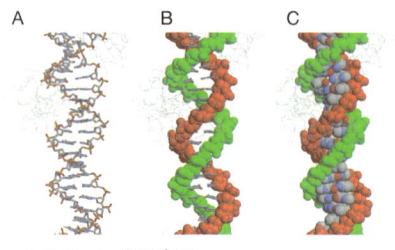

A スティックで表示
B バックボーン部分を実体モデルで表示
C 全体を実体モデルで表示

[PDB ID：1HDD]

2本鎖DNAの1本鎖への解離

　核酸の2本鎖は水素結合によって成り立っている。水素結合は弱い相互作用なのでタンパク質が結合して2本鎖にゆがみが生じるとその部分の水素結合が切れやすくなり、1本鎖に解離する場合がある。1本鎖になったDNA鎖は酵素によって複製されたり、転写されたりする。

2本鎖の1本鎖への解離は温度の上昇によっても起こる（②）

　水素結合は温度が上昇すると切れるので、DNA鎖は高温では1本鎖になりやすい。水素結合はAとTの間では2本、GとCの間では3本つくられる（参照→7.1）。そのため、塩基配列でGとCの割合（GC含量）が多い部分は温度の変化に対して比較的安定である。

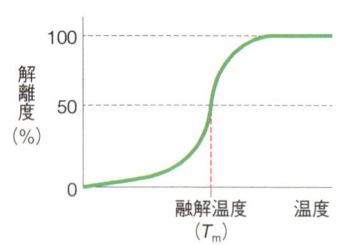

　2本鎖よりも1本鎖のほうが吸光度（260 nm）が高いので、解離の度合いはDNA溶液の吸光度を測定することでわかる。50％の解離を起こす温度を融解温度という。90℃以上ではほとんどのDNAの2本鎖部分は解離して1本鎖になる。

② 2本鎖DNAの1本鎖への解離

＊18塩基対よりも短い2本鎖では、GC含量と1本鎖への解離温度（融解温度）との間には次の関係式が使われる（片側の1本鎖分の各塩基の数をもとに計算する）。融解温度 $T_m = (A+T) \times 2℃ + (G+C) \times 4℃$

7.5 遺伝子としてのDNA

ほとんどすべての生物は遺伝子として2本鎖のDNAを持っている（①）

地球上の生物は、古細菌、真正細菌および真核生物の3つのグループに大別される。これらのすべてのグループは2本鎖のDNAを遺伝子にしている。

2本鎖のDNAには環状のものと線状のものとがある（②）

2本鎖のDNAはその両端が結合して環状になる場合と、両端はそのままで全体として線状になる場合がある。古細菌、真正細菌の遺伝子DNAは環状で存在する。これに対して真核生物の核にある遺伝子DNAは線状で存在する。葉緑体やミトコンドリアにある遺伝子DNAは環状である。線状のDNAではその両端を守るために特殊な構造（テロメア）が発達している。

① ほとんどすべての生物は遺伝子として2本鎖のDNAを持つ

原核生物
- 古細菌
  - 超高熱菌
  - 1.3×10^6 bpのDNA
  - 遺伝子は1434個
- 真正細菌
  - 大腸菌
  - 4.6×10^6 bpのDNA
  - 遺伝子は4149個
  - シアノバクテリア
  - 9×10^6 bpのDNA
  - 遺伝子は約7000個

真核生物
- イネ
  - 3.9×10^8 bpのDNA
  - 遺伝子は約37000個
- ヒト
  - 3.0×10^9 bpのDNA
  - 遺伝子は約26000個
- 酵母菌
  - 1.2×10^7 bpのDNA
  - 遺伝子は5880個
- ウニ
  - 8×10^8 bpのDNA
  - 遺伝子は約23300個
- ショウジョウバエ
  - 1.8×10^8 bpのDNA
  - 遺伝子は約14000個

細胞内小器官のミトコンドリアと葉緑体
- ヒトのミトコンドリア
  - 1.7×10^4 bpの
  - 遺伝子は約13個
- イネの葉緑体
  - 13×10^4 bpのDNA
  - 遺伝子は約80個

② 環状のDNAと線状のDNA

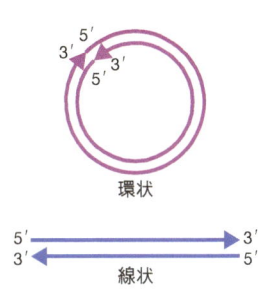

環状

線状

古細菌の遺伝子

古細菌の遺伝子DNAは環状になっており、DNAの大きさは $1.3 \times 10^6 \sim 6 \times 10^6$ の範囲にある。古細菌には高塩濃度や高熱などの過酷な環境で生息している微生物が多い。代表的な超高熱菌のDNAは、1.3×10^6 bpで、1434個の遺伝子が含まれている。

真正細菌の遺伝子

真正細菌の遺伝子DNAも環状になっている。DNAの大きさは $0.15 \times 10^6 \sim 13 \times 10^6$ bp の範囲にある。大腸菌のDNAは 4.6×10^6 bpで、4149個の遺伝子が含まれている。

真核生物の遺伝子

真核生物の遺伝子DNAは線状の染色体である。DNAの大きさは $1.2 \times 10^7 \sim 6.7 \times 10^{11}$ bp と幅広い。ヒトのDNAは 3.0×10^9 bpで、約26000個の遺伝子が含まれている。

ミトコンドリアや葉緑体も遺伝子を持つ

真核生物の細胞小器官であるミトコンドリアや葉緑体にも遺伝子DNAがある。これら

の遺伝子 DNA は環状で、ヒトのミトコンドリアの場合、DNA は 1.7×10^4 bp で、13 個の遺伝子が含まれている。

私たちの体をつくるそれぞれの細胞に遺伝子の DNA 分子がある

私たちの体をつくっている細胞の数は 60～70 兆個である。それぞれの細胞の核の中に DNA 分子が遺伝子として存在している。DNA 分子は特殊なタンパク質に守られてクロマチンを形成している。クロマチンは細胞が増殖するときには凝縮して染色体になる。

1 本の染色体は 1 分子の DNA を中心にしてつくられている（③）

私たちの細胞は、核を消失した赤血球以外はすべて 46 本の染色体を持っている。それぞれの染色体は 1 本の 2 本鎖 DNA（1 分子の DNA）を中心にしてつくられている。

③ 1 本の染色体は 1 本の 2 本鎖の DNA と多数のタンパク質でできている

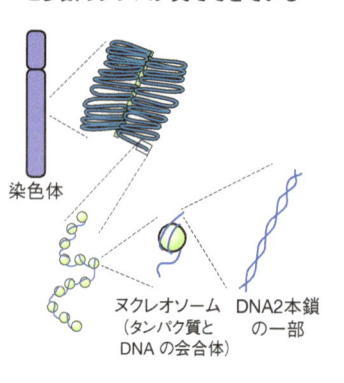

染色体 46 本の内訳は、常染色体が 22 種類あり、それぞれ 2 本ずつと、性染色体が、男性では X 染色体と Y 染色体がそれぞれ 1 本ずつ、女性では X 染色体が 2 本ある。総計で男女ともに 46 本になる。

46 本の染色体のなかでいちばん大きい DNA 分子は、1 本あたりヌクレオチドが 2 億 7900 万個重合している。いちばん小さな染色体の DNA 分子でも、ヌクレオチドが 4500 万個重合してできている。

個別の遺伝子は巨大な DNA の一部分である（④）

生物のほとんどの遺伝子は DNA である。DNA は巨大化し、個々の RNA に転写される遺伝子部分は巨大な DNA の一部分として存在している。ヒトにしろ大腸菌にしろ、多数の遺伝子があり、それらはすべて巨大な DNA 分子のごく一部の領域を使っているにすぎない。それぞれの遺伝子部分が転写される方向は一定していない。

④ 個別の遺伝子は巨大な DNA のごく一部

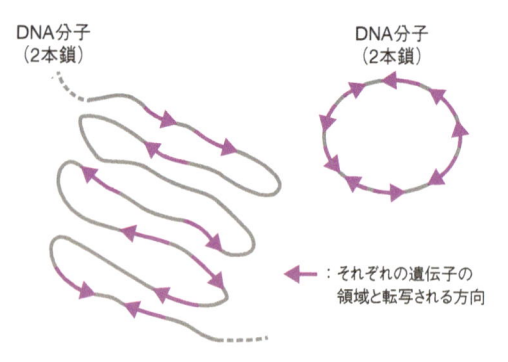

なお、大腸菌の DNA 分子では遺伝子部分の密度が高く、ヒトなどでは密度が低い。細胞の増殖の速度を反映しているのであろう。

> column　一人のヒトが持つDNAの2重らせんの長さ

　ヒトの細胞1個に含まれるDNAの大きさは、核のDNAだけで考えると、男性では62億9400万塩基対、女性では64億600万塩基対である。さて、一人のヒトが持つDNAの2重らせんの長さは、次のうちのどれが最も近いだろう？

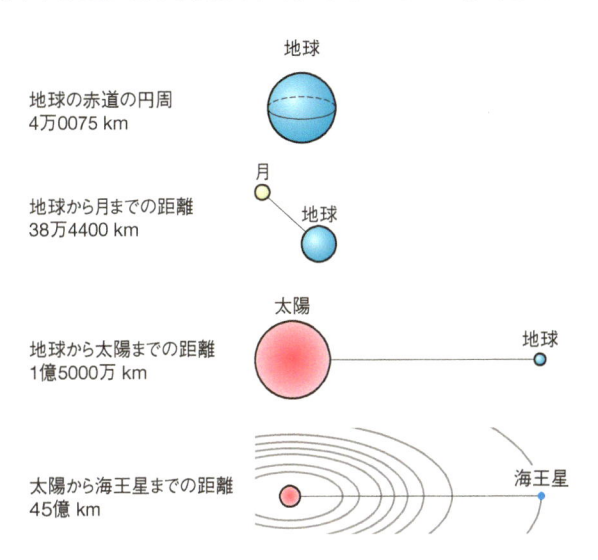

地球
地球の赤道の円周
4万0075 km

月　地球
地球から月までの距離
38万4400 km

太陽　　　　　　　　　　　　地球
地球から太陽までの距離
1億5000万 km

　　　　　　　　　　　　　　海王星
太陽から海王星までの距離
45億 km

　ヒトの細胞1個に含まれるDNAの大きさを、約64億塩基対として計算してみよう。DNAの2重らせんの長さは10.5塩基対あたり3.4 nmなので、

　　（64億塩基対 / 10.5塩基対）× 3.4 nm = 約2.1 m

　つまり、ヒトの細胞1個の中にあるDNAの長さは約2.1 mになる。ヒト成人の体を構成する細胞の数は60〜70兆個なので、一人が持つDNA2重らせんの長さの総計は、

　　$2.1 \text{ m} ×（6〜7）× 10^{13} ≒ (1.3〜1.5) × 10^{14} \text{ m}$

　1300〜1500億kmは太陽から海王星までの距離(45億km)をはるかに超える。ウソのようなホントの話。

7.6 1本鎖のRNAは複雑な構造をつくる

RNAのつくる構造の特徴

RNAは1本鎖なので部分的な塩基の対合が起こりやすい。1本の鎖の中で相補的な塩基の対合ができると、部分的な塩基の対合が1本のRNA鎖のあちこちで起こる（①）。

RNAでは種々のタイプの塩基の対合が起こりやすい。塩基の対合は通常の相補的な対合（AとU、GとCの対合）だけでなく、ねじれた鎖に対応してやや不規則な対合も起きる。また、部分的に3個の塩基が関わる対合も起きる（②）。

部分的な塩基の対合や不正規な塩基対が入り乱れる結果、1本のRNAでも複雑な立体構造がつくられる（③）。複雑な立体構造の一部は他の核酸とも塩基の対合をする。例えばtRNAの下端のループ部分には、対合相手のいない塩基が外側を向いて3個並んでいる。この部分がmRNA上に配列している塩基3個と対合するアンチコドンとして使われる（③-A）。

① 1本鎖の中での部分的な塩基の対合は複雑な構造を生じる

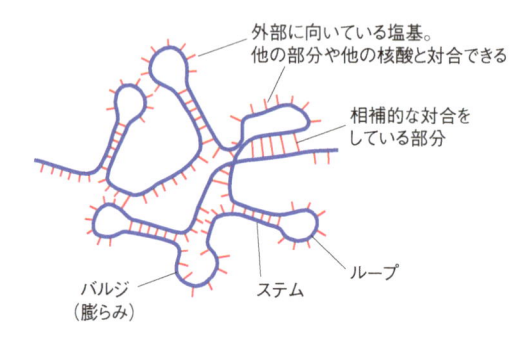

外部に向いている塩基。他の部分や他の核酸と対合できる
相補的な対合をしている部分
バルジ（膨らみ）
ステム
ループ

② 3個の塩基による対合

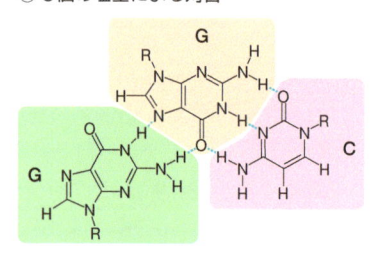

③ tRNAの1本鎖がつくる複雑な構造

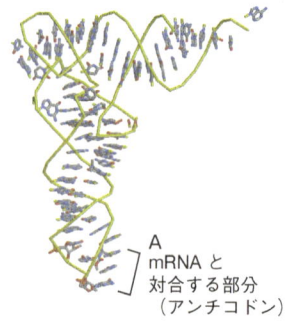

A
mRNAと対合する部分（アンチコドン）

[PDB ID：6TNA]

7.7 RNAと遺伝情報

RNAは遺伝子の情報の発現を実行している（①）

DNAの遺伝子部分の塩基配列を転写して、mRNA（メッセンジャーRNA）がつくられる。mRNA上の塩基配列は3個ずつに区切られて、タンパク質のアミノ酸の1つずつに翻訳される。mRNAの特定の塩基配列3個分を遺伝子のコドン（暗号子）という。それぞれのコドンに対応したアミノ酸をタンパク質の合成の場であるリボソームに運ぶのがtRNA（トランスファーRNA、転移RNA）である。tRNAはmRNAのコドンと対合する塩基配列（アンチコドン）を持っている。リボソームは3種のrRNA（リボソームRNA）と20種近くのタンパク質とでつくられている。

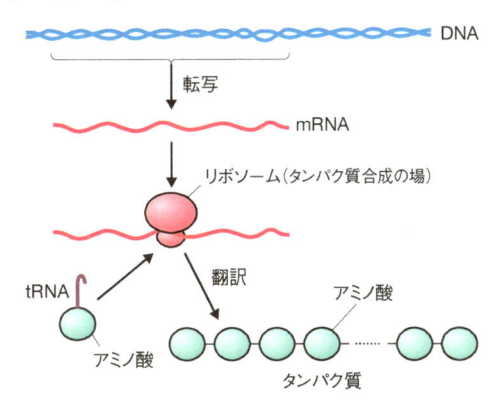

このように、細胞の中にある主なRNAであるmRNA、tRNA、rRNAは、遺伝子DNAの塩基配列情報が特定のアミノ酸配列を持ったタンパク質として発現するのを助けている。また、mRNAだけでなく、tRNAとrRNAのそれぞれの塩基配列の情報もすべて巨大なDNAの塩基配列の一部として保存されている。

RNAは遺伝子になることもある（②）

RNAを遺伝子にしている生物はすべてウイルスあるいはウイルス類似物質である。それらはDNAを遺伝子にしているウイルスと同様に、DNAを遺伝子に持ち細胞膜に包まれている生物に感染し、その生物の細胞にあるエネルギー生産システム、タンパク質合成システム、ヌクレオチドの合成システム、その他種々の代謝システムを利用して増殖する。バクテリアに感染して増えるファージの中には1本鎖のRNAファージ、2本鎖のRNAファージなどもある。植物に感染して増えるウイルスにはタバコモザイクウイルス

① 遺伝子の情報の発現

② RNAを遺伝子にしている生物
タバコモザイクウイルス　インフルエンザウイルス　エイズウイルス　ウイロイド

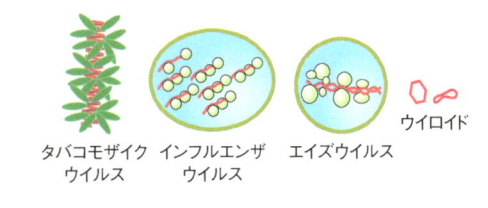

③ RNAからDNAがつくられる逆転写
逆転写　RNA依存DNA合成酵素

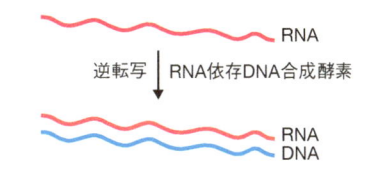

のように1本鎖のRNAウイルスが多い。環状の短い1本鎖RNAだけでできていて、タンパク質も膜も持たないウイロイドという生物も存在し、維管束植物に感染して複製される。

動物やヒトに感染するウイルスにも、RNAを遺伝子にしているものがある。インフルエンザウイルスやおたふくかぜウイルス、狂犬病ウイルス、エボラウイルス、口蹄疫ウイルスなどである。エイズの原因になるHIVウイルスはRNAを遺伝子にしているが、ヒトの細胞に感染するとそのRNAを鋳型にしてDNAがつくられる。逆転写という（③）。

酵素活性を持つRNAをリボザイムという

RNAには触媒作用を持つものもある。触媒作用を持つRNAをリボザイムという。「リボ」はRNA（リボ核酸）、「ザイム」は酵素（エンザイム）という意味である。酵素活性を持つRNAの発見は、タンパク質だけが酵素活性を持つという常識を覆した。

RNA鎖を切断するリボザイムの働き方

RNA鎖を特定の塩基配列のところで切断したり再結合したりする種々のリボザイムがある（④、⑤）。RNA鎖を切断するリボザイムでは、2重らせんをつくっているRNA鎖の一方がRNA鎖を切断する活性を持ち、そのRNA鎖と対合しているRNA鎖が切断される。アルカリ条件下で起こるRNAの加水分解と同じ反応でRNAのリン酸ジエステル結合の切断、再結合（逆反応）が起こる。

現在ではRNA鎖の切断や再結合以外の触媒活性を持つリボザイムも知られている。

④ ヘアピン型リボザイム

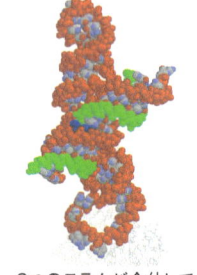

2つのステムが合体して活性部位を形成
赤：リボザイム
緑・青：基質
[PDB ID：1M5O]

⑤ ハンマーヘッド（金づち）型リボザイム

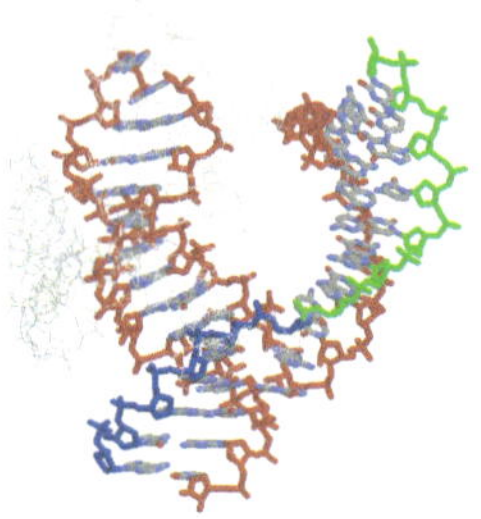

補因子として2価金属イオン（Mg^{2+}）が働く
赤：リボザイム
緑・青：基質
[PDB ID：1HMH]

リボソームでのペプチド合成はRNAが触媒する

リボソームでのペプチド合成（タンパク質合成）がタンパク質ではなく、RNAによって行われることが近年明らかになった。

リボソームはRNAとタンパク質でできた巨大な複合体である。リボソームからタンパク質を除去してもペプチド結合形成を触媒する活性が残るが、微量のタンパク質が残存している可能性もあった。その後、X線を使った立体構造の解析の結果、ペプチド結合が形成される触媒部位にはタンパク質が存在していないことが確認され、RNAによる触媒作用が明らかになった（2000年）。古細菌、真正細菌、真核生物のすべてのリボソームで、ペプチド結合形成部位周辺に存在するRNAのヌクレオチド残基がほとんど共通していることもわかっている。

7.8 RNAによる遺伝子発現の抑制

短い2本鎖RNAによる遺伝子発現の抑制（RNA干渉）（①）

　短い2本鎖のRNAが細胞内に入ると、その2本鎖の一方と配列上の相補性があるmRNAの切断が起こり、特定のタンパク質の合成が抑制される。

　長い2本鎖RNAは、外から細胞内に侵入したRNAを遺伝子に持つウイルスが増殖するときに生じる。この2本鎖RNAを一定の長さに切断し、多数生じる短い2本鎖を使用して、それらから生じる短い1本鎖が完全に対合できるRNAを切断する。これにより侵入したウイルスのRNAとその子孫RNAを排除することができる。RNA干渉は長い進化のなかで発展してきた生物の防御システムの1つであろう。

siRNAは特定の遺伝子の発現を抑制する

　21〜25塩基対からなる短い2本鎖のRNAをsiRNAという。細胞内の2本鎖RNAが酵素タンパク質によって切断されると（①-A）、siRNAが生じる。siRNAは水先案内人となるタンパク質と複合体を形成し（①-B）、siRNAの2本鎖の片方の鎖と相補的な配列を持つmRNAと対合する（①-C）。対合したmRNAは切断され、不活性化されて遺伝子の発現が抑制される。

RNA干渉（RNAi）の利用

　切断して不活性化したいmRNAの塩基配列の一部分と同じ塩基配列を持つように設計した短い2本鎖RNAを細胞内に導入すると、そのmRNAの発現を抑制することができる。DNAの塩基配列はわかっているが機能が不明な遺伝子についての解析、病気の原因になっている特定の遺伝子の発現抑制などに応用される。

snRNAはmRNAの切り接ぎ（スプライス）を助ける

　真核生物では、新生した未熟なmRNAを切り接ぎ（スプライス）することによって成熟したmRNAがつくられる。切り接ぎを正確に行うために細胞核内にはsnRNA（核内低分子RNA）とタンパク質の複合体が存在している。snRNAは新生mRNAと塩基対をつくって切断と再接合を援助する。

① siRNAによる特定遺伝子の発現抑制

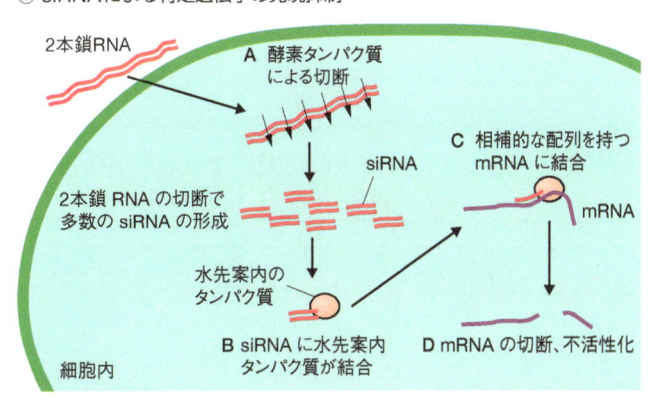

DNA 合成の鋳型になるテロメラーゼの RNA

　真核生物の DNA は線状になっており、複製されるごとに両端が少しずつ短くなる。その短くなった部分を回復するためにタンパク質と RNA の複合体でできたテロメラーゼという酵素が働いている。テロメラーゼの RNA は線状の DNA の末端の塩基配列と相補的な配列をしていて、この RNA が鋳型になって DNA の末端部分が複製され、回復する。

> **column** 生命の歴史の初期に RNA が遺伝子や酵素として活躍していた時期があった（RNA ワールド）
>
> 　RNA 鎖は他の RNA 鎖の塩基と相補的な対合をつくることができること、RNA は酵素として働けること、タンパク質のペプチド結合の形式が RNA の働きでつくられることは、生命の進化の過程でタンパク質が生じる以前に RNA が生じており、RNA が遺伝子として働いたり触媒として何らかの代謝を進めていた可能性が高いことを示している。

第8章 タンパク質の構造と機能

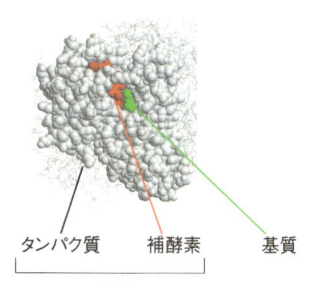

タンパク質　補酵素　基質
酵素

タンパク質の構造と性質
タンパク質と酵素の関係は？
タンパク質のさまざまな機能のもとにあるものは？　[PDB ID：1NQO]

　タンパク質はいろいろな場面で働いている。上の図はある酵素の姿。タンパク質だけで働く酵素もあれば、金属や低分子物質の助けを借りて働いているものもある。酵素のなかには核酸が主体になっているものもあるが、ほとんどの酵素はタンパク質が主体になっている。タンパク質は、細胞の構造形成と機能にとってもなくてはならない物質である。

　右下の図は、感染したウイルスのタンパク質断片を細胞外にさらしているタンパク質。この断片に結合できる抗体を生産する細胞が結合し、やがてこのタンパク質断片に結合する抗体が大量に生産されていく。

　この章では、多様性と複雑性に富んだタンパク質とその特異的な相互作用の仕方についての理解を深めていこう。また、なぜタンパク質が酵素機能の主な担い手になれたのかについて考えてみたい。

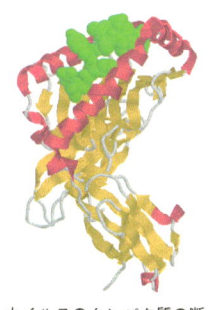

ウイルスのタンパク質の断片（緑）が組織適合抗原（リボンモデル）に捕らえられてさらされている
[PDB ID：2BSR]

KEY WORD　ペプチド結合　2次構造　高次構造

8.1 タンパク質は構造も機能も多種多様

タンパク質の構造や機能が多様な原因
- ◆ タンパク質を構成するアミノ酸は20種類あり、多彩な性質を持っている
- ◆ タンパク質の長さ（アミノ酸残基の数）はさまざまである
- ◆ アミノ酸の配列の仕方もさまざまである
- ◆ さまざまな修飾や切断、会合体や複合体の形成などが起こる

① タンパク質の構造や機能はさまざま

炭酸脱水酵素 [PDB ID：1CA2] 　細胞膜の受容体 [PDB ID：1F88]

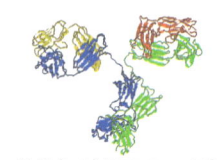

抗体(IgG) [PDB ID：1IGT]

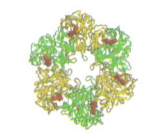

グルタミン合成酵素 [PDB ID：2BVC]

160 Å (16 nm)
115 Å (11.5 nm)
プロテアソーム（タンパク質の分解装置）[PDB ID：1JD2]

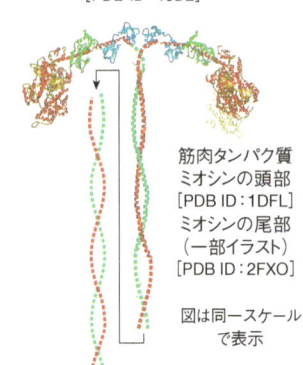

筋肉タンパク質
ミオシンの頭部 [PDB ID：1DFL]
ミオシンの尾部（一部イラスト）[PDB ID：2FXO]

図は同一スケールで表示

　タンパク質は20種類のアミノ酸がさまざまな配列と長さ（重合数）につながってできている（①）。どのような配列で、どのような長さのものになるのかは遺伝子のDNAの塩基配列によって決まる。

　ペプチドを構成するもとのアミノ酸に由来する部分を（アミノ酸）残基という。ペプチドの長さがアミノ酸残基数100～1000個ぐらいのタンパク質が多い。残基数は生物種や分子種などにより多少異なるが、例えばシトクロム c は104残基、炭酸脱水酵素は260残基、筋肉タンパク質のアクチンは375残基、細胞膜のにおい分子受容体は348残基、ヘモグロビンは α 鎖141残基、β 鎖146残基、抗体の免疫グロブリンGは重鎖245残基、軽鎖213残基、筋肉タンパク質のミオシンは重鎖1935残基、軽鎖190残基と170残基である*。

　巨大なタンパク質としては筋肉繊維の構造を支えているタイチンがある。タイチンはアミノ酸残基26926個のポリペプチド鎖1個でできている。

　タンパク質の構造には球状のもの、繊維状のもの、それらが組み合わさったものもある。同じ球状といっても形は千差万別である。ミオシンは球状の頭部2個と繊維状の尾部を持つ。

　タンパク質は構造の多様性に応じてさまざまな機能を

＊1つのタンパク質が会合体でつくられている場合、残基数の多いほうを重鎖、少ないほうを軽鎖という。また、α, β, γ などで区別する場合もある。

94　第Ⅰ部　代謝の基礎にはどのようなことがあるのだろう？

持つことができる。酵素としての触媒作用、細胞の各部分をつくる構造形成作用、遺伝子の保護や発現、複製などに関わる作用、細胞外の情報を受け取りそれを細胞内の代謝に反映させる作用、細胞の増殖を制御する作用、細胞外での免疫反応や消化作用などがあげられる。

タンパク質は遺伝子の核酸の変異に従って変化する

遺伝子の DNA、あるいは生物種によっては遺伝子の RNA の塩基配列で生じる突然変異、欠失、重合、重複などによって、タンパク質は種々に変化していく。その結果、同じ名前のタンパク質でも発現している組織や生物種が異なると、多少の違いのあることが多い。アミノ酸配列の変化とその蓄積は、タンパク質の構造や機能の変化、さらには別種のタンパク質の出現をもたらすこともある。

---

column　タンパク質の立体構造の表現

実体モデル（空間充填モデル）（①）

タンパク質を構成しているそれぞれの原子をファンデルワールス半径の球で表示する。水素原子は省略される場合が多い。

針金表示（②）と棒モデル（スティック表示）（③）

タンパク質を構成している各原子のつながりを示している。

バックボーン表示（④）

ペプチド鎖の主鎖だけを太く表示する。ペプチドの鎖がどのように折れ曲がって立体構造をつくっているかがわかる。アミノ酸の側鎖は省略される。

リボンモデル（⑤）

ペプチド鎖がリボンや幅広テープで示される。リボンはαヘリックス、幅広テープはβシート、他にループになっているところもある。これらは2次構造で、ポリペプチドの部分ごとの構造を示す。タンパク質の立体構造がどのようにつくられているのかがわかりやすい。

複数のモデルや表示を組み合わせることもある（⑥）。

① 実体モデル（空間充填モデル） 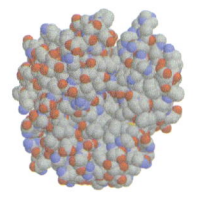
② 針金表示 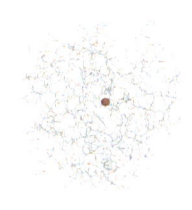
③ 棒モデル（スティック表示） 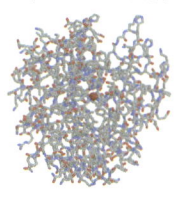
④ バックボーン表示 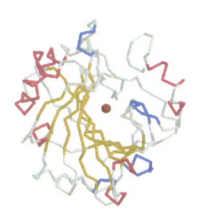
⑤ リボンモデル 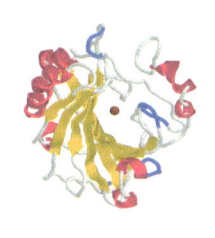
⑥ リボンモデル、スティック表示、実体モデルの組み合わせ

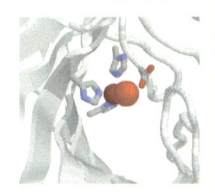

[PDB ID：1CA2]

8.2 タンパク質の構造は階層に分かれている

① 1次構造
（N末端）N-SHHWGYGKHNGCEHWHKDFPCAKGE・・・・・・・・・・PCKNRQICASFK-C（C末端）

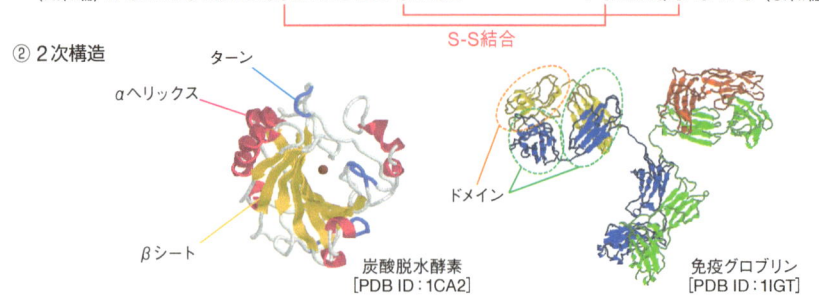

S-S結合

② 2次構造

ターン
αヘリックス
βシート
炭酸脱水酵素
[PDB ID : 1CA2]

ドメイン
免疫グロブリン
[PDB ID : 1IGT]

　タンパク質は、1本あるいは数本のポリペプチド鎖が複雑に絡み合って立体構造をつくっているので、階層に分けて見てみると理解しやすい。1次〜4次構造の階層の間にも、超2次構造やドメインといった構造単位がある。

1次構造（①）
　タンパク質はアミノ酸残基が1列につながって合成されていく。アミノ酸（残基）の配列を1次構造という。今日では遺伝子工学の発達によりDNAの塩基配列からどのようなアミノ酸の配列を持ったタンパク質がつくられるかを推定できる。ただし実際のタンパク質ではシステイン（C）の側鎖どうしがジスルフィド結合（S–S結合）を形成していたり、末端部分が切り取られていたり、部分的に切り接ぎされたりしている。

2次構造（②）
　2次構造は、主鎖の中で水素結合によってつくられる構造である。主なものはαヘリックス、βシートおよびターン。

3次構造
　1本のペプチドがつくる立体構造。炭酸脱水酵素は1本のペプチドで機能する。

4次構造
　別々に合成された複数のポリペプチドが会合して、1つの機能を持ったタンパク質を構成することもある。免疫グロブリンは2種類のポリペプチドがそれぞれ2個ずつ、合計4個でつくられる。個別のポリペプチドを単量体という。免疫グロブリンはヘテロ4量体。

超2次構造
　2次構造の組み合わせでよく見られるパターン。

ドメイン
　ひと固まりのまとまった立体構造。1つのドメインだけでできているタンパク質もあれば、複数のドメインでできているタンパク質もある。ドメインとドメインはループでつながる。

8.3 ペプチド結合の性質　アミノ酸からペプチドへ

アミノ酸どうしがカルボキシ基とアミノ基の間で脱水縮合により重合して、ペプチドがつくられる。ペプチドになるとタンパク質の構造に影響する性質が新たに生じる。

実際の細胞内では、アミノ酸はtRNAに結合したアミノアシルtRNAの状態でペプチド結合する。

① ペプチド結合の形成

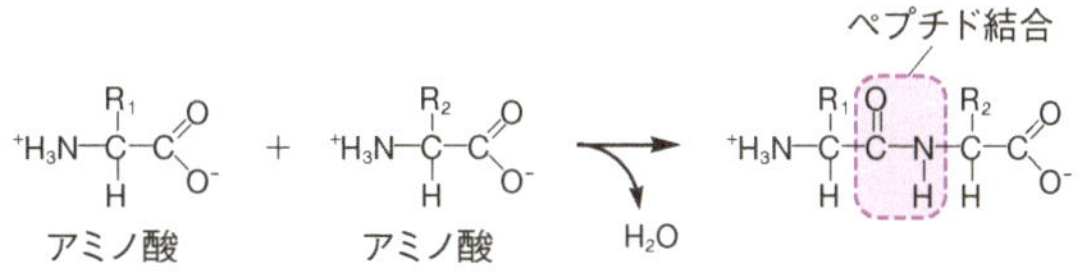

ペプチド結合は2重結合に近い性質を持ち、回転できないので前後の原子も含めて平面状構造になる

ペプチド結合は単結合だが、C=Oの2重結合の電子がC–Nの結合のほうにも移動してきてC–Nの結合は2重結合に近い状態になり（②）、回転ができない。そのため、ペプチド結合部とその前後のC$_\alpha$原子（参照→6.1）の6原子で平面（ペプチド平面、アミド平面）を形成する（③）。

② ペプチド結合部分の電荷の移動

ペプチド平面は弱く分極している

ペプチド平面の角にある–C=O基はδ(−)に荷電し、水素結合の水素受容体になる。ペプチド平面の別の角にある–N–H基のHはδ(+)に荷電して水素結合の水素供与体になる（③）。

ペプチド平面は互いにねじれている（④）

ペプチド平面どうしは側鎖がぶつからない範囲でC$_\alpha$原子の前後の単結合がねじれる。N原子とC$_\alpha$原子をつなぐ単結合の回転（Φ、ファイ）、およびC$_\alpha$原子とC原子をつなぐ単結合の回転（Ψ、プサイ）によって2つのペプチド平面がねじれる。このねじれがタンパク質の形をつくっていく。

③ ペプチド平面と分極

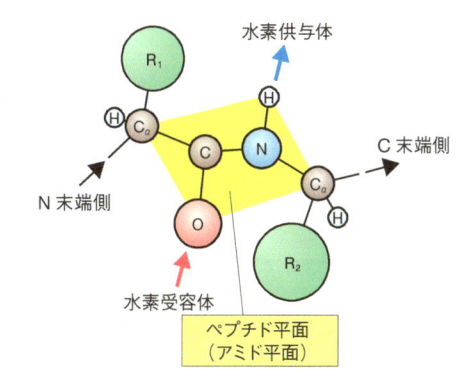

第8章　タンパク質の構造と機能

④ ペプチド平面どうしのねじれ

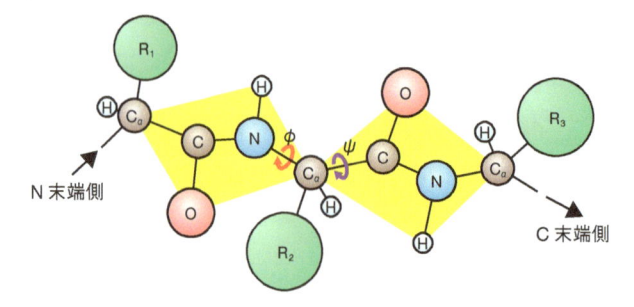

ペプチド鎖は方向性のある1本の鎖（⑤）

多数のアミノ酸でペプチド鎖がつくられると、先頭のアミノ酸残基には$-NH_3$基が残り、末尾のアミノ酸残基には$-COOH$基が残る。先頭の残基をN末端、末尾の残基をC末端という。また、ペプチド鎖のうちアミノ酸の側鎖を除いた部分を主鎖（バックボーン）という。

⑤ ペプチド鎖

アミノ酸残基1（N末端）　残基2　残基3　残基4　　残基n（C末端）

ペプチド鎖の物理化学的な特徴（⑥）

◆ペプチド鎖の構造の要素：ペプチド鎖は｛［$C_α$原子と水素原子およびアミノ酸側鎖］－［ペプチド平面］｝の繰り返しで構成される。

◆水素結合の可能な部位の分布：ペプチド平面の角に水素結合の水素供与体と水素受容体が繰り返し存在する。

⑥ ペプチド鎖を見直してみると…

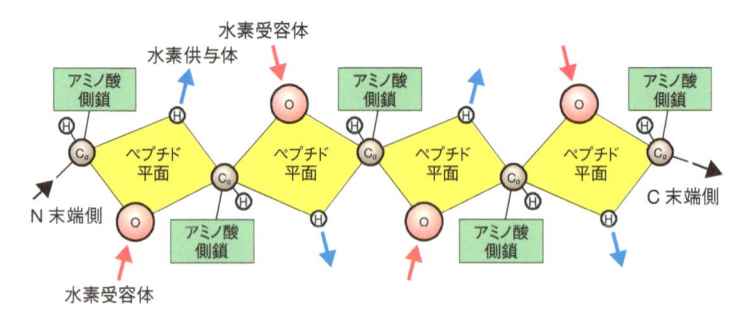

ペプチド鎖は主鎖だけで集団的に水素結合を形成できる（⑦、⑧）

αヘリックスは、1つのペプチド鎖の中で水素結合の集団的な形成によってできる。ペプチド鎖はらせん状になり、らせんの上下で水素結合が形成される。ペプチド平面を1個

98　第Ⅰ部　代謝の基礎にはどのようなことがあるのだろう？

おき、2個おき、3個おきなどで形成可能である。ペプチド鎖中の水素結合可能部位は、すべて水素結合形成に参加する。

βシートは、隣接するペプチド鎖の間で水素結合の集団的な形成によってできる。ペプチド鎖は横に並んでシート状になる。主鎖の水素結合可能部位は、すべて水素結合に参加する。

αヘリックスとβシートはともにペプチド平面の角が水素結合で保持されるので、安定した2次構造になる。

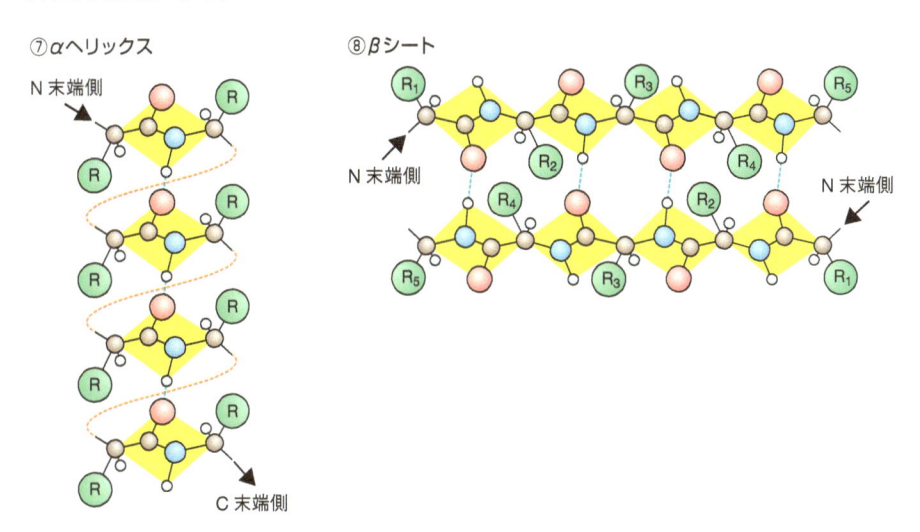

⑦αヘリックス

⑧βシート

> **column**　タンパク質に関わる言葉
>
> **タンパク質（たんぱく質、蛋白質）**
> 　タンパク質（蛋白質）の「蛋白」とは卵の白身のこと。「蛋」という漢字が当用漢字でないため、タンパクという字で代用されている。
>
> **ペプチドとタンパク質**
> 　アミノ酸がペプチド結合で重合したものをペプチドという。大きなペプチドがタンパク質。タンパク質は1本のペプチドでできているものもあれば、数本のペプチドが会合してできているものもある。タンパク質が短く切断されたものはペプチドである。
>
> **C原子の呼称**
> 　カルボキシ基に近いものからα、β、γ、…とつけていく。アミノ酸の共通部分のC原子はC_α、側鎖部分のC原子はC_β、C_γ、…になる。

8.4 タンパク質の2次構造

主鎖の極性部はすべて水素結合をつくる。

αヘリックスの特徴

αヘリックスでは、1本のペプチド鎖の中でC=OのすべてのOが、4残基離れた位置にあるNHと水素結合をつくる。アミノ酸残基は3.6個分で1回転し、0.54 nm進む。アミノ酸側鎖はヘリックスの外側を向く（①）。アミノ酸配列で3、4個離れた位置にある側鎖が空間的には近くなる。ヘリックスをN末端側から見たときに、時計まわりになるものを右巻きという。図①は右巻きである。

αヘリックスとタンパク質

αヘリックスはタンパク質の中では安定した構造部分になる。2本または3本のαヘリックスのねじれ合い（コイル-コイル構造、②）は、剛直な繊維状の構造になる。数本のαヘリックスの束（バンドル）は、樽状の構造をつくる。

親水性や疎水性の側鎖の分布は、タンパク質の中でのαヘリックスの位置や細胞膜との関係に影響する。αヘリックスの一方の側面に疎水性側鎖が多く、他の側面に親水性の側鎖が多いとき、疎水性の側鎖が多い面がタンパク質の中心側を、親水性の側鎖が多い面がタンパク質の表面側を向いて存在する。

αヘリックスに疎水性側鎖が多い部分があるとき、20残基以上の場合は細胞膜を貫通できる。7本の疎水性側鎖に富むαヘリックスは、細胞膜を貫通して存在する受容体に多い（③）。

① 1本のヘリックス

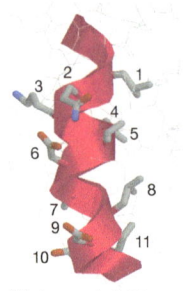

N末端側

（数字はN末端側から数えた残基の番号）

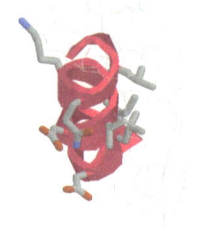

主鎖：リボンモデル
側鎖：棒モデル
[PDB ID : 1CA2]

② 2本のαヘリックスのねじれ合い（コイル-コイル構造）

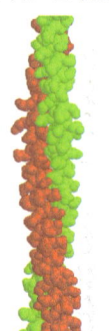

図はミオシンの尾部の一部 [PDB ID : 2FXO]

③ 7本のαヘリックス

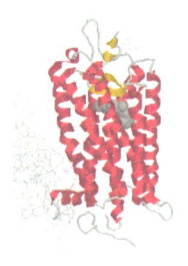

[PDB ID : 1F88]

平行βシートと逆平行βシート

βシートを構成するペプチド部分をβ鎖（βストランド）という。β鎖の走行が同じ向きでつくられるβシートを平行βシート、逆向きの場合を逆平行βシートという（④）。99ページの図⑧は逆平行βシートにあたる。

④ 平行βシートと逆平行βシート

βシートの特徴

βシートでは隣り合ったポリペプチド鎖とポリペプチド鎖の間でCOとNHが水素結合で結ばれ、全体としてシート状になる（⑤）。図では、黄色い幅広の帯の1本1本がβシートを構成するペプチド鎖（β鎖）。βシート全体としては少しよじれている。βシートには峰と谷がある。アミノ酸側鎖はシートの峰では上方に、谷では下方に突き出す。

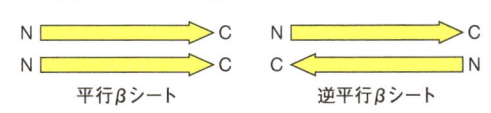

⑤ 1枚のβシート

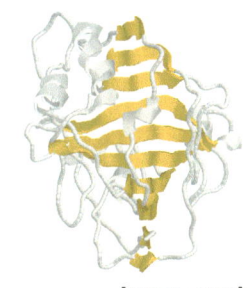

[PDB ID：1CA2]

βシートは隣り合うタンパク質との間でもつくられる

隣り合ったタンパク質のポリペプチド鎖が水素結合で結ばれ、シートを形成する場合もある。O-157のベロ毒素の一部は、5個のペプチドがβシートで結合する（⑥）。狂牛病を起こすタンパク質のプリオンでは、小さなプリオンタンパク質がβシートによって連結して巨大な不溶性の集塊を形成する。

ターン

ターンも2次構造の1つである。ターンでは水素結合によって主鎖の走行の方向転換が維持されている（⑦）。ターンはタンパク質の表面側に多く、側鎖は外側を向く。プロリン（Pro）を含む配列部分はターンになりやすい。

⑥ 隣接したペプチド間でもβシートがつくられる

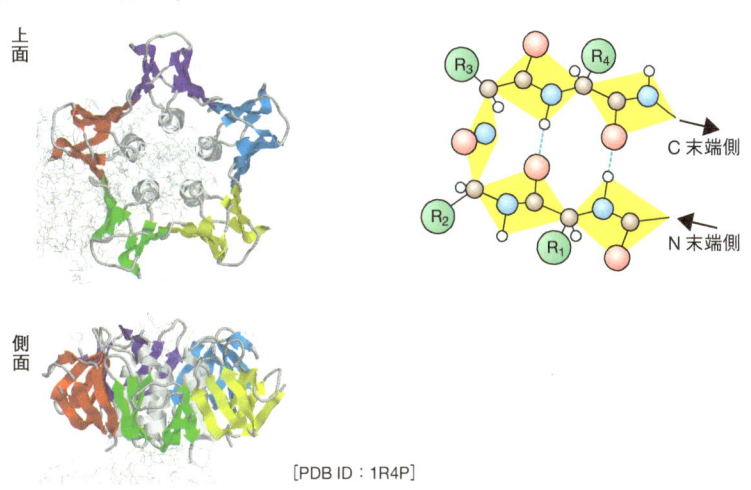

上面

側面

[PDB ID：1R4P]

⑦ ターンの水素結合

第8章 タンパク質の構造と機能

8.5 タンパク質の構造形成

疎水性側鎖は水と接しないところに集まりやすい

　種々の性質を持つアミノ酸残基の側鎖は1本の主鎖でつながっている。水溶液の中では疎水性の側鎖はできるだけ水に接しないところに集まろうとして、可能なかぎりタンパク質の内側に分布するようになる。一方、親水性の部分は水に接しやすい表面側に分布するようになる。

　2次構造の形成よりも疎水性部分の集合が優先的に起こるため、ヘモグロビンで見られるように、疎水性側鎖は水に接しないタンパク質の内部や脂質の膜と接する部分、あるいはタンパク質どうしが接する部分に多く分布し、親水性側鎖は水に接するタンパク質の表面や窪みに多くなる（①）。

① ヘモグロビン

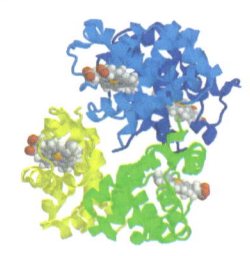

ヘモグロビン4量体をモノマーごとに着色し、リボンモデルで表示

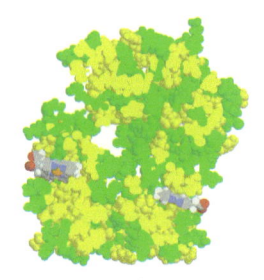

ヘモグロビン4量体の断面図。親水性残基を緑色で、疎水性残基を黄色で表示

[PDB ID：1THB]

膜を貫通して存在するタンパク質

　脂質2重層の膜を貫通して存在するタンパク質は、膜の脂質に接する部分に疎水性のアミノ酸残基が多数ある。主に疎水性のアミノ酸が20残基以上連続している部分はαヘリックスをつくって膜を貫通できる。αヘリックスで細胞膜を7回貫通するタンパク質は、αヘリックスがつくる筒の窪みに、におい分子などを結合できる。このようなタンパク質は7回膜貫通タンパク質という大きなグループをつくっている。

　βシートは輪状になり、その外側の面が疎水性側鎖に富めば膜を貫通して存在できる。グラム陰性菌やミトコンドリアの外膜に存在しているポーリンは膜貫通部分がシート状の筒で、低分子物質の通路になっている（②）。

② 膜の通路となるポーリン

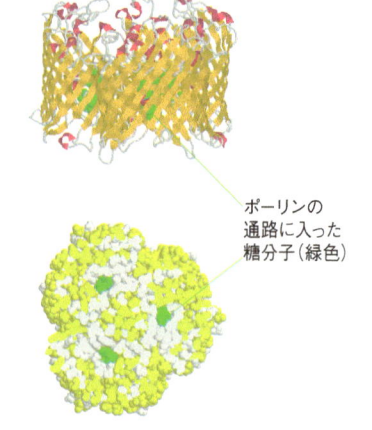

ポーリンの通路に入った糖分子（緑色）

3量体
上：タンパク質（リボンモデル）。膜貫通部はシート構造
下：ポーリンの断面図のタンパク質（実体モデル）。黄色の部分は疎水性側鎖

[PDB ID：1A0T]

アミノ酸側鎖の荷電の変化はタンパク質の構造を変化させる
(1) pHの変化による構造変化

食物が胃に入ると、胃酸によってpHが2付近になり、タンパク質は変性し、切られやすくなる。切る酵素もpH7では不活性だが、pH2では構造が変化して働き出す。ペプシノーゲンは胃の酸性状態で構造の一部が除去されて触媒機能に必要なアミノ酸側鎖（2個のAsp）が集まり、ペプシンになる（③）。

細胞の内外は中性だが、細胞内のリソソームはpHが5付近で、酸性で働く分解酵素が存在する。細胞が外から取り込んだ物質はリソソームで分解される。

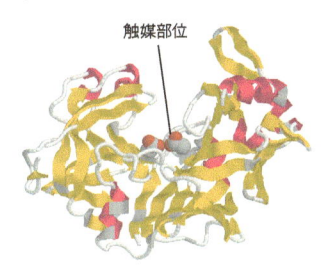

③ ペプシン

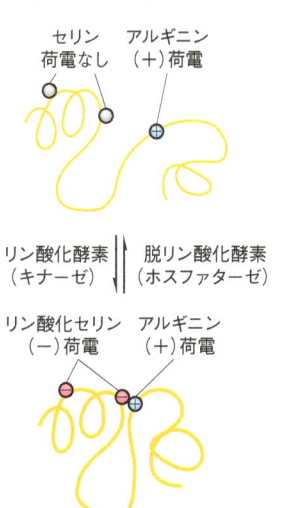

触媒部位

[PDB ID：4PEP]

(2) アミノ酸側鎖の化学修飾による荷電の変化

セリン、トレオニン、チロシンは側鎖の–OH基がリン酸化されると$-O-PO_3^{2-}$となり、（−）に荷電する。リン酸化と脱リン酸化はリン酸化酵素と脱リン酸化酵素によって起こる。リジンはアセチル化されると側鎖の（＋）荷電が消失する（④）。このような荷電の変化はタンパク質の構造に影響し（⑤）、そのタンパク質の機能の発現あるいは抑制に働くことが多い。

④ アミノ酸側鎖の化学修飾

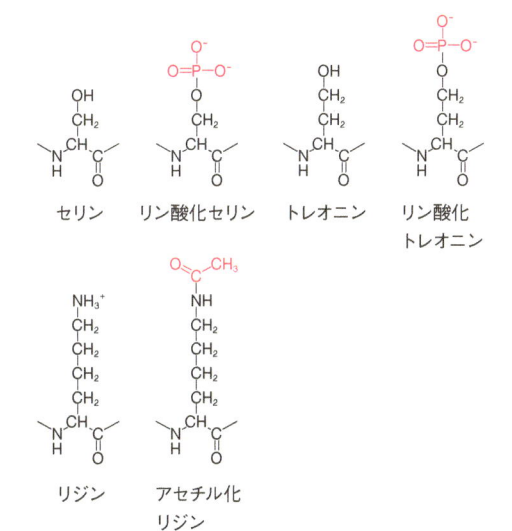

セリン　リン酸化セリン　トレオニン　リン酸化トレオニン

リジン　アセチル化リジン

⑤ アミノ酸側鎖の荷電の変化はタンパク質の構造に影響する

セリン 荷電なし　アルギニン（＋）荷電

リン酸化酵素（キナーゼ）⇌脱リン酸化酵素（ホスファターゼ）

リン酸化セリン（−）荷電　アルギニン（＋）荷電

第8章 タンパク質の構造と機能

タンパク質の構造形成と安定化に働く力

タンパク質の構造に関係する力は右図の⑥〜⑫である。これらの相互作用や結合が乱されたり壊されたりすると、タンパク質の構造が変化する。適度な構造変化はタンパク質の機能に役立つが、過度な構造変化はタンパク質の変性を引き起こす。細胞内にはタンパク質の変性を修復するシステムが発達している。

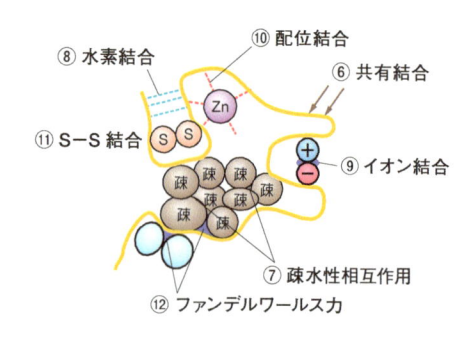

共有結合（⑥）

ペプチドの主鎖と側鎖をつくる。⑪のS-S結合も共有結合の1種である。コラーゲンなどではペプチド鎖の間に共有結合による架橋がある。共有結合は通常の温度変化の範囲では壊れない。

疎水性相互作用（⑦）

タンパク質の折りたたみの原動力で構造安定化の中心である。高温によってタンパク質が変性すると手当たりしだいにあちこちで疎水性の相互作用が起こり、もとの機能のあるタンパク質への回復が難しくなる。

水素結合（⑧）

ペプチド主鎖の2次構造形成に働く。水素結合は極性側鎖やペプチド主鎖の極性部分などの間でもつくられる。水素結合はタンパク質の構造を決める要因だが、タンパク質の安定性にはあまり寄与しない。ほどけると水分子と水素結合するのでもとの構造への回復が難しくなる。

イオン結合（⑨）

タンパク質の荷電アミノ酸の約75%がイオン結合している。アミノ酸の荷電状態は周囲のpHによって変動するので、極端なpHの変化はイオン結合を壊し、タンパク質を変性させる。イオン結合はいったん解離すると水や金属イオンに邪魔されるので、タンパク質の構造の安定性にはあまり寄与しない。

金属イオンの配位結合（⑩）

タンパク質の構造形成に寄与する。タンパク質の機能発揮に必要な場合が多い。

S-S結合（ジスルフィド結合）（⑪）

タンパク質の折りたたみを安定化させる。細胞外のタンパク質に多い。温度やpHなどの変動に対し構造を守る。S-S結合の開裂や形成はタンパク質の機能に必要なことがある。

ファンデルワールス力（⑫）

タンパク質内部はかなり密に充填しているのでタンパク質の安定性に寄与している。タンパク質が変性すると回復しない。

8.6 タンパク質は特異的な空間構造をつくり多様な機能を持つ

特異的な相互作用に関わる要因（①）

タンパク質と相互作用する物質とで、側面どうしの凹凸がおおよそ対応しているうえで、次の物理化学的な要因のいくつかが関わる。

- ◆ 疎水性（の集団）と疎水性（の集団）との対応〈疎水性の相互作用〉
- ◆ 正電荷と負電荷〈静電相互作用〉
- ◆ 親水性部分での水素結合の形成
- ◆ イオン化した金属との静電相互作用、水素結合、配位結合の形成
- ◆ 互いに密着した所で働くファンデルワールス力

タンパク質の窪みなどに機能する側鎖が配置する（②）

例えば炭酸脱水酵素ではβシートとループでつくる窪みに酵素の主役のZn^{2+}が存在する。Zn^{2+}をその場所に保持しているのはアミノ酸側鎖の3個のヒスチジン（His）である。3個のHisの残基番号は94、96、および119で、アミノ酸の配列ではまったくバラバラである。触媒機能に関係するグルタミン酸（Glu）も残基番号が106でHisとはアミノ酸配列上の関係はない。

① タンパク質は多様な物質と特異的に相互作用できる

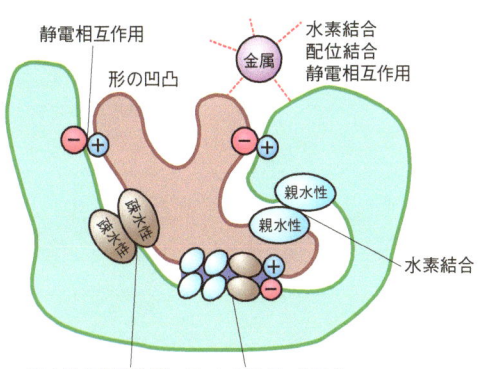

② 炭酸脱水酵素の触媒活性部位

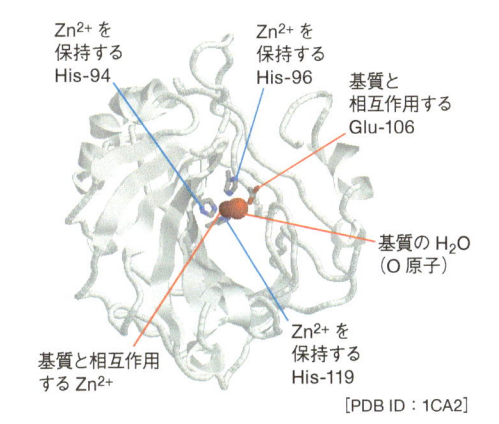

[PDB ID：1CA2]

第8章 タンパク質の構造と機能

タンパク質の機能のほとんどは特異的な相互作用で成り立っている（③〜⑤）

　タンパク質が関係する機能や反応は下に示すようにさまざまである。これらのすべての機能や反応で、特定のタンパク質とその相手になる物質とのあいだでの特異的な相互作用が働いている。

　【例】　抗原−抗体反応、リガンド−受容体の結合、複合体形成、特異配列の認識によるタンパク質の輸送、局在化、細胞の基質への接着、細胞と細胞の結合、修飾タンパク質−それを認識するタンパク質、情報伝達系、酵素活性の調節、クロマチンの構造変化、タンパク質−核酸、転写調節、酵素−基質、酵素−補酵素、イオンチャネル−イオン

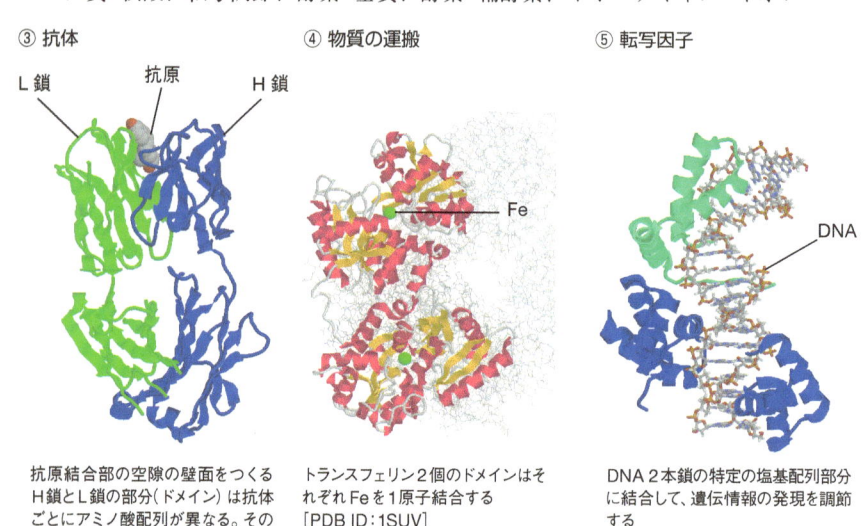

③ 抗体

抗原結合部の空隙の壁面をつくるH鎖とL鎖の部分（ドメイン）は抗体ごとにアミノ酸配列が異なる。その結果、抗原結合部の空隙の形や物理化学的な特徴が抗体ごとに異なる
[PDB ID：1JGL]

④ 物質の運搬

トランスフェリン2個のドメインはそれぞれFeを1原子結合する
[PDB ID：1SUV]

⑤ 転写因子

DNA 2本鎖の特定の塩基配列部分に結合して、遺伝情報の発現を調節する
[PDB ID：1O4X]

なぜタンパク質を中心にしたものが酵素として発達したのだろう？

　それには次のような理由が考えられる。

1. タンパク質は3次元的な立体構造をとるので、さまざまなアミノ酸配列や長さの異なるタンパク質によって、親水性、疎水性、その他の性質の官能基がさまざまな空間的に配置される。その結果、多様な基質に対する特異性を持ったタンパク質ができ、多様な反応に対応できる。
2. 触媒となる金属イオン、低分子化合物、核酸、タンパク質を取り込んで、空間的に適切な位置に配置できる。それによって、基質に対する特異性をさらに発達させることができる。また、タンパク質だけでは行えない反応を補える。
3. タンパク質のアミノ酸配列の情報は遺伝子の核酸によって代々伝えられるので、複数の酵素が触媒する代謝系をまとめて遺伝できる。それぞれの酵素の発現を遺伝子のレベルで制御できる。
4. 遺伝子の変異によってタンパク質の変異が起こり、それは代々伝えられる。その積み

重なりで、進化や組織細胞間の分化が可能になる。

補酵素や金属イオンなどの補因子を必要とする酵素タンパク質にはそれらを受け入れる場所がある

　グリセルアルデヒド3-リン酸脱水素酵素は解糖系の途中にある酵素で、補酵素や基質を受け入れることのできる窪みがある（⑥）。タンパク質はこの窪みに補酵素や基質を受け入れ、補酵素などの作用で基質が変化できるようにしている。

　タンパク質を主体にしながらも、酵素として機能するために他の化学物質（補因子）を必要とする酵素では、補因子を取り込んで完全な酵素活性を持つ酵素タンパク質をホロ酵素といい、補因子を失って活性の落ちた酵素タンパク質をアポ酵素という。

　酵素活性の発現に必要となる補因子には、補酵素や金属イオンがある。さらに補酵素にはその酵素タンパク質に固く結合して働く補欠分子族と、ゆるく結合してタンパク質からタンパク質へと渡り歩いて働く補助基質とがある。金属イオンは、酵素タンパク質の構造維持や触媒部位で働く。

⑥ グリセルアルデヒド3-リン酸脱水素酵素

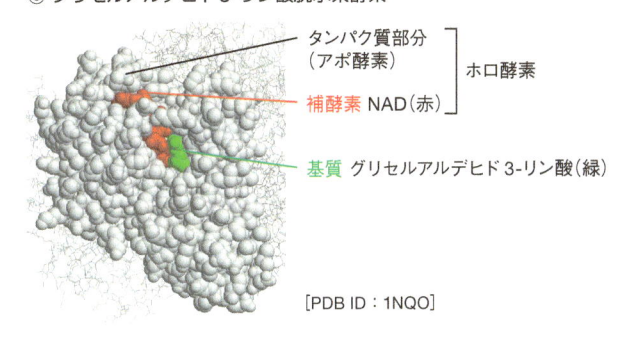

タンパク質部分（アポ酵素）
補酵素 NAD（赤）
基質 グリセルアルデヒド3-リン酸（緑）
ホロ酵素

[PDB ID : 1NQO]

補項8.1　タンパク質の検出と電気泳動

吸光度測定による濃度の算出

タンパク質は 280 nm の紫外線を特異的に吸収する。アミノ酸側鎖ごとの吸収ピーク（吸収が極大になる波長）は、Trp（278 nm）、Phe（257 nm）、Tyr（275 nm）などである。タンパク質ごとにアミノ酸残基の組成が異なるが、タンパク質溶液は 280 nm の吸光度を測定すると、おおよその濃度がわかる。

タンパク質の分子量に応じた電気泳動（SDS-PAGE）（①）

タンパク質に SDS（ドデシル硫酸ナトリウム、(−) 荷電を持つ界面活性剤）を吸着させ、ポリアクリルアミドゲル（PAGE）の中を電気泳動する。ポリアクリルアミドのゲルは微細な網目状になっている。大きな分子は引っかかりながらゆっくり移動し、小さな分子はスムーズに移動する（分子ふるい効果）。なお、タンパク質は事前にβメルカプトエタノール処理で S–S 結合を切っておくと、分子の複雑な形の影響がなく、分子量に応じた泳動結果が得られる。

タンパク質の等電点に応じた電気泳動（等電点電気泳動）（②）

タンパク質はカルボキシ基、アミノ基、イミダゾール基などの解離基を多数持ち、さらにリン酸化などの修飾も受けている。したがってトータルの電荷が 0 になる pH（等電点、pI）はタンパク質ごとに異なる。あらかじめ pH の勾配をつけたゲルの中でタンパク質を電気泳動すると、それぞれのタンパク質は荷電状態に応じて泳動し、やがて pI に対応した pH の位置で止まる（pIについては参照→補項6.1）。

① SDS-PAGE

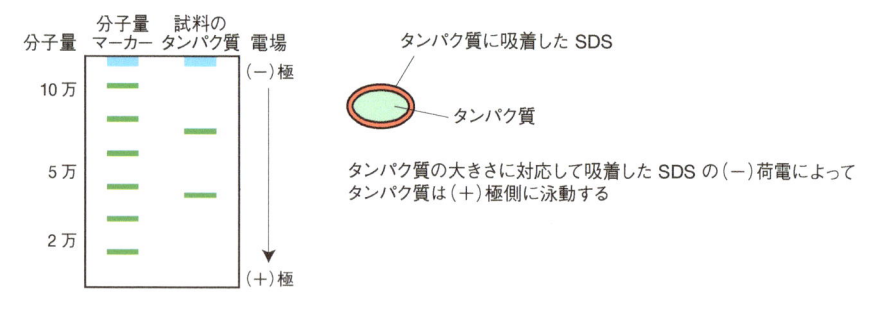

タンパク質に吸着した SDS

タンパク質の大きさに対応して吸着した SDS の (−) 荷電によってタンパク質は (+) 極側に泳動する

② 等電点電気泳動

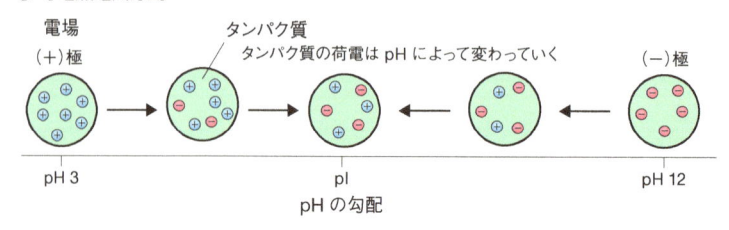

タンパク質の荷電は pH によって変わっていく

pH の勾配

2次元電気泳動(③)

タンパク質試料を(1)等電点電気泳動し、(2)さらにそのゲルを SDS-PAGE にかけると、試料中のタンパク質は等電点と分子量によって2次元に展開する。

タンパク質の検出(④)

電気泳動後のゲルに含まれるタンパク質をニトロセルロースなどの膜に転写して、タンパク質を検出する。色素染色、アイソトープや特異抗体による検出などがある。

③ 2次元電気泳動

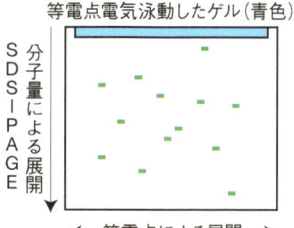

等電点電気泳動したゲル(青色)

SDS-PAGE　分子量による展開 ↓

← 等電点による展開 →

④ タンパク質の検出

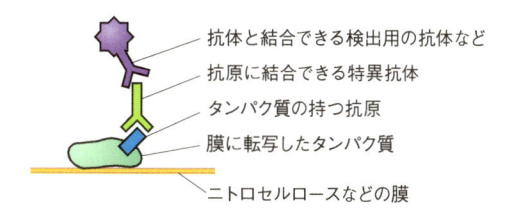

- 抗体と結合できる検出用の抗体など
- 抗原に結合できる特異抗体
- タンパク質の持つ抗原
- 膜に転写したタンパク質
- ニトロセルロースなどの膜

調べてみよう　考えてみよう

◆タンパク質の機能とそれに対応する物質との間にどのような特異的な相互作用があるか、8.6であげられている例(106ページ)のなかから興味のあるものを1つ選んで調べてみよう。

学生の感想など

◆膜貫通タンパク質の膜の部分が主に疎水性のアミノ酸残基でできていると学びましたが、細胞内でつくられたタンパク質は、この疎水性アミノ酸に溶け込んで膜を通り抜けるのでしょうか？
⇒とてもユニークな質問。重要な問題です。調べてみてください。

◆細胞膜の中に入っていけるタンパク質の構造と、においを感じる仕組みとがつながっているのはとても面白いと思った。

◆αヘリックスについて、8.4の図①は右巻きとあるということは、左巻きがあるということだと思います。右巻きと左巻きで働きの違いは出るのでしょうか。
⇒アミノ酸の側鎖の空間的な配置が異なるので、タンパク質としての働きは当然異なってくるでしょう。

第8章　タンパク質の構造と機能

第9章

金属イオン・ビタミン・補酵素

太陽光線はビタミンDを活性化する

　地球上で細胞が形成され生命体が出現するよりもはるか前から、金属イオンや低分子化合物は物質の変化に関わってきた。それらの物質の働く場は生命体の進化とともに複雑化し、広がっていった。タンパク質は金属イオンや低分子化合物を取り込み、特異的な反応のレパートリーが広がった。それらの金属イオンや低分子化合物が酵素の活性化に必須の補因子になったのであろう。

　私たちの体の細胞が生成するのは困難だが、代謝に必要な化合物はビタミンと呼ばれる。ビタミンは補酵素の原料として、あるいはホルモンや刺激伝達物質として働いている。

　金属イオンやビタミンの多くは、私たちの食生活と健康に密接に関係している。例えばビタミンDは太陽の紫外線の作用で活性ビタミンDになる。上の写真のように、1日に数十分の日光浴やウォーキング、屋外での作業などは体内で活性ビタミンDを生み出し、骨を丈夫にする。

　この章では、代謝の影の主役と脇役たちを見ていこう。

KEY WORD 　金属イオンと代謝　　ビタミンの働き　　補酵素の働き方

9.1 主な金属イオンの働き

金属イオンは単独で、あるいは低分子の物質と結合して、さらにはタンパク質の構成成分や補因子となって多彩な働きをしている。その一方、反応性の強い金属や生体機能に必須の金属と同族の金属などには、毒性を持つものがある。

細胞内外で働く金属イオン	
Na^+、K^+、Ca^{2+}、Mg^{2+}	イオン環境の形成、浸透圧の形成
Ca^{2+}	リン酸と結合して沈着し、骨の形成
Mg^{2+}	ヌクレオチドや核酸の負電荷の安定化
K^+	細胞への出入りによる神経伝達
タンパク質の構造や機能に関わる金属イオン	
Ca^{2+}	タンパク質の構造形成、安定化。カルモジュリンの活性化による情報伝達。カドヘリン(細胞表面のタンパク質)に結合してカドヘリン相互の会合体形成で細胞間の接着
Zn^{2+}	Zn結合パターンを持つタンパク質に結合してDNAの転写の調節。Zn不足は味覚障害や成長不良を起こす Znの多い食品:海藻類、魚介類、チーズ、茶、納豆

酵素の補因子として働く金属イオン			
金属イオン単独		Zn^{2+}	炭酸脱水酵素の補因子となる
		Mg^{2+}	植物の二酸化炭素固定酵素の補因子となる
		Cu^{2+}	電子伝達、酸化還元反応、酸素運搬に働く酵素の補因子となる。Cuを補因子に持つ酵素は多い
金属イオンのクラスター		Fe–Sクラスター	電子伝達に働く酵素の補因子となる。タンパク質のシステイン側鎖の硫黄Sに、FeとSのクラスターが配位結合で保持される
		Fe–Moクラスター	窒素固定酵素(ニトロゲナーゼ)で電子の受け取りに働く。N_2のNH_3への変換に働く
金属錯体		Mg^{2+}	クロロフィルのポルフィリン環に配位する。光エネルギーの吸収や電子の移動に働く
		Fe^{2+}	ヘムのポルフィリン環に配位する 酸素の運搬:ヘモグロビン(ヒトのFeの約55%)、ミオグロビン 電子伝達の足場:シトクロムbなど 電子の運搬:シトクロムc Feは動物の生存に必須。Feを結合して血液中に輸送するタンパク質(トランスフェリン)やそれを受容する細胞膜のタンパク質(トランスフェリン受容体)がある。鉄分が不足すると貧血になる 鉄分の多い食品:海藻、キノコ、魚介、茶、レバー、豆
		Co^+	Co^+はコリン環のN、ヌクレオチドの塩基部分のN、およびR基の合計6か所の原子と配位結合し、ビタミンB_{12}(コバラミン)になる

有害な金属	
ヒ素（As）	胃腸障害などを起こす。酵素のSH基の働きを阻害する。ピルビン酸脱水素酵素などの補酵素であるリポ酸の働きを阻害する
鉛（Pb）	ヘム代謝系の異常を起こす
6価クロム（Cr）	刺激性、腐食性がある。酸化力が強い。酵素などを酸化し、代謝を阻害する（ただし酸化数0や+Iのクロムは、生体の必須元素であり、各組織に分布している。欠乏するとグルコース、脂質、タンパク質の代謝に障害が生じる）
カドミウム（Cd）	同族元素のZnに代わって取り込まれ、Znを必要とする酵素の働きなどを阻害する。骨や関節の形成不全をもたらす（イタイイタイ病の原因物質）
水銀（Hg） 無機イオンの水銀	毒性がある。−SH、−COOH、−NH$_2$、−OH、イミダゾール基に結合し酵素の働きなどを阻害する
水銀（Hg） 有機水銀	強い毒性がある。メチル化水銀は体内に吸収されやすく、肝、腎、脳に蓄積する。胎児にも移行する。−SHを活性部位に持つ酵素（SH酵素）の活性を阻害する（水俣病の原因物質）

元素の周期表

ヒトにとって必須の元素を赤字で、ヒトにとって必須ではないが生物によっては必要になる元素を青字で示す。

1	2	3	4	5	6	7	8	9	10	11	12	13	14	15	16	17	18
H																	He
Li	Be											B	C	N	O	F	Ne
Na	Mg											Al	Si	P	S	Cl	Ar
K	Ca	Se	Ti	V	Cr	Mn	Fe	Co	Ni	Cu	Zn	Ga	Ge	As	Se	Br	Kr
Rb	Sr	Y	Zr	Nb	Mo	Tc	Ru	Rh	Pd	Ag	Cd	In	Sn	Sb	Te	I	Xe
Cs	Ba	La	Hf	Ta	W	Re	Os	Ir	Pt	Au	Hg	Tl	Pb	Bi	PO	At	Rn

（以降省略）

微量元素の使われ方

コバルト（Co）はビタミンB$_{12}$（コバラミン）の中心元素である（①）。セレン（Se）は、アミノ酸のセレノシステイン（参照→6.3 コラム）で一部の酵素に使われる。モリブデン（Mo）は窒素固定酵素の活性中心になる（参照→19.2）。ヨウ素（I）はチロシンと結合して成長ホルモンをつくる。マンガン（Mn）は骨になるリン酸カルシウムの生成などに働く酵素の活性中心になる。

① ビタミンB$_{12}$

> **column** 同位元素の明と暗

同位元素と放射性同位元素の利用

　同位元素（アイソトープ）は原子番号は同じだが原子核の中性子の数が異なる元素。例えば炭素原子にも数種の同位元素がある。炭素12（^{12}C）は炭素原子の99％を占める安定同位元素で、生物の主要な構成元素である。炭素14（^{14}C）は宇宙線の作用で自然に生成する炭素の放射性同位元素で、半減期が5700年と長い。生物は生きている間はごく微量の炭素14を含んだ炭素を利用している。しかし死後は炭素14が新たに供給されることはないので、炭素14の存在比率から生物に由来する物質の年代を測定することができる。

　放射性同位元素は生化学の研究でもよく使われている。物質の変化や代謝の研究では、化合物の一部を同位元素で置き換えた（ラベルした）物質が使われる。^3H、^{14}C、^{32}P、^{35}S、^{45}Ca、^{59}Fe、^{125}I などが利用される。

原発事故などで問題になる放射性同位元素

ヨウ素131 （^{131}I）	人体に取り込まれると甲状腺に集まり、成長ホルモンの原料に使われる。ヒトにとって必須の元素である。^{131}I（半減期8日）は、β線とγ線を出して崩壊する。甲状腺が集中的にβ線とγ線を浴び、DNAの損傷だけでなく突然変異を起こす。甲状腺の機能低下や甲状腺癌を引き起こす
セシウム137 （^{137}Cs）	カリウムの同族元素。キノコなど多くの生物がカリウムを環境中から得ている。カリウムを取り込む輸送体などがカリウムと化学的な性質の近いセシウムを区別できず生物体内に取り込む。^{137}Cs（半減期30.1年）に汚染されたものを食べると^{137}Csは全身に分布する。^{137}Csはβ線を出してバリウム^{137m}Ba（半減期2.55分）になり、^{137m}Baはγ線を出して安定な^{137}Baになる。セシウムなどはやがて新陳代謝で体外に排出される（生物学的半減期20〜110日）
ストロンチウム90 （^{90}Sr）	カルシウムの同族元素。体内に入るとCaと置き換わって骨に蓄積する。骨腫瘍や白血病の原因になる
プルトニウム239 （^{239}Pt）	半減期が2万4000年。α線を出して崩壊する。α線は透過力は弱いが、局部的に集積した障害を起こす。体内に入ると骨腫瘍、肺癌、白血病の原因になる
福島第一原発の事故では31種類の放射性同位元素が飛散した（原子力安全・保安院、News Release、2011年10月20日）	

第9章　金属イオン・ビタミン・補酵素

9.2 ビタミン

　原核生物、原生動物、菌類、および植物は自分の体内で補酵素を合成できる。一方、動物は自分の体内で合成できない補酵素もあり、それらの補酵素あるいはその前駆体をエサとして取り込んでいる。これらのものが欠乏すると健康や生育に障害が生じる。
　ビタミンには補酵素の前駆体になるものの他に、ホルモン様の働きをするものや、遺伝子の転写の調節に働くもの、あるいは抗酸化作用を持つものなどがある。

脂溶性のビタミン
　脂溶性のビタミンは脂肪や細胞内の脂質膜に溶け込んで貯留されるので、日常的に摂取する必要はない。ビタミンAは過剰に摂りすぎると副作用を起こすこともある。

脂溶性のビタミン	作用・効果	主な供給源	主な欠乏症
ビタミンA			
レチノール	レチナールやレチノイン酸になる	緑黄色野菜、レバー、チーズ、ウナギ、卵の黄身	視覚不良 夜盲症 （ただし過剰に摂りすぎると体調不良の原因になる）
レチナール	網膜のロドプシンの補因子	レチノールの代謝で生じる	
レチノイン酸	遺伝子の活性調節	レチナールの代謝で生じる	
β-カロテン	分解されてレチノールを生じる。β-カロテン自身は抗酸化物質としても働く	緑黄色野菜、海藻	

ビタミンD 　カルシフェロール 活性型ビタミンD 　1,25-ジヒドロキシ 　コレカルシフェロール	ビタミンDは骨の形成に必要な活性型ビタミンDの前駆体となる。活性型ビタミンDになるためには日光の紫外線に当たる必要がある	魚介類、キノコ、体内のコレステロールから生成される	骨軟化症 くる病

ビタミンD —紫外線→→ 活性型ビタミンD

ビタミンE 　トコフェロール、トコトリエノール	非特異的な抗酸化作用（生体膜を酸化から守る）、老化防止、ホルモンの分泌バランス調整	ホウレン草、カボチャ、アーモンド	筋肉の委縮

ビタミンK 植物ではフィロキノン、細菌ではメナキノン	血液凝固などに働く酵素の成熟に関係する。血液凝固を和らげる薬剤としてワルファリンがある。ワルファリンはビタミンK類似構造を持ち、血液凝固因子のビタミンKによる成熟に拮抗作用し、血栓の形成を防止する。脳梗塞の予後などに使われる	野菜、豆、海藻、魚介類、チーズ、納豆、腸内細菌も生産する	出血 骨の弱体化 動脈硬化

ビタミンK$_1$（フィロキノン）　　ビタミンK$_2$（メナキノン-4〜14）

第9章　金属イオン・ビタミン・補酵素　　115

水溶性のビタミン

水溶性のビタミンは尿で排泄されるので、日常的に摂取する必要がある。

水溶性のビタミン	作用・効果	主な供給源	主な欠乏症
ビタミンB_1 チアミン（サイアミン）	補酵素チアミンピロリン酸（TPP）の前駆体となる。加熱により溶解性が増す	玄米（米ぬか）、ソバ、肉、卵、牛乳、豆、ウナギ、緑黄色野菜、酵母（ニンニクやネギのアリシンと結合してアリチアミンになると吸収されやすくなる。アリチアミンは体内でチアミンに戻る）	疲労 脚気 神経炎 情緒不安定 運動機能低下
ビタミンB_2 リボフラビン	補酵素FAD、FMNの前駆体となる。直射日光で分解されやすい	肉、卵、牛乳、納豆、チーズ、ヨーグルト、野菜、玄米、全粒粉、ソバ	口内炎 皮膚疾患 成長遅延 目の障害
ビタミンB_3 ニコチン酸（ナイアシン） ニコチン酸アミド（ニコチンアミド、ナイアシンアミド）	補酵素NAD^+、$NADP^+$の前駆体となる	レバー、魚介類。生体内でトリプトファンから生合成される。腸内細菌も生産する	日光皮膚炎 口内炎 神経炎症 下痢 精神機能の障害 （ただし過剰のロイシンの摂取はビタミンB_3の生合成を阻害する）
ビタミンB_5 パントテン酸	補酵素CoAの前駆体となる。糖や脂質の代謝を促進する。副腎皮質ホルモン、性ホルモンなどの分泌を促進する	卵、チーズ、パン、サツマイモなど。ほとんどの食品に含まれている。腸内細菌も生産する	ストレス過多 性欲の低下

ビタミンB$_6$ ピリドキシン、ピリドキサール、ピリドキサミン	補酵素ピリドキサールリン酸（PLP）の前駆体となる。アミノ酸代謝、神経伝達物質GABAの生成を促進する	アジ、サケ、牛乳、レバー、腸内細菌も生産する	けいれん 貧血 肌荒れ アレルギー疾患 神経炎症
ピリドキシン　ピリドキサール　ピリドキサミン （構造式）			
ビタミンB$_{12}$ コバラミン（アデノシルコバラミン、メチルコバラミン）	脂肪酸の異化代謝や赤血球の生成に必要な補酵素となる。精神機能の維持に働く	肉、魚介類、のり、カキ、イクラ	悪性貧血（血球生産の減少） 貧血による神経疾患
ビタミンC アスコルビン酸（構造式）	抗酸化作用。コラーゲンのヒドロキシ化でコラーゲン繊維形成を助ける。メラニン生成を抑制する	柑橘類、柿、イチゴ、ピーマン、トマト	壊血病
ビタミンH ビオチン（構造式）	ビオチンのままカルボキシ基の受け渡しに働く補酵素となる	牛乳、卵、レバー、大豆。腸内細菌も生産する（ただし生卵の卵白はビオチンの吸収を阻害する）	皮膚炎
葉酸 プテリン（構造式） 葉酸（構造式）	テトラヒドロ葉酸（補酵素）の前駆体となる。核酸の生成、アミノ酸代謝に必要。赤血球の生産。胎児の神経系の発達	レバー、ホウレン草、大豆（ただし大量の飲酒は葉酸の吸収や生成を妨げる）	貧血 免疫機能低下 成長不良
ビタミンU S-メチルメチオニン（構造式）	胃酸の分泌を抑制する	キャベツ、ブロッコリー、カリフラワー、レタス、アスパラガス、青のり、緑茶	消化不良

9.3 補酵素

補酵素にはタンパク質の間を行き来して働くもの（補助基質）と特定のタンパク質に固く結合して働くもの（補欠分子族）がある*。

補欠分子族（①）

特定のタンパク質に固く結合して特定の化合物や化学基の授受に働く補酵素は補欠分子族といわれる（補欠分子族には触媒部位で働く金属イオンやアミノ酸側鎖の修飾化合物も含まれるが、ここでは省略した）。

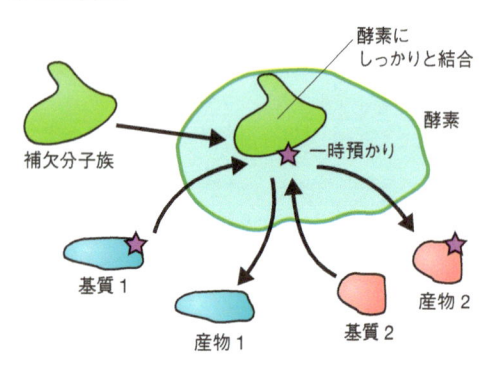

① 補欠分子族

主な補欠分子族

補欠分子族	受け渡される物質など	補酵素の原料になるビタミン	結合する酵素など	参照
FAD（フラビンアデニンジヌクレオチド）	電子、プロトン（H^+）、ヒドリドイオン（H^-）	ビタミンB_2（リボフラビン）	コハク酸脱水素酵素、アシルCoA脱水素酵素	3.8 14.4 15.5
FMN（フラビンモノヌクレオチド）	電子、プロトン（H^+）、ヒドリドイオン（H^-）	ビタミンB_2（リボフラビン）	NADH脱水素酵素	――
TPP（チアミンピロリン酸、チアミン二リン酸）	炭素2個分の炭素鎖	ビタミンB_1（チアミン）	ピルビン酸脱水素酵素、トランスケトラーゼ	補項12.1 補項13.1
PLP（ピリドキサールリン酸）	アミノ酸のアミノ基	ビタミンB_6（ピリドキシン）	アミノ基転移酵素	19.4 補項19.1
ビオチン	カルボキシ基（$-COO^-$）	ビオチン	ピルビン酸カルボキシラーゼ、アセチルCoAカルボキシラーゼ、プロピオニルCoAカルボキシラーゼ	16.2
アデノシルコバラミン	水素原子	ビタミンB_{12}（コバラミン）	メチルマロニルCoAムターゼ	
メチルコバラミン	メチル基（$-CH_3$）	ビタミンB_{12}（コバラミン）	メチオニン合成酵素	
リポアミド	アシル基（$-COCH_3$）	リポ酸	ピルビン酸脱水素酵素、α-ケトグルタル酸脱水素酵素	補項13.1 補項13.2

*補酵素、補欠分子族、補助基質、補因子の言葉の扱いは本によってやや異なっていて混乱している。本書では、『ホートン生化学 第5版』の記述をもとにした。

ホスホパンテテイン	アシル基（–COCH₃）	ビタミンB₅ （パントテン酸）	アシルキャリヤータンパク質（ACP）	補項16.1
レチナール	光エネルギー	ビタミンA	ロドプシン（オプシン）	補項9.1
ビタミンK	グルタミン酸残基	ビタミンK	血液凝固関係の酵素の修飾、オステオカルシンの修飾（骨芽細胞）	補項9.3

補助基質（②）

タンパク質の間を行き来して特定の化学物質の運搬・授受に働く補酵素を補助基質という（補助基質を補酵素として扱わないこともあるが、ここでは酵素の働きに必須の物質として補酵素として扱う）。

② 補助基質

ATPの場合は、ATPの前駆体のADPがATP合成酵素などでリン酸基を受け取ってATPになる。ATPは細胞内を移動し、リン酸化酵素などで他の物質にリン酸基を渡してリン酸化した物質を生成し、ADPに戻る。この場合はADPによってリン酸基が運ばれている。ATPは二リン酸基やヌクレオチド基も他の物質に渡して反応を進めることができる。

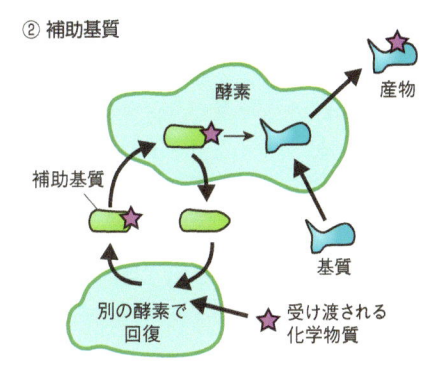

主な補助基質

補助基質	受け渡される物質など	補酵素の原料になるビタミン	参照
ATP（アデノシン三リン酸）、 GTP（グアノシン三リン酸）、 CTP（シチジン三リン酸）	リン酸基、二リン酸基、ヌクレオチド基	―	3.5 3.6
NAD⁺、NADP⁺	ヒドリドイオン（H⁻）	ニコチン酸 （ナイアシン）	3.8 補項20.2
CoA（補酵素A、CoA-SH、コエンザイムA）	アシル基（–COCH₃）	ビタミンB₅ （パントテン酸）	補項13.2 補項16.1
ユビキノン （補酵素Q、コエンザイムQ）	電子、プロトン（H⁺）	―	3.8 14.4 14.5
プラストキノン	電子、プロトン	―	17.6
テトラヒドロ葉酸	炭素1個分の化学基（メチル基、メチレン基、ホルミル基）	葉酸	20.3
テトラヒドロビオプテリン	水素原子	―	補項19.5
S-アデノシルメチオニン	メチル基（–CH₃）	―	補項19.3
糖ヌクレオチド類 　UDP-グルコース 　CDP誘導体	グリコシル基 ジアシルグリセロール	―	11.5

ATPとGTPは特定のタンパク質の構造変化も起こす

　ATPとGTPは補助基質としてリン酸基などの受け渡しに働くだけでなく、特定のタンパク質の中に囲い込まれて加水分解されると、そのタンパク質に大きな構造の変化を起こす（参照→3.4コラム）。例えば、以下のものがある。

◆筋肉タンパク質のミオシン（ATP）
◆微小管をつくるタンパク質のチューブリン（ATP）
◆微小管の上を歩いて物質を輸送するタンパク質（ATP）
◆ Na^+, K^+-ATP分解酵素（ATP）
◆情報伝達タンパク質のGタンパク質（GTP）
◆情報伝達タンパク質のRasタンパク質（GTP）
◆アミノ酸の結合したtRNAをリボソームに届けるタンパク質（GTP）

補項9.1　ビタミンAの働き

ビタミンAのレチナールとレチノイン酸の機能を詳しく見てみよう。

レチナールは視覚機能に必須である（①）

レチナールは網膜にある細胞のオプシン（7回膜貫通タンパク質）と結合して光の受容に働く。レチナールは、オプシンの1本のαヘリックスのリジン（Lys）側鎖に共有結合している。

レチナールが結合したオプシンをロドプシンという。オプシンは網膜の桿体細胞に存在する。網膜の錐体細胞にはオプシンにごく近縁で一部のアミノ酸配列が異なるフォトプシンⅠ、Ⅱ、Ⅲが存在し、それぞれレチナールと結合して黄緑、緑、青緑の光を吸収する。

膜貫通タンパク質に結合しているレチナールが光を感知する（②）

シス型のレチナールは光エネルギーを吸収し、トランス型に転換する。レチナール分子の形が変化するとレチナールとタンパク質との結合が加水分解される。レチナールはオプシンの外に出ていき、オプシンも形が変化する。オプシンの形の変化がオプシンの細胞質側で相互作用しているGタンパク質に影響し、Gタンパク質（3量体）の会合状態が変化する。こうして細胞外からの光刺激が細胞内に伝達される。トランス型になったレチナールはシス型に戻り、またオプシンと結合する。

① レチナールとオプシン

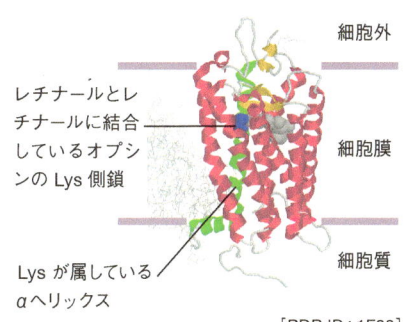

細胞外
レチナールとレチナールに結合しているオプシンのLys側鎖
細胞膜
Lysが属しているαヘリックス
細胞質

[PDB ID : 1F88]

② レチナールの変化

レチナール（シス型）

Lys側鎖に結合

光

レチナール（トランス型）

レチノイン酸は器官形成などに働く（③）

レチノイン酸（RA）は細胞質でRA結合タンパク質と結合し、細胞の核内に入るとRA受容体タンパク質と結合する。RA受容体タンパク質はRA結合ドメインとDNA結合ドメインを持っており、レチノイン酸と結合すると2量体をつくる。RA受容体（2量体）はRA受容体と結合する塩基配列部位があるDNAと結合する。

RA受容体は転写調節因子の1種である。RA受容体のDNAへの結合は、DNAからの

第9章　金属イオン・ビタミン・補酵素　121

mRNA の転写を促進あるいは抑制する。こうして特定のタンパク質が発現したり抑制されたりする。

　レチノイン酸によって細胞の形質に変化が起こり、細胞分化や器官形成などが変化する。例えば一部の急性白血病はレチノイン酸の投与によって治癒することが知られている。

③ **レチノイン酸は遺伝子発現を調節して細胞分化や器官形成に影響する**

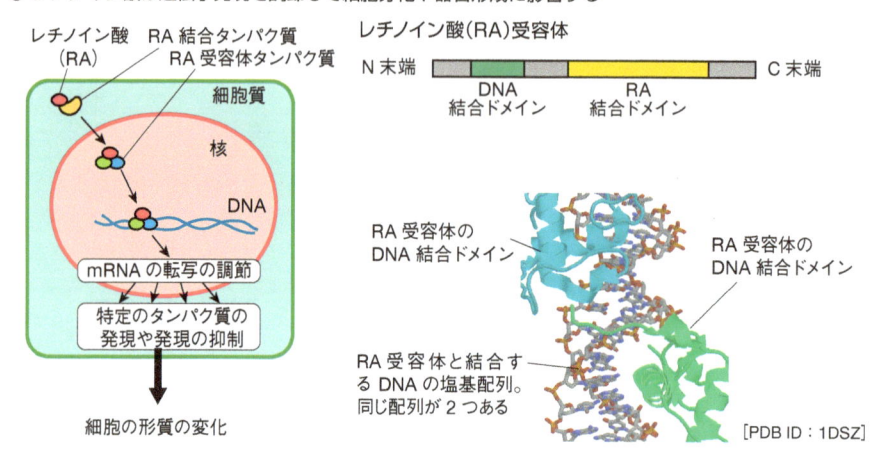

[PDB ID : 1DSZ]

---

column　ビオチンと生卵

　カレーライスやすき焼きに生卵をかけて食べると、とろーりと食感もよく、味も柔らかくなる。この生卵の白身には、アビジンというタンパク質が含まれている。アビジンは、ビオチンというカルボキシ基の転移反応の際に働くビタミンと特異的に結合できる。生卵の白身の食べすぎはビオチンの吸収を妨げるのであまり好ましくない。目玉焼きにした場合にはタンパク質は熱で変性し、アビジンはビオチンとは結合できなくなるので、ビオチンの吸収が妨げられることはない。

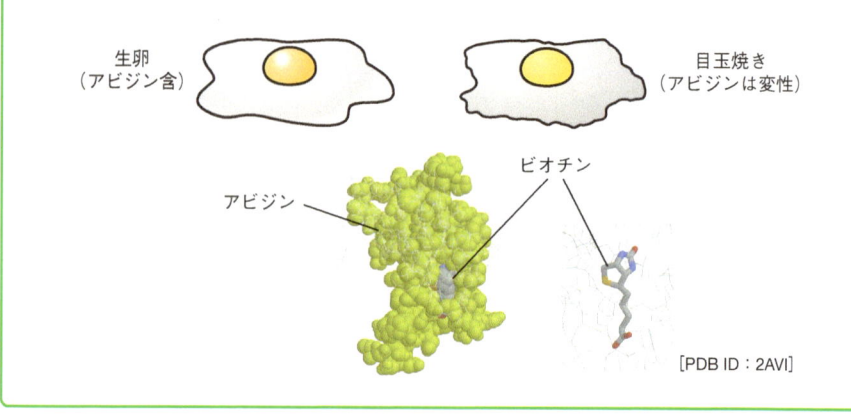

[PDB ID : 2AVI]

補項9.2 コラーゲン繊維の形成に働くビタミンC

ビタミンCが不足すると皮膚が弱くなる。なぜだろうか？

皮膚ではコラーゲン繊維やラミンタンパク質、その他種々の糖タンパク質が細胞間に大量に存在している。これらのタンパク質は複雑な糖鎖とともに細胞の増殖の基盤になり、さらに組織の弾力性の維持に働いている。コラーゲン繊維は特殊な3本鎖ヘリックス（コラーゲンヘリックス）をつくるが、そのヘリックス形成にはプロリン（Pro）やリジン（Lys）の水酸化修飾が必要である。Pro の水酸化修飾を触媒する酵素の補酵素としてビタミンC（アスコルビン酸）が働いている（①）。

コラーゲン繊維の形成過程（①）

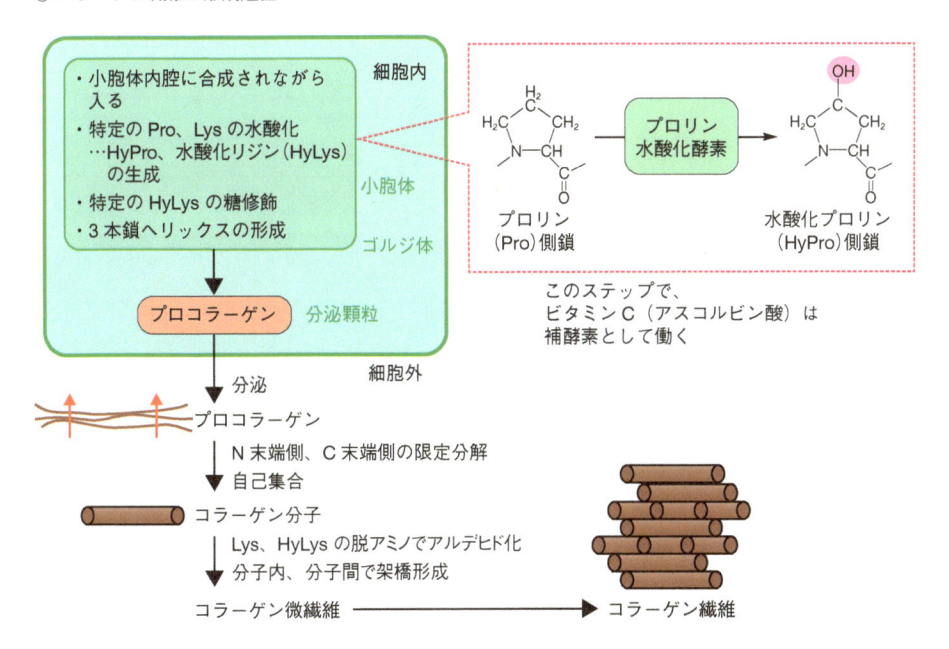

コラーゲン繊維のもとになるタンパク質は細胞内の小胞体内腔に合成されながら入っていく。小胞体とゴルジ体の中での種々の変化と修飾を経て3本鎖のヘリックスをつくり、プロコラーゲンとなる。プロコラーゲンは細胞外に分泌された後、さらに限定分解、自己集合、架橋形成などを経て強靭なコラーゲン繊維になる。

ビタミンCの欠乏とコラーゲン繊維が弱くなることとの関係

ビタミンCの欠乏は、水酸化プロリン（HyPro）形成不良によるコラーゲンの3本鎖ヘリックス形成不良を招き、分解されやすいコラーゲン繊維をつくるため、皮膚が弱くなる。

① コラーゲン繊維の形成過程

細胞内
- 小胞体内腔に合成されながら入る
- 特定の Pro、Lys の水酸化 …HyPro、水酸化リジン（HyLys）の生成
- 特定の HyLys の糖修飾
- 3本鎖ヘリックスの形成

小胞体 → ゴルジ体 → プロコラーゲン（分泌顆粒）

プロリン（Pro）側鎖 —[プロリン水酸化酵素]→ 水酸化プロリン（HyPro）側鎖

このステップで、ビタミンC（アスコルビン酸）は補酵素として働く

細胞外
分泌 → プロコラーゲン
↓ N末端側、C末端側の限定分解
↓ 自己集合
コラーゲン分子
↓ Lys、HyLys の脱アミノでアルデヒド化
↓ 分子内、分子間で架橋形成
コラーゲン微繊維 ⟶ コラーゲン繊維

補項9.3　血液凝固に働くビタミンK

ビタミンKの働きで出血が止まる

体が傷ついて出血しても、やがて血液は凝固して出血が止まる。ビタミンKはその現場で働いている。ビタミンKは、血液凝固に関係するプロトロンビンにあるグルタミン酸のカルボキシ化修飾に働く酵素の補酵素である（①）。プロトロンビンのグルタミン酸側鎖のカルボキシ化修飾は肝臓で行われる。

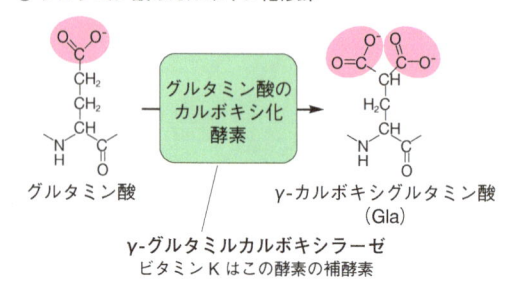

プロトロンビンのカルボキシ化修飾は細胞膜のリン脂質に接着するために必要

プロトロンビンのカルボキシ化修飾はγ-カルボキシグルタミン酸（Gla）ドメインで集中的に起こる（②）。Gla残基は（−）荷電が多い。2個のGla残基の協働でCa^{2+}に強く結合する。細胞膜のリン脂質は（−）に荷電しているのでCa^{2+}は膜のリン脂質とも結合する。プロトロンビンのGlaドメインにはGla残基が多数あるためにCa^{2+}を仲立ちにして血小板のリン脂質に接着する。

① グルタミン酸のカルボキシ化修飾

グルタミン酸 → グルタミン酸のカルボキシ化酵素 → γ-カルボキシグルタミン酸（Gla）

γ-グルタミルカルボキシラーゼ
ビタミンKはこの酵素の補酵素

② プロトロンビンのGlaドメイン

Gla
Ca^{2+}
リン脂質

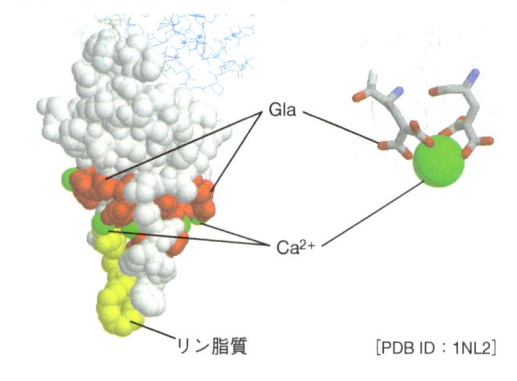

[PDB ID：1NL2]

プロトロンビンは血小板の細胞膜上でトロンビンになり血液凝固に働く

プロトロンビンは血小板の細胞膜上で分解されてトロンビンとなる。トロンビンはフィブリノーゲンを切断してフィブリンとし、フィブリンの網目に赤血球や白血球などの細胞が絡めとられ、血液の凝固に至る。

グルタミン酸のカルボキシ化修飾は他のタンパク質の成熟にも必要な場合がある

血液の凝固に関係するタンパク質（第2、7、9、10因子）でグルタミン酸側鎖のカルボキシ化修飾が起こる（第2因子がプロトロンビン）。また骨の形成に関係するタンパク質でもグルタミン酸側鎖のカルボキシ化修飾が必要とされるものがある。

> **column**　ヒトの腸内細菌

ヒトでは大腸に100〜500種類の細菌が生息しており、その総数は100兆個に達する。胃からは胃酸が分泌されて菌の侵入が防がれているが、小腸、大腸と下るうちにpHは中性になっていき、栄養物も豊富なので細菌にとっては快適な居住空間になる。一方、酸素は少なくなるので嫌気性の菌が多くなる。野菜を中心とした食生活をする人、肉や魚を多く食べる人、野菜や肉・魚を適度に食べる人と食事の好みは人さまざま。腸内で待ち受けている細菌群は食生活に対応した集団構成に変化する。

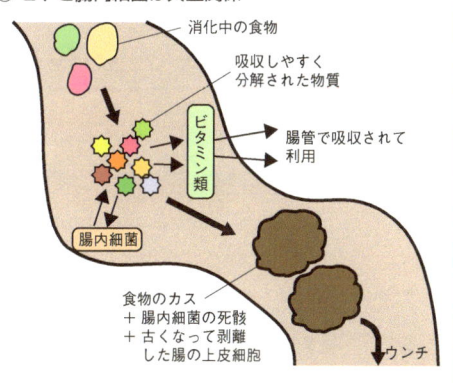

① ヒトと腸内細菌は共生関係

ヒトは腸内細菌と共生の関係にある（①）

腸内細菌は多様で、ヒトにとって有害なもの、無害なもの、有益なものがある。腸内細菌は代謝に必要な補酵素の原料などを自家生産する。菌によっては他の菌が生産し分泌した物質を取り入れて利用する。腸内細菌群の間では共生関係が成り立っている。腸内細菌の宿主であるヒトも腸内細菌が生産し分泌した補酵素の原料、ビタミン類などを腸の細胞膜を通して吸収し利用している。腸内細菌から得ている主なビタミンとしては、B_3、B_5、H、Kがある。これらは特に意識しなくても供給不足にならない。しかし偏った食生活は偏った腸内細菌の集団を生じ、一部のビタミンの慢性的な不足を招いて体調不良や病気の原因になる。

腸内細菌はビタミンの供給以外の働きもする

腸内細菌はビタミンを宿主に供給するだけでなく、宿主が分解できない物質を分解して宿主の腸管が吸収し利用できるようにする。ヒトはセルロースなどの多糖類を分解できないが、ある種の腸内細菌はそれらも分解し、腸管から吸収できる物質にする。

負の腸内細菌 O-157

大腸菌には表面の糖鎖や脂質の違い（抗原性）で区別される多くのサブタイプがある。そのうちのO-157株（腸管出血性大腸菌）は毒素（ベロ毒素）を生産し、腸の出血を起こす。この毒素は赤痢菌の毒素（志賀毒素）と同一である。志賀毒素の遺伝子は赤痢菌の持つプラスミドのDNAにコードされているため、赤痢菌のプラスミドが大腸菌のO-157株に感染してベロ毒素が発現するようになったと考えられている。

第10章

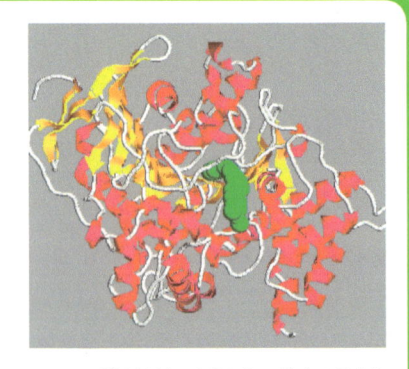

酵素の働き方

酵素はどのようにして特定の反応を促進するのだろう？
酵素の機能はどのように調節されるのだろう？
酵素の働きを阻害するとどのようなことが起こるのだろう？
［PDB ID：1EVE］

　上の図の緑色の物質は、ある酵素タンパク質の触媒部位に侵入しようとしているイモムシ、ではなくて阻害剤。この酵素は神経の刺激伝達で働いている。阻害剤はその酵素を使っている生物にとっては毒物になることが多いが、この阻害剤の場合は阻害の程度が弱く、むしろその生物（実はヒト）にとって貴重な薬になっている。酵素の阻害剤は使い方で毒にも薬にもなる。

　この章では酵素の性質とともに、なぜ酵素は特定の物質に働きかけ、特定の化学反応だけを促進することができるのかについて学ぶ。酵素の活性の表現の仕方、酵素の調節や阻害がどのようにして起こるのか、またその結果はどうなるのかなどについても見ておこう。

KEY WORD　活性化エネルギー　触媒機構　調節と阻害

10.1 酵素の種類と名称

酵素は促進する化学反応に応じて6種類に大別される。

酸化還元酵素（オキシドレダクターゼ）（①）
基質の酸化還元反応を促進する。
【例】乳酸脱水素酵素（デヒドロゲナーゼ）

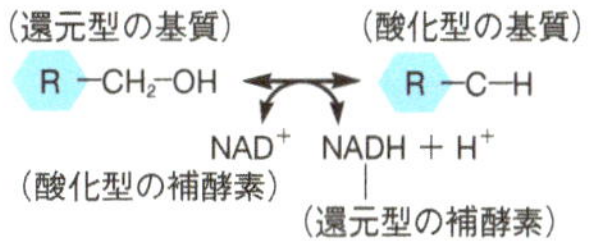

転移酵素（トランスフェラーゼ）（②）
1つの基質から別の基質へと原子団（官能基）の転移を促進する。
【例】アミノ基転移酵素、タンパク質リン酸化酵素（キナーゼ）

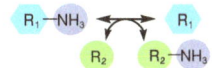

加水分解酵素（ヒドロラーゼ）（③）
基質の加水分解反応を促進する。
【例】プロテアーゼはペプチド結合を加水分解する。ピロホスファターゼは無機二リン酸（PP_i）を加水分解して無機リン酸（P_i）を生じる。

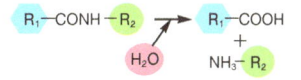

除去付加酵素（切断酵素、脱離酵素、リアーゼ、シンターゼ*）（④）
基質から原子団を離脱させ、2重結合を残す反応を促進する。または、2重結合部分に原子団を付加する反応を促進する。
【例】アルドラーゼ（フルクトース 1,6-ビスリン酸アルドラーゼ）はフルクトース 1,6-ビスリン酸を2分割する。ピルビン酸脱炭酸酵素はピルビン酸をアセトアルデヒドと二酸化炭素に分解する反応を触媒する。グリコーゲン合成酵素は UDP-グルコースグルコース部分をグリコーゲンの糖鎖末端に付加する反応を触媒する。

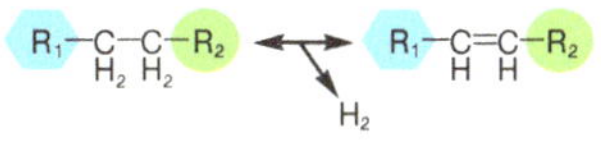

異性化酵素（イソメラーゼ）（⑤）
基質の分子内で原子または原子団の配置を変更する（異性化する）反応を促進する。
【例】トリオースリン酸異性化酵素はグリセルアルデヒド3-リン酸とジヒドロキシアセトンリン酸を相互に変換する。アラニンラセミ化酵素（ラセマーゼ）はL-アラニ

*日本語で慣用的に「合成酵素」というものには、シンターゼ（除去付加酵素）とシンテターゼ（合成酵素）がある。

第10章 酵素の働き方　127

ンと D-アラニンを相互に変換する。

合成酵素（結合酵素、リガーゼ、シンテターゼ）（⑥）

ATP の加水分解を利用して2分子間の結合反応を促進する。
【例】グルタミン合成酵素はグルタミン酸とアンモニアの結合を ATP が仲介する。アミノアシル tRNA 合成酵素はアミノ酸を ATP で活性化して tRNA と結合する。アミノ酸ごとに異なる酵素が対応する。

⑥ 合成酵素
$R_1 + R_2 \rightarrow R_1-R_2$
ATP　ADP + P$_i$

酵素の名称と EC 番号

常用名（推奨名）は、習慣的に使われている名前である。系統名は、基質の名称と反応の名称を組み合わせて示す。EC 番号は、触媒する反応の種類を4段階で系統的に分類したもので、酵素を特定するときや科学論文などで使用する。

【例】　常用名　　アルコール脱水素酵素（補酵素が NADH のもの）
　　　　系統名　　アルコール：NAD$^+$ オキシドレダクターゼ
　　　　EC 番号　EC1.1.1.1
　　　　　　　　　大分類　EC1（酸化還元酵素であることを表す）
　　　　　　　　　中分類　EC1.1（基質の CH–OH に作用することを表す）
　　　　　　　　　小分類　EC1.1.1（NAD または NADP が補酵素であることを表す）

> **column　酵素の語源**
>
> 「酵素（enzyme）」の「en」は「中に」、「zyme」は発酵を起こす「酵母」を表す。つまり「酵素」の語源は「酵母の中にある発酵を起こす何か」を示す言葉である。生化学の研究の歴史では、発酵は生きている生命体（酵母）によるもので化学物質では無理だという考え方と、化学物質が発酵という仕事をしているのだという考え方との間で論争があった。物質としての酵素の研究はタンパク質の精製、結晶化、遺伝子の調節機構など今日の生化学や遺伝子工学などの基礎をつくってきた。またタンパク質だけでなく核酸の RNA にも酵素機能があるという発見は、生物がどのように発生し進化してきたかを考えるうえで大きな影響を与えている。

学生の感想など
◆我々の体内には何種類ほどの酵素が存在しているのか気になりました。
⇒ヒトの体内で働いている酵素は 3000 〜 5000 種類といわれていますが、正確な数は不明です。

10.2 酵素の性質

酵素には「反応後はもとの状態に戻る」という重要な性質がある。反応後、もとの状態に戻れなければ、反応が1回だけでストップしてしまう。

また、酵素は自然に放っておいても少しは起こる反応の速度を上げている。酵素の反応速度を表す k_{cat} や k_{uncat} はあまりなじみのない単位だと思う。k_{cat} [s^{-1}] は基質が十分あるとき、酵素1 molが1秒あたり何molの基質の反応を触媒するか、言い換えると、酵素1分子が1秒あたり何回その反応を触媒するかを示す（[s^{-1}] は1秒あたり、という意味）（参照→10.7）。k_{uncat} [s^{-1}] は、酵素などの触媒がない場合、反応が1秒あたり何回起きるかを示す。k_{uncat} は k_n と表すこともある。1秒あたりの反応の回数は、速度定数、代謝回転数、触媒定数ともいう。これをトリオースリン酸イソメラーゼの場合について見てみよう（下の表中＊）。

トリオースリン酸イソメラーゼはジヒドロキシアセトンリン酸をグリセルアルデヒド3-リン酸に、あるいはその逆向きへの化学構造の変化（異性化）を触媒する。濃度の高いほうから低いほうへの変化を促進している（参照→11.3）。

トリオースリン酸イソメラーゼがない場合の基質の異性化は1秒あたり 4×10^{-6} 回起こる。これに対し、トリオースリン酸イソメラーゼは、酵素1分子でこの反応が1秒あたり 4×10^3 回の速度で起きるように反応を促進する。酵素がない場合に対し、酵素があると 10^9 倍に異性化反応が促進される。

酵素の反応速度はさまざま。高速で代謝回転する酵素もある

k_{cat} [s^{-1}] の値、つまり1秒あたりの酵素反応の回転数はキモトリプシンのように遅いものもあるが、多くの酵素では $10^2 \sim 10^3$ 付近である。一方、スーパーオキシドジスムターゼは1秒あたり $10^6 \sim 10^7$ と非常に高速で代謝回転する。スーパーオキシドジスムターゼは生体に有害な過酸化物を処理する酵素の1つである。

酵素	1秒あたりの反応の回数 酵素がない場合 k_{uncat} [s^{-1}]	1秒あたりの反応の回数 酵素がある場合 k_{cat} [s^{-1}]	酵素による反応の促進効果 k_{cat}/k_{uncat}
キモトリプシン	4×10^{-9}	4×10^{-2}	10^7
トリオースリン酸イソメラーゼ（＊）	4×10^{-6}	4×10^3	10^9
β-アミラーゼ	3×10^{-9}	10^3	3×10^{11}
アルカリ性ホスファターゼ	10^{-15}	10^2	10^{17}
スーパーオキシドジスムターゼ	10^{-1}	10^6	8×10^6

10.3 酵素の基質特異性はどのようにして決まるのだろう?

酵素の基質特異性を決める要因（①）

酵素は基質分子と形態のうえでは大まかに見て「鍵と鍵穴」の関係にある。詳しく見ると、酵素は基質分子との間で物理化学的にさまざまな相互作用をしている。疎水性部分では疎水性相互作用、親水性部分では水素結合、荷電部分ではイオン結合や水素結合などが形成され、弱い力の相互作用が働く。密着したところではファンデルワールス力が働く。

① 特異性を決める要因

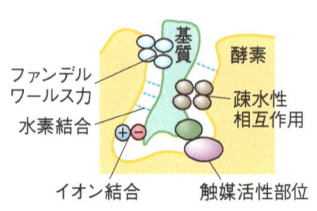

酵素の基質結合部位と触媒活性部位

酵素には基質を特異的に受け入れる場所がある。タンパク質の窪みや割れ目、ループでつながったドメインとドメインの間の空間、あるいは独立した2つのタンパク質の間の空間などが基質結合部位になりやすい。

酵素に基質が結合したのち、酵素は基質に働きかけて基質に何らかの化学変化を起こす。直接基質に働きかける酵素側の物質は、特定のアミノ酸側鎖や酵素タンパク質に保持されている低分子の化学物質で、そのようなアミノ酸側鎖や低分子化合物の配置を支えているタンパク質部分も含めて、触媒活性部位をつくっている（①）。

酵素によって基質特異性の幅は異なる（②）

図②の例では、酵素Aと酵素Bには同一の化学反応を触媒する触媒活性部位があるが、基質に対する特異性が異なる。酵素Aは基質1しか受け入れない。酵素Bは基質1も基質2も受け入れる。

② 酵素によって基質特異性の幅は異なる

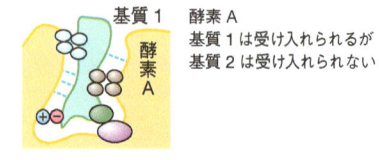

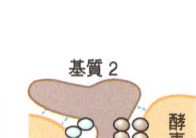

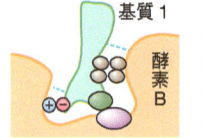

遺伝子の重複やその他の突然変異で特異性の異なる近縁の酵素が生じる

遺伝子の重複や基質の欠失、挿入、その他の突然変異によって、発現する酵素の基質特異性と活性にさまざまな違いが生じる。同じ化学反応を促進するが、基質特異性に幅があったり、基質特異性の異なる酵素が生じ、代謝や組織・細胞内部位ごとに使い分けられるようになる。

まったく別種のタンパク質が変異の結果似た機能を持つこともある

タンパク質分子の系統とは無関係に、まったく別種のタンパク質が変異の結果、立体構造に似た触媒活性部位をつくることもある。収束進化という。

10.4 基質によるタンパク質の構造の変化 誘導適合

基質と酵素の相互作用はお互いに構造の変化をもたらす

　基質が酵素の基質結合部位に入ると、酵素はその基質の形や化学的な性質の配置に適合するように少し変形する。酵素の基質結合部位と基質との間に多くの弱い相互作用が生じ、離れていた部分が互いに近づいて、新しい相互作用が付け加わっていくためである。この結果、今度は基質の構造が少しゆがめられ、そのゆがめられた構造が次の化学変化に進みやすくすることもある。基質が結合して、酵素の基質結合部位が形を変えることを誘導適合という。

アデニル酸リン酸化酵素の場合（①）

　アデニル酸リン酸化酵素では、基質のATPとAMPが基質結合部位に入ったとき、ATPやAMPに引きつけられて酵素タンパク質の2つの部分（緑色部分）が大きく動き、基質が入った基質結合部位にふたをしてしまう。狭い空間に2個の基質が反応しやすいようにピッチリと閉じ込められるとともに、水分子などの侵入が防がれ、反応中間体（青色部分）が守られる。反応中間体は不安定で加水分解されやすい場合が多いが、こうしてふたをされると特定の反応だけが無事に進行する。

① アデニル酸リン酸化酵素の触媒する反応

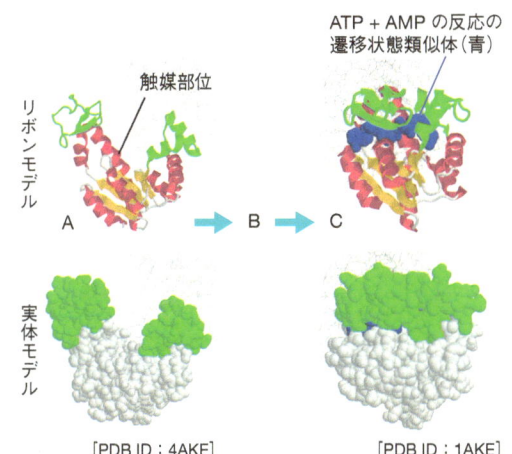

ATP + AMP ⇌ 2ADP
〈反応のステップ〉
A 基質がないとき、触媒部位は開いている。
B 基質のATPが結合する。近くのループがATPのポリリン酸鎖に近づき、ループにつながるαヘリックスも動いて、ヌクレオチドを覆う。
C 第2基質のAMPが結合するとさらに構造が変化して、ATP + AMPの反応が進行する。ATP + AMPの反応の途中で生じる遷移状態の類似体*が入っている。

[PDB ID : 4AKE]　[PDB ID : 1AKE]

＊図①の3次元画像はX線の構造解析で得られたものである。タンパク質の結晶は隙間が多く水分を大量に含むので、結晶の中でも酵素反応が進行する。反応の途中経過で生じる変化しやすい遷移状態を調べるために遷移状態の類似体が使われる。CではATPとAMPが反応して、一時的に生じる遷移状態を模した遷移状態類似体が酵素タンパク質の結晶の中に入っている。

10.5 酵素は活性化エネルギーを下げることによって反応を促進する

自由エネルギーのレベルと反応前後の物質の量が反応の方向を決める（①）

　化学反応は両方向に起こるが、自由エネルギーレベルの高いほうから低いほうへの変化は起こりやすい。また物質の量が多いほどエネルギーの壁（活性化エネルギー）を乗り越えて変化するものが多くなる。

① 化学反応は両方向に起こる

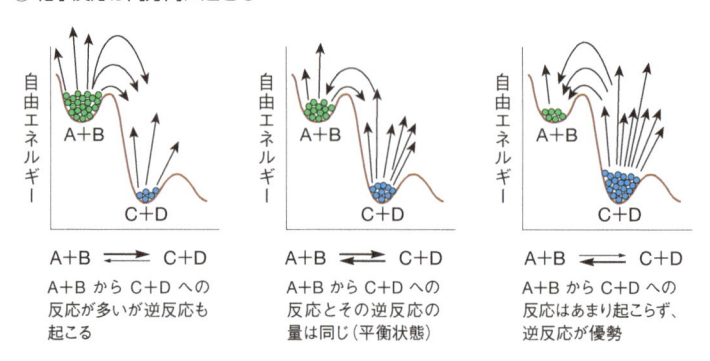

A+B ⇄ C+D
A+B から C+D への反応が多いが逆反応も起こる

A+B ⇄ C+D
A+B から C+D への反応とその逆反応の量は同じ（平衡状態）

A+B ⇄ C+D
A+B から C+D への反応はあまり起こらず、逆反応が優勢

図の矢印は反応に関わる物質（複数）が持つエネルギーを示す。エネルギーは分子の振動や運動などで、その大きさは大小さまざまである。

酵素はエネルギーの壁を低くする（②）

　反応の速度はエネルギーの壁が低いほど速くなる。反応は両方向とも同様に速くなる。
　エネルギーの壁とは遷移状態に達するために必要な活性化エネルギー（ΔG_T）である。エネルギーの壁の上端に乗っている物質の状態は、どちら側にも移行できる不安定な状態である（遷移状態 M*）。酵素は遷移状態の形成を容易にすることで反応を加速する。酵素は遷移状態の物質に特異的に結合しやすい、または基質や反応生成物を遷移状態に変化させやすい物質である。

② 酵素はエネルギーの壁を低くする物質

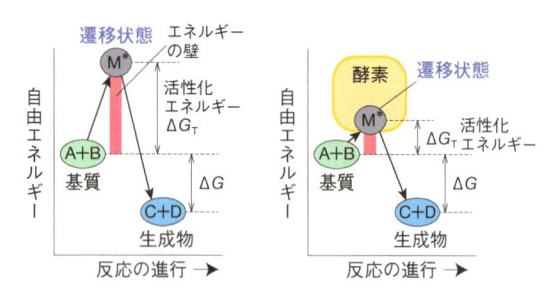

10.6 さまざまな触媒機構

エネルギーの壁を低くする方法を触媒機構という。触媒機構は酵素ごとに異なる。また1つの酵素でもいくつかの機構が組み合わされている。

◆ 近接効果と配向（①）

反応する物質どうしを接近させて、局部的に濃度を上げたり、反応する面を合わせる。ほとんどの酵素にあてはまる。（参照→補項11.1 乳酸脱水素酵素）

① 近接効果と配向

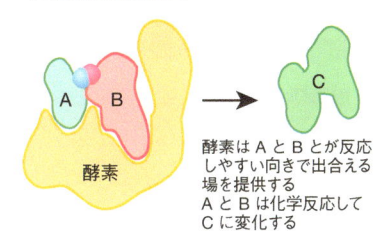

酵素はAとBとが反応しやすい向きで出合える場を提供する
AとBは化学反応してCに変化する

◆ 酸 – 塩基触媒

プロトン（H^+）のやり取りを介して反応を促進する。（参照→補項11.2 トリオースリン酸異性化酵素）

◆ 共有結合触媒

酵素と基質（の一部）が一時的に共有結合して中間体を形成し、中間体は第2の基質と反応する。（参照→補項12.1 トランスケトラーゼ、補項13.2 ピルビン酸脱水素酵素複合体、補項19.1 アミノ基転移酵素）

◆ 金属イオンの活用

反応に適切な向きに基質を結合し、酸化還元反応を触媒する。酵素または基質などの負電荷と結合して、静電的に安定化する。引きつけた水を分極させ、解離させる。（参照→補項10.1 炭酸脱水酵素、18.4 二酸化炭素固定酵素 RuBisCO）

◆ 電荷の活用

酵素が作用する基質と静電的な相互作用をして反応が進行しやすい位置と向きに基質を保持する。（参照→補項11.1 乳酸脱水素酵素、補項10.2 トリプシン）

◆ 遷移状態（反応中間体）の構造の安定化

酵素は基質や生成物よりも、遷移状態の物質に大きな親和性で結合し、基質をゆがませ、ひずみにより反応を促進する。（参照→補項10.2 セリンプロテアーゼ）

◆ ラジカルの発生による反応の促進

酵素は Fe などを保持して、化学反応を起こしやすいラジカルを発生する。（参照→20.5 リボヌクレオチド還元酵素）

◆ 酵素反応の連続化

1つの酵素反応の産物が次の酵素反応の基質になる場合、両酵素を構造的に結びつけて反応を連続化する。酵素の複合体（会合体）や融合タンパク質で見られ、効率的に最終反応産物が生じる。（参照→補項13.2 ピルビン酸脱水素酵素複合体、15.5 脂肪酸のβ酸化、補項16.1 脂肪合成酵素）

10.7 酵素と効率的に反応できる基質の濃度

ミカエリス定数 K_m

酵素は働きかける基質の濃度によって反応の効率が異なる。基質の濃度が低い場合は、酵素と基質が出合って相互作用するチャンスが低い。基質の濃度が高くなるにつれ、酵素と基質はぶつかり相互作用する機会が多くなる。基質の濃度が高くなりすぎると今度は相互作用できる（触媒部位が空いている）酵素が少なくなり、酵素反応の効率は全体として低下する。酵素と基質の濃度はどのくらいのところがよいのだろうか？それぞれの酵素が効率的に反応できる基質濃度を示すのがミカエリス定数 K_m である（①）。

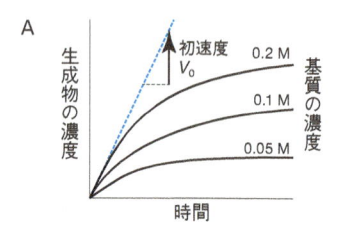

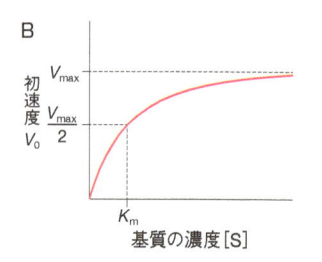

ミカエリス定数 K_m の求め方

基質の濃度条件を変えて、時間とともに増える生成物の濃度を測定する（①-A）。反応時間が短いうちは時間とともに生成物が増すが、反応時間が長くなると生成物はあまり増加しなくなる。グラフから酵素反応の初速度を求める。

基質の濃度と酵素反応の初速度との関係をグラフにする（①-B）。基質の濃度が高くなると濃度を増しても酵素反応の初速度はほとんど増加しなくなる。グラフから最大初速度 V_{max} を推定する。

最大初速度を推定し、最大初速度の1/2の初速度となる基質の濃度をグラフから求める。この数値がミカエリス定数 K_m である。

ミカエリス・メンテンの式

基質の濃度と初速度のグラフは最大初速度を漸近線とする直角双曲線になる。この直角双曲線のグラフを数式で表したものがミカエリス・メンテンの式である（ミカエリスとメンテンは2人の研究者の名前）。

$$V_0 = \frac{V_{max}[S]}{K_m + [S]}$$

酵素の触媒定数 k_{cat}

最大初速度を1本の試験管に入れた酵素の濃度で割った値を触媒定数 k_{cat} という。1分子の酵素が数個の活性部位を持つときは、活性部位の濃度を使う。基質が十分あるときに酵素（活性部位）1 mol が1秒間に何mol の生成物をつくれるかを示す値になる。

① ミカエリス定数の求め方

$$k_{cat} = \frac{V_{max}}{[E_{total}]}$$

アロステリック酵素とミカエリス定数

多くの代謝系ではフィードバック阻害やフィードフォワード促進による代謝系全体の制御が行われている（参照→2.4）。アロステリック制御が行われる酵素をアロステリック酵素という*。アロステリック酵素の活性の調節では阻害物質や活性化物質の結合によってミカエリス定数 K_m の値が変動するが、毒物などによる不可逆な阻害とは異なり、最大初速度 V_{max} の値は変化しない（②）。

② 阻害物質や活性化物質の結合で K_m 値が変動する

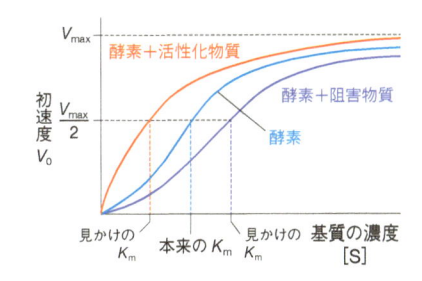

酵素に活性化物質が結合したものでは K_m の値（見かけの K_m の値）が低い基質濃度になる。また、阻害物質が結合した場合には K_m の値（見かけの K_m の値）が高い基質濃度になる。しかしいずれの場合も基質の濃度を上げていけば酵素の最大初速度 V_{max} は同程度になる。つまり、酵素活性の最大初速度 V_{max} は阻害物質が結合しても活性化物質が結合しても変わることがない。

ミカエリス定数 K_m は酵素の働きやすい基質の濃度（③）

細胞の物質代謝では、基質の濃度は常に変動している。基質の濃度が K_m の値付近かそれよりも低い場合は、基質の濃度が多少変動してもそれに合わせて酵素の生産量を増減しなくても十分対応できる。細胞の物質代謝では、基質濃度の変動範囲に対処しやすいように、それぞれの酵素は適切な K_m 値を持つようになったと考えられる。

③ K_m 値は酵素が効率的に働ける基質の濃度

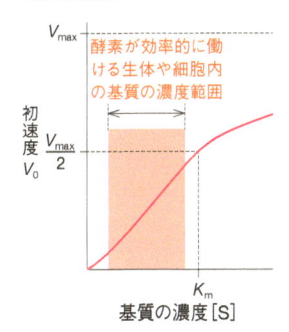

グルコースを細胞内に取り込む輸送タンパク質の場合（④）

血液中のグルコースを細胞内に取り込むグルコース輸送タンパク質（GLUTファミリー）は、臓器ごとに異なったアイソフォーム（同じような機能を持つがアミノ酸配列や構造の異なるタンパク質）が発現している。輸送タンパク質は基質に作用して基質の状態（存在する場所）を変えるので、通常の酵素と同じように作用しやすい K_m の値を持っている。

④-A ほとんどの組織の細胞の細胞膜では GLUT 1 と GLUT 3 が発現してグルコースの取り込みに働いている。GLUT 1 と GLUT 3 の K_m 値は 1 mM で、血液中の低濃度のグルコースをどんどん細胞内に取り込み、細胞のエネルギー源にしていく。

＊会合体をつくっている酵素の単量体（サブユニット）の1つに基質が結合して構造が変化すると、そのサブユニットと会合している他のサブユニットの活性が変化することがある。また、触媒機能を持つ酵素に阻害タンパク質や活性化タンパク質が会合して、機能が制御されることもある。タンパク質が会合して、その酵素の機能の制御が行われることもある。これらすべてをアロステリック効果といい、触媒機能を持つサブユニットはアロステリック酵素である。

④ グルコース輸送タンパク質のK_m値の例

A ほとんどの組織の細胞　　B 骨格筋、心筋、脂肪細胞　　C 肝細胞、膵臓ランゲルハンス島β細胞

血流中のグルコース量
グルコース

GLUT 1、GLUT 3　　　　　GLUT 4　　　　　　　　　　GLUT 2
（K_m = 1 mM）　　　　　（K_m = 5 mM）　　　　　　（K_m = 15〜20 mM）

④-B 甘いものを食べた後などは血液中のグルコース濃度が上がって、GLUT 1 と GLUT 3 だけでは処理が追いつかなくなる。骨格筋、心筋、脂肪細胞に発現している GLUT 4（K_m 値は 5 mM）が活躍する。これらの細胞はグルコースをエネルギー源として大量に消費したり、あるいはグリコーゲンや脂肪に変換して貯蔵する。

④-C さらに糖分を大量に摂ると GLUT 4 でも対処しきれなくなり、肝細胞や膵臓のランゲルハンス島 β 細胞で GLUT 2（K_m 値は 15 〜 20 mM）が活躍する。肝細胞では大量のグルコースをグリコーゲンとして貯蔵する。膵臓のランゲルハンス β 細胞ではグルコース濃度が高くなったことが検知され、多くなったグルコースに身体の組織が対処するためにホルモンのインスリンが分泌される。

10.8 1つの酵素に種々の阻害剤がある

アセチルコリンエステラーゼの働き方（①）

アセチルコリンエステラーゼは神経細胞の突起（ニューロン）と筋肉細胞との接合部（シナプス）で働く。ニューロンから放出されたアセチルコリン（神経伝達物質）は筋肉細胞の細胞膜にあるアセチルコリン受容体に結合し、神経の刺激を伝える。アセチルコリンエステラーゼは放出されたアセチルコリンを加水分解する。分解産物のコリンと酢酸はニューロンに吸収され、アセチルコリンが再生されて次の刺激伝達に備える。

触媒部位に不可逆に結合する阻害剤

アセチルコリンエステラーゼの触媒部位にはセリン（Ser）、ヒスチジン（His）、グルタミン酸（Glu）の触媒3残基がある。ジイソプロピルフルオロリン酸（DFP）（②）は、アセチルコリンエステラーゼの触媒部位の Ser 側鎖に共有結合すると離れないので酵素は不可逆的に阻害される（③）。DFPはセリンを触媒部位に持つタンパク質分解酵素の研究用の試薬である。しかし、扱い方によっては猛毒になる。

サリン（イソプロピルメタンフルオロリン酸）（④）は、DFPと同様にアセチルコリンエステラーゼの触媒部位に共有結合して不可逆的に酵素を阻害する。神経伝達の麻痺、瞳孔の収縮や呼吸困難を招き、死に至ることもあり毒ガスとなる。

① アセチルコリンエステラーゼが働く反応（青色部分）

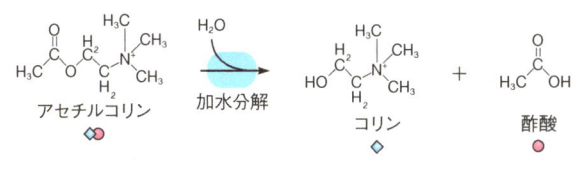

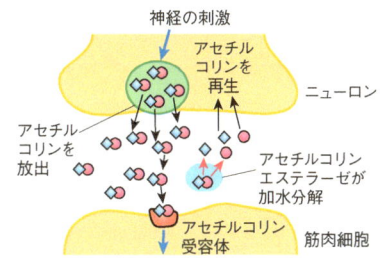

② ジイソプロピルフルオロリン酸（DFP）

③ アセチルコリンエステラーゼの触媒部位とDFP

His-440
Ser-200
Glu-327
アセチルコリンエステラーゼ
DFPの反応産物
競合阻害
不可逆的阻害
[PDB ID：2DFP]

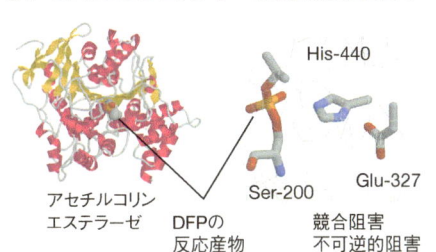

④ サリン（イソプロピルメタンフルオロリン酸）

殺虫剤のマラチオンは昆虫の体内で変化して不可逆阻害剤になる（⑤）

　有機リン系殺虫剤のマラチオンは、アセチルコリンエステラーゼを阻害する物質の前駆体である。昆虫の体内に入ると酸化され、アセチルコリンエステラーゼの触媒部位に結合する不可逆的な阻害剤マラオクソンになる。しかしヒトを含め哺乳動物の体内では別の酵素によって加水分解を受け、無害になる。

　毒蛇マンバの毒タンパク質は、アセチルコリンエステラーゼの触媒部位をふさぎ、酵素活性を不可逆的に阻害する（⑥）。

アリセプトはアルツハイマー病の症状を改善する（⑦）

　アリセプトはアセチルコリンエステラーゼの基質結合部位にゆるく入り込み、酵素を可逆的に阻害する。アルツハイマー病の患者では、シナプスでのアセチルコリンの分泌不足などで伝達が衰えている。アリセプトはアセチルコリンエステラーゼの活性を軽く阻害してアセチルコリンの加水分解の速度を制限し、神経刺激の伝達を保つことを期待して開発された。アセチルコリンとは構造の共通性がない（⑧）。

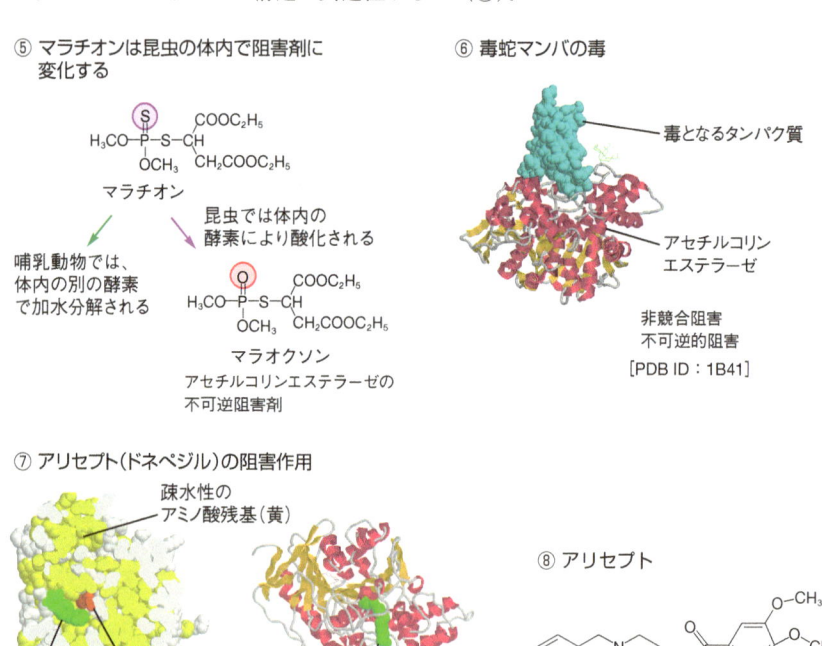

⑤ マラチオンは昆虫の体内で阻害剤に変化する

マラチオン
哺乳動物では、体内の別の酵素で加水分解される
昆虫では体内の酵素により酸化される
マラオクソン
アセチルコリンエステラーゼの不可逆阻害剤

⑥ 毒蛇マンバの毒

毒となるタンパク質
アセチルコリンエステラーゼ
非競合阻害
不可逆的阻害
[PDB ID：1B41]

⑦ アリセプト（ドネペジル）の阻害作用

疎水性のアミノ酸残基（黄）
アリセプト
触媒活性側鎖とは結合しない
（酵素の縦断面図）
触媒活性部位のアミノ酸側鎖
(Ser、His、Glu)
アリセプト
競合阻害
可逆的阻害
[PDB ID：1EVE]

⑧ アリセプト

補項10.1 炭酸脱水酵素（炭酸デヒドラターゼ）

炭酸脱水酵素（炭酸デヒドラターゼ）の働き（①）

血液の中で酸素を運んでいるのはヘモグロビン。では、二酸化炭素（CO_2）はどうやって運ばれているのだろうか？

二酸化炭素は水に溶け込み、炭酸水素イオン（HCO_3^-）となって血中を移動している。炭酸脱水酵素は二酸化炭素の炭酸水素イオンへの変化を助けている。私たちの体のいたるところで炭酸脱水酵素は休む間もなく働いている。

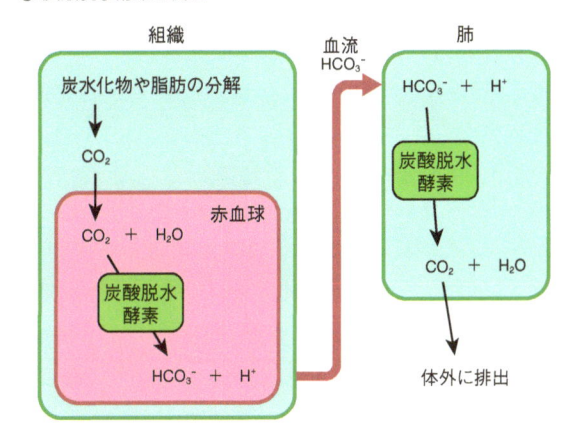

細胞の中で物質代謝の結果生じた CO_2 は体液中を拡散する。赤血球に入った CO_2 の一部はヘモグロビンと結合するが、大部分は炭酸脱水酵素の働きによって水と結合して HCO_3^- になり血漿に放出される。HCO_3^- は血流に乗って肺に運ばれる。

肺では炭酸脱水酵素が HCO_3^- から水を外して CO_2 に戻している。こうして二酸化炭素は呼吸によって体外に排出される。

① 炭酸脱水酵素の働き

可逆反応

炭酸脱水酵素は、二酸化炭素と水の結合を促進する場合もあれば、逆に炭酸水素イオンから水を除いて二酸化炭素にする反応を促進する場合もある。濃度が高いほうが基質になり、濃度の低い物質への変化が促進される。炭酸脱水酵素は可逆反応を促進しているだけである。炭酸脱水酵素の働きはスピード感にあふれており、1分子の炭酸脱水酵素は1秒間に 10^6 回（$k_{cat} = 10^6/s$）も二酸化炭素と水との結合反応またはその逆反応を触媒している。

炭酸脱水酵素の触媒活性部位（②）

炭酸脱水酵素はアミノ酸残基260個のタンパク質（アポ酵素）と補因子の亜鉛イオン（Zn^{2+}）1個でできている。触媒活性部位では3個のヒスチジン（His）側鎖が Zn^{2+} を配位結合で支えている。また、グルタミン酸（Glu）側鎖は Zn^{2+} の働きを補佐している。

② 炭酸脱水酵素の触媒活性部位

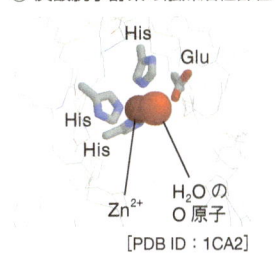

[PDB ID：1CA2]

炭酸脱水酵素は、どのように働いているのだろう？（③）

　Zn^{2+} に水分子（H_2O）が結合すると、水分子の H^+ はグルタミン酸側鎖に奪われる（③-A）。このときグルタミン酸側鎖は塩基として働く。

　Zn^{2+} に結合した H_2O は $-O^--H$ となっている。この状態がこの酵素の準備状態で、Zn^{2+} に結合している $-O^--H$ に CO_2 が結合する（③-B）。

　そこへ第2の水分子が入ってきて、その水分子の $-OH$ は Zn^{2+} に結合する（③-C）。最初の水分子（H_2O）の $-OH$ は二酸化炭素（CO_2）に結合したまま、炭酸水素イオン（HCO_3^-）として出ていく。

　酵素側の Zn^{2+} と水の結合は、化学構造としては③-Bと同じ状態に戻る。基質の化学反応の前後で、酵素の化学的な変化はない。

H_2O が入ってチャッ！　CO_2 が入ってチャカ！　また H_2O が入ってチャッ！

チャッ！　チャカ！　チャッ！　チャカ！　チャッ！　チャカ！　…

このサイクルがいつまでも繰り返される。

③ 炭酸脱水酵素の働く反応*

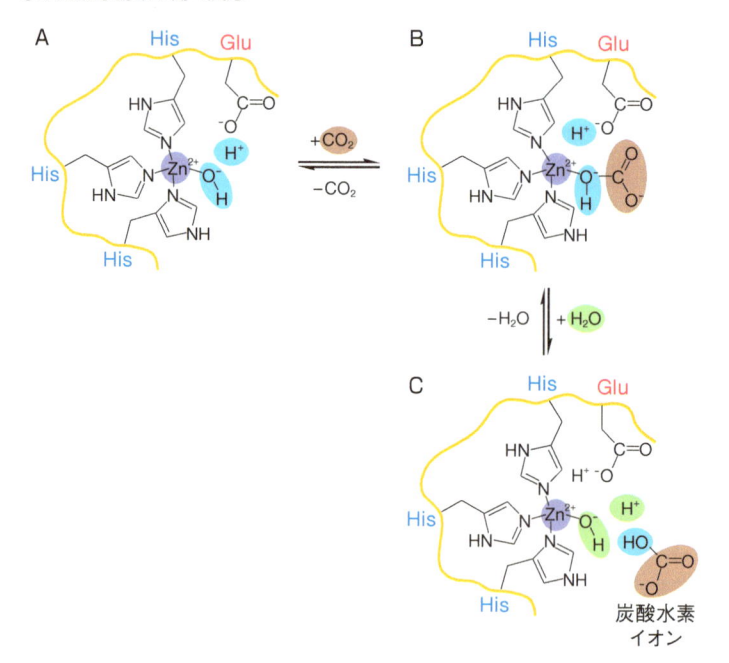

---

*L. A. Moran・H. R. Horton・K. G. Scrimgeour・M. D. Perry 著、鈴木紘一・笠井献一・宗川吉汪 監訳、ホートン生化学 第5版（2013）東京化学同人、p.165、図7.2を一部改変。

補項10.2　ペプチドを分解するセリンプロテアーゼ

セリンプロテアーゼは特定のアミノ酸配列を識別して加水分解する（①）

触媒活性にセリン側鎖が働くタンパク質分解酵素のグループをセリンプロテアーゼといい、特定のアミノ酸配列でのペプチド結合の加水分解を触媒する（限定分解）。分解産物は決まった位置で断片化されたペプチドになる。

セリンプロテアーゼの構造の特徴

セリンプロテアーゼには基質特異性を決める側鎖を受け入れる窪みがあり、切断するペプチド結合のN末端側のアミノ酸側鎖を受け入れる（②）。窪みの形状と化学的性質が、切断できる配列を決める。

触媒部位には、基質に作用するセリン側鎖を働きやすくする側鎖間の連携（触媒3残基）がある（③）。また、ペプチド結合が切断される際に生じるペプチドと触媒部位のセリン側鎖との一時的な結合を安定させるオキシアニオンホールと呼ばれる構造がある。

① セリンプロテアーゼの基質特異性

酵素	切断部位（!）の前後の配列
キモトリプシン	X--Tyr-!-X--X--
トリプシン	X--Arg-!-X--X--
エラスターゼ	X--Gly/Ala-!-X--X--

Xに入るアミノ酸は何でもよい

② 基質特異性を決める窪み

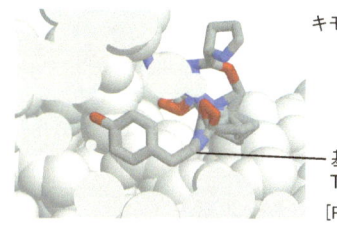

キモトリプシン

基質ペプチドの Tyr 側鎖

[PDB ID：1AB9]

チロシン（Tyr）側鎖に対応した窪みがある

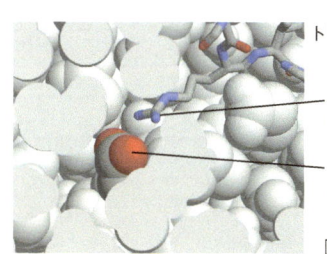

トリプシン

基質ペプチドの Arg 側鎖

トリプシンの Asp 側鎖

[PDB ID：1AVW]

トリプシンの窪みはアルギニン（Arg）側鎖に対応した形をしており、アスパラギン酸（Asp）の（−）荷電も存在する。トリプシンは実体モデル、基質は棒モデル

③ 触媒3残基

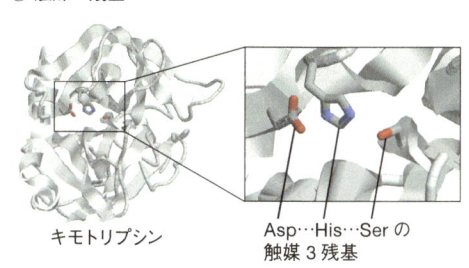

キモトリプシン

Asp⋯His⋯Ser の触媒3残基

[PDB ID：5CHA]

セリンプロテアーゼの触媒機構(④)

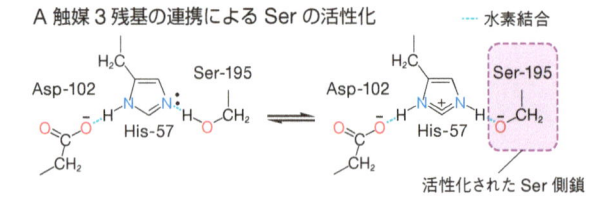

1. 触媒3残基の連携でSerが活性化される(④-A)

アスパラギン酸（Asp）がヒスチジン（His）のイミダゾール基の1つの側面のNでプロトンを引っ張り、Hisのイミダゾール基の他の側面のNはセリン（Ser）のOH基からプロトンを奪う。SerのOH基はO⁻となり、基質のペプチド結合にある炭素原子をアタックする。

2. 遷移状態の形成とオキシアニオンホールによる安定化(④-B)

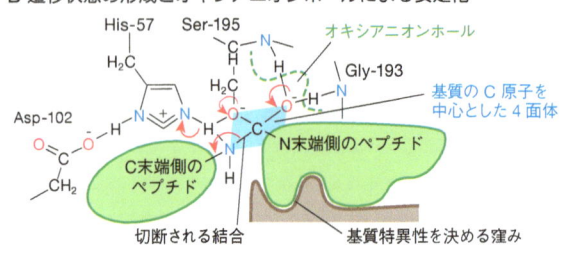

Ser–O⁻と結合した炭素原子を中心とした立体構造は3面体から4面体に変わる。この4面体構造が遷移状態である。基質のC原子に2重結合していたO原子はO⁻になる（オキシアニオン）。Ser-195のN–HとGly-193のN–HはO⁻原子と水素結合を形成し4面体構造を保持する。

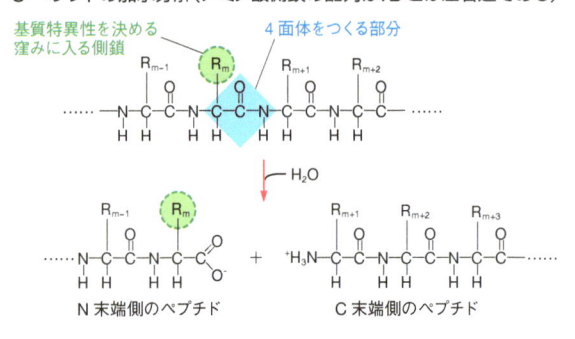

3. ペプチドの加水分解(④-C)

基質特異性を持つ窪みに入った側鎖が結合している C_α 原子のすぐ後のC末端側で、基質タンパク質のペプチド結合が加水分解される。切断で生じたC末端側のペプチドは酵素タンパク質の触媒部位から出る。その後、N末端側のペプチドも酵素タンパク質のSer-195との結合を解消し、触媒部位から出る。

＊L. A. Moran・H. R. Horton・K. G. Scrimgeour・M. D. Perry 著、鈴木紘一・笠井献一・宗川吉汪 監訳、ホートン生化学 第5版 (2013) 東京化学同人、p.156～157を参考にして作成。

補項10.3 ラインウィーバー・バークの両逆数プロット

最大初速度 V_{max} とミカエリス定数 K_m の簡単な求め方

基質の濃度の逆数 $1/[S]$ を横軸にとり、初速度の逆数 $1/V_0$ を縦軸にとったグラフをラインウィーバー・バークの両逆数プロットという（①）。ミカエリス・メンテンの式の両辺の逆数をとった数式をグラフにしたものである。このグラフから最大初速度 V_{max} とミカエリス定数 K_m が求められる。

ラインウィーバー・バークの両逆数プロットからは阻害物質の情報も得られる

酵素の基質の濃度を変えるとともに、調べたい阻害物質の濃度 [I] も変えて酵素の初速度 V_0 を測定する。その結果をラインウィーバー・バークの両逆数プロットで表すことにより、阻害物質の影響の仕方についての情報も得られる。競合阻害（②）、不競合阻害（③）、非競合阻害（④）の例を示す。

競合阻害では阻害物質が基質と競り合う。基質の濃度を増せば、阻害効果は減少する。不競合阻害では阻害物質が酵素–基質複合体に結合して反応を阻害する。非競合阻害では阻害物質が基質に関係なく酵素活性を下げる。基質の濃度を増しても阻害は解消されない。

① ラインウィーバー・バークの両逆数プロット

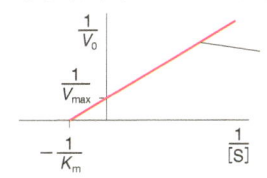

$$\frac{1}{V_0} = \left(\frac{K_m}{V_{max}}\right)\frac{1}{[S]} + \frac{1}{V_{max}}$$

[S]：基質の濃度
[I]：阻害物質の濃度

② 競合阻害
[I] が増すにつれ K_m が大きくなる。V_{max} は不変。

③ 不競合阻害
[I] が増すにつれ V_{max} は小さくなる。K_m も小さくなる。

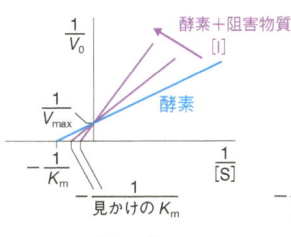

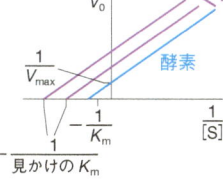

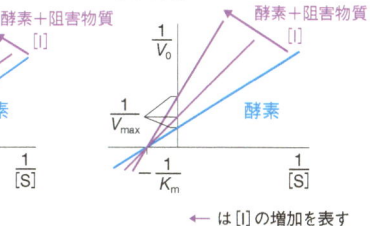

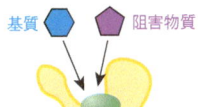

④ 非競合阻害
[I] が増すにつれ V_{max} は小さくなる。K_m は不変。

← は [I] の増加を表す

第10章 酵素の働き方

■ 学生の感想など

◆基質に合わせて活性部位が変化する誘導適合モデルについて詳しく知りたいです！！
⇒酵素と基質の関係でさまざまな構造の変化があると思います。面白いことがあるかもしれません。

◆酵素と基質の反応は立体構造的に起こるということがわかりました。ようやく酵素のイメージがわくようになりましたが、もっと具体的にどんな化学反応が起こるのか、調べてみたいです。

◆私たちの体内はさまざまな酵素反応が行われている。その反応の一部ですが学べて興味がわきました。もっと学びたいです。

◆酵素の反応の仕組みをよく知らなかったので、面白かったです。いままで、なんで酵素自身は変わらないのに、どうやって反応に関わるんだろうと思っていました。

◆酵素の窪みに基質を挿入して反応するのとは逆に、基質の窪みに酵素の一部を挿入して反応を起こす場合はあるのか？
⇒これはあり得ると思います。

第II部
主な代謝はどのように行われているのだろう？

　多様な代謝の世界、そこにはどのような仕組みがあり、どのような風景が展開しているのだろう？

「山に登る」
　私たちは地図を頼りに山路を歩く。遠くの風景を眺めながら、山路を歩く。足元の草花を愛でながら、仲間とよもやま話をしながら、ときには一人で黙々と、山々を観察し、想像をめぐらし、たのしみを考えながら歩く。
　代謝の世界にもさまざまな経路が発達している。見通しのいい山、複雑な山、素晴らしい展開のある山、さまざまな代謝の山がある。

第11章 解糖系の代謝

ほとんどすべての生物は解糖系の代謝を行っている

　春ののどかな風景。ヒメジョオンなどが咲き、ミツバチが飛び回って、花の蜜を集めている。ヒメジョオンなどの植物は独立栄養生物で、太陽のエネルギーを利用して光合成で糖をつくっている。ミツバチも含め、私たちは植物の光合成に依存して生活している。植物もミツバチも私たちも、そしてほとんどの生物は、たどりたどっていくと、光合成の産物をもとにして物質の代謝を行っている。

　代謝の各論の最初は解糖系を説明する。地球上に生物が発生したとき、まだ光合成などで糖をつくる独立栄養生物は存在しなかった。最初は化学進化で豊富に生成した有機物をエサにする従属栄養生物が発達したと考えられている。そのなかで、グルコースを取り込んで分解し、エネルギーを得る代謝経路が発達したのだろう。

　今日では地球上の生物のほとんどが、解糖系とそこから派生する代謝系によって、代謝に必要なエネルギーを得ている。また、酵素タンパク質、遺伝子の核酸、その他細胞の種々の体制つくりに必要な物質の合成・分解の経路は解糖系の代謝をもとにして発達している。

基礎的なエネルギーの生産
他の代謝系の根幹
ほとんどすべての生物に共通

解糖系

KEYWORD　基幹代謝　エネルギー生産　発酵の役割

11.1 解糖系から電子伝達系への代謝は異化代謝の中心

解糖系の代謝(①)

　解糖系はグルコースの取り込みと分解から始まる。グルコースを徐々に分解してピルビン酸に至る解糖系は、ほとんどすべての生物に存在する代謝の大動脈である。この代謝は酸素のない条件でも起こり、グルコース1分子の代謝でATPが2分子、NADHも2分子生産される。ここでのATPの生成は「基質レベルのリン酸化」と呼ばれる。この「リン酸化」は生物にとって中心的なエネルギー担体であるATPの生成のことを指す。ADPがリン酸化されてATPがつくられることから「リン酸化」という言葉が使われる。ADPはATPがエネルギー源として消費されると生じるので、細胞の中には常に存在する。「基質レベルのリン酸化」の他にはミトコンドリアで起こる「酸化的リン酸化」(参照→14章)と葉緑体で起こる「光リン酸化」(参照→17章)がある。

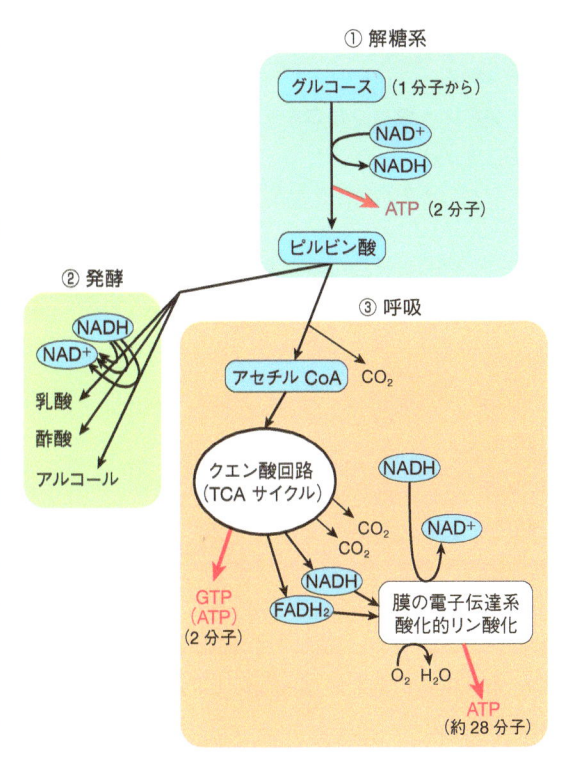

ピルビン酸から先の代謝

　ピルビン酸から先の代謝は生物種や環境条件で異なる。酵母や種々の微生物ではエタノールや乳酸などへの代謝(発酵)が起こる(②)。この代謝は酸素を必要としない。私たちの体でも、酸素が供給不足になると乳酸への代謝が起こる。

　酸素がある場合はアセチルCoAを経てクエン酸回路に入り、電子伝達と酸化的リン酸化によって大量のATPがつくられる(呼吸)(③)。発酵・呼吸のどちらでも、解糖系に必要なNAD$^+$が再生される。

11.2 解糖系の前半　炭素6個の糖から炭素3個の糖への代謝

解糖系の前半では、炭素6個の糖（ヘキソース）が代謝を経て炭素3個の糖（トリオース）に分割される（①）。

ヘキソキナーゼ（グルコキナーゼ）によるリン酸化（①-A）

グルコースが細胞の中に取り込まれるとATPを使ってリン酸化が起こる。C-6位の炭素のOH基にリン酸基が付加されグルコース6-リン酸が生じる。グルコースに電荷がつくと疎水性の膜を透過できなくなり、細胞内に取り込んだグルコースを細胞膜の外に逃がさないようにしている。また、リン酸基がつくことによって基質の形と電荷でわかりやすい特徴ができ、酵素との特異的な反応が起こりやすくなる。

グルコース6-リン酸イソメラーゼによる糖の構造変化（①-B）

六員環の糖から五員環の糖になり、グルコース6-リン酸がフルクトース6-リン酸に変貌する。

ホスホフルクトキナーゼによる2つ目のリン酸基の付加（①-C）

五員環の糖になった後、再びATPを1分子消費してリン酸化し、フルクトース1,6-ビスリン酸が生じる。ホスホフルクトキナーゼによるリン酸化のステップは不可逆的に進行し、解糖系の代謝の主要な調節ポイントになっている。

A〜Cまでのステップは、これから起こるヘキソースの2分割と付加されたリン酸基を利用したATP生成の準備である。

アルドラーゼによる2分割（①-D）

フルクトース1,6-ビスリン酸（6炭糖）はアルドラーゼによって2分割され、2つの3炭糖（ジヒドロキシアセトンリン酸とグリセルアルデヒド3-リン酸）になる。

① 解糖系の前半の代謝

グルコース

グルコース6-リン酸

フルクトース6-リン酸

フルクトース1,6-ビスリン酸

ジヒドロキシアセトンリン酸　グリセルアルデヒド3-リン酸

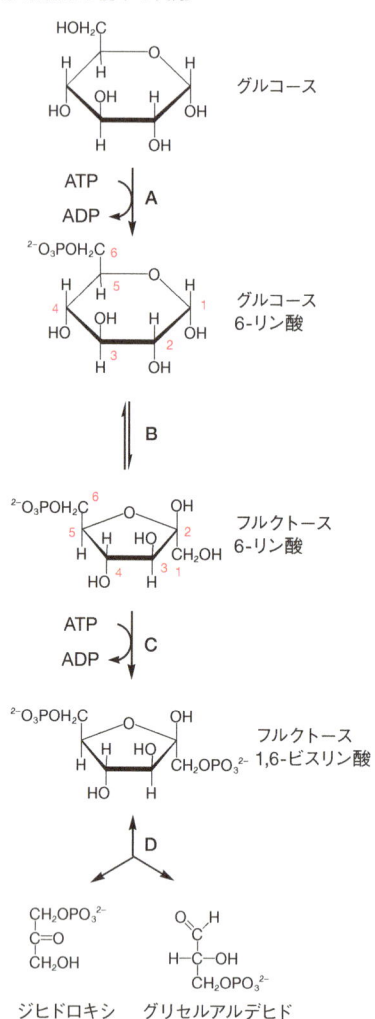

片方向の矢印：不可逆なステップ
両方向の矢印：可逆ステップ

1分子のグルコースから2分子のトリオースリン酸が生成される。そのために、2分子のATPをリン酸基の供与体として使用する

11.3 解糖系の後半　炭素3個の糖からピルビン酸への代謝

解糖系の後半の代謝では、炭素3個の糖が代謝されピルビン酸になる。その間にエネルギー担体のATPとNADHが回収される（①）。

トリオースリン酸イソメラーゼによる代謝経路の1本化（①-A）

前半の代謝のDで生じたジヒドロキシアセトンリン酸とグリセルアルデヒド3-リン酸は異性体の関係にあり、トリオースリン酸イソメラーゼで相互に変換する。2つの異性体のうち、グリセルアルデヒド3-リン酸だけがその後の解糖系の代謝に使われ濃度が低下する。ジヒドロキシアセトンリン酸は、イソメラーゼの働きで濃度の低くなるグリセルアルデヒド3-リン酸に変わる。

グリセルアルデヒド3-リン酸脱水素酵素によるNADHの生産とリン酸基付加による1,3-ビスホスホグリセリン酸の生成（①-B）

グリセルアルデヒド3-リン酸にリン酸基が付加されるとともに、NADHも生成される。リン酸基の付加により、1,3-ビスホスホグリセリン酸という高エネルギー化合物が生じ、ATPの生成を準備する。

ホスホグリセリン酸キナーゼによるATPの生成（①-C）

高エネルギー化合物の1,3-ビスホスホグリセリン酸を基質にして3-ホスホグリセリン酸が生じ、さらにATPが得られる。「基質レベルのリン酸化」である。グルコース1分子からはATP2分子が得られることになる。

ホスホグリセリン酸ムターゼによるリン酸基の位置の移動（①-D）

3-ホスホグリセリン酸の異性化で、C-3位のリン酸基がC-2位に移される。

エノラーゼによるホスホエノールピルビン酸の生成（①-E）

エノラーゼによる脱水で高エネルギー化合物のホスホエノールピルビン酸が生成する。

① 解糖系の後半の代謝は前半の2倍量で進む

- 2か所でATPが生成される
- 1か所でNADHが生成される

ピルビン酸キナーゼによるATPとピルビン酸の生成（①-F）

2回目のATPの回収。ホスホエノールピルビン酸からリン酸基が供給され、ATPとピルビン酸が生じる。グルコース1分子からはATP2分子が得られる。ピルビン酸は解糖系の基幹部分の最終産物である。

解糖系の後半では、グルコース1分子あたりで合計4分子のATPが得られる。前半でATPを2分子消費しているので、解糖系全体としてはグルコース1分子からATP2分子が得られることになる。NADHもグルコース1分子あたり2分子生成する。

> **column　解糖系バラエティ**
>
> 解糖系は、ほとんどの生物ではエムデン・マイヤーホフの経路で行われる（①-A）。しかし、好気性の真正細菌、古細菌など一部の微生物ではグルコース6-リン酸から6-ホスホグルコン酸を経てグリセルアルデヒド3-リン酸とピルビン酸に入る迂回路を使っている。この経路はエントナー・ドウドロフ経路と呼ばれる（①-B）。なお、エムデン、マイヤーホフ、エントナー、ドウドロフは研究者の名前。
>
> また、グルコースのリン酸化を行わずグルコン酸になり（①-C）、その後経路①-Bに入ったり、あるいは別の経路を使う微生物も存在する。
>
> 解糖の経路は生物の進化のなかで種々の可能性が試され、ほとんどの生物ではエムデン・マイヤーホフの経路が使われることになった。どの経路を使っても、グルコースはジヒドロキシアセトンリン酸とグリセルアルデヒド3-リン酸になる。またジヒドロキシアセトンリン酸とグリセルアルデヒド3-リン酸からピルビン酸へ至る代謝の経路は同じで、最終的にATPとNADHが生産される。
>
> ① 解糖系バラエティ
>
> A 解糖系の主流（青字）
> B 解糖系の傍流（ピンク）
> C 解糖系の傍流（緑字）

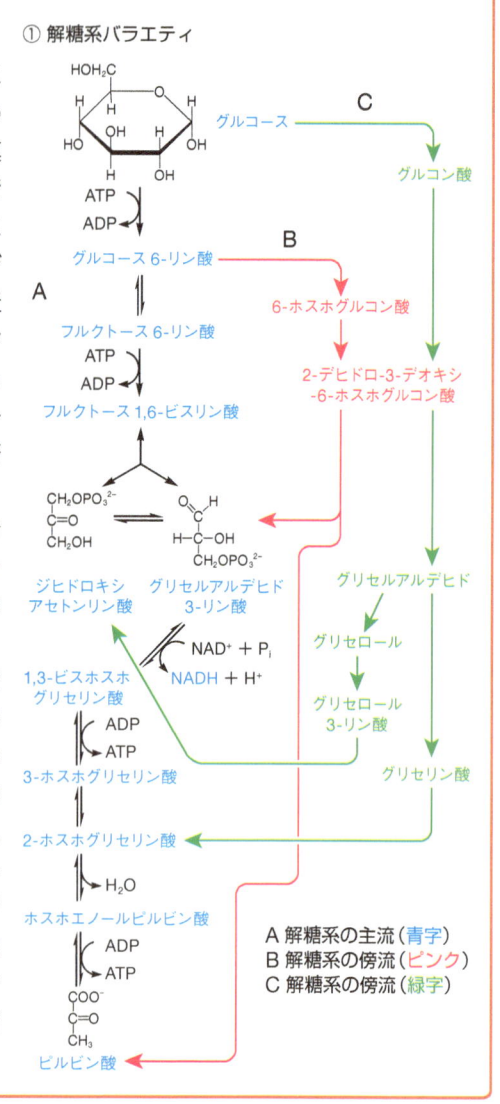

11.4 解糖系の調節

解糖系の代謝は慎重に調節される（①）。生物によって調節方法が異なるが、ここでは主に哺乳類での調節を示している。

血中グルコース濃度によるホルモン経由の調節（①-A）

血中グルコース濃度が高いとインスリンが膵臓ランゲルハンス島のβ細胞から分泌される。一方、グルコース濃度が低いとグルカゴンが膵臓ランゲルハンス島のα細胞から分泌される。インスリンは解糖系の代謝を促進する方向で働き、グルカゴンは抑制する方向で働く。これらのホルモンは酵素タンパク質のリン酸化/脱リン酸化を起こす（参照→ 2.4、8.5）。

細胞内へのグルコースの取り込みによる調節（①-B）

組織によってさまざまなグルコース輸送体が細胞膜上に発現している。これは遺伝子の発現によってコントロールされている（参照→ 8.1）。それらの輸送体のうち GLUT 4 はあらかじめ細胞内の膜小胞で発現している（②）。インスリンの刺激によって GLUT 4 輸送体の発現している膜小胞は細胞膜のほうに移行して細胞膜と融合し、GLUT 4 輸送体は細胞膜で働き出す。

フィードバック制御やフィードフォワード制御、およびリン酸化/脱リン酸化による調節（①-C）

ヘキソキナーゼは、グルコース 6-リン酸によってフィードバック阻害を受ける。
ホスホフルクトキナーゼ（ホスホフルクトキナーゼ-1、PFK-1）は、触媒する反応が解

① 解糖系の代謝の調節

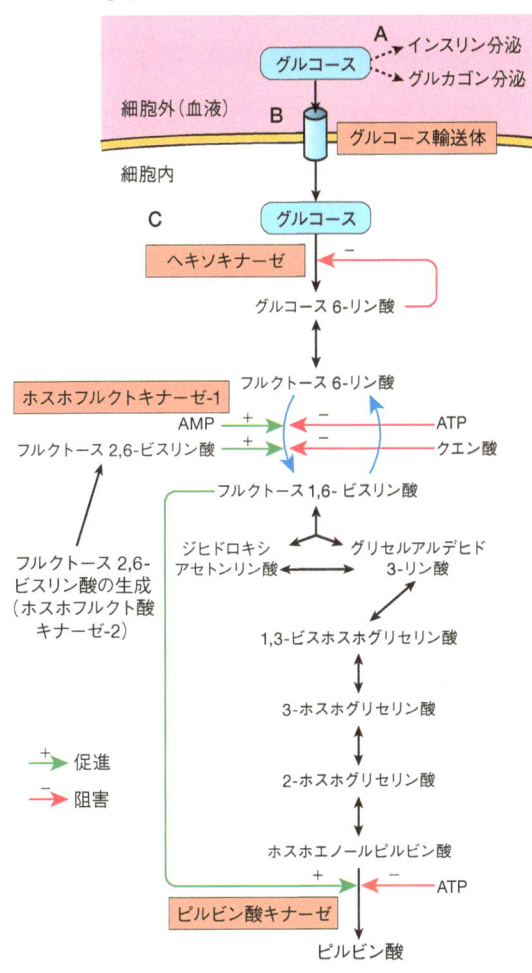

第 11 章 解糖系の代謝 151

糖系でいちばん厳密にコントロールされている。AMPやフルクトース 2,6-ビスリン酸がアロステリックに促進する一方、ATPやクエン酸はアロステリックに阻害する。AMPは解糖系の産物である ATP の原料なので、AMP による促進はフィードフォワードの促進にあたる。ATP やクエン酸は解糖系やその先のクエン酸回路の産物なので、代謝産物によるフィードバック阻害にあたる。

ピルビン酸キナーゼはフルクトース 1,6-ビスリン酸によるフィードフォワードの促進を受ける。また、ATP によるフィードバックの阻害も受けている。さらにリン酸化/脱リン酸化による調節も受けており、リン酸化で活性が低下する。

② GLUT 4 輸送体の細胞膜での発現

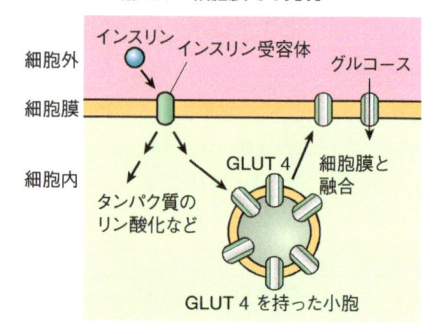

PFK-1の活性は2段構えの調節を受ける（③）

解糖系でフルクトース 1,6-ビスリン酸を生じる酵素 PFK-1 の活性は、フルクトース 2,6-ビスリン酸で促進される。このフルクトース 2,6-ビスリン酸の生成を触媒するホスホフルクトキナーゼ-2（PFK-2）の酵素活性も無機リン酸による促進、クエン酸による阻害、リン酸化による可逆的な阻害という種々の調節を受けている。さらにこのリン酸化調節はホルモンによるコントロールを受けている。

③ PFK-1の活性は2段構えの調節を受ける

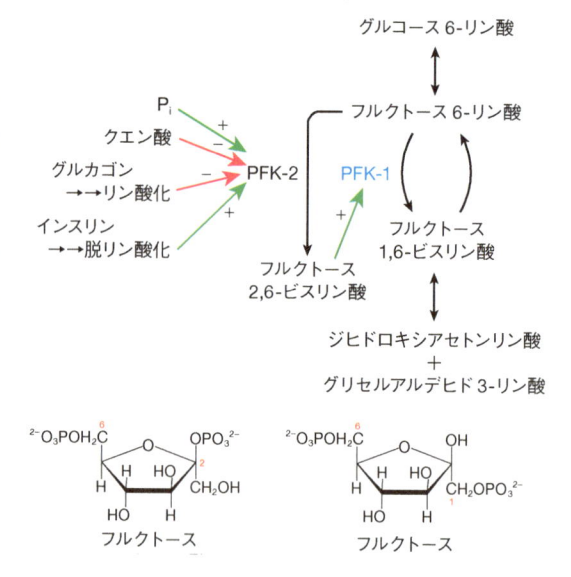

11.5 主な糖は解糖系に入って代謝される

グルコース以外の糖はどのように代謝されるだろうか？

ラクトース（乳糖）（①）

ミルクに含まれるラクトースは腸でラクターゼによってグルコースとガラクトースに加水分解された後、それぞれの輸送体を通って細胞内に取り込まれる。ラクターゼは乳幼児期に必要な酵素で、成長につれ発現が減少する。減少の度合いには個人差がある。ラクターゼの発現が少ない人は牛乳を飲むと胃腸障害を起こしやすい。

ガラクトース（②）

ガラクトースはリン酸化されてガラクトース 1-リン酸になったのち、UDP-グルコースとの交換反応でリン酸基がグルコースに移りグルコース 1-リン酸となる。これはその後グルコース 6-リン酸となって解糖系の代謝に合流する。UDP-グルコースの UDP はガラクトースに転移して UDP-ガラクトースとなり、これはやがて UDP-グルコースを再生し、ガラクトースの代謝に備える。

ガラクトース 1-リン酸と UDP-グルコースとの交換反応を触媒するガラクトース 1-リン酸ウリジル基転移酵素が遺伝的に欠損していると、ガラクトースが代謝されず、ガラクトース血症となり肝臓障害を起こす。

マンノース（③）

マンノースは糖タンパク質や多糖類に多い。マンノースは細胞に取り込まれたのち、リン酸化を受け、マンノース 6-リン酸となり、次いでフルクトース 6-リン酸に変換されて解糖系に入る。

スクロース（ショ糖、砂糖）（④）とフルクトース（果糖）（⑤）

スクロース（ショ糖、砂糖）は加水分解されるとグルコースとフルクトース（果糖）になる。フルクトースは果物に含まれる糖分。フルクトースは細胞内に取り込まれるとリン酸化を受けてフルクトース 6-リン酸、あるいはフルクトース 1-リン酸になる。フルクトース 6-リン酸はそのまま解糖系の成分になる。フルクトース 1-リン酸になった場合は、ジヒドロキシアセトンリン酸とグリセルアルデヒドを経てグリセルアルデヒド 3-リン酸になり、解糖系に合流する。

フルクトースはフルクトース 1-リン酸になった後で解糖系に合流できるため、解糖系の最大の調節部位であるホスホフルクトキナーゼの関所を迂回してしまう。果物や砂糖を摂りすぎるとピルビン酸を過剰に生産することになり、アセチル CoA を経て脂肪やコレステロールの合成に向かう。

代謝経路図

細胞外（血液）：
- ①ラクトース → ②ガラクトース + グルコース
- ④スクロース → グルコース + ⑤フルクトース
- ③マンノース

細胞膜（輸送体）を介して細胞内へ

細胞内：
- ガラクトース → ガラクトース1-リン酸 → (UDPグルコース ⇄ UDPガラクトース、ガラクトース1-リン酸ウリジル基転移酵素) → グルコース1-リン酸 → グルコース6-リン酸
- グルコース → グルコース6-リン酸
- マンノース → マンノース6-リン酸 → フルクトース6-リン酸
- フルクトース → フルクトース1-リン酸 → ジヒドロキシアセトンリン酸 + グリセルアルデヒド

解糖系：
グルコース6-リン酸 → フルクトース6-リン酸 → [ホスホフルクトキナーゼ] → フルクトース1,6-ビスリン酸 → ジヒドロキシアセトンリン酸 / グリセルアルデヒド3-リン酸 → 1,3-ビスホスホグリセリン酸 → … → ピルビン酸 → アセチルCoA ⇄ 脂質 → クエン酸回路へ

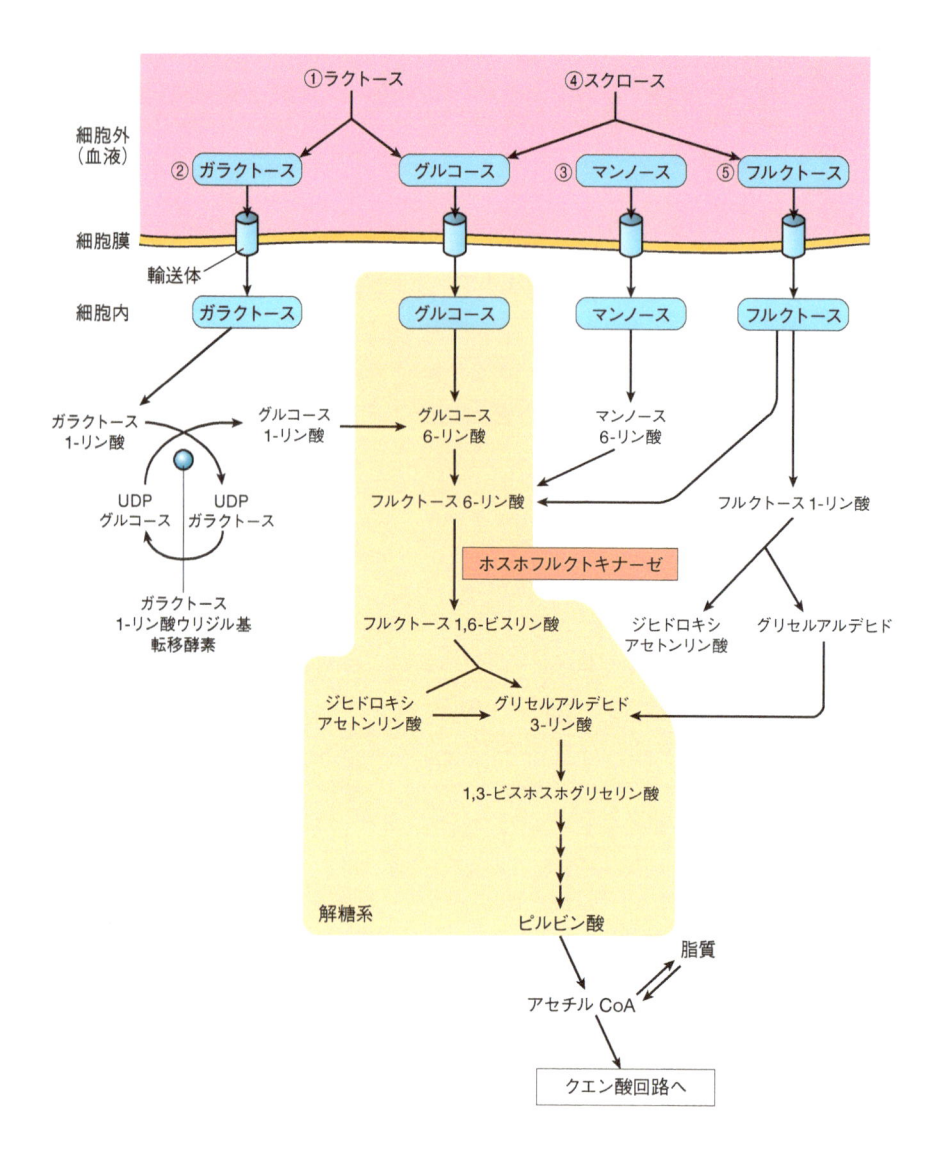

学生の感想など

◆さまざまな糖が違った経路を通りつつも同一の物質に合流するのは賢いと思いました。
◆ものごとの仕組みを根本から理解すれば、自然と体に良いことと悪いことが見えてくるのが面白い。知り合いがフルーツダイエットに失敗してました。理由がわかったので教えてあげます。
◆過剰な糖は脂肪に変わってしまうのが、改めてよくわかりました。甘い物を控えようと思います。
◆ラクターゼが成長につれて減少する度合いは、人種によって違いがあると聞いたことがあるので、詳しく調べてみたいと思いました。

11.6 発酵の代謝はピルビン酸で呼吸と分岐する

解糖系で消費される補酵素の NAD$^+$ を補充する代謝（①）

解糖系でグルコースからピルビン酸まで代謝される間に、NAD$^+$ が NADH に還元されている。ピルビン酸で代謝が終了するとやがて NAD$^+$ が枯渇して解糖系の代謝が進まなくなる。これを避けるためにピルビン酸をさらに代謝して NADH を NAD$^+$ に戻す経路が必要になる。解糖系の代謝はピルビン酸の生成までで、ピルビン酸から先の代謝は生物の種類や酸素の有無と利用の仕方によって、発酵（①-A）または呼吸（①-B）に分かれる。発酵あるいは呼吸によって、NADH から NAD$^+$ への変換が行われる。

発酵（①-A）

多くの微生物はピルビン酸を乳酸、酢酸、アルコール（エタノール）などに変換し、その過程で NADH を NAD$^+$ に戻している。これらの代謝は酸素のない条件でも可能である。ピルビン酸を乳酸にする乳酸菌、酢酸にする酢酸菌、アルコールにする麹菌や酵母はさまざまな産業で利用されている。私たちの体でも、酸素の供給の追いつかないときにピルビン酸から乳酸への経路が進行し、激しい運動では筋肉に乳酸がたまる。たまった乳酸は血流で肝臓に送られ、そこでピルビン酸を経てグルコースに戻され再利用される。

呼吸（①-B）

酸素のある条件では、ピルビン酸はアセチル CoA を経てクエン酸回路に入り、CO_2 や NADH を生じる。NADH は膜にある電子伝達系に電子を渡し、NAD$^+$ が再生する。膜の電子伝達系に入った電子は ATP の大量生成の環境をつくり、最後に O_2 に渡される（参照→ 14 章）。

① NAD$^+$ を補充する代謝

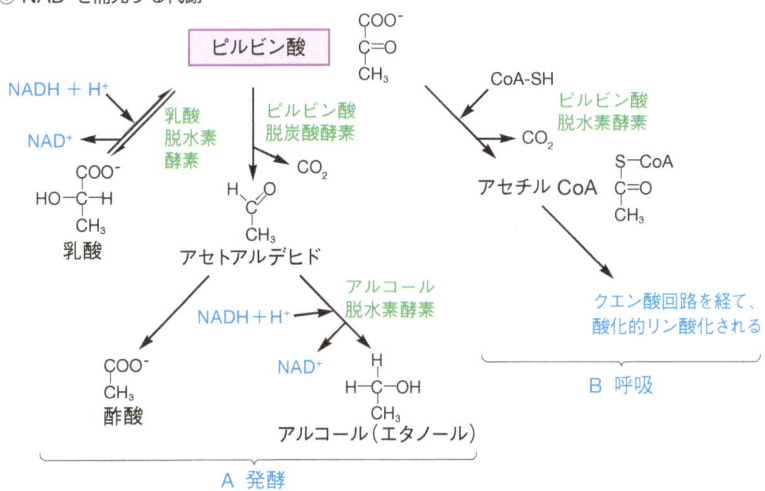

補項11.1　乳酸脱水素酵素の触媒機構

乳酸脱水素酵素の触媒部位で起こること（①）

乳酸および補酵素の NAD$^+$ が酵素タンパク質の触媒部位に入る。

①-A　基質の乳酸の –COO$^-$ 基は酵素タンパク質のアルギニン（Arg）側鎖の正荷電とイオン結合する。

①-B　基質の乳酸の –OH 基の H は酵素タンパク質のヒスチジン（His）側鎖のイミダゾール基の N と水素結合し、やがて H$^+$ となってヒスチジン側鎖に移行する。酵素タンパク質のヒスチジン側鎖は塩基として働いている。

①-C　基質の乳酸の C–H の H は C–H の結合をつくっている電子とともにヒドリドイオン H$^-$（H$^+$、e$^-$、e$^-$ で構成されたイオン）になって NAD$^+$ に移行する。

①-D　ヒスチジン側鎖に移行した H$^+$ はヒスチジン側鎖から解離して溶液中に遊出する。

①-E　B と C の結果、乳酸はピルビン酸になり、NAD$^+$ は NADH に変化し、D の結果、酵素タンパク質は最初の状態に戻る。

①-F　D → C → B と反応を逆行すればピルビン酸は乳酸になり、NADH は NAD$^+$ になる（逆反応）。

① 乳酸脱水素酵素の触媒部位で起こること*

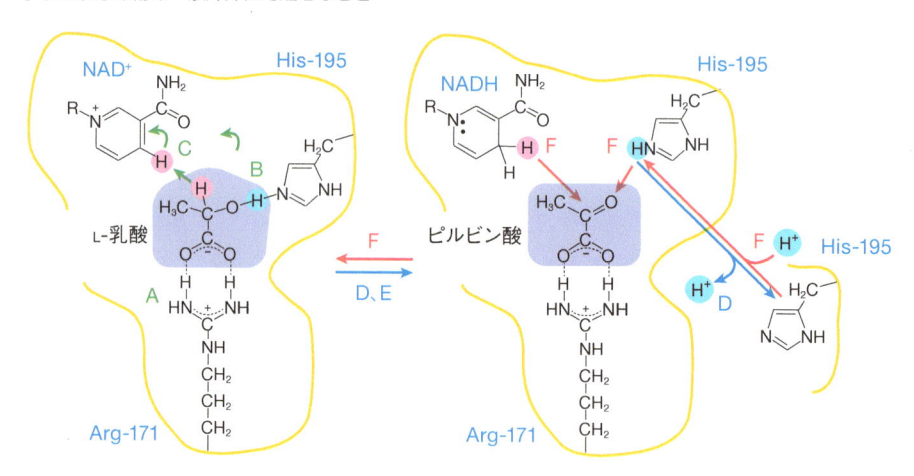

---

*L. A. Moran・H. R. Horton・K. G. Scrimgeour・M. D. Perry 著、鈴木紘一・笠井献一・宗川吉汪 監訳、ホートン生化学 第5版（2013）東京化学同人, p.170, 図7.9を一部改変。

補項11.2 トリオースリン酸イソメラーゼの触媒機構

トリオースリン酸イソメラーゼの誘導適合

トリオースリン酸イソメラーゼ（トリオースリン酸異性化酵素）（①）は、ジヒドロキシアセトンリン酸とグリセルアルデヒド3-リン酸の相互変換を触媒している。この酵素の触媒部位に基質が結合すると、タンパク質の一部（ループ）が動き、触媒部位を覆って水分子などが介入しないようにふたをして、反応が進行するのを助けている。

トリオースリン酸イソメラーゼの側鎖が酸や塩基として基質とH⁺のやり取りをする

トリオースリン酸イソメラーゼでは酵素タンパク質のグルタミン酸とヒスチジンの側鎖（Glu-165とHis-95）が左右から基質に働きかけている（②）。具体的な化学反応はどのように進行しているのだろうか？ 化学反応のステップに沿って見てみよう（③）。

① トリオースリン酸イソメラーゼの構造

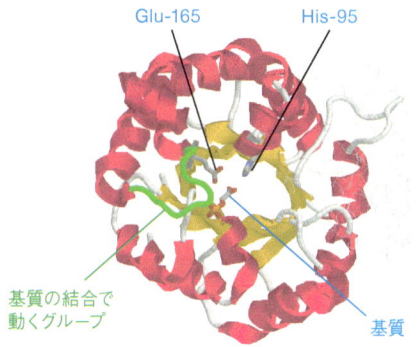

Glu-165　His-95

基質の結合で動くグループ

基質

[PDB ID：2YPI]

② トリオースリン酸イソメラーゼの触媒部位

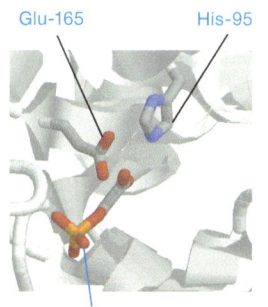

Glu-165　His-95

基質　[PDB ID：2YPI]

③-A　His-95のイミダゾール基（Nを含む五員環のところ）のN–Hが基質のC-2位の位置のC=OのOと水素結合し、電子を引っ張っている。His-95は酸として働いている。Glu-165は基質のC-1位のH⁺にカルボキシ基のO⁻の電子を結合させ、基質のC-1位からH⁺を奪ってしまう。Glu-165は塩基として働いている。

③-B　His-95はイミダゾール基のN–HからH⁺を基質のC-2位のOに渡し、OHにする。His-95のH⁺を失ったイミダゾール基は基質のC-1位のO–Hと水素結合する。Glu-165は基質のC-1位から得ていたH⁺を基質のC-2位に渡す。Glu-165は酸として働いている。

③-C　His-95は基質のC-1位のOからH⁺を奪う。His-95は塩基として働いている。

A～Cの結果として、Glu-165とHis-95は最初の状態に戻る。つまり、酵素の化学構造はもとの状態に戻る。基質では、C-1位には–OHの代わりに=Oが残り、C-2位の=Oの代わりに–OHが生じている。つまり基質の化学構造だけが変化する。

③ トリオースリン酸イソメラーゼの触媒作用*

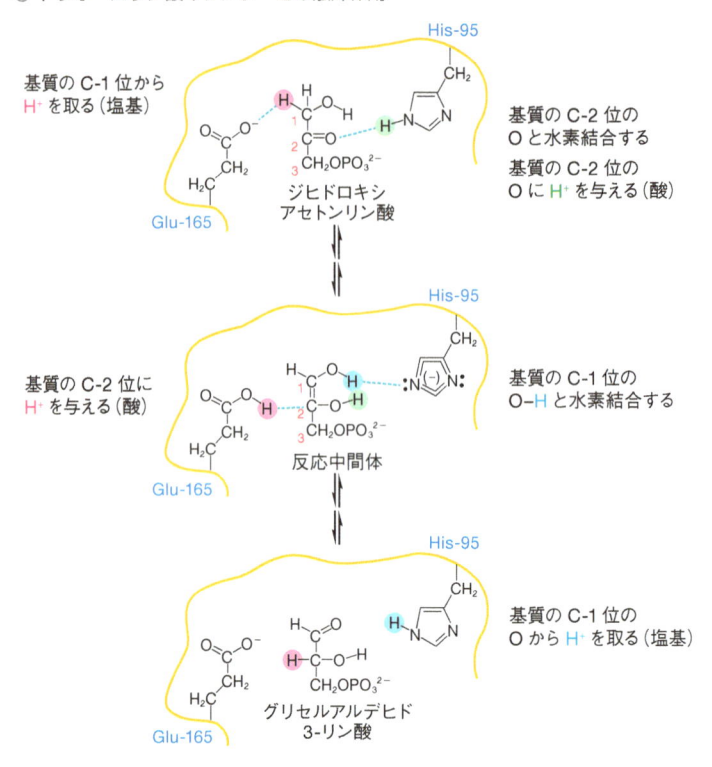

基質の C-1 位から H⁺ を取る（塩基）　　　　　　　　　基質の C-2 位の O と水素結合する
　　　　　　　　　　　　　　　　　　　　　　　　　　　基質の C-2 位の O に H⁺ を与える（酸）

ジヒドロキシアセトンリン酸

基質の C-2 位に H⁺ を与える（酸）　　　　　　　　　　基質の C-1 位の O–H と水素結合する

反応中間体

　　　　　　　　　　　　　　　　　　　　　　　　　　　基質の C-1 位の O から H⁺ を取る（塩基）

グリセルアルデヒド 3-リン酸

学生の感想など

◆私は運動時の糖代謝について関心があり、乳酸のエネルギー代謝についての本を読んでいます。グルコース以外の糖の代謝についても、もっと詳しく調べてみようと思います。

◆解糖系において、まずグルコースにリン酸基を結合させるのは、（疎水性の膜にはじかれるための）ストッパーとしての役割という理解でいいでしょうか？
⇒そのとおりだと思います。他の役割もあるので学んでください。

◆解糖系の反応の際、ATP 合成のために ATP を用いるのが面白い反応だなと思いました。

◆解糖系の前半では 2 分子の ATP を必要としますが、胎内にいるときは、母親から借りて始めるのでしょうか？
⇒胎盤を通じて母体から栄養分が胎児に供給されますが、ATP が含まれているかどうかは私にはわかりません。

◆代謝系を勉強していて思ったことがあります。ヒトの体の中では、いつ、どの代謝から始まるのですか？
⇒面白い疑問です。卵細胞の発生を調べてみてください。

◆生体内で起こっている反応は自然界で（人工的に？）行おうとすると触媒を使ったとしても莫大なエネルギーを必要とするから、生体内の酵素の助け合い、関わり合いは素晴らしい秩序だと思いました。

◆基質と酵素の結合が、何によって導かれるのか、すごく興味があります。
⇒それぞれの分子のランダムな運動によるぶつかり合いが反応の発端ですが、分子の形状や化学的な性質、細胞内での環境によって事情は異なります。面白い問題が隠れているかもしれません。

---

*L. A. Moran・H. R. Horton・K. G. Scrimgeour・M. D. Perry 著、鈴木紘一・笠井献一・宗川吉汪 監訳、ホートン生化学 第 5 版（2013）東京化学同人、p.144、図 6.8 を一部改変。

> column　**グルコースと糖尿病**

グルコースは体に必要なエネルギー源になる一方で、糖尿病を起こす原因物質でもある。グルコースは溶液中で環状になったり鎖状になったりしている。

α-D-グルコース（環状）　⇌　D-グルコース（鎖状）　⇌　β-D-グルコース（環状）

鎖状のグルコースは化学的に反応性の高いアルデヒド基（–CHO）を持っている。アルデヒド基はアミノ基（–NH$_3^+$）と結合してシッフ塩基をつくりやすい。

アルデヒド基　＋　アミノ基　⟶　シッフ塩基

タンパク質はN末端やリジン側鎖などがアミノ基を持っているので、体内に入ったグルコースは酵素がなくてもタンパク質と結合する。タンパク質と結合したグルコースは酸化などで化学変化し、別のタンパク質とも結合してタンパク質とタンパク質を架橋する。

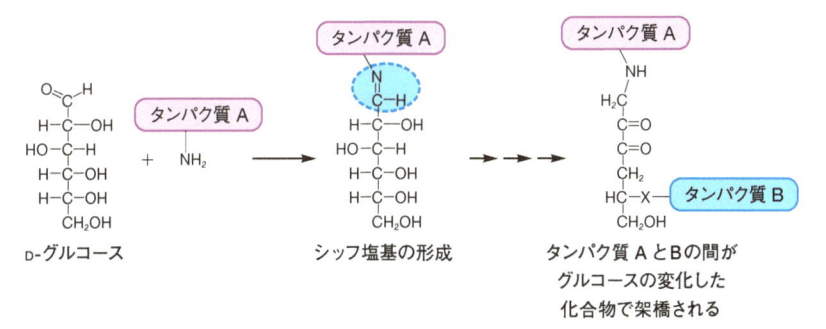

D-グルコース　＋　タンパク質A　⟶　シッフ塩基の形成　⟶⟶　タンパク質AとBの間がグルコースの変化した化合物で架橋される

血液中にグルコースが大量にあると体内のあちこちでタンパク質が架橋され組織が変性していく。つまり糖尿病の症状が進行することになる。このような事態を避けるため、グルコースの血液中の濃度はインスリンなどでコントロールされている。インスリンによるコントロールが追いつかなくなったり、乱れたりすると糖尿病が起こりやすくなる。

第12章 解糖系の周辺

糖分の補充や生成、備蓄の仕方など、動物と植物にはどこかしら共通する代謝がある

　動物は糖分をエサで摂る。動物は糖分をエネルギー源として利用するだけでなく、過剰な分は脂肪やグリコーゲンとして蓄える。植物は光合成によって水と二酸化炭素から糖を新生し、デンプンとして蓄える。すべての生物にとって、遺伝子の核酸をつくるのに必要な素材はヌクレオチドである。そのヌクレオチドの素材になるリボース5-リン酸は、ペントースリン酸の経路でつくられる。この経路ではさまざまな炭素数の糖リン酸分子が入り乱れて生成と分解を繰り返す。

　上の写真は多摩川の中州付近。カルガモの親子、岸辺の植物、水中に浮遊したり岸辺や川底の土や石に付着している目には見えない小さな藻類や微生物。これらのすべての生物に、解糖系を中心にした糖の新生・備蓄の代謝経路があり、それにより生命の営みが維持されている。

KEYWORD　糖新生と区画化　ペントースリン酸　グリコーゲン

12.1 解糖系を逆行する糖の新生

糖の新生経路の特徴

　糖の新生は、解糖系をさかのぼりグルコースを生成する経路である。糖分が欠乏したり飢餓状態のときに、エネルギー源になるグルコースが糖の新生で補給される。

　乳酸やアミノ酸のアラニンはピルビン酸になり、糖の新生経路に入る（①-A）。中性脂肪のトリアシルグリセロールはグリセロール部分がジヒドロキシアセトンリン酸になり、糖の新生経路に入る（①-B）。植物などでは光合成で固定された二酸化炭素がジヒドロキシアセトンリン酸とグリセルアルデヒド 3-リン酸になり、糖の新生経路に入る（①-C）。

糖の新生経路と解糖系との関係

◆解糖系で可逆的なステップは、糖の新生でも使われる。
◆解糖系で不可逆なステップは、迂回した経路が使われる（①-D～F）。

　ピルビン酸からホスホエノールピルビン酸（PEP）へはエネルギー差が大きくて直接逆行できない。ピルビン酸はオキサロ酢酸を経て PEP になる（①-D）。

　フルクトース 1,6-ビスリン酸は解糖系とは別の酵素のフルクトース 1,6-ビスホスファターゼでフルクトース 6-リン酸になる（①-E）。

　グルコース 6-リン酸からグルコースへの移行も解糖系とは別の酵素のグルコース 6-ホスファターゼが使われる（①-F）。

迂回した経路の酵素の活性調節

　ピルビン酸カルボキシラーゼ（①-G）はアセチル CoA が促進する。アセチル CoA はトリアシルグリセロールの脂肪酸部分の分解で生じる。

　フルクトース 1,6-ビスホスファターゼ（①-H）はフルクトース 2,6-ビスリン酸が阻害する。フルクトース 2,6-ビスリン酸は解糖系側の酵素のホスホフルクトキナーゼ-1 を促進する。迂回した経路の酵素の活性調節で、解糖系の代謝が活発になったり、逆に糖新生が活発になったりする。

インスリンは糖の新生を抑制する

　インスリンはホスホエノールピルビン酸カルボキシキナーゼ（PEP カルボキシキナーゼ）（①-I）およびグルコース 6-ホスファターゼ（①-J）の遺伝子の mRNA への転写を抑制し、その結果、糖新生を抑制する。

① 糖の新生経路と解糖系

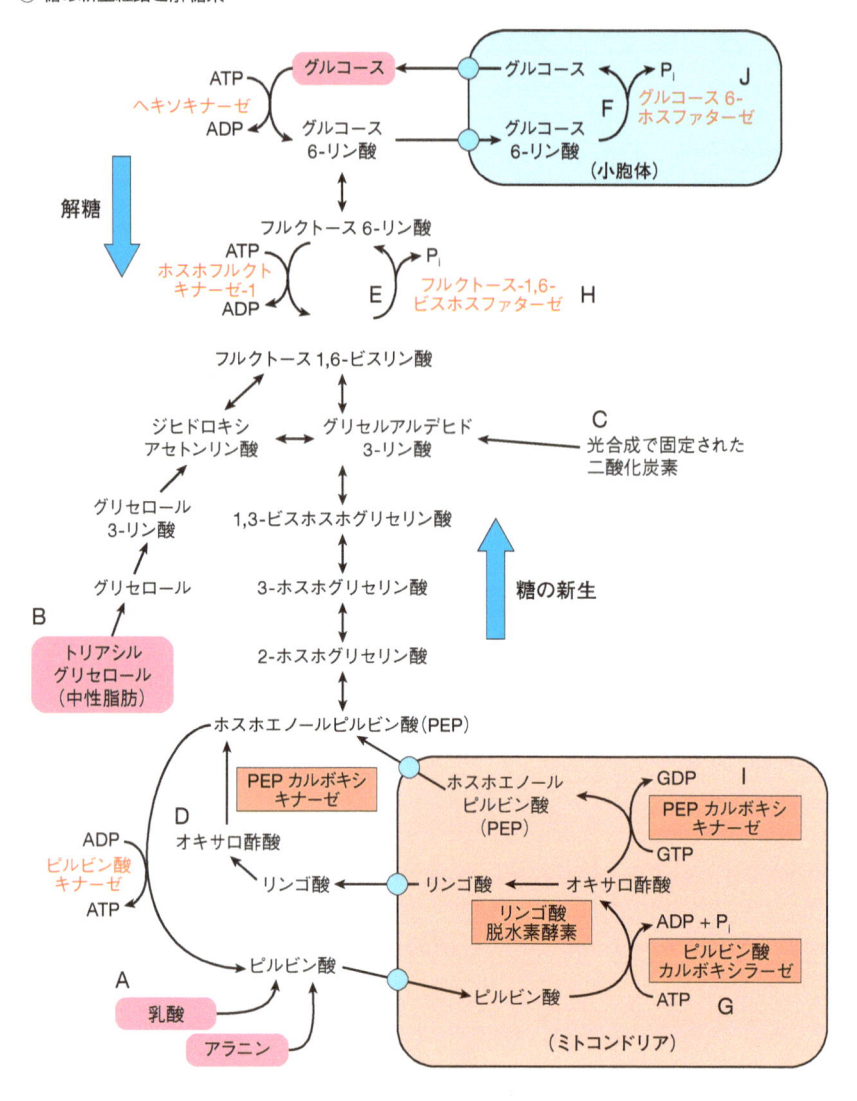

細胞小器官を利用した代謝の区画化（②）

解糖系はすべて細胞質ゾルで進行するが、糖の新生は迂回経路の一部などが、細胞小器官（ミトコンドリアや小胞体）で進行する。

ピルビン酸からオキサロ酢酸を経てホスホエノールピルビン酸（PEP）になる経路はミトコンドリアの中で行われる（②-A）。

グルコース6-リン酸からグルコースになるステップは小胞体の中にある酵素のグルコースホスファターゼによって行われる（②-B）。

② 糖の新生と解糖系の区画化

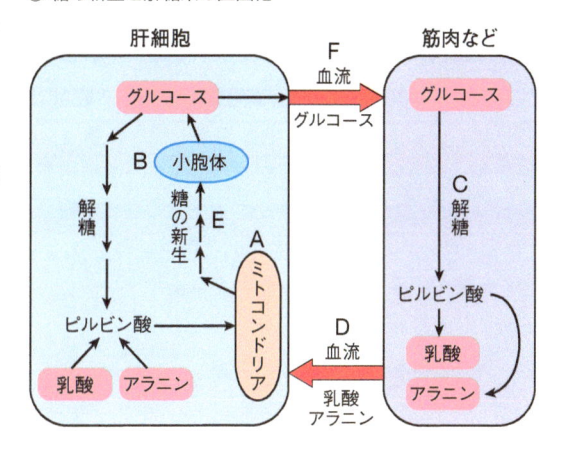

組織器官による代謝の使い分け

運動をすると筋肉中のグルコースがエネルギー源として解糖系で消費され（②-C）、乳酸がたまる。乳酸は血流に乗って肝臓に送られ（②-D）、肝細胞の細胞質ゾルでピルビン酸に戻され、ミトコンドリアでオキサロ酢酸を経てPEPとなる。PEPは再び細胞質ゾルに輸送され、糖の新生代謝でグルコースに向かう（②-E）。

再生したグルコースは血流に乗ってグルコースの欠乏した組織に再分配されていく（②-F）。脳はグリコーゲンとして糖の蓄えがなく、またミトコンドリアによるATPの生産が少ない。エネルギー源としてグルコースが必要なため、常に血流からグルコースが供給される。

迂回路で働く酵素の発現は主に遺伝子のレベルで調節される

糖の新生は肝臓、腎臓、膵臓、小腸で行われる。これらの器官では、糖の新生に必要な迂回路で働く酵素が発現している。ある酵素がどの組織で発現するかというコントロールは、主に遺伝子レベルで調節されている。

---

column　生命の歴史のなかでの糖の新生と解糖系

生命の起源と進化のなかで、解糖系と糖の新生代謝のどちらが先に発達しただろうか？　糖が合成されなければ解糖系の代謝はあり得ない。今日の地球上では光合成に由来する糖の新生をもとにして、ほとんどの生物の解糖系の代謝が成り立っている。

しかし、光合成がまだ出現していない化学進化と生命の起源の段階ではどうだろうか？　化学進化のなかでグルコースまたはそれに近い物質が単純な低分子の無機物から豊富に生じ、原始的な細胞はそれをエサにして取り込み、エネルギー源を得る代謝のシステム（解糖系）が発達したのではないかということが考えられている。

12.2 ペントースリン酸経路

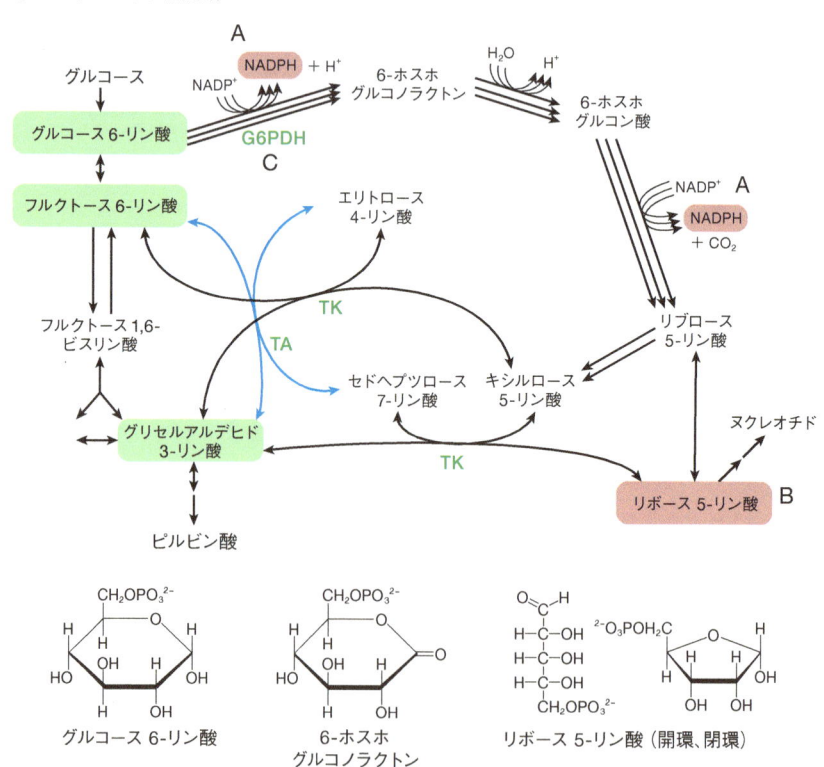

ペントースリン酸経路では炭素数3個から7個までの大きさの糖リン酸が生成・分解する

　ペントースリン酸は、5個の炭素でできた糖（5炭糖）でリン酸基を持つ化合物である。ペントースリン酸経路は解糖系のグルコース6-リン酸（6炭糖）から出発してNADPHやリボース5-リン酸（5炭糖）を生成する。7炭糖（セドヘプツロース7-リン酸）や4炭糖（エリトロース4-リン酸）も生じ、解糖系のグリセルアルデヒド3-リン酸（3炭糖）も登場する。解糖系から派生し、解糖系に戻るという入り組んだ回路になっている。なお、ペントースリン酸経路は細胞質ゾルで進行する。

① ペントースリン酸経路

G6PDH：グルコース6-リン酸脱水素酵素（主な調節点）
TK：トランスケトラーゼ
TA：トランスアルドラーゼ

矢印の数は1分子のリボース5-リン酸が生成されるときにそれぞれのステップが何回繰り返されるかを表している

ペントースリン酸の経路は NADPH（①-A）とリボース 5-リン酸（①-B）を生成する

　NADPH は核酸や脂質（脂肪酸やステロイドなど）の合成の際に使われる還元型の補酵素である。リボース 5-リン酸は核酸の素材になるリボヌクレオチドやデオキシリボヌクレオチドの原材料である。リボヌクレオチドからは NADH、NADPH、補酵素 A（CoA-SH）などがつくられる。

ペントースリン酸経路の調節部位と可逆的なステップ

　グルコース 6-リン酸から 6-ホスホグルコノラクトンを生じる反応はペントースリン酸経路の入り口のステップであり、また NADPH も生成する。この反応を触媒するグルコース 6-リン酸脱水素酵素（G6PDH）（①-C）がペントースリン酸経路の主な調節点になっている。

　矢印が両方向になっているステップは可逆的なステップである。核酸の合成が盛んでリボース 5-リン酸がどんどん消費されるときは、グリセルアルデヒド 3-リン酸のほうからの供給も行われる。

NADPH が必要な代謝

　NADPH の化学構造は NADH の化学構造と非常によく似ているが、NADH とはまったく異なった代謝で使用される。NADPH が還元型の補酵素として使われる代謝は、核酸の合成（チミンやデオキシリボヌクレオチドの生成）と脂質（脂肪酸やステロイドなど）の合成である。赤血球ではヘモグロビンの鉄イオンやグルタチオンを還元型に保つ働きをしている。光合成の二酸化炭素固定経路でも使われるが、そこで使われる NADPH は光合成の明反応でつくられたもので、ペントースリン酸経路に由来するものではない。

糖分子の切り接ぎに働く酵素

　糖にはケト基を持つ糖とアルデヒド基を持つ糖がある。糖リン酸ではそれぞれの糖にリン酸基が共有結合してケトースリン酸とアルドースリン酸になる。ペントースリン酸の経路で種々の大きさの糖が生じるのは、トランスケトラーゼ（TK）とトランスアルドラーゼ（TA）が糖リン酸の炭素鎖の一部を切り接ぎする反応を触媒するためである。

TKとTAの両酵素ともピンポン式の反応ステップ（②）

1つの基質との反応が終わって反応産物ができてから、次の基質との反応が行われる。

TKはケトースリン酸（③）から、ケト基を含む2炭素分をアルドースリン酸（④）に転移して、炭素鎖が2個分短くなった糖と炭素鎖が2個分長くなった糖をつくる反応を触媒する。逆反応も触媒できる。補酵素のチアミンピロリン酸が働く（参照→補項12.1）。

TAもケトースリン酸から一部を切り取るが、この酵素はケト基を含む3炭素分をアルドースリン酸に転移して炭素鎖が3個分短くなった糖と炭素鎖が3個分長くなった糖をつくる反応を触媒する。逆反応も触媒できる。酵素タンパク質のリジン（Lys）側鎖が働く。

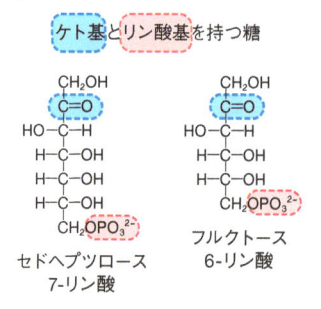

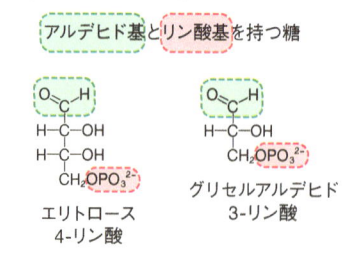

② 種々の炭素数の糖リン酸が生じるのはトランスケトラーゼ（TK）とトランスアルドラーゼ（TA）の2種類の酵素による

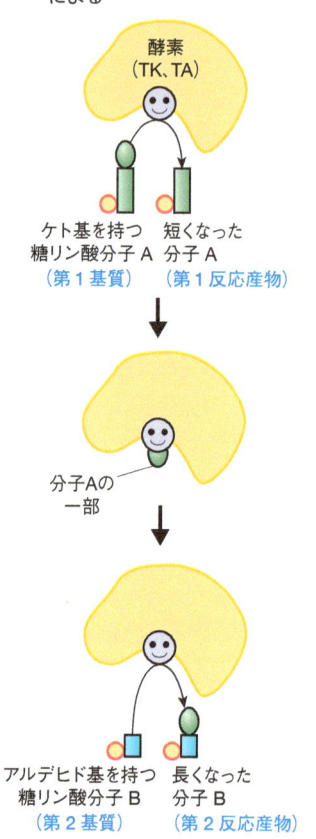

③ ケトースリン酸

ケト基 と リン酸基 を持つ糖

CH_2OH
$C=O$
$HO-C-H$
$H-C-OH$
$H-C-OH$
$H-C-OH$
$CH_2OPO_3^{2-}$

セドヘプツロース
7-リン酸

CH_2OH
$C=O$
$HO-C-H$
$H-C-OH$
$H-C-OH$
$CH_2OPO_3^{2-}$

フルクトース
6-リン酸

④ アルドースリン酸

アルデヒド基 と リン酸基 を持つ糖

$O=C-H$
$H-C-OH$
$H-C-OH$
$CH_2OPO_3^{2-}$

エリトロース
4-リン酸

$O=C-H$
$H-C-OH$
$CH_2OPO_3^{2-}$

グリセルアルデヒド
3-リン酸

ケト基を持つ糖リン酸分子A（第1基質） → 短くなった分子A（第1反応産物）

分子Aの一部

アルデヒド基を持つ糖リン酸分子B（第2基質） → 長くなった分子B（第2反応産物）

☺…糖リン酸分子の一部をとって共有結合する物質。TKではチアミンピロリン酸、TAでは酵素タンパク質のLys側鎖

> **column** ペントースリン酸経路と光合成の二酸化炭素固定経路の関係

　ペントースリン酸経路と光合成の二酸化炭素固定経路（参照→18.2）には共通部分が多い。

　図の茶色の物質はペントースリン酸経路で生じる物質、青色の物質は光合成の二酸化炭素固定経路（カルビン回路）で生成する物質、緑色の物質は両方の代謝で生成する物質である。二酸化炭素固定経路に特有のものは、主に二酸化炭素を固定する酵素の前後の代謝物質である。

　ペントースリン酸経路と二酸化炭素の固定経路には共通の代謝物質が多い。このことから両代謝系がどのように出現したのかを考えてみよう。

　両方の代謝経路に共通の部分がまずできあがり、その後ペントースリン酸経路と二酸化炭素の固定経路に分かれて発達したという可能性が考えられる。しかし、ペントースリン酸経路は核酸合成に必須の経路で普遍性が高い。ペントースリン酸経路が先に確立し、その後、一部が二酸化炭素の固定経路にも使われるようになった可能性がある。両方の代謝経路に共通の部分だけでもリボース5-リン酸は生成するので、完全なペントースリン酸経路が完成していなくても核酸合成には支障はないだろう。ただし、NADPHの生成はない。

　事実はどうだろうか？　酵素タンパク質とその遺伝子の系統発生の研究などで明らかになるだろう。

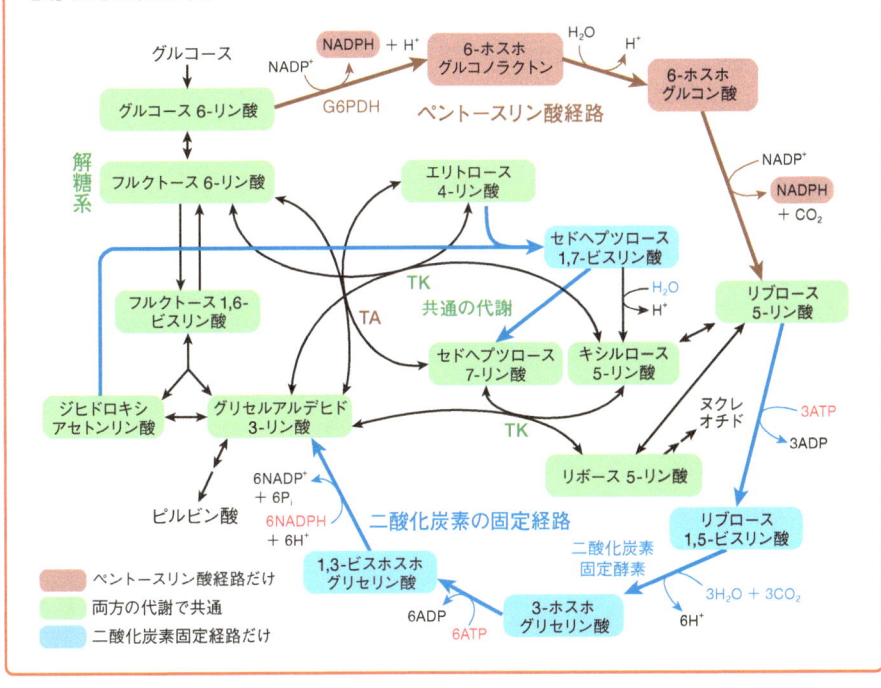

第12章　解糖系の周辺

12.3 リボース 5-リン酸はヌクレオチド合成の原料

リボース 5-リン酸は核酸の糖部分の原料になる（①）

　リボース 5-リン酸は、核酸の糖部分を供給する唯一の原料である。リボース 5-リン酸からホスホリボシル二リン酸（ホスホリボシルピロリン酸、PRPP）がつくられ、そのホスホリボシル二リン酸のリボース環を土台にして 4 種類のリボヌクレオチドがつくられる。リボヌクレオチドは重合して RNA を形成する。またリボヌクレオチドが変化して生じたデオキシリボヌクレオチドが重合して DNA を生じる。つまり、核酸の糖の部分はもとをたどるとペントースリン酸の経路で生じるリボース 5-リン酸のリボース環にたどりつく。

① リボース 5-リン酸からホスホリボシル二リン酸（PRPP）を経てヌクレオチドや核酸がつくられる

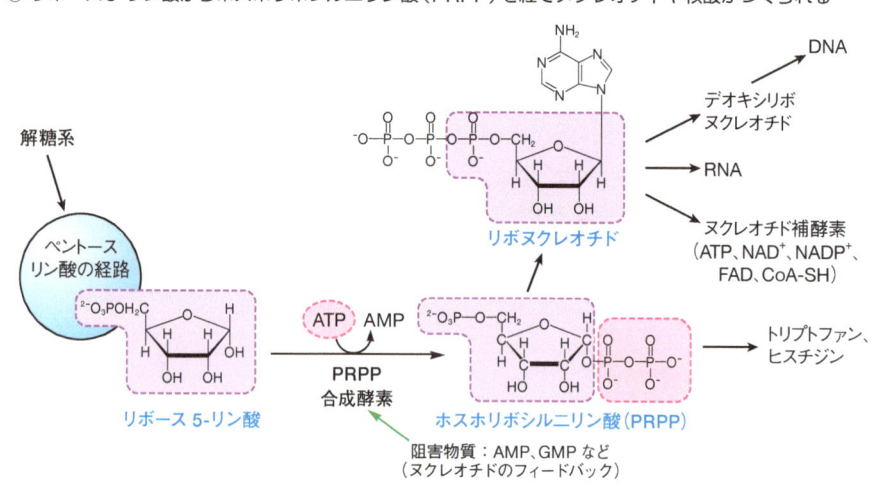

リボース 5-リン酸はホスホリボシル二リン酸を経てヌクレオチドへ

　リボース 5-リン酸は ATP からピロリン酸（PP_i）を得てホスホリボシル二リン酸になる。ホスホリボシル二リン酸はリボース環の C-1 位にピロリン酸基が結合したもので、リボース環の C-1 位の反応性が高まっている。それを利用してリボース環の C-1 位に塩基がついて、ヌクレオチドがつくられる。

ホスホリボシル二リン酸はトリプトファンとヒスチジンの生成にも必要

　ホスホリボシル二リン酸は、トリプトファンとヒスチジンそれぞれの合成に必要な素材にもなっている（参照→補項 19.2、補項 19.4）。

補項12.1 トランスケトラーゼの触媒機構

トランスケトラーゼの反応は2つの基質が反応して2つの産物が生じるように表現される（①）。しかし実際には2つの基質どうしが直接反応することはない。

②-A 第1基質が酵素の触媒部位に入り、チアミンピロリン酸（TPP）のチアゾール環（緑）の部分が第1基質からケト基を含む2炭素鎖（紫）を受け取り、2炭素分短い第1反応産物が生じて触媒部位から出ていく。

②-B TPPのチアゾール環は一時的に2炭素鎖と共有結合する。

②-C 次いで第2基質が触媒部位に入り、チアゾール環に結合している2炭素鎖を受け取って2炭素分長い第2反応産物となって出ていく。

TPPはトランスケトラーゼの補酵素で、チアミン（ビタミンB_1）にATP由来のピロリン酸（PP_i）が結合した物質である（③）。

① トランスケトラーゼは、2炭素断片をケトースリン酸からアルドースリン酸に転移する

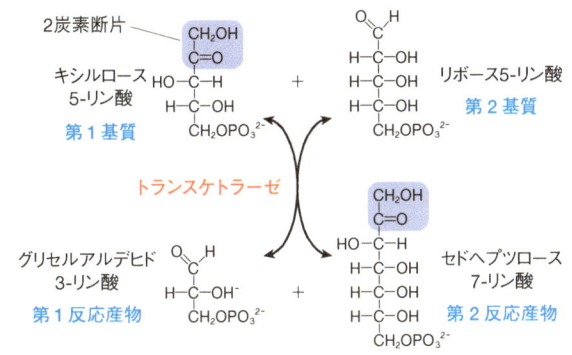

② トランスケトラーゼの共有結合触媒機構

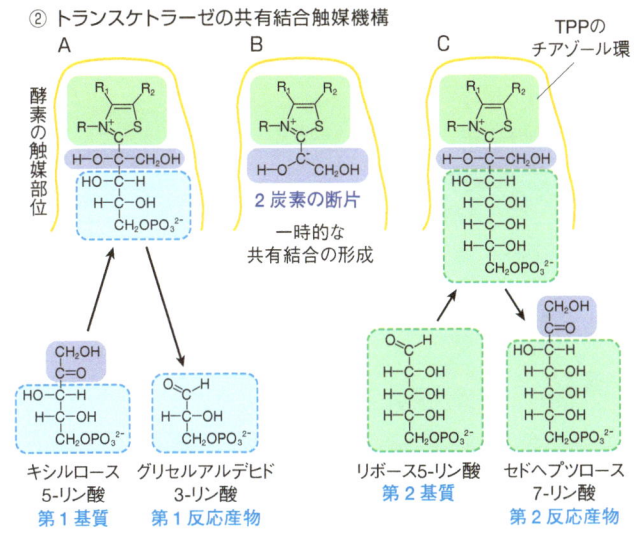

③ チアミンピロリン酸（TPP）

第12章 解糖系の周辺

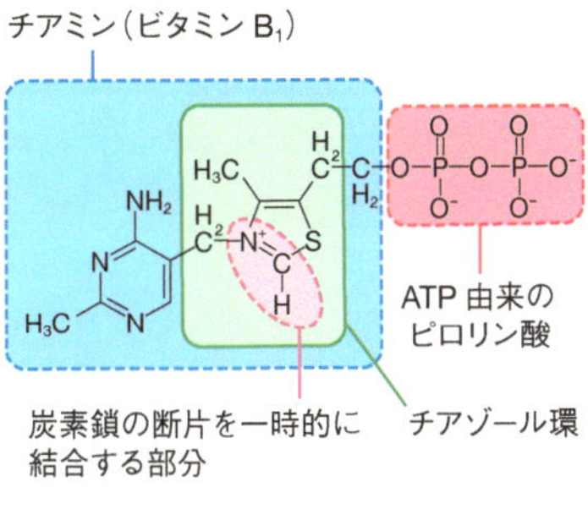

12.4 グリコーゲンの合成と分解

グリコーゲンの構造と糖の結合

食後などに大量に生じたグルコースは、肝臓や筋肉の細胞でグリコーゲンとして貯蔵される。グリコーゲンはグルコースがつながった枝分かれのある鎖状の高分子物質である。中心にある1個のタンパク質（グリコゲニン）に還元末端のグルコース残基が結合し、そこからグルコース残基が主に α-1,4 結合でつながって枝を伸ばしている（①）。枝分かれのところだけ α-1,6 結合になっている（②）。多数の枝の末端が非還元末端である。グリコーゲンの合成（糖鎖の伸長）と分解（糖鎖の短縮）は多数の非還元末端で一斉に行われる。

① グリコーゲンの構造

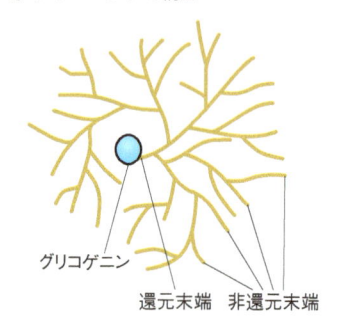

② グリコーゲンでの糖の結合

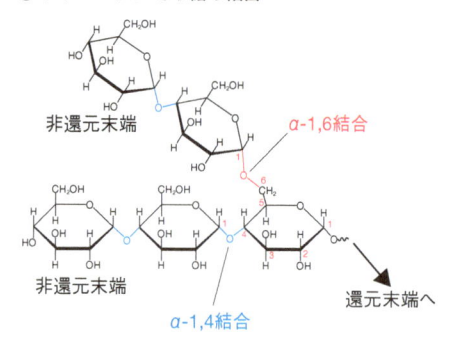

グリコーゲンの合成（③）

グリコーゲンは糖鎖の先端（非還元末端）に新しいグルコースが結合して伸長していく。グルコースはグルコース 1-リン酸を経て UTP によって活性化されて UDP-グルコース（③-A）になりグリコーゲン合成に使われる。グリコーゲン合成酵素（グリコーゲンシンターゼ）が触媒する。

グリコーゲンの分解（④）

グリコーゲンの分解は、グリコーゲンの糖鎖の先端部から1残基分ずつ切り出される。その際、リン酸が結合しグルコース 1-リン酸になり遊離する。リン酸の添加で分解されるので加リン酸分解という。グリコーゲンホスホリラーゼが触媒する。

グリコーゲンの分解産物の用途（⑤）

グリコーゲン分解産物の大部分はグルコース 1-リン酸で、残りがグルコースである。グルコース 1-リン酸はグルコース 6-リン酸に変換される。

筋肉ではグルコース 6-リン酸は解糖系を経てクエン酸回路に入りエネルギー生産に使われる。肝臓ではグルコース 6-リン酸は糖新生経路でグルコースになり、脳や赤血球、脂肪細胞などグルコースを必要としている組織に血流に乗って分配される。

③ グリコーゲンの合成（ピンクの矢印）
④ グリコーゲンの分解（緑の矢印）

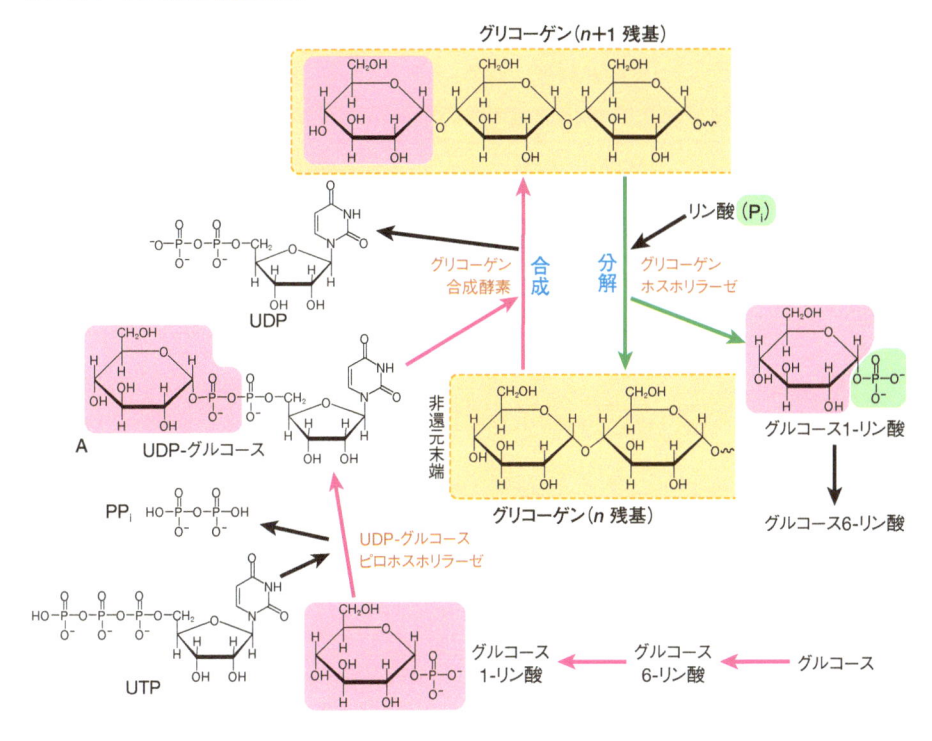

⑤ グリコーゲンの分解産物の使われ方は器官によって異なる

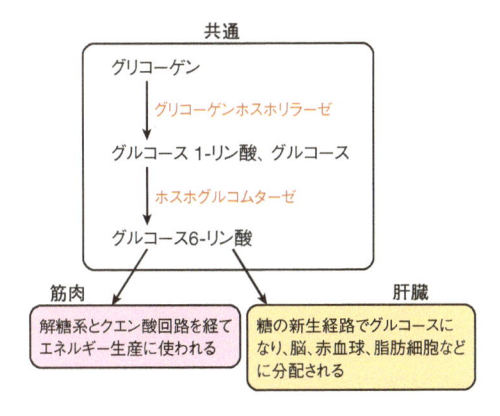

共通
グリコーゲン
　↓ グリコーゲンホスホリラーゼ
グルコース 1-リン酸、グルコース
　↓ ホスホグルコムターゼ
グルコース6-リン酸

筋肉：解糖系とクエン酸回路を経てエネルギー生産に使われる

肝臓：糖の新生経路でグルコースになり、脳、赤血球、脂肪細胞などに分配される

第12章 解糖系の周辺　171

12.5 グリコーゲン代謝はタンパク質のリン酸化とホルモンで調節される

グリコーゲン代謝はタンパク質のリン酸化修飾で効率的に調節される（①）

　グリコーゲンの合成は、グリコーゲン合成酵素（グリコーゲンシンターゼ）（①-A）が主な調節部位である。一方、分解はグリコーゲンホスホリラーゼ（①-B）が調節部位になっている。合成側と分解側で働くそれぞれの酵素はともにタンパク質のリン酸化／脱リン酸化によって酵素の活性が変動する。リン酸化の場合にはグリコーゲンホスホリラーゼは活性型になり、グリコーゲン合成酵素は不活性型になる。逆に、脱リン酸化された場合には、グリコーゲンホスホリラーゼは不活性型になり、グリコーゲン合成酵素は活性型になる。両方の酵素とも、タンパク質のリン酸化はホスホリラーゼリン酸化酵素（ホスホリラーゼキナーゼ）（①-C）が触媒し、脱リン酸化はタンパク質脱リン酸酵素（プロテインホスファターゼ）（①-D）が触媒している。

グリコーゲン代謝のタンパク質のリン酸化／脱リン酸化はホルモンによって調節される

　グリコーゲンの合成・分解に関わる酵素のリン酸化／脱リン酸化はインスリンなどのホルモンによって調節されている。

◆ **インスリン（①-E）**
　血液中のグルコースの濃度が高すぎると、膵臓の分泌細胞からインスリンが分泌される。インスリンはグルコースの分解・利用やグリコーゲンとしての貯蔵の代謝を促進する。

◆ **グルカゴン（①-F）**
　血液中のグルコースの濃度が低すぎると、膵臓の分泌細胞からグルカゴンが分泌される。

① グリコーゲン代謝のリン酸化/脱リン酸化による調節

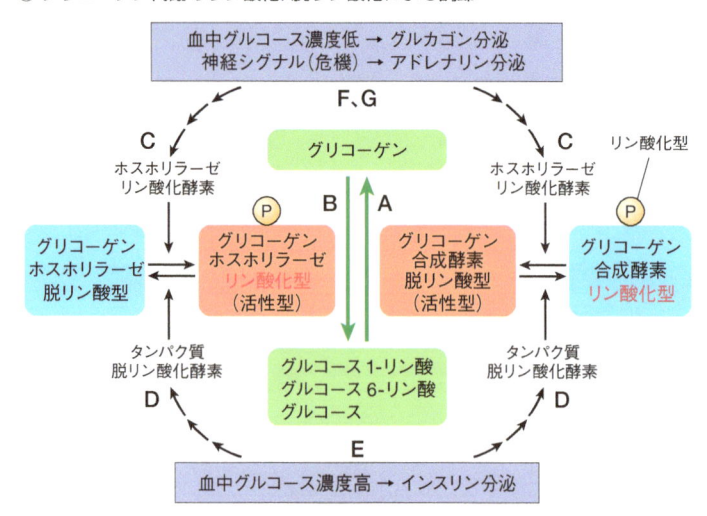

グルカゴンはグリコーゲンの分解などグルコースの濃度を高める代謝を促進する。

◆ アドレナリン（①-G）

　アドレナリンは、危機が迫ったり興奮したりしたときに副腎髄質から血液中に放出される。動物の体内では緊急にエネルギーが必要とされ、グルコースの解糖代謝によるATPの生産が亢進する。アドレナリンはグリコーゲンの合成を抑え分解を促進する。

> **column　代謝の相互関係のイメージ**
>
> 　解糖系と糖の新生、および、ペントースリン酸経路の代謝と光合成の二酸化炭素固定代謝はそれぞれ相互に深い関係がある。

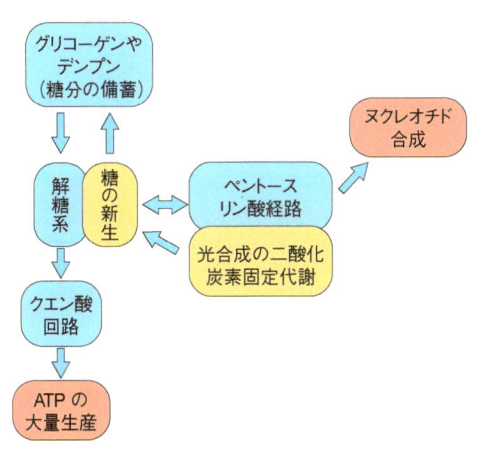

第12章　解糖系の周辺

補項12.2　グリコーゲン代謝のホルモンによる調節

グルカゴンのシグナル伝達経路（①-A）
　グルカゴンはグルカゴン受容体に結合し、Gタンパク質の変化を介してアデニル酸シクラーゼを活性化する。アデニル酸シクラーゼの働きにより、環状AMP（cAMP）（参照→ 4.5）が生成される。cAMPに依存したプロテインキナーゼAが活性化され、それがさらにホスホリラーゼキナーゼのリン酸化よる活性化とグリコーゲンホスホリラーゼのリン化を起こす。それによってグリコーゲンの分解が促進される。さらに、プロテインキナーゼAはグリコーゲン合成酵素をリン酸化して不活性にし、グリコーゲン合成を抑制する。

アドレナリンのシグナル伝達経路（①-B）
　アドレナリンはGタンパク質の変化によるcAMP経由の経路の他に、別種のGタンパク質（Gq）の変化を介したホスホリパーゼCの活性化も起こす。ホスホリパーゼCは細胞膜にある脂質のホスファチジルイノシトール2-リン酸を加水分解し、イノシトール3-リン酸とジアシルグリセロールを生じる。イノシトール3-リン酸は小胞体の膜にあるCa^{2+}チャネルに結合してCa^{2+}を小胞体から一時的に放出させる。Ca^{2+}はカルモジュリンへの結合を介してホスホリラーゼキナーゼの活性化を含む種々のタンパク質の機能調節を行う。ジアシルグリセロールはCa^{2+}とともにプロテインキナーゼCを活性化する。プロテインキナーゼCはグリコーゲン合成酵素のリン酸化修飾を行い不活性にしてグリコーゲン合成を抑制する。

インスリンのシグナル伝達経路（①-C）
　インスリンは受容体タンパク質のチロシン側鎖のリン酸化を起こし、それが引き金となって細胞内に種々の変化が起こる。インスリン感受性プロテインキナーゼは、プロテインホスファターゼIをリン酸化して活性化する。プロテインホスファターゼIは、グリコーゲン合成酵素、グリコーゲンホスホリラーゼ、およびホスホリラーゼキナーゼの各酵素を脱リン酸型にしてグリコーゲンの合成を促進する。また、プロテインホスファターゼI自身を阻害するタンパク質を脱リン酸して阻害を解除させる。

　以上のようなホルモンの作用は、グリコーゲン代謝の他にも糖代謝、脂質の代謝などでも見られる。

① グルカゴン、アドレナリン、インスリンのシグナル伝達

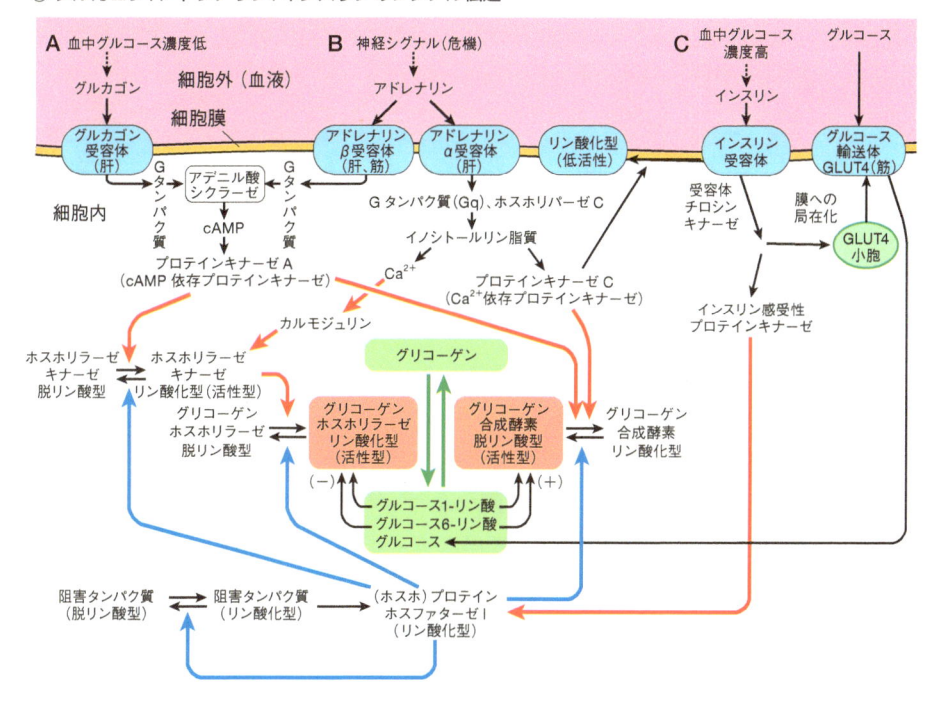

学生の感想など

◆私は持久的な運動をよくするので、糖や脂質の代謝には以前からとても関心がありました。生化学を用いれば、運動中の身体の状態を説明できるのかなと思います。

◆エネルギーを貯蔵する方法はグリコーゲンと脂肪がありますが、2種類存在する意味はあるのでしょうか？ それぞれに利点があるのでしょうか？
⇒脂質は保温効果があります。また、脂質は糖質よりも単位重量あたりで大量のATPを生じさせることができます。一方、グリコーゲンの合成と分解は身体の状況に応じたホルモンの分泌によってすばやく調節される利点があります。

◆グルコースを脂質から合成できるというのは意外でした。動物が冬眠する前に体を太らすのはそれと関係があるのかなと思いました。

◆解糖系などの代謝経路の進む速さは人種によって異なったりするのでしょうか？ それによってスポーツの成績に偏りができたりしないでしょうか？ そのうち DNA 分析によって、強化選手の指定はできないでしょうか？
⇒人種による、あるいは個々人による代謝速度の違いは、ありうると思います。

◆よく走っているのですが、走っているときに足が重くなったり疲れたりしたときに「乳酸がたまっている」というだけで、よく仕組みがわからなかったけれど、今日わかりました。

◆ミトコンドリアはいろいろな働きをしている働き者だと思いました。

第12章 解糖系の周辺　175

第13章

クエン酸回路は好気的な代謝の中心

　上の写真は多摩丘陵にある小川。子どもたちがザリガニ釣りをしている。子どもたち、ザリガニやエビガニ、岸に生えている植物、これらはすべて真核生物であり、ミトコンドリアを持ち、好気呼吸（酸素呼吸）をしている。流れのなかには小魚がおり、アメーバやツリガネムシなどの原生生物もいる。これらも同じ真核生物であり、好気呼吸をしている。

　ミトコンドリアを持たない原核生物でも、好気呼吸をするものは川辺や水中にたくさんいる。一方、好気呼吸をしない嫌気的な生物はどこにいるかというと、淀んだ水底や川岸、川底の泥の中などである。

　生物は酸素を利用する好気呼吸を行うことによって、大量のエネルギーを効率よく獲得できるようになった。この章では、好気呼吸をしている生物の代謝の中心であるクエン酸回路について学ぶ。クエン酸回路は嫌気的な条件でも進行できる解糖系と、好気的な条件でしか進行しない酸化的リン酸化によるATP生成の代謝を結ぶ代謝回路である。さらに種々の物質を合成したり分解したりする代謝の出発点や合流点にもなっている。

KEYWORD　アセチルCoA　クエン酸回路の役割　複合体での代謝

13.1 ピルビン酸の好気的な代謝はミトコンドリアで進行する

グルコースの解糖によって生じたピルビン酸は、酸素を必要としない生物ではエタノールや乳酸に代謝される。一方、酸素を必要とする生物ではアセチル CoA となり、さらにクエン酸回路の代謝に入って ATP の大量生産へと進む。前者は発酵であり、後者は呼吸である。呼吸は原核生物と真核生物とでは異なる場所で行われる。原核生物では細胞質ゾルで進行し、真核生物では細胞内の小器官の 1 つであるミトコンドリアの中で進行する。

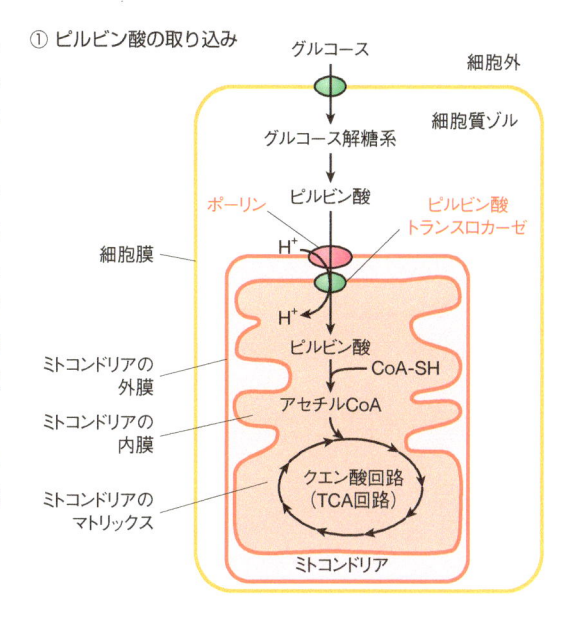

① ピルビン酸の取り込み

ミトコンドリアは 2 重の膜を持っている

ミトコンドリアは好気呼吸する原核生物が真核生物の祖先になる細胞に寄生して生じた。40〜50 年前にはこのような考え方はなかったが、ミトコンドリアが独自の DNA やタンパク質合成系を持つことなどから明らかになってきた。ミトコンドリアはリン脂質の 2 重層の膜を 2 重に持っている。ミトコンドリアの外膜と内膜である。細胞膜やミトコンドリアの外膜と内膜には、それぞれ特定の物質を透過あるいは運搬するためのタンパク質性の輸送体や装置が存在している。

ピルビン酸のミトコンドリアマトリックスへの取り込み（①）

グルコースは細胞体に取り込まれた後、細胞質ゾルで解糖系の代謝により徐々に変化し分解され、ピルビン酸になる。ピルビン酸はミトコンドリアの外膜にあるポーリンを通過し、ピルビン酸トランスロカーゼによって H^+ とともにミトコンドリアのマトリックス内に取り込まれる（共輸送）。

以降の項目では、ピルビン酸がミトコンドリアのマトリックスに取り込まれた後の変化について見ていく。

13.2 クエン酸回路の代謝

クエン酸回路（TCAサイクル、トリカルボン酸サイクル、クレブス回路）とは

ミトコンドリアに入ったピルビン酸（炭素3個）由来の炭素2個分は、補酵素A（CoA-SH）と結合してアセチルCoAを生成する（①-A）。アセチルCoAはそれをオキサロ酢酸（炭素4個）に渡してクエン酸（炭素6個）ができる（①-B）。

クエン酸はその後の代謝によって、イソクエン酸、2-オキソグルタル酸（α-ケトグルタル酸）、スクシニルCoA、コハク酸、フマル酸、リンゴ酸を経て、オキサロ酢酸に戻る。オキサロ酢酸は次のアセチルCoAが来るとクエン酸になる（①-B）。こうして同じ代謝のステップが繰り返されていく。

クエン酸はカルボキシ基（–COOH）が3個あるトリカルボン酸である（トリは3の意味）。TCAサイクル（トリカルボン酸サイクル）の名称はここに由来している。

ピルビン酸の二酸化炭素への分解

グルコースは炭素6個の化合物である。ピルビン酸は炭素3個の化合物である。ピルビン酸はアセチルCoAになるステップで二酸化炭素が1分子放出され（①-A）、その後、クエン酸回路を回っていくなかで二酸化炭素が2分子放出される（①-D、E）。

イソクエン酸および2-オキソグルタル酸から放出される二酸化炭素の炭素はオキサロ酢酸由来のものである。ピルビン酸由来の炭素は一度オキサロ酢酸になり、2回目以降のクエン酸回路の代謝で二酸化炭素になる。

二酸化炭素が放出されるステップをマークしてみよう。私たちが呼吸で出す二酸化炭素のかなりの部分はこれである。なお、二酸化炭素は脂質の代謝でも放出される。

還元型補酵素のNADHとQH$_2$の生産

クエン酸回路の代謝では、還元型の補酵素であるNADHとFADH$_2$が生じる。FADH$_2$はすぐにQH$_2$を生成する。還元型の補酵素はエネルギーの運び屋であり、NADHとQH$_2$は電子伝達系に入って大量のATP生産に使われる。また、ATPと同等のエネルギー担体であるGTPがクエン酸回路で1分子生産される。

巨大な複合酵素の存在

クエン酸回路の代謝では、一部の酵素は数種類の酵素やタンパク質が会合した巨大な複合酵素になっている。ピルビン酸脱水素酵素と2-オキソグルタル酸脱水素酵素は3種類の酵素が多数会合した複合酵素である（参照→補項13.1）。

コハク酸脱水素酵素はミトコンドリアの内膜とマトリックスにまたがる複合酵素で、電子伝達系の複合体Ⅱとしても働いている（参照→14.4）。マトリックス側でクエン酸回路の代謝に関係している。

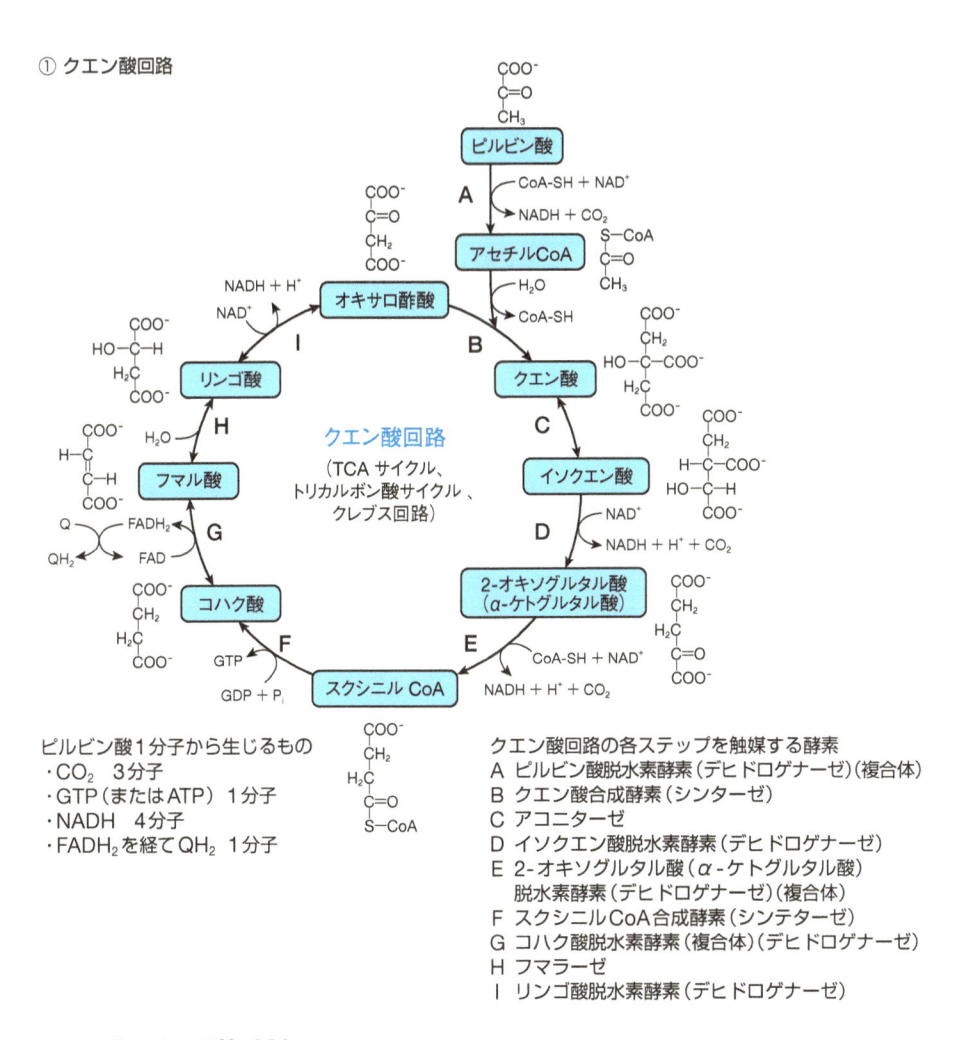

① **クエン酸回路**

（図：クエン酸回路）

ピルビン酸1分子から生じるもの
・CO_2　3分子
・GTP（またはATP）1分子
・NADH　4分子
・$FADH_2$を経てQH_2　1分子

クエン酸回路の各ステップを触媒する酵素
A　ピルビン酸脱水素酵素（デヒドロゲナーゼ）（複合体）
B　クエン酸合成酵素（シンターゼ）
C　アコニターゼ
D　イソクエン酸脱水素酵素（デヒドロゲナーゼ）
E　2-オキソグルタル酸（α-ケトグルタル酸）
　　脱水素酵素（デヒドロゲナーゼ）（複合体）
F　スクシニルCoA合成酵素（シンターゼ）
G　コハク酸脱水素酵素（複合体）（デヒドロゲナーゼ）
H　フマラーゼ
I　リンゴ酸脱水素酵素（デヒドロゲナーゼ）

クエン酸回路の調節（②）

　クエン酸回路の代謝も要所要所で調節されている。調節の方法はアロステリック制御、Ca^{2+}による調節、およびリン酸化修飾による調節である。

　クエン酸回路の左側部分は主に可逆的なステップであり、基質濃度の高いほうから低いほうへ代謝変化が起こる。それに対し、クエン酸回路の右側には不可逆的なステップが多い。そこではCoA-SHが関わっていたり、NADHが生産されている。これらの不可逆的なステップが調節部位になっている。

ピルビン酸脱水素酵素（複合体）での調節

　ピルビン酸がCoA-SHと反応してアセチルCoAを生成するステップは、クエン酸回路の代謝への入り口である。ピルビン酸脱水素酵素（複合体）はCoA-SHやNAD^+でフィードフォワードの促進、NADHやアセチルCoAでフィードバックの阻害を受ける。

哺乳類ではホルモン、Ca^{2+}、リン酸化修飾によってさらに複雑に調節されている（③）。バソプレシンやアドレナリンは細胞質ゾルのCa^{2+}濃度を上げ、それがミトコンドリアにも影響して、ピルビン酸脱水素酵素（複合体）にある脱リン酸化酵素を活性化し、同酵素（複合体）を脱リン酸して活性型にする。一方、ピルビン酸脱水素酵素（複合体）にはリン酸化酵素も含まれていて、これはNADHで活性化され、ADPやNAD^+で抑制される。ピルビン酸脱水素酵素（複合体）はリン酸化されると不活性になる。

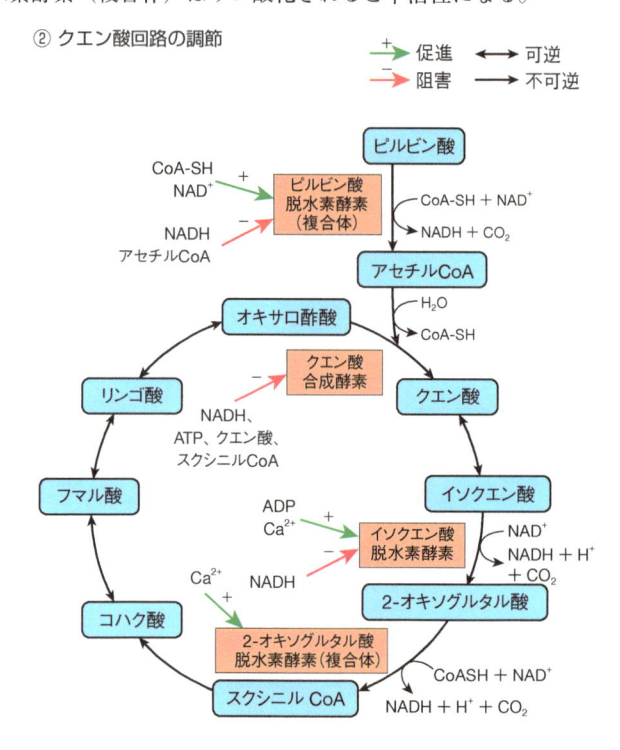

② クエン酸回路の調節

③ ピルビン酸脱水素酵素（複合体）のリン酸化修飾による調節（哺乳類）

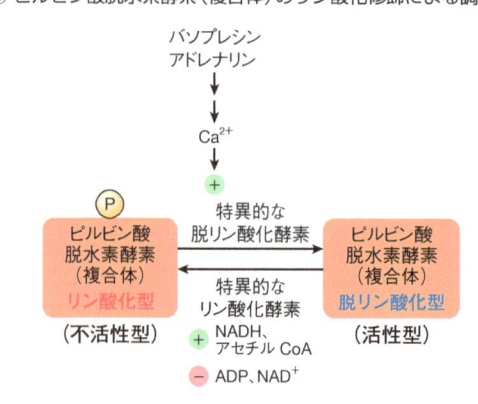

13.3 クエン酸回路は代謝のターミナル

アミノ酸の合成や分解

アミノ酸の合成経路はアミノ酸ごとに解糖系〜クエン酸回路のあちこちから派生する。2-オキソグルタル酸はグルタミン酸に変換され、他のアミノ酸やヌクレオチドの原料に使われる（①-A-1）。オキサロ酢酸はアスパラギン酸に変換され、他のアミノ酸やヌクレオチドの原料になる。分解経路もあちこちで合流する。

① クエン酸回路から派生したり合流したりする代謝経路

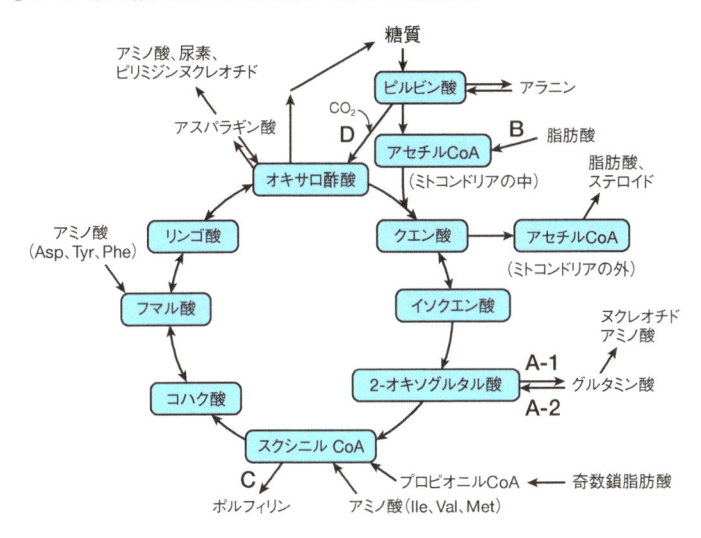

脂肪類の分解や合成の代謝

脂肪酸が分解されるとアセチルCoAを経てクエン酸回路に入り、エネルギー生産に向かう（①-B）。シロクマなどが皮下に脂肪を蓄えているのは、防寒とともに、いつもエサがとれるわけではないのでエネルギーを貯蔵するためである。脂肪類やコレステロールおよびステロイド類の合成は、クエン酸がミトコンドリアの外に出てつくられるアセチルCoAが出発点になる（参照→ 16.1）。

ポルフィリンの合成経路

スクシニルCoAからポルフィリンの合成経路が出発する（①-C）（参照→ 13.5、19.6）。ポルフィリンは呼吸で働くシトクロムや赤血球のヘモグロビンにあるヘムになる。光合成で光を受け取るクロロフィルもポルフィリンである。

クエン酸回路の中間代謝物質が不足した場合の補充

クエン酸回路からアミノ酸、脂質、ヌクレオチド、ポルフィリンなどの原料が供給され

るので、クエン酸回路のメンバーは大量に消費される。その一方、NADH や QH_2 の生成によるエネルギー供給の維持はクエン酸回路の欠かせない役割である。他の経路への流出で減少した中間代謝物質はピルビン酸→オキサロ酢酸の経路の活性化（①-D）とクエン酸回路の代謝回転によって補充される。このステップを触媒する酵素ピルビン酸カルボキシラーゼの活性はアセチル CoA によって促進される。グルタミン酸からの 2-オキソグルタル酸の生成（①-A-2）も補充経路になる。

column　意外に身近なクエン酸回路のメンバー

　クエン酸回路ではクエン酸、リンゴ酸、コハク酸など親しみやすい名称の物質が多く登場する。これらの物質名はそれぞれの物質が抽出同定された原料などに由来している。

　クエン酸はレモンの仲間のシトロン(中国名で狗櫞(クエン))から分離された。梅干しの酸っぱい味はクエン酸による。リンゴ酸はリンゴから抽出された。リンゴの酸味のもとである。コハク酸はコハク（琥珀）から抽出された。

　いずれの物質もカルボキシ基（−COOH）を持っているので有機酸と呼ばれる。これらの物質は食品添加物や洗浄剤などでも利用されている。植物では根から有機酸を土壌に分泌し、土壌中の金属イオンなどと結合したものを植物体に吸収したり有害な金属イオンを無害化したりする。根から分泌する有機酸にはクエン酸回路のメンバーの他にもムギから抽出されたムギネ酸がある。

学生の感想など

◆ピルビン酸のミトコンドリアへの移行について、ピルビン酸を取り込むだけならピルビン酸トランスロカーゼだけで十分だと思うのですが、ポーリンは何か重要な役割を持っているのでしょうか？
⇒ミトコンドリアには膜が２つあるのでそれぞれに特有の通路や輸送体が必要になります。ポーリンは外側の膜を横断するときの通路になります。内側の膜を横断するときの通路がピルビン酸トランスロカーゼということです。

◆代謝を構造式で見ると、酸化、還元の過程を細かく経ているのだと感心しました。そして、これが３次元的な酵素との特異性と関係していると思うと、生命は奥深いものだと感じました。

補項13.1 ピルビン酸脱水素酵素は巨大な複合体

ピルビン酸脱水素酵素は数種の酵素が会合した複合体（①）

　ピルビン酸と補酵素 A（CoA-SH）からアセチル CoA が生成する反応は、数種の酵素が会合している巨大な複合体によって触媒されている。主な構成メンバーは、ピルビン酸脱水素酵素（E1）、ジヒドロリポアミドのアセチル基転移酵素（E2）、およびジヒドロリポアミドの脱水素酵素（E3）で、それぞれ特定の補酵素が働いている。E1 はピルビン酸の酸化的脱炭酸を行う。E2 は CoA-SH へのアセチル基の転移を行う。E3 は酸化型リポアミドの再合成を行う。E2 の補酵素のリポ酸は、酵素タンパク質のリジン側鎖と共有結合して長いリポアミドになっている（②）。

　2-オキソグルタル酸脱水素酵素も類似の多酵素複合体である。

大腸菌と哺乳類のピルビン酸脱水素酵素複合体の差異（③）

　主要な構成メンバーは大腸菌と哺乳類で共通しているが、哺乳類では会合するタンパク質の数が大腸菌より多く、さらに特有のリン酸化酵素や脱リン酸化酵素などが複合体に加わっている。

① ピルビン酸のアセチル CoA への変換は巨大な多酵素複合体で行われる

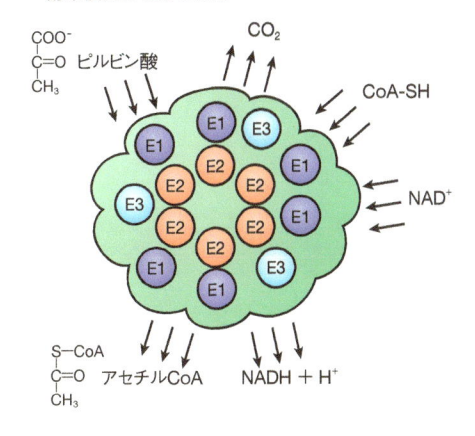

② 補酵素のリポ酸は長いリポアミドを形成する

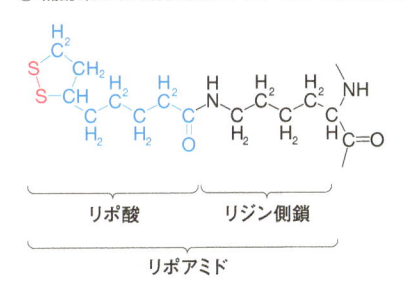

③ ピルビン酸脱水素酵素複合体の構成

酵素	補酵素 補欠分子族	補酵素 補助基質	タンパク質の数 大腸菌	タンパク質の数 哺乳類
ピルビン酸脱水素酵素（E1）	TPP	——	24	60
ジヒドロリポアミドアセチル基転移酵素（E2）	リポ酸	CoA-SH	24	60
ジヒドロリポアミド脱水素酵素（E3）	FAD	NAD$^+$	12	12
その他 E2 結合タンパク質、リン酸化酵素、脱リン酸化酵素	——	——	なし	それぞれ数個

補項13.2　ピルビン酸のアセチルCoAへの変換

ピルビン酸のアセチル基がチアミンピロリン酸（TPP）に移行し、二酸化炭素が遊離する（①-A）

　ピルビン酸がピルビン酸脱水素酵素複合体に入る。ピルビン酸の2炭素部分（アセチル基）がピルビン酸脱水素酵素（E1）の補酵素チアミンピロリン酸（TPP）に移行し、ヒドロキシエチルTPPが生じる。ピルビン酸の残りの1炭素分は二酸化炭素（CO_2）になって出ていく。

TPPに結合したアセチル基がリポアミドに転移する（①-B）

　TPPに移ったアセチル基はジヒドロリポアミドアセチル基転移酵素（E2）の触媒でリポアミド（S–S型）の先端にあるS–Sのうちの1つのSに結合し、残りのSは–SHになる。酵素複合体の中でリポアミドの長い鎖の先端に結合したアセチル基が次の反応の場に運ばれる。

リポアミドに結合したアセチル基がCoA-SHに渡されてアセチルCoAができる（①-C）

　リポアミドの先端に結合したアセチル基は補酵素A（CoA-SH）に渡される。このステップもE2の触媒で行われる。アセチル基を受け取ったCoA-SHは、アセチルCoAになって酵素複合体から出ていく。一方、アセチル基を渡したリポアミドは、SH型のリポアミド（–SH –SHの状態）になる。

リポアミドの回復とFADの還元を経たNADHの生成（①-D, F）

　SH型のリポアミドはジヒドロリポアミド脱水素酵素の補酵素FADに水素を奪われてS–S型になり、リポアミドのもとの状態に戻る。FADは$FADH_2$になる。$FADH_2$はNAD^+にH^-を渡し、H^+も放出してFADに戻る。NAD^+はH^-を受け取りNADHになる。

　以上のステップをまとめると、ピルビン酸とCoA-SH、およびNAD^+から、CO_2とアセチルCoA、およびNADHとH^+が生じる（②）。

① ピルビン酸脱水素酵素複合体での反応*

② ピルビン酸のアセチルCoAへの変換

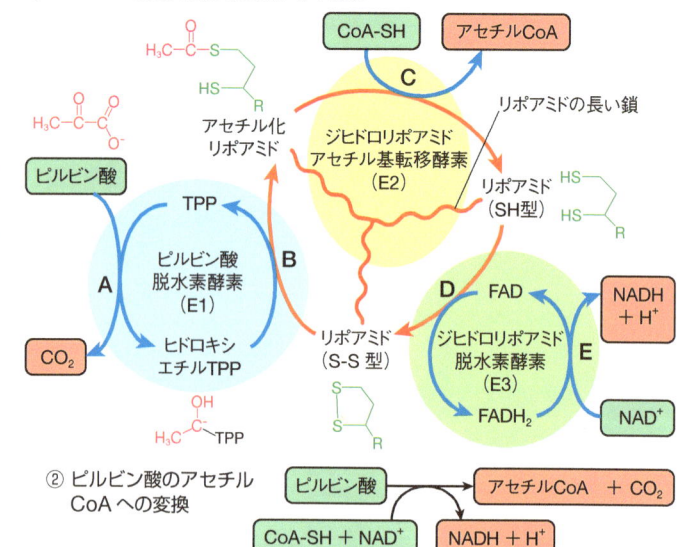

* L. A. Moran・H. R. Horton・K. G. Scrimgeour・M. D. Perry 著、鈴木紘一・笠井献一・宗川吉汪 監訳、ホートン生化学 第5版（2013）東京化学同人、p.324、図13.1を一部改変。

13.4 グリオキシル酸経路

グリオキシル酸経路は微生物や植物などにある（①）

クエン酸回路の一部を利用したグリオキシル酸経路が細菌や原生動物、菌類、植物などにある。この代謝系では、アセチルCoA（①-A）がクエン酸回路に入ってできるイソクエン酸がイソクエン酸分割酵素によってコハク酸とグリオキシル酸になる（①-B、②）。グリオキシル酸はさらにリンゴ酸合成酵素の触媒で別のアセチルCoAと反応してリンゴ酸になる（①-C、③）。リンゴ酸はオキサロ酢酸を経て糖の新生経路によりグルコースが生成する（①-D）。つまり、グリオキシル酸経路はアセチルCoAを中心にした同化代謝の経路になっている。

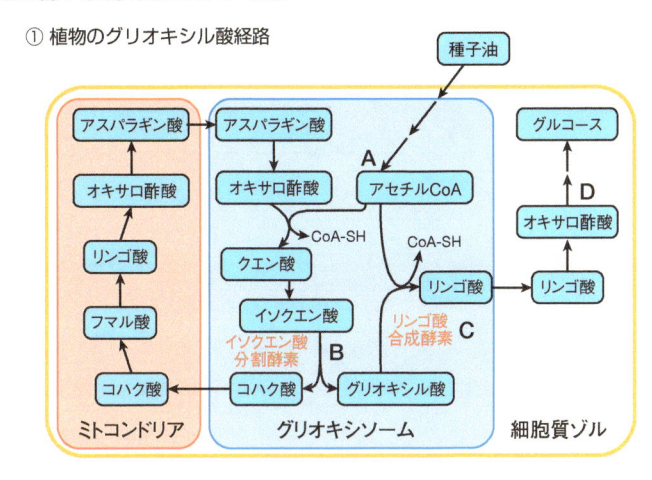

多くの細菌では酢酸からアセチルCoAをつくり、酵母ではエタノールからアセチルCoAをつくって栄養源に利用する。植物では発芽の際に種子油からアセチルCoAをつくって利用する。哺乳類にはこの代謝系はない。

グリオキシル酸経路は種子の発芽の際に活躍

植物では種子の発芽の際にグリオキシソームという細胞内小器官が形成される。グリオキシソームにはクエン酸回路の一部の酵素群とともに、リンゴ酸合成酵素やイソクエン酸分割酵素が存在する。種子に貯蔵されている種子油は発芽に際し分解されて大量のアセチルCoAを供給する。アセチルCoAはグリオキシソームでグリオキシル酸の代謝によりリンゴ酸になる。リンゴ酸は細胞質ゾルでオキサロ酢酸を経て糖の新生経路に入りグルコースを生成する。

① 植物のグリオキシル酸経路

② イソクエン酸分割酵素が触媒する反応

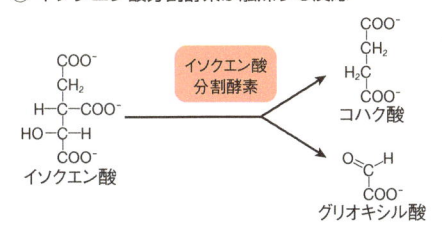

③ リンゴ酸合成酵素が触媒する反応

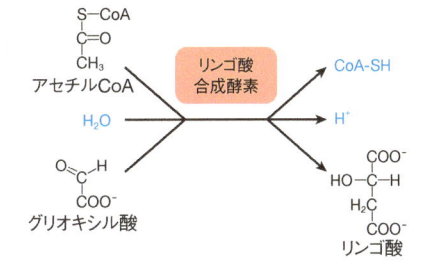

13.5 ポルフィリン環とヘムの合成

　ポルフィリン環とヘムの合成はやや複雑な経過をたどる（①）。グリシンはミトコンドリアの中でクエン酸回路の一員であるスクシニル CoA と結合してアミノレブリン酸になる。アミノレブリン酸は細胞質ゾルに出てポルホビリノーゲンになった後、4 分子が重合してポルフィリン環が形成される。ポルフィリン環はその後再びミトコンドリアの中に入って鉄イオン（Fe^{2+}）を取り込みヘムになる。

① ポルフィリン環とヘムの合成

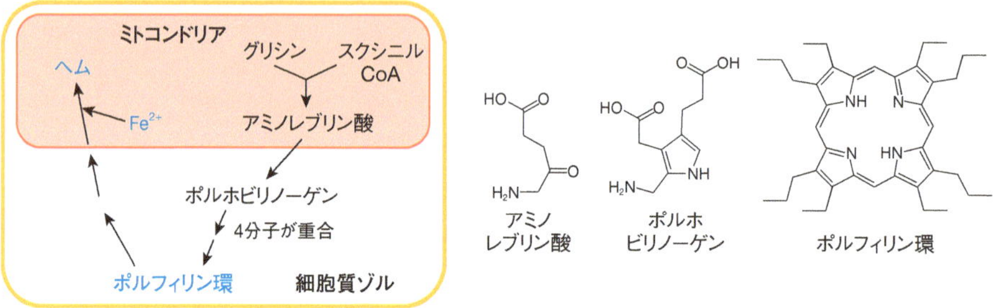

> ◆ 学生の感想など
>
> ◆グリオキシル酸回路はヒトにはないのですか？　種子油（ナタネなど）をとったら（食べたら）グルコースができるとか。
> ⇒面白い発想ですが、ないと思います。グリオキシル酸回路とは違いますが、種子油が分解されてアセチル CoA になるとクエン酸回路に入ってオキサロ酢酸になり、そこから糖新生のコースに入ってグルコースになると思いますがどうでしょうか。

> column　クエン酸回路の現在と未来

クエン酸回路の現在の状況

　ピルビン酸脱水素酵素複合体を構成する主要なメンバーは、真正細菌（大腸菌）と真核生物の哺乳類で共通している。しかし、哺乳類では会合するタンパク質の数が多く、さらに、修飾タンパク質（リン酸化酵素など）も会合体に加わってホルモン調節なども受けている（参照→補項13.1）。

　アコニターゼはクエン酸をイソクエン酸に変換する反応を触媒している。アコニターゼは鉄-硫黄［4Fe-4S］クラスターを基質結合部位に持っていて、鉄イオンが解離しやすいという特徴がある。

　哺乳類の細胞質にはアコニターゼの遺伝子が重複して変異した、まったく異なる機能を持ったタンパク質がある。重複し変異して生じたタンパク質（鉄応答配列［IRE］結合タンパク質という）からは細胞質の鉄イオン濃度が低下すると鉄イオンが解離する。鉄イオンが解離したIRE結合タンパク質は、鉄イオンの代謝に関係するmRNAのIREに結合し、そのmRNAの機能や安定性を調節する。タンパク質の転生である。例えば細胞質中で鉄イオンを貯蔵するフェリチンのmRNAは発現を抑制される（①）。

　一方、細胞膜を貫通して存在しているトランスフェリン受容体のmRNAの発現は促進される（②）。トランスフェリン受容体は鉄イオンを血液中で運んでいるトランスフェリンが来ると、それを結合して細胞内に鉄イオンを供給させる。

　クエン酸回路の代謝はミトコンドリアで行われる。古細菌にミトコンドリアのもとになる真正細菌が共生して真核生物が誕生したのはおよそ20億年前である。20億年をかけた進化と適応のどこかの時点で、あるいは徐々にピルビン酸脱水素酵素複合体の差異や哺乳類細胞のアコニターゼタンパク質の分化・進化が生じたのである。

クエン酸回路の未来は？

◆可能性1　クエン酸回路に関わっている酵素がそれぞれ機能効率のよいものになったり、関連する代謝系との対応や調節がさらによくなる可能性がある。

◆可能性2　クエン酸回路の効率化のためにクエン酸回路を構成する酵素が緊密に連携したシステムになる可能性がある。複合化や融合化した酵素は、変化しつつある基質を逃さずに次のステップに渡していける。脂肪酸の合成酵素やヌクレオチドの合成系では複合酵素や融合酵素が発達している。クエン酸回路そのものが、すで

に1つの組織化された連合体になっているのではないかという可能性が調べられている。

◆可能性3　ある生物群がその代謝生産物の有効利用や環境への適応によってクエン酸回路の一部を利用した新しい代謝系を発達させる可能性が考えられる。例えば一部の生物ではクエン酸回路の一部分の代謝を利用したグリオキシル酸経路が発達している。グリオキシル酸経路ではクエン酸回路にはない新しい酵素が2種類働いている。新しい機能を持った酵素がほんの数種類加わればよく、また、まったく関係のない酵素やタンパク質の転生によって新機能タンパク質の出現とクエン酸回路からの新しい代謝系の派生が起こりうる。遺伝子工学による有用な生物（石油のような油脂を蓄える植物など）の創造ということもありうる。

column　回転するもの…水車とクエン酸回路、そして…

生化学を学ぶ二人の気楽な会話です。 
水車とクエン酸回路の共通点は？
　…両方ともに回転してもとに戻る。
他には？
　…回転を利用して何か仕事をすること。
仕事って？
　…ウーン、いろいろあるけど。
いろいろある仕事、探しておこうね。
両者の違う点は？
　…回転させる力。
回転させる力って？
　…水車は水の位置エネルギーを利用して回転する。クエン酸回路は有機化合物の…
何のエネルギーかな？
　…濃度の違い…？　自由エネルギーの違い…？
他に何か違う点は？
　…水車は一方向に回転する。クエン酸回路は逆方向に回転する部分もあるらしい。
なるほど。クエン酸回路と関係して何か回転するものは？
　…すごい回転体があるそうだけど。タンパク質でできていて、プロトンがのって回転するんだって。

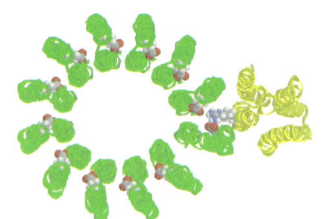

水車

プロトンがのって回転するタンパク質
（参照→14章）　[PDB ID：1C17]

第14章

プロトンの濃度勾配を利用したATPの生成
（電子の伝達と酸化的リン酸化）

　本章は生化学でいちばん面白い話。原子核のレベルから地球上での生物の進化のレベルまで話が及ぶ。下の図は地球上で最小のモーター。タンパク質でできたモーターが働いてATPがつくられる。このモーターを回転させるのは水素原子の原子核（H⁺）で、プロトン、陽子ともいう。大量のプロトンが膜の外側から内側に流れ込んでいくときにこのモーターが回転し、ATPがどんどんつくられる。

　このモーターは私たちの体の中に億兆とあり、ミトコンドリアの内膜に存在している。私たちが動いていても、寝ていても働いている。

　本章前半は、モーターを動かすプロトンの濃度勾配がどうやってつくられるかという話、後半はプロトンで動くモーターの話である。

ATP合成酵素は地球上で最小のモーター

[PDB ID：1C17（上）および1JNV（下）]

KEYWORD　電子伝達　H⁺の濃度勾配　ATP合成酵素

14.1 電子の伝達と酸化的リン酸化によるATPの生成

電子の伝達とATPの生成の全体像（①）

　電子は、クエン酸回路の基質をはじまりとして、NADH や $FADH_2$ を経て、複合体やユビキノン（Q）、シトクロム c（Cyt c）を通って膜の中を伝達されていく。電子は最後に酸素に伝達され水を生じる。プロトンは、それぞれの複合体のところでミトコンドリアのマトリックスからミトコンドリアの膜間腔にくみ出されていく。膜間腔側で濃度の高くなったプロトンは、膜にあるATP合成酵素の通路を利用して膜の内側に流れ込む。ATP合成酵素はこの流れ込みのエネルギーを利用して大量のATPを合成する。これらを総称して電子伝達*と酸化的リン酸化という。

　「リン酸化」とは、ADPをリン酸化してATPを生成することを指す。「酸化的」というのはこのリン酸化に酸素が使われているという意味だが、酸素は伝達されてきた電子を最後に受け取る物質であり、ADPのリン酸化に直接関係しているわけではない。

① 電子の伝達とATPの生成

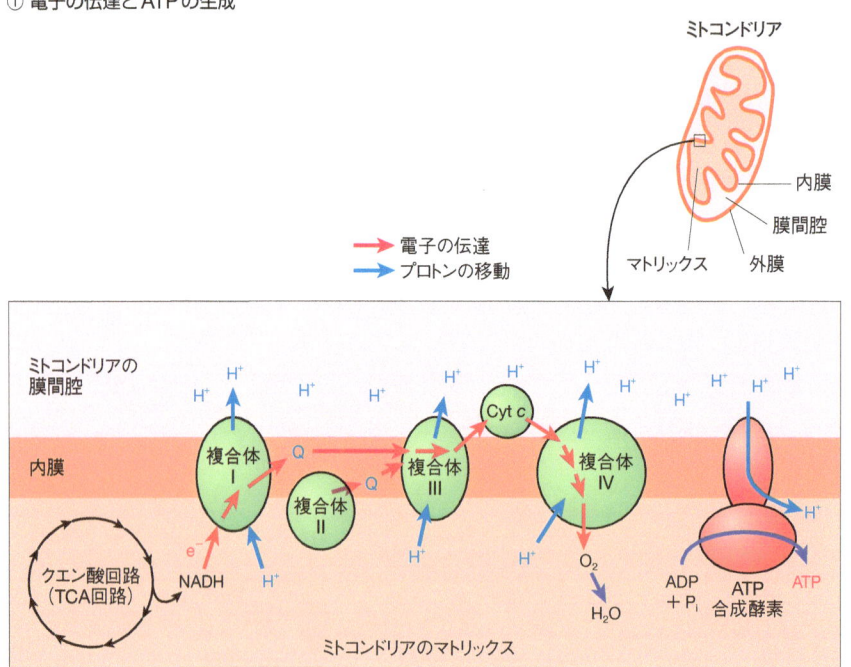

＊かつて「電子伝達」ではなく「水素伝達」という言葉が使われていたことがあるが、これは間違った解釈でつくられた用語である。

14.2 電子の伝達方向と構成メンバー

脂質膜中での電子の動き方

ミトコンドリアなどの脂質膜やタンパク質の中には、電気を通す銅線のような金属の線があるわけではない。電子を受け渡せる物質が飛び飛びに存在している。それらの物質が15Åくらいずつ離れて存在しているとすると、1秒あたり10 km（10^4 m/s）という速さで電子はパッパッパッと次から次へと飛び移っていく。なお、接触している原子団では10^{13} m/秒の速さで伝達する。

電子は物質から物質へと飛び移る

電子が飛び移っていくとき、飛び移っていきやすい方向は何によって決まるのだろうか？ 図①は電子の伝達方向と電子の移っていく物質の標準還元電位をグラフにしたものである。還元電位とは電子親和力の強さを表す数値である。グラフから、電子の移動方向と物質の還元電位の間には関係があることがわかる。電子は還元電位の低い物質から高い物質に伝達される。

① 電子の伝達される方向と標準還元電位

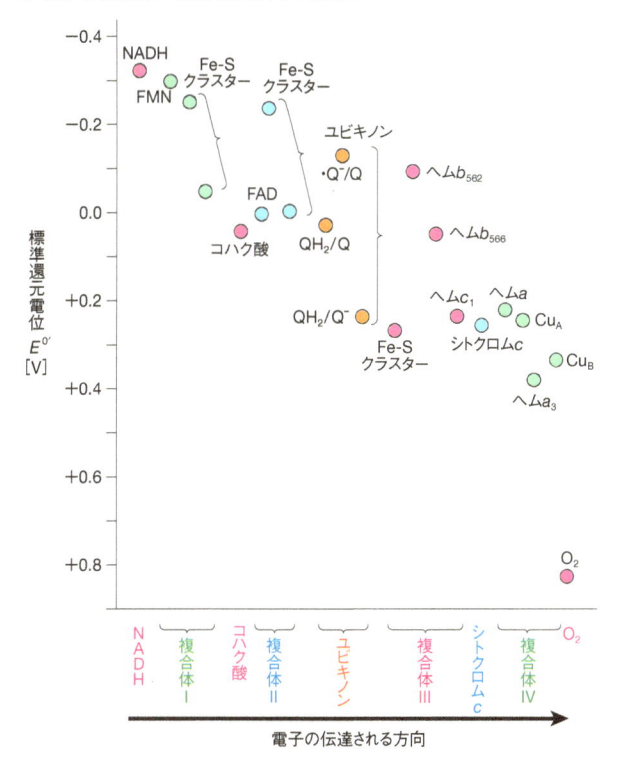

電子はクエン酸回路などの有機物から、NADH、複合体Ⅰ、複合体Ⅱ、ユビキノン、複合体Ⅲ、シトクロムc、複合体Ⅳ、そして最後に酸素（O_2）に伝えられていく。

タンパク質の複合体の中で電子が伝わっていくときに足場となる物質は、複合体Ⅰでは FMN と Fe-S クラスター（②）、複合体Ⅲでは、Fe-S クラスターとシトクロム成分*、複合体Ⅳではシトクロム成分と銅イオンのクラスターである。

*複合体を構成するタンパク質にはシトクロムという名のついたタンパク質がいくつかある。これらのシトクロムタンパク質はそれぞれ特定のヘムを持っている。電子はこのヘムを飛び移っていく。ただし、シトクロムcは複合体を形成せず、独立したタンパク質である。

② Fe-Sクラスターは電子が飛び移るときの足場になる

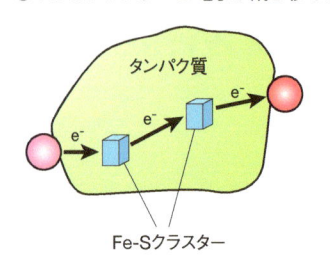

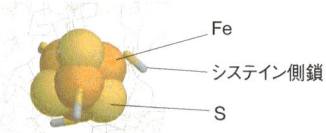

Fe-Sクラスターの1種である鉄原子4個と硫黄原子4個でつくる[4Fe-4S]クラスター（実体モデル）をタンパク質のシステイン側鎖（棒モデル）4個が保持している

[PDB ID：3M9S]

電子伝達系のメンバーおよびATP合成酵素

◆ 複合体I（NADH-ユビキノン酸化還元酵素、NADH脱水素酵素）
タンパク質14個（原核生物）〜45個（哺乳類）と、タンパク質中に存在するFMN 1分子およびFe-Sクラスター7、8個で構成される。分子量は約50万（原核生物）〜100万（哺乳類）。

◆ 複合体II（コハク酸脱水素酵素；クエン酸回路の構成酵素）
タンパク質4個とタンパク質中に存在するFAD 1分子およびFe-Sクラスター3個で構成される。分子量は約36万（大腸菌）。

◆ 複合体III（ユビキノール-シトクロムc酸化還元酵素）
タンパク質11個およびタンパク質中に含まれるFe-Sクラスター1個とヘム3個（ヘムb_{562}、ヘムb_{566}およびヘムc_1）でつくるユニット2組で構成される。分子量は25万〜42万（酵母ミトコンドリア）。

◆ シトクロムc（Cyt c）
単独のタンパク質でヘムを1個持つ。分子量は11700。進化を通じてアミノ酸配列と3次元構造があまり変化していない。

◆ 複合体IV（シトクロムc酸化酵素）
タンパク質13個とタンパク質に結合したヘム2個および銅イオン（A部位とB部位）に持つユニット2組で構成される。分子量は約20万。

◆ Q（ユビキノン、補酵素Q、コエンザイムQ、UbQ、Co-Q）

◆ QH_2（ユビキノール、還元型ユビキノン、$UbQH_2$、還元型補酵素Q、還元型コエンザイムQ、$Co-QH_2$）
補酵素Q10の場合、分子量863（QとQH_2については参照→3.8）。原核生物ではユビキノンに代わってメナキノンが主に使われる。

◆ ATP合成酵素（シンターゼ）
F_1部分（ATP合成部位など）とF_o部分（ローターなど）で構成されている。分子量約50万。F_1部分はα3個、β3個、γ1個、ε1個のサブユニットで構成される。F_o部分はa 1個、b 2個、c 8〜12個のサブユニットで構成される。

14.3 電子伝達系の複合体I 電子はNADHから複合体Iを経てQH₂へ

複合体Iの構造（①）

複合体Iの構造の一部はミトコンドリアのマトリックス中に出ていて、そこにはNADHを受け入れる部位がある。他の一部はミトコンドリアの内膜に埋もれていて、そこにはユビキノン（Q）を受け入れる部位がある。

複合体Iでの電子の移動とH⁺の出入り

① 電子伝達系の複合体Iの構造と電子およびH⁺の動き

クエン酸回路で生じたNADHは複合体IでFMNにヒドリドイオン（H⁻、水素化物イオン、電子e⁻2個とプロトンH⁺1個で構成）を渡す。FMNはミトコンドリアのマトリックスからH⁺も1個取り込んでFMNH₂になる。FMNH₂からはFe-Sクラスターに電子が渡される。Fe-Sクラスターは複合体Iの中に7〜8個存在している。電子はFe-Sクラスターを飛び移って、最後に複合体Iに付着しているQに渡される。電子が複合体Iの中を伝達されていく際に、マトリックスのH⁺が2個吸収され、膜間腔には4個のH⁺が放出される。ユビキノンはFe-Sクラスターから電子を1個ずつ合計2個受け取ると、マトリックスからH⁺を2個吸収してQH₂になり、複合体Iから遊離してミトコンドリアの内膜の中を拡散していく。

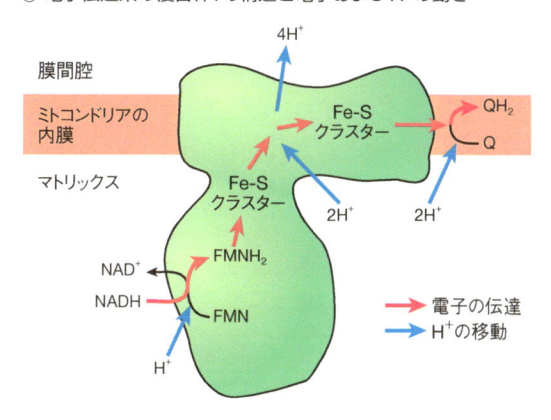

複合体Iで生じるH⁺の濃度勾配

結局、NADH1分子の2個の電子が複合体Iの中を移動し、最後にQに渡されてQH₂が1分子生じる。その過程で、合計5個のH⁺がマトリックスから電子伝達系に取り込まれ、膜間腔には4個のH⁺が放出される。したがってマトリックスと膜間腔の間には、複合体Iで差し引き9個分のH⁺の濃度勾配が生じる。

14.4 電子伝達系の複合体II（クエン酸回路のコハク酸脱水素酵素）

電子伝達系の複合体IIとしての働き（①）

電子伝達系の複合体IIは、クエン酸回路のコハク酸脱水素酵素である。複合体IIでは、コハク酸から電子2個とH^+ 2個がFADに渡り、FADはFADH$_2$になる。FADH$_2$は電子をFe-Sクラスターに渡しH^+をミトコンドリアのマトリックスに放出してFADに戻る。電子は1個ずつ2回、Fe-Sクラスターに渡され、最後にユビキノン（Q）に伝達される。ユビキノンは伝達された2個の電子とミトコンドリアのマトリックスから取り込んだ2個のH^+を使ってユビキノール（QH$_2$）になり、複合体IIからミトコンドリアの内膜に遊離する。

① 電子伝達系の複合体II

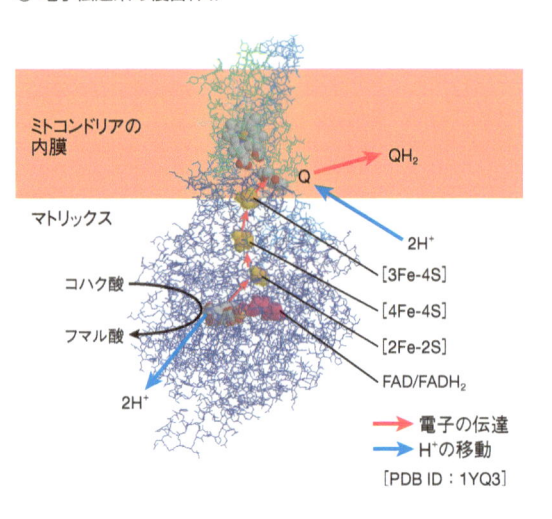

[PDB ID：1YQ3]

複合体IIでのH^+の動き

複合体IIでコハク酸からFADに渡されたH^+ 2個は、同時に渡された電子とともにFADをFADH$_2$にするが、FADH$_2$がFADに戻るときにミトコンドリアのマトリックスに放出される。一方、Qは電子2個を得るとともにミトコンドリアのマトリックスからH^+ 2個を得てQH$_2$になる。したがって複合体IIの部位では膜を横切ってのH^+の移動は起こらない。

複合体IIの酸化的リン酸化全体への寄与

電子伝達の複合体IIでは、コハク酸に由来する電子2個が1分子のQH$_2$として、複合体III以降の酸化的リン酸化反応に寄与する。

14.5 電子伝達系の複合体Ⅲ
電子はQH₂から複合体Ⅲを経てシトクロムcへ

複合体Ⅲの構造（①）

複合体Ⅲも複合体Ⅰや複合体Ⅱと同様に内膜を貫通して存在している。脂質膜に接した面にはユビキノール（QH₂）を受け入れる部位（QH₂サイト）とユビキノン（Q）あるいはユビキノンラジカル（・Q⁻）を受け入れる部位（Qサイト）がある。膜間腔側には酸化型のシトクロムcと結合できる部位がある（①-A）。

① 電子伝達系の複合体Ⅲと電子およびH⁺の動き

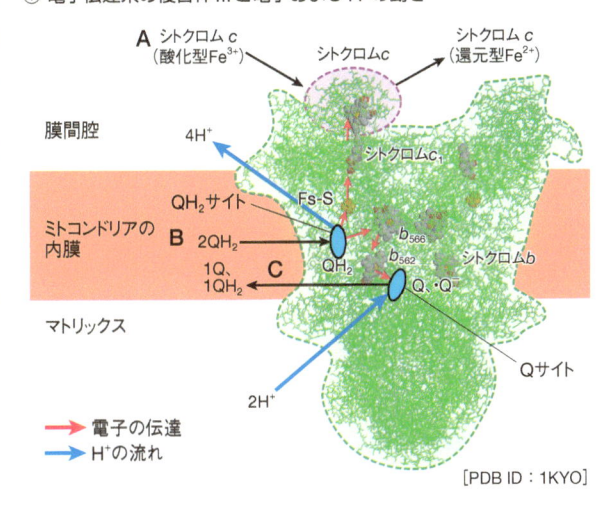

A シトクロムc（酸化型Fe³⁺）　シトクロムc　シトクロムc（還元型Fe²⁺）
膜間腔　4H⁺
シトクロムc_1
QH₂サイト　Fe-S
ミトコンドリアの内膜　B　2QH₂　b_{566}
1Q,　C　QH₂　b_{562}　シトクロムb
1QH₂　　　　Q・Q⁻
マトリックス
Qサイト
2H⁺
→ 電子の伝達
→ H⁺の流れ
[PDB ID：1KYO]

QH₂から複合体Ⅲに2個の電子が渡され、1個はシトクロムcに伝達され、もう1個はQH₂の再生に使われる

QH₂はミトコンドリアの内膜の中を拡散し、複合体Ⅲに出合うとQH₂サイトに結合する（①-B）。QH₂サイトに結合したQH₂は、運んでいた電子2個のうち1個をFe-Sクラスターに、他の1個をシトクロムbが持つヘムb_{566}に渡す。電子を失ってQH₂から遊離したH⁺は膜間腔に放出される。QH₂はQになり、Qサイトに移る。QH₂からFe-Sクラスターに渡された電子はシトクロムc_1を経て、膜間腔側の表面に結合しているシトクロムcに渡される。電子を受け取ったシトクロムcは酸化型から還元型になって複合体Ⅲの表面から離れる。QH₂から複合体のシトクロムbが持つヘムb_{566}に渡された電子は、ヘムb_{562}を経てQサイトに結合したQに渡される。Qは電子1個を受け取ってラジカルの・Q⁻になる。QH₂からの電子のやり取りとH⁺の放出が2つ目のQH₂でも行われる。電子を得た・Q⁻はマトリックスから2個のH⁺も得て、QH₂になって出ていく（①-C）。

複合体Ⅲで生じるH⁺の濃度勾配

結局2分子のQH₂が複合体Ⅲに来て、1分子のQH₂と1分子のQおよび2分子の還元型シトクロムcが生じる。その間に2個のH⁺がマトリックスから複合体Ⅲに吸収され、4個のH⁺が膜間腔に放出される。差し引き6個分のH⁺の濃度差が生じる。もとの1分子のNADHあたりでは3個分のH⁺濃度勾配が形成される。

14.6 電子伝達系の複合体Ⅳ
電子はシトクロム c から複合体Ⅳを経て酸素へ

複合体Ⅳは銅イオンとヘムを持ち、酸素を結合している（①）

複合体Ⅳにはシトクロム c 結合部位と酸素分子結合部位があり、その両者の間に電子伝達に関わる銅イオンとヘムが存在する。

シトクロム c から複合体Ⅳを通って酸素へ電子が移動する（①-A）

電子を得て還元型の鉄イオン（Fe^{2+}）を持ったシトクロム c は、ミトコンドリア内膜の膜間腔側を移動し複合体Ⅳに結合する。電子はシトクロム c から複合体Ⅳにある A 部位の銅イオンに飛び移り、その後、ヘム a、ヘム a_3、そして B 部位の銅イオンへと飛び移る。最後にヘム a_3 と B 部位の銅イオンの間に結合している O_2 に移る。シトクロム c は酸化型の Fe^{3+} に戻り、複合体Ⅳから離れる。シトクロム c が去った後には新しい還元型のシトクロム c がやって来て複合体Ⅳに電子を供給する。

① 電子伝達系の複合体Ⅳと電子および H^+ の動き

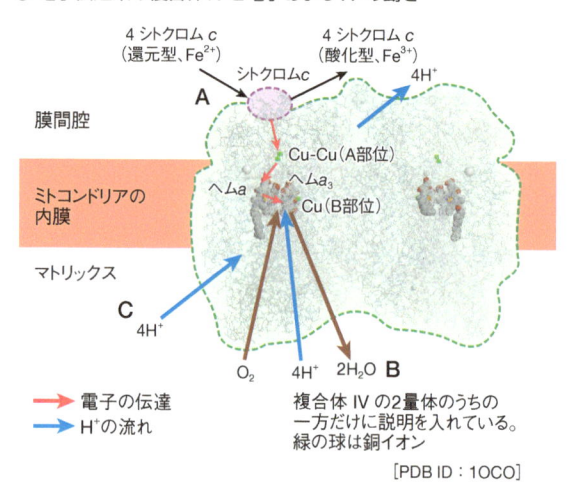

4 シトクロム c（還元型、Fe^{2+}）
4 シトクロム c（酸化型、Fe^{3+}）
シトクロム c
A
$4H^+$
膜間腔
Cu-Cu（A部位）
ヘム a
ヘム a_3
ミトコンドリアの内膜
Cu（B部位）
マトリックス
C
$4H^+$
O_2　$4H^+$　$2H_2O$　B

→ 電子の伝達
→ H^+ の流れ

複合体Ⅳの2量体のうちの一方だけに説明を入れている。緑の球は銅イオン
[PDB ID：1OCO]

電子を受け取った酸素は H^+ も得て水になる（①-B）

シトクロム c から複合体Ⅳを通って O_2 への電子の移動が起こるたびに O_2 は少しずつ変化していく。合計 4 回の電子の供給で O_2 はミトコンドリアのマトリックスからプロトン（H^+）を 4 個取り込み、水（H_2O）が 2 分子生成する（参照→補項 14.2）。

複合体Ⅳでの H^+ の移動と濃度勾配の形成（①-C）

4 回の電子の供給で 1 分子の O_2 から 2 分子の水がつくられる。そこではミトコンドリアのマトリックスから H^+ が 4 個取り込まれる。それ以外にもこの間に 4 個の H^+ が複合体Ⅳに取り込まれ、さらに 4 個の H^+ が複合体Ⅳから膜間腔に放出される（機構は未解明）。合計すると、O_2 1 分子の還元で、マトリックスからは 8 個の H^+ が取り込まれ、膜間腔に 4 個の H^+ が放出される。4 回のシトクロム c からの合計 4 個の電子の供給で、差し引き 12 個分の H^+ の濃度差が生じる。もとの NADH 1 分子あたりでは 3 個分の H^+ の濃度勾配が形成される。

14.7 ミトコンドリア内膜のATP合成酵素

ATP合成酵素はプロトンの濃度勾配を利用してATPを生成する

　ミトコンドリア内膜のATP合成酵素には、プロトンが膜の外から内側に通過できる構造がある。プロトンがそこを通過する勢いで膜のATP合成酵素のローターが回転し、ATP合成の触媒部位のタンパク質の構造が変形し、ADPとP_iが無理やりくっつけられてATPが生じる。ローターの1回転で3分子のATPが生じる。

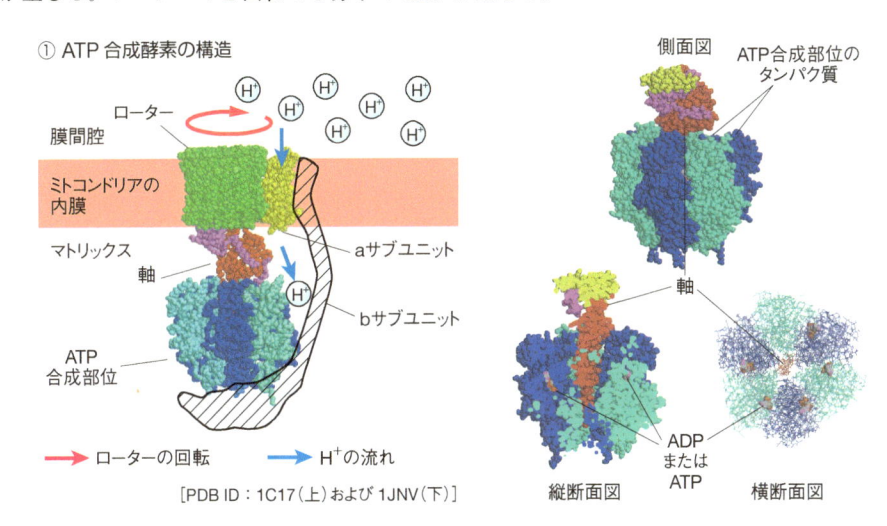

ATP合成酵素の構造（①）

　ATP合成酵素のローターは、ミトコンドリアの内膜に埋め込まれており、ミトコンドリアのマトリックス側にはミカンの実の房のようなATP合成部位がある。ATP合成部位はbサブユニットによって固定されている。ローターとATP合成部位とは太くてややいびつな軸でつながっている。ローターの脇には膜に埋まってaサブユニットがあり、膜間腔のH^+をローターに導く。軸はローターが回転すると一緒に回転し、ATP合成部位はいびつな軸に押されて変形を繰り返す。

ATP合成の3ステップ

　ATP合成部位では、軸の回転によるタンパク質の変形を利用して、ATP合成が3ステップで進行する。

　ATP合成の触媒部位が開いていてADPとP_iが入る（ステップ1）。タンパク質の変形によってADPとP_iが閉じ込められる（ステップ2）。タンパク質がさらに変形して内部がコンパクトになり脱水結合でATPが形成される（ステップ3）。タンパク質の形が回復し、ATPが出てもとの状態に戻る。

② H⁺によるローターの回転のしくみ

A 膜の外側上部から見た図＊

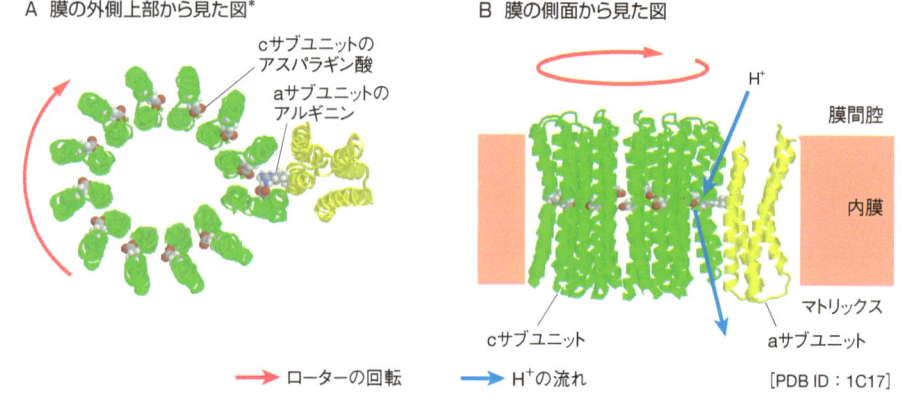

cサブユニットの
アスパラギン酸

aサブユニットの
アルギニン

B 膜の側面から見た図

H⁺

膜間腔

内膜

マトリックス

cサブユニット　aサブユニット

→ ローターの回転　　→ H⁺の流れ

[PDB ID：1C17]

膜間腔から来た H⁺ はローターの側鎖に結合して膜の中で 1 回転し、マトリックスに入る

　ATP 合成酵素のローターはなぜ回転するのだろう？　このローターは 8〜14 個の c サブユニットというタンパク質が円筒形に束ねられてできている（②）。c サブユニットの中央付近にあるアスパラギン酸側鎖に脂質の膜の外側（膜間腔側）から a サブユニットのアルギニン側鎖を通じて H⁺ が来て結合し、アスパラギン酸側鎖は（−）荷電を失い中性になる。中性になったアスパラギン酸側鎖は膜の脂質層とは反発しないので、脂質と接する側に回転する。この c サブユニットの後方の c サブユニットは H⁺ を結合しているが、H⁺ を受け取る位置に近づくと H⁺ を解離し、遊離した H⁺ はミトコンドリアのマトリックス側に出ていく。H⁺ を解離した c サブユニットは改めて a サブユニットから H⁺ を受け取り中性となり、再び脂質層に接する側に回転する。以上のことが c サブユニットの数の分だけ繰り返されると、ローターの 1 回転になる。

ローターを構成する c サブユニットの数に対応する H⁺ の移動で ATP が 3 分子生成

　ローターが 1 回転すると 3 分子の ATP が合成される。ローターの c サブユニットが 8 個の生物では H⁺ の流入 8 個で 3 分子の ATP、14 個の生物では H⁺ の流入 14 個で 3 分子の ATP が形成される。c サブユニットの数は、ウシ 8 個、好熱菌・酵母 10 個、大腸菌 12 個、葉緑体 14 個である。ヒトは 8 個と推定されている。

＊PDB の Molecule of the Month, ATP Synthase, by D. S. Goodsell を参考にして作成。

補項14.1 化学合成独立栄養細菌の電子伝達とATPの生成

電子を最後に受け取る物質は O_2 以外にもある

地球と生命の歴史の初期10億年ぐらいの間、O_2 はあまり存在しなかった。シアノバクテリア（藍藻）が光合成を始めるようになって O_2 が増えていった。O_2 ではなく、別の化合物が電子を受け取る原始的な代謝システムは、今日でも、化学合成独立栄養細菌に見られる。

化学合成独立栄養細菌における電子伝達系とATPの生成の特徴

化学合成独立栄養細菌では無機物を電子供与体に利用している。電子を供給する物質と、最後に伝達されてきた電子を受け取る物質の組み合わせはさまざまである。しかし、膜の中での電子の伝達とそれに伴う膜で囲まれた内側から外側への H^+ のくみ出し、およびその結果生じた H^+ の濃度勾配を利用しての ATP の生産というシステムは共通で、酸素呼吸でのシステムとも共通点が多い。

◆ 電子を供給する物質は H_2、NH_4^+、NO_2^-、H_2S、S、Fe^{2+} などの無機化合物である。
◆ 膜内のタンパク質やユビキノンと同類のメナキノンによって電子が伝達され、その途中でプロトンが菌体外にくみ出される。
◆ 最後に電子を受け取る物質は O_2、フマル酸、硝酸、硫酸などである。

図①は H_2 を電子の供与体とし、フマル酸を電子の最終受容体にしているシステムの推定例を示している。H_2 から電子を取り出し、菌体の細胞膜にある電子伝達系を経てフマル酸に電子を渡す途中で、菌体外にくみ出されたプロトンの逆流を利用して菌体の細胞膜にあるATP合成酵素ではATPがつくられる。

① 化学合成独立栄養細菌の電子伝達とATP合成の例（推定）[*]

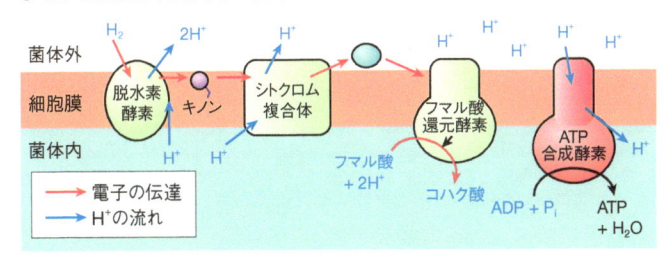

[*] L. A. Moran・H. R. Horton・K. G. Scrimgeour・M. D. Perry 著、鈴木紘一・笠井献一・宗川吉汪 監訳、ホートン生化学 第5版（2013）東京化学同人、p.364、図14.28を一部改変。

補項14.2 複合体IVにおけるO₂による電子の受容と水の生成

私たちが呼吸で肺に取り込むO₂は、血液でヘモグロビンに運ばれて体中の細胞に送られる。細胞内ではミトコンドリアの内膜にある電子伝達系の複合体IVで電子を受け取り、H⁺を取り込んでH₂Oになる。酸素が電子を受け取って水になる変化を追っていこう。

① 4回の電子伝達と酸素の変化

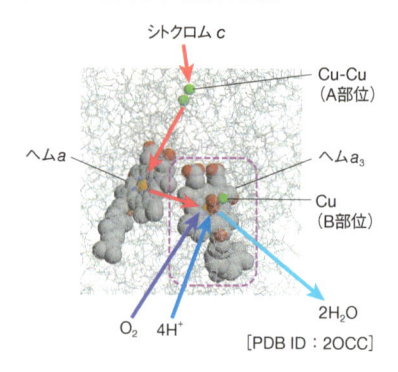

4回の電子の伝達と酸素の変化（①）

電子はシトクロム c から複合体IVに1個ずつ4回渡される。最初の2個の電子でB部位の銅原子とヘム a_3 のポルフィリン環の鉄原子がそれぞれ還元されて、酸素分子が結合できるようになる。酸素分子（O=O）は還元されたヘムの鉄とB部位の銅の両方に結合し、それぞれから電子を受け取り過酸化物（Fe−O−O−Cu）状態になる（②-B）。その後、酸素分子はシトクロム c から電子を2回受け取り、そのたびにミトコンドリアのマトリックスからプロトンを結合し、酸素原子間の結合も解消して（Fe−OH HO−Cu）状態になる（②-C）。(Fe−OH HO−Cu)にプロトンが2個取り込まれ、水分子（2H₂O）が生成し、膜から出ていく（②-D）。FeとCuは初期の状態に戻る。シトクロム c からは電子が合計4回供給され、マトリックスからのプロトンの取り込みも合計4個になる。

② 酸素が電子を受け取り水が生成する現場

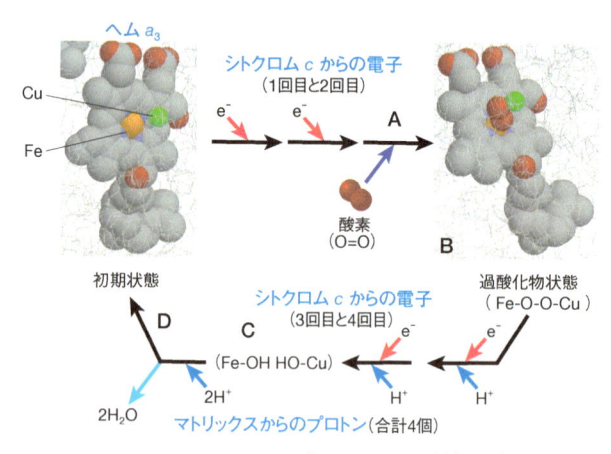

[PDB ID：1OCR（左）および2OCC（右）]

補項14.3　プロトンのミトコンドリア内への流入と発熱

共役と脱共役（①、②）

ミトコンドリアの膜で電子が伝達されると、電子は最終的に酸素に渡されて水が生成する。また、膜の外にくみ出されたプロトンの逆流によってATPが生産される。つまり、ミトコンドリアでの酸素の消費とATPの生産は「共役」している。

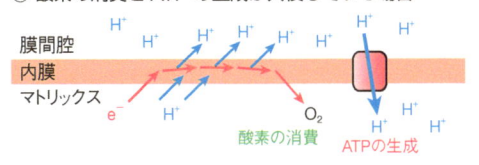

しかし、この共役によってミトコンドリアに流入するプロトンは100％ではなく、約80％に留まる。残りの約20％はATP合成に関係なくミトコンドリアの中に流入している。この現象を「脱共役」という。

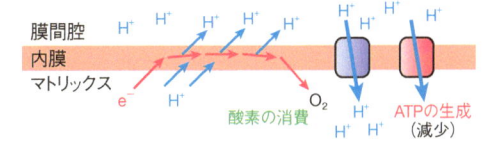

プロトンがATP合成という仕事をしないでマトリックスに流入すると熱が発生する

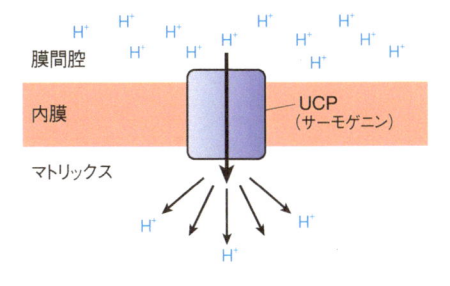

脱共役によりプロトンがミトコンドリアのマトリックスに流入すると、熱が発生する。私たちの体でも、褐色脂肪組織にあるミトコンドリアでは脱共役がよく起こり熱を発生する。褐色脂肪組織のミトコンドリアにはサーモゲニン（脱共役タンパク質、UCP）（③）という膜を貫通したタンパク質があり、プロトンが仕事をしないで膜間腔からマトリックスに流入する通路になっている。サーモゲニンは多くの動物や植物で見つかっている。動物では新生仔や冬眠中の動物での体温維持のために、植物ではザゼンソウが積雪の中でも花序を発達させるためにサーモゲニンが機能している。

補項14.4 好気呼吸でのATP生成量

解糖系で生じたNADHのミトコンドリア電子伝達系への移行の仕方

解糖系で生じたNADHは、間接的な方法（①または②）でミトコンドリアの電子伝達系に入り利用される。細胞質ゾルではNAD⁺が再生されて、解糖系に補充される。

リンゴ酸-アスパラギン酸シャトル（①）は、心筋、肝臓、腎臓で見られ可逆的である。濃度勾配によりどちらにでも進む。

グリセロールリン酸シャトル（②）は、エネルギー供給が比較的多く必要な脳、筋肉、昆虫の飛翔筋で発達しており、不可逆的である。

① リンゴ酸-アスパラギン酸シャトル　　A 細胞質リンゴ酸/2-オキソグルタル酸輸送体。対向輸送
　　　　　　　　　　　　　　　　　　B アスパラギン酸/グルタミン酸輸送体。対向輸送

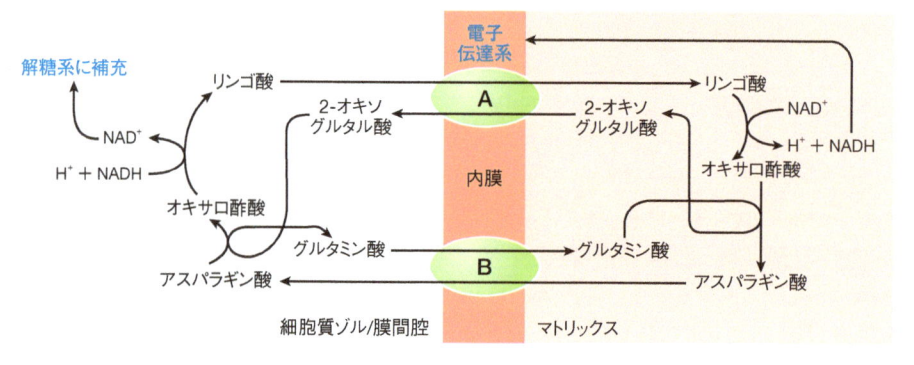

② グリセロールリン酸シャトル

A 細胞質ゾルのグリセロールリン酸脱水素酵素
B ミトコンドリア内膜のグリセロールリン酸脱水素酵素

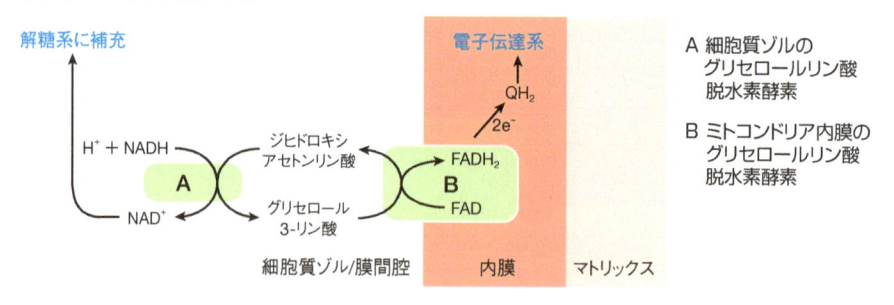

ATP生産原料をミトコンドリア内へ取り込むために使われるエネルギー

ピルビン酸とP_i^-の取り込みは、それぞれH⁺との共輸送で起こり、H⁺の濃度勾配がエネルギー源である。ADP^{3-}の取り込みは、ATP^{4-}との対向輸送で起こり、荷電物質（H⁺を含む）の濃度勾配による電荷勾配がエネルギー源である。ATPの細胞質ゾルへの輸送も同時に起こる。

グルコースの完全酸化によるATP生成量（③）

1分子のグルコースが完全に酸化されたとき、細胞質ゾルで利用できるようになるATPの分子数を計算する際の基礎になる数字と、考慮すべきポイントを③にまとめた。(A)はリンゴ酸–アスパラギン酸シャトル使用の場合、(B)はグリセロールリン酸シャトル使用の場合である。

③ ATP生成の計算の基礎になる数字と考慮する事柄

部位	代謝のステップ	基質レベルのリン酸化	酸化的リン酸化の素材の生成	原料の取り込みやATP輸送のコスト	備考
細胞質ゾル	1分子のグルコース ↓ ピルビン酸 ↓	2ATP ⓒ	(A) 2NADH (B) 2QH$_2$ (FADH$_2$)	(A) $-4H^+$ (B) $-2H^+$ Ⓓ	シャトル系で細胞質ゾルでのH$^+$の消費、ミトコンドリアマトリックスでのH$^+$の生成は濃度勾配に関して(−)になる。
ミトコンドリア	ピルビン酸 ↓ アセチルCoA ↓ クエン酸回路 ↓ 電子伝達・酸化的リン酸化	2GTP (= 2ATP) Ⓕ	2NADH 6NADH 2QH$_2$ (FADH$_2$)	ピルビン酸2分子で $-2H^+$ Ⓔ ATP1分子生成に対し $-2H^+$ Ⓖ	電子伝達系で生じるH$^+$の濃度勾配は、1 NADHでは15H$^+$、1QH$_2$では6H$^+$になる。 ATP合成酵素の効率(ローターサブユニットcの本数が8本の場合)は、H$^+$の流入8個Ⓗでローターが1回転し、3ATPが生成するⒾ。
酸化的リン酸化で生じるH$^+$濃度勾配Ⓙは： (A) (10NADH + 2QH$_2$)に由来するH$^+$ = 162H$^+$ (B) (8NADH + 4QH$_2$)に由来するH$^+$ = 144H$^+$					

好気呼吸でのATP生成量の計算*

1分子のグルコースの完全酸化で生じ、細胞質ゾルで使えるATPの生成数Mは、ミトコンドリア内で生じ細胞質ゾルに運ばれるATP（GTPを含む）をmとすると、

$M = Ⓒ + m$

$m = Ⓕ + \{(Ⓙ - Ⓓ - Ⓔ - Ⓖ)/Ⓗ\} × Ⓘ$　　　Ⓖ $= 2m$

ATP合成酵素のローターのcサブユニットが8本の生物（ヒトなど）では、

(A) リンゴ酸–アスパラギン酸シャトル使用の場合

　$m = 2 + \{(162 - 6 - 2m)/8\} × 3$　　$m = 34.6、M = 36.6$　端数切り捨てで36ATP

(B) グリセロールリン酸シャトル使用の場合

　$m = 2 + \{(144 - 4 - 2m)/8\} × 3$　　$m = 31.1、M = 33.1$　端数切り捨てで33ATP

---

*酸化的リン酸化のステップで脱共役がない場合の計算。実際には脱共役によるロスがある。

補項14.5　還元電位の測定

電子は還元電位の低い物質から高い物質に伝達されていく。還元電位はどのようにして決めるのか、その測定の原理を見ておこう。

1. 酸化還元反応を電子の移動で考える

Zn の電子2個が Cu^{2+} に移る反応である。

$$Zn + Cu^{2+} \rightleftarrows Zn^{2+} + Cu$$

2. 半電池と塩橋の組み合わせ装置として考える（①）

亜鉛板側の半電池では、

$$Zn \rightleftarrows Zn^{2+} + 2e^-$$

銅板側の半電池では、

$$2e^- + Cu^{2+} \rightleftarrows Cu$$

① 還元電位の測定

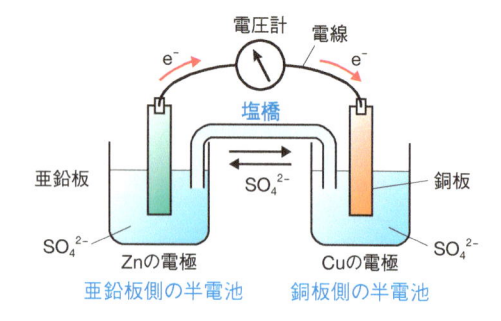

電子は電線内を亜鉛電極側から銅電極側に移行する。塩橋では移動した電子の電荷分を補うため、SO_4^{2-} が移動する。電線内を移動する電子の量を電圧計で測定することができる。

3. 試料の標準還元電位の測定

試料側の半電池：測定したい物質の酸化型および還元型を各1M含む水溶液に電極を浸したもの

対照半電池　　：1気圧の気体の H_2 と平衡に達している pH 7.0 の水溶液に電極を浸したもの

このときの対照半電池の電位を標準還元電位の 0.0 V とし（定義）、この条件で測定したときの電位をその物質の標準還元電位（$E^{0\prime}$）という。

調べてみよう　考えてみよう

◆プロトンの濃度勾配が行う仕事には、どのようなものがあるか。

学生の感想など

◆冬眠中の哺乳類はどうやって食べずに体温を維持しているのか不思議だったので、謎が解けてよかったです。
◆ATP合成酵素のような回転するタンパク質は他にもあるのか、つくれるのか、調べてみたいです。
◆ローターの回る仕組みはわかりましたが、ローターがどのようにして H^+ を見極めているのか不思議でした。
⇒ローターのタンパク質で、特定のアスパラギン酸側鎖での H^+ の解離と結合が、微妙な周囲の環境の変化で起こるわけですが、最先端の研究テーマの1つではないでしょうか。
◆ヒトの体の中に地球上で最小のモーターがあると知って、とても興味を持ちました。
◆電子とプロトンの流れをよく理解することができました。
◆ATP合成酵素のつくりを見ると、人為的にデザインされたものではないかと感じます。もし将来タンパク質をデザインし、実際に自由につくれるようになれば、世界がガラッと変わる大発明ができる気がしました。

第15章 脂質の吸収と分解

脂肪は効率のよい燃料源

　ここまでは糖を出発材料として、どのようにエネルギーが取り出されてくるのかを見てきた。解糖系、クエン酸回路と膜の電子伝達系、そしてミトコンドリア内膜における大量のATP合成系である。

　ところで、脂質の分解産物もクエン酸回路に入っていく。脂質は大量のエネルギーを供給できる物質である。脂質は生体の中では細胞膜をはじめとする生体膜の構成成分であるとともに、脂肪分として細胞内に蓄えられている。生体膜の構成成分としての脂質は、2本の脂肪酸を持つリン脂質や糖脂質である。一方、貯蔵物質としての脂質は、3本の脂肪酸を持つトリアシルグリセロール（脂肪）である。それぞれの脂肪酸の部分がエネルギー源として利用される。

　脂質は疎水性が高いため、脂質の吸収・分解・合成では脂質に独特の処理方法や細胞膜の変化の絡んだダイナミックなシステムが発達している。本章では、脂質の吸収と分解のステップを見ていく。

KEYWORD　疎水性への対応　　β酸化　　リポタンパク質

15.1 脂質は効率のよい燃料体

エネルギー源として、脂肪酸をグルコースと比較してみる

エネルギー源として利用する脂質の部分は主に脂肪酸である。炭素鎖の長さがさまざまな脂肪酸が存在するので、標準的な脂肪酸として炭素16個のパルミチン酸を考えてみよう。化学構造式では、長い炭化水素の鎖が目につく（①）。鎖の途中の炭素原子には酸素の結合がなく、酸素が結合している炭素は先端のC-1の部位*1個だけである。

一方、グルコースは炭素6個に対し、酸素6個が結合している（②）。グルコースが完全に酸化されるとグルコース1分子からはATPが約36分子生成する。グルコースは酸化が進んでいるが、脂肪酸はほとんど酸化されていない。パルミチン酸は炭素16個に対し酸素2個しか結合していないので、酸化によってエネルギーが放出される余地はグルコースよりも大きい。パルミチン酸1分子からはATPが約147分子生成可能である。グルコース16/6分子（炭素16個分）から生成するATPは約96分子である。

① 脂肪酸（パルミチン酸）

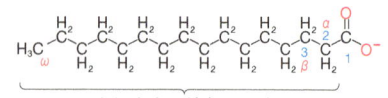

② グルコース

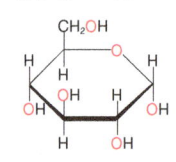

脂肪酸から生成するATP量の計算

脂肪酸を分解していくために最初に補酵素A（CoA-SH）と脂肪酸（アシル基となる）とが結合してアシルCoAがつくられるが、その際にATPの持つ高エネルギーリン酸結合が2か所加水分解される。その後、脂肪酸は2炭素分ずつ小刻みに分解されていく（β酸化）。β酸化の1回ごとにユビキノール（QH_2）1分子、NADH 1分子、さらにアセチルCoA 1分子が生じる。

パルミチン酸（炭素16個）ではβ酸化が7回繰り返され、最後にアセチルCoAが残る。合計すると、QH_2が7分子、NADHが7分子、そしてアセチルCoAが8分子になる。これらの生成物がすべてクエン酸回路や電子伝達系の経路に入り、生じたプロトンの濃度勾配がすべてATP合成に利用されるとすると、パルミチン酸1分子からは約147分子のATPが生じる。

---

*脂肪酸の炭素のナンバリングには2つの方法がある。
(a) カルボキシ基（-COO⁻）のCを1とし、隣から順に2、3、4、…とする。
(b) カルボキシ基の隣のCをαとし、隣から順にβ、γ、…とする。ただし、最後の炭素原子は一律にω（オメガ）とする。

15.2 脂質の吸収と分解の全体像

食物の脂質は主にトリアシルグリセロール

トリアシルグリセロールは、グリセロール骨格にアシル基（脂肪酸）が3個（トリ）ついた物質。体や肉の「脂肪」は、主にトリアシルグリセロールである。

疎水性に適した脂質代謝が発達している（①）

脂質は長い炭化水素鎖を持つため疎水性が高く、水溶液中では反応しにくい。そのため、脂質の分解や輸送では、疎水性に適した代謝が発達している。

小腸では胆汁酸が脂質とミセルをつくって疎水性部分を包み込み、表面近くの親水性の部分がリパーゼで分解される（①-A）。分解産物は小腸の細胞に吸収され、そこで脂質が再生される。

小腸から各組織へ分配される際は、脂質の集団がタンパク質に束ねられ（リポタンパク質）、血液中を輸送される。リポタンパク質中の脂質は毛細血管のリパーゼで分解されていき、残余のリポタンパク質は各組織で細胞表面にある受容体と結合して細胞内に取り込まれる（①-B）。

細胞内では疎水性の高い脂肪酸の鎖長に対応した酵素が使われる。ミトコンドリアへの転入も長鎖の脂肪酸はカルニチン（親水性）と結合して行われる（①-C）。

脂質は2炭素分ずつ分解

2炭素鎖ずつの分解は脂肪酸のβの位置の炭素が酸化され、C_αとC_βの間の結合が切断されて起こるので「β酸化」と呼ばれる。β酸化の起こるたび、QH_2、NADH、およびアセチルCoAが生じる。これらはすべてクエン酸回路と酸化的リン酸化に利用される（①-D）。

① 脂質の吸収と分解の流れ

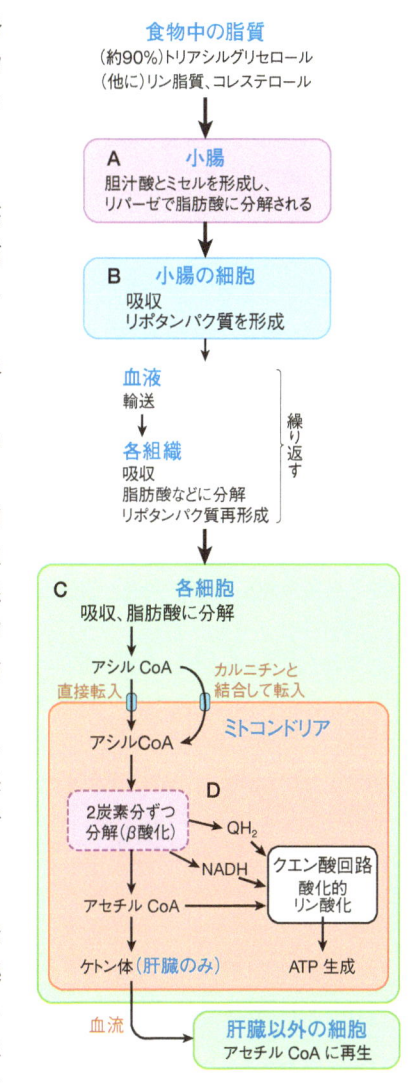

```
食物中の脂質
（約90%）トリアシルグリセロール
（他に）リン脂質、コレステロール
    ↓
A  小腸
   胆汁酸とミセルを形成し、
   リパーゼで脂肪酸に分解される
    ↓
B  小腸の細胞
   吸収
   リポタンパク質を形成
    ↓
   血液
   輸送
    ↓
   各組織                    ┐
   吸収                       │繰り返す
   脂肪酸などに分解            │
   リポタンパク質再形成         ┘
    ↓
C  各細胞
   吸収、脂肪酸に分解
    ↓
   アシルCoA    カルニチンと
   直接転入     結合して転入
    ↓
   アシルCoA      ミトコンドリア
    ↓
D  2炭素分ずつ  → QH₂
   分解（β酸化）
              → NADH → クエン酸回路
    ↓                  酸化的
   アセチルCoA          リン酸化
    ↓
   ケトン体（肝臓のみ）       ATP生成
    ↓血流
   肝臓以外の細胞
   アセチルCoAに再生
```

第15章 脂質の吸収と分解

15.3 脂質の分解とリポタンパク質による輸送

リパーゼによる脂質の分解

食物中の脂質は小腸で胆汁酸（①）と混合されてミセルを形成する。胆汁酸はコレステロールの誘導体で、疎水性のコレステロール骨格に親水性の-NH基と硫酸基やカルボキシ基を持つ側鎖が付加している。肝臓でつくられ、胆嚢から小腸に分泌される。小腸で脂質の消化を助けた後、腸で再吸収され、血流に乗って肝臓に入り、胆嚢に戻ってまた使われる。

脂質は胆汁酸の疎水性部分に取り囲まれミセル状になる。リパーゼはこのミセル状態の表面に補助タンパク質（コリパーゼ）とともに付着し、脂質を分解する（②）。

① 胆汁酸

グリココール酸
タウロコール酸

コレステロール由来　グリシンまたはタウリン由来

② リパーゼによる脂質の分解

トリアシルグリセロール

リパーゼ　H_2O

脂肪酸　脂肪酸　$+ 2H^+$

2-モノアシルグリセロール

脂質の分解産物は小腸の細胞に吸収されて再生される

脂質の分解産物はミセルと混合した状態で小腸の細胞に吸収され、細胞内で再結合して脂質として再生する。コレステロールは吸収された後で脂肪酸とエステル結合してコレステロールエステルになる。

リポタンパク質の種類*と輸送経路（③）

小腸の細胞で再生した脂質は、血液を通じて各組織に輸送される。ただし、脂質はそのままでは血液に溶け込まないので、コレステロールやコレステロールエステル、および脂溶性のビタミンとともにタンパク質（アポリポタンパク質）に束ねられて巨大なリポタンパク質（キロミクロン）の一員となって血液中に分泌される（④）。

キロミクロンはリンパ管を経て静脈に入り、血液に乗って体内を巡る。脂質はキロミクロンとして輸送されながら、組織の毛細血管に存在するリパーゼによって徐々に分解され、筋肉や脂肪組織に吸収されていく。脂質が減少していくにつれ、キロミクロンの残骸（レムナント）に残存するコレステロールの比率が高まっていく。レムナントはレムナント受容体を持つ肝臓細胞に吸収される。肝臓でコレステロールやトリアシルグリセロールは

---

*リポタンパク質は脂質とタンパク質の会合体で、脂質の含量はリパーゼによる分解で減少していく。脂質はタンパク質よりも密度が低いので、リポタンパク質は低密度のものから高密度のものへと変化していく。

VLDL（超低密度リポタンパク質）に再編されて血液中に放出される。VLDLの脂質成分は再び毛細血管にあるリパーゼで分解され筋肉や脂肪組織に吸収されていく。VLDLの残骸（脂質とタンパク質の存在比率によって、中間密度リポタンパク質IDL、低密度リポタンパク質LDLと称される）はLDL受容体を持つ肝臓やその他の各組織の細胞に結合し、吸収される。各組織の細胞膜からはコレステロールがHDL（高密度リポタンパク質）に抜き取られ、HDLの中で脂肪酸と結合したコレステロールエステルとなり肝臓に運ばれる。

脂肪酸などはアルブミンが運搬する（⑤）

筋肉や脂肪組織で遊離した脂肪酸などはアルブミンに結合して血液中を巡り、各組織に吸収されていく。

③ リポタンパク質の輸送経路

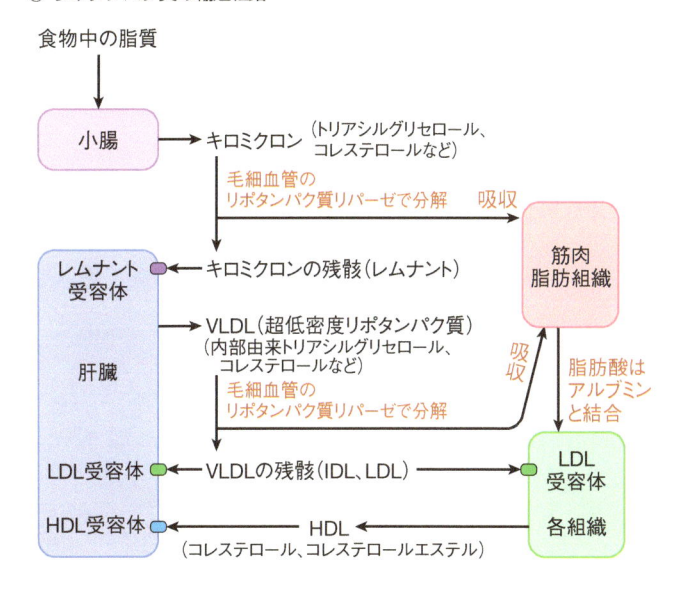

④ リポタンパク質のイメージ

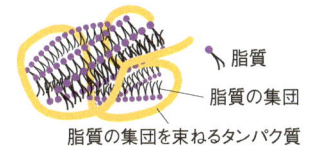

⑤ 血清のアルブミンは脂肪酸の運搬者

[PDB ID：1E7I]

第15章　脂質の吸収と分解　209

15.4 細胞で脂肪酸はアシルCoAになりミトコンドリアに入る

脂肪酸はアシルCoAになる（①）

それぞれの組織の細胞に分配された脂質の脂肪酸は、ミトコンドリア外膜上の細胞質側でアシルCoA合成酵素（シンテターゼ）の働きによって補酵素A（CoA-SH）と結合し、アシルCoAになる。アシルCoA合成酵素は脂肪酸の鎖長に対応したアイソザイムが働く。

長鎖脂肪酸はアシルカルニチンを経由してミトコンドリアに入る（②、③）

アシルCoAのミトコンドリアへの転入は、脂肪酸部分の鎖長の違いで異なってくる。

炭素数11以上の場合はカルニチンと結合してアシルカルニチンとなってミトコンドリア内に輸送され、ミトコンドリアのマトリックスでアシルCoAに戻される。それより短い場合は直接転入する（③-A）。

アシルカルニチンのミトコンドリアへの転入はカルニチンの逆輸送とセット（③-B）

アシルカルニチンは、カルニチンとの対向輸送とセットでミトコンドリアに輸送される。

① 脂肪酸はアシルCoAになる

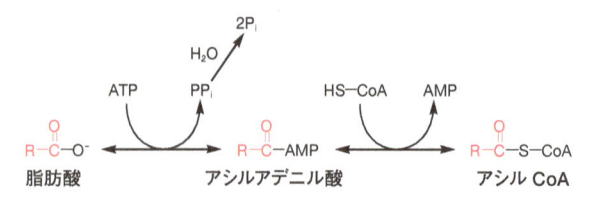

② 長鎖の脂肪酸はカルニチンと結合してアシルカルニチンとなる

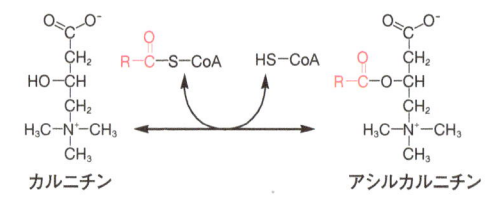

③ アシルCoAのミトコンドリアへの転入

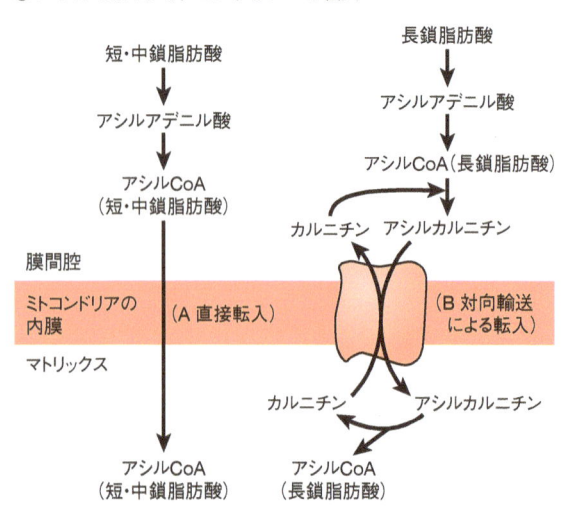

15.5 脂肪酸の分解は2炭素分ずつの短縮で進行する（β酸化）

飽和脂肪酸のβ酸化では、アシルCoAの$C_α$と$C_β$の部分が複数の酵素によって徐々に変化する。

アシルCoA脱水素酵素（複合体）の働きで、$C_α$と$C_β$の水素がそれぞれ1個奪われて2重結合が生じる。水素に由来する電子が伝達されてユビキノール（QH_2）が生成する（①-A）。エノイルCoAヒドラターゼ（水添加酵素）の働きで、$C_α$と$C_β$の間の2重結合部分にH_2OのHとOが付加されて、$C_β$にOH基が生じる（①-B）。ヒドロキシアシルCoA脱水素酵素の働きで、$C_β$のHとOH基のHが奪われ、NAD^+からNADHが生じる。$C_β$の

① 飽和脂肪酸のβ酸化のステップ（A〜F）

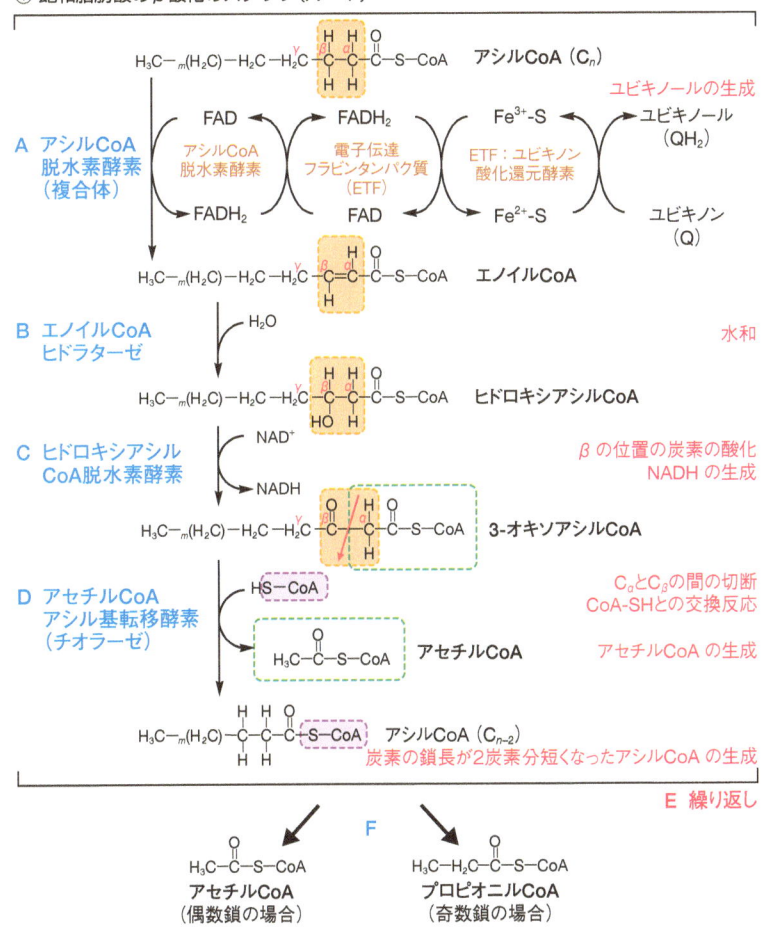

A アシルCoA脱水素酵素（複合体） — ユビキノールの生成
B エノイルCoAヒドラターゼ — 水和
C ヒドロキシアシルCoA脱水素酵素 — βの位置の炭素の酸化 NADHの生成
D アセチルCoAアシル基転移酵素（チオラーゼ） — $C_α$と$C_β$の間の切断 CoA-SHとの交換反応 アセチルCoAの生成
炭素の鎖長が2炭素分短くなったアシルCoAの生成
E 繰り返し
F アセチルCoA（偶数鎖の場合）／プロピオニルCoA（奇数鎖の場合）

第15章 脂質の吸収と分解　211

部分にはケト基（–C=O）が残る（①-C）。アセチルCoAアシル基転移酵素（チオラーゼ）の働きで、C_βとC_αの間の結合が切断され、C_α側は遊離してアセチルCoAになる。C_βのケト基（–C=O）にはCoA-SHのCoA-Sが結合し、2炭素分短いアシルCoAになる。

2炭素分短いアシルCoAは①-A～Dのステップを繰り返す。そのたびにユビキノール、NADH、およびアセチルCoAが各1分子生成する。

偶数鎖脂肪酸と奇数鎖脂肪酸の最後は？（①-F）

最後に生じる短いアシルCoAは、偶数鎖の脂肪酸ではアセチルCoA、奇数鎖の脂肪酸ではプロピオニルCoAになる。プロピオニルCoAはD-およびL-のメチルマロニルCoAを経てスクシニルCoAになり[*1]、クエン酸回路に入る。

β酸化は2組の複合酵素で進行し、それぞれ鎖長に応じたアイソザイム[*2]が働く（②）

アシルCoA脱水素酵素（複合体）（②-A）は炭素鎖の長さに応じ、超長鎖（炭素18個～12個）、長鎖（炭素12個～10個）、中鎖（炭素10個～6個）、短鎖（炭素6個～4個）のそれぞれに異なるアイソザイムが対応する。②-B～Dの酵素は3機能酵素で、炭素鎖の長さに対応したアイソザイムが存在する。

不飽和脂肪酸のβ酸化

オレイン酸（18：1）やリノール酸（18：2）などの不飽和脂肪酸[*3]も通常のβ酸化で2炭素ずつ短くなるが、その途中で不飽和部分が処理される。

β酸化の過程でエノイルCoAになったとき、β-γ間に2重結合があると、2重結合の位置を移すイソメラーゼ（異性化酵素）が働いてα-β間の2重結合に変換して通常のエノイルCoAとなる（③-A）。また、β酸化の過程でジエノイルCoAが生じたときには還元酵素でγ-δ間とα-β間の2重結合がβ-γ間の2重結合に1本化されたのち（③-B）、イソメラーゼで通常のエノイルCoAとなる。

② β酸化は2組の複合酵素で進行する

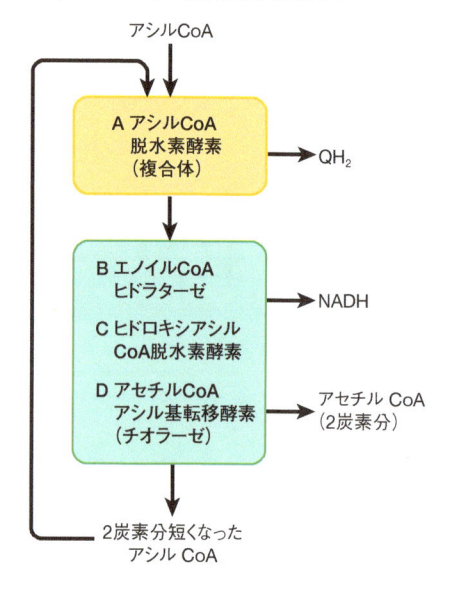

[*1] L-メチルマロニルCoAをスクシニルCoAに変換する酵素（メチルマロニルCoAムターゼ）は、アデノシルコバラミンを補酵素にしている。
[*2] アイソザイムは同一個体内で同じ酵素活性を持つもので遺伝子は同一とは限らないものを指す。アイソフォームは同一遺伝子に由来するがタンパク質として異なる部分があるものを指す。
[*3] 不飽和脂肪酸は（炭素数：不飽和結合の数）で表す。

③ **不飽和脂肪酸のβ酸化**

β酸化の ステップ → [β-γ間に2重結合があるエノイル CoA] —**A** イソメラーゼ→ [α-β間に2重結合があるエノイル CoA] → β酸化のステップ

β酸化の ステップ → [γ-δ間にも2重結合があるジエノイル CoA] —**B** 2,4-ジエノイル CoA 還元酵素→ [β-γ間に2重結合があるエノイル CoA] ↑イソメラーゼ

補項15.1 リポタンパク質の細胞への取り込み

　リポタンパク質はそれぞれのタンパク質部分と特異的に結合する受容体を持った細胞に結合し、脂質が細胞内に取り込まれる。取り込まれ方はリポタンパク質の種類によって異なる。コレステロールの扱いを中心にして、LDL（低密度リポタンパク質）とHDL（高密度リポタンパク質）について脂質の細胞内への取り込まれ方などを見てみよう。

LDLは全体が細胞内に取り込まれ、分解される（①、②）

　LDLは各組織細胞の細胞膜にある受容体に結合すると、受容体を含む細胞膜部分が細胞質内に陥入し、リポタンパク質全体が細胞内に取り込まれる。

　陥入部分は小胞となり、やがてリソソームと融合し、リソソーム内にある分解酵素によってタンパク質はアミノ酸に分解される。コレステロールエステルはコレステロールと脂肪酸になる。脂肪酸は細胞内で分解または再利用される。

　各組織の細胞は細胞膜の構成に必要なコレステロールを、自身の細胞内で合成するとともにLDLからも得ているのである。

HDLは中身のコレステロールなどが細胞内に取り込まれ、タンパク質は再利用される（①、③）

　HDLの粒子の表面には、リン脂質とコレステロールの層があり、HDLのタンパク質を埋め込んでいる。コレステロールの含量が少なくなったHDL粒子は、コレステロール含量の多い細胞膜に接触すると、コレステロールを拡散によって回収できる。この性質を利用してHDLは各組織の細胞の細胞膜からコレステロールだけを抽出し、コレステロールエステルに変換して運んでいる。HDLが肝細胞の細胞膜にあるHDL受容体に結合すると、HDLに含まれている脂質成分だけが肝細胞の中に取り込まれる。

　HDLの残骸（主にアポリポタンパク質）は、また各組織細胞からコレステロールを抜き取る循環の旅に出る。

　肝臓に取り込まれたコレステロールエステルはコレステロールに戻り、VLDLやLDLを通じて各組織細胞に再配分されるとともに、胆汁酸やステロイド合成の素材にも使われる。

① LDLとHDLの組織間での動きと取り込まれ方

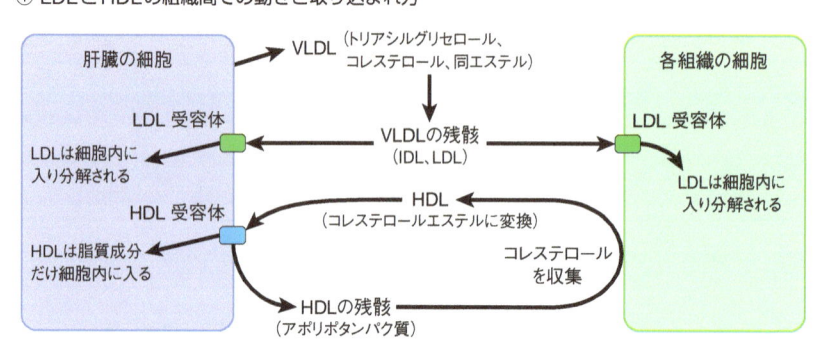

LDLの取り込みとHDL成分の取り込みには、別のダイナミックな細胞膜の変化が働く

LDLの取り込みには受容体ごと細胞内に取り込む飲細胞運動（食細胞運動と同様の細胞の活動）が働く（②）。LDLとその受容体は細胞膜部分が膜小胞になって細胞の中に入っていき、リソソームなどの膜小胞と融合する。LDLと受容体はリソソームの分解酵素によって分解され、細胞の栄養分になる。

IDLのタンパク質は受容体タンパク質とともにアミノ酸に、コレステロールエステルはコレステロールと脂肪酸に分解される。脂肪酸は分解または再利用される。

HDLはHDL受容体に結合すると、HDLに含まれている脂質成分だけが肝細胞の中に取り込まれ、HDLのタンパク質と受容体タンパク質はリサイクルされる（③）。

② LDLは受容体の細胞膜部分が小胞になり細胞内に入ってリソソームで分解される

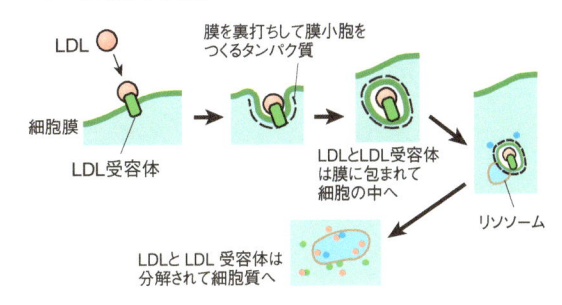

③ HDLは脂質成分だけが細胞内に入り、タンパク質はリサイクルされる

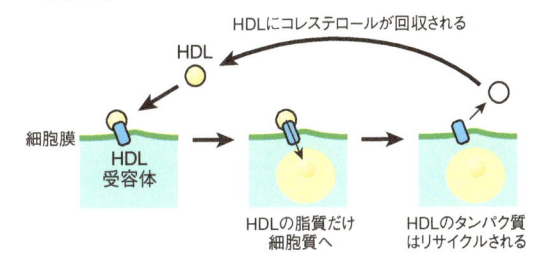

---

column　悪玉コレステロールと善玉コレステロール

HDLもLDLも細胞の機能を維持するために必要な働きをしているが、LDLを悪玉コレステロール、HDLを善玉コレステロールということがある。LDLはコレステロールを各組織の細胞に分配しているが、過剰なコレステロールが組織細胞内にたまったり、余分になったLDLが酸化されて血管壁に沈着すると動脈硬化などの原因になる（参照→217ページコラム）。そのため、血液検査でLDLのコレステロール値は一定の範囲内に収まることが望まれている。

補項15.2　過剰になったアセチルCoAはケトン体となり利用される

過剰量のアセチルCoAの生成
　脂肪酸の分解で大量のアセチルCoAが生成しても、クエン酸回路中のオキサロ酢酸の濃度が低いと、アセチルCoAがクエン酸に変換されずクエン酸回路に入っていけない。絶食したり、糖尿病の場合に起こりやすい。

肝臓で過剰のアセチルCoAはケトン体になる（①-A）
　肝細胞でアセチルCoAが過剰に生産された場合は、ミトコンドリアのマトリックス中で3-ヒドロキシ酪酸、アセト酢酸、あるいはアセトンになって、血流中に放出される。3-ヒドロキシ酪酸、アセト酢酸、アセトンの3者をケトン体という（①-B）。

肝臓以外の器官で、ケトン体はアセチルCoAになって利用される（①-C）
　血流中のケトン体は、心臓、骨格筋、脳、腎臓など肝臓以外の器官の細胞に吸収され、それぞれの細胞中のミトコンドリアでアセチルCoAに戻され利用される。

臓器間での代謝の分業を可能にしているものは？（②）
　肝細胞だけがアセチルCoAからケトン体を生成できる。一方、ケトン体のアセチルCoAへの変換は、肝臓以外の臓器の細胞で起こる。なぜこのようなことが可能なのだろうか？
　その原因は、キーポイントになる酵素の発現が臓器間で異なっていることによる。アセ

① 過剰になったアセチルCoAのケトン体への変換と再利用

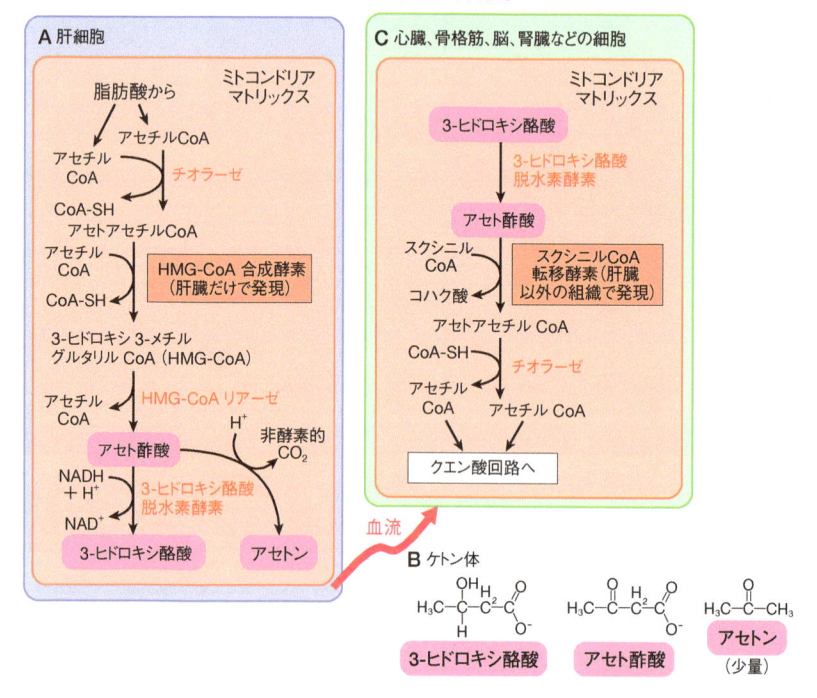

チル CoA からケトン体を生成するときに働いている酵素の１つ、HMG-CoA 合成酵素は肝細胞のミトコンドリアでだけ発現している（①-A）。mRNA 発現量と酵素量は、絶食状態でともに増加し、食事やインスリン投与でともに減少する。一方、ケトン体のアセチル CoA への変換で働いているスクシニル CoA 転移酵素は、肝臓では発現が抑制され、肝臓以外の細胞で発現している（①-B）。その結果、肝臓ではケトン体を生産でき、肝臓以外の細胞ではケトン体を利用できることになる。

---

column　コレステロールと動脈硬化

動脈の加齢・劣化

　動脈は拍動を伴いながら栄養分と酸素を全身に届けている。血管壁は加齢とともに少しずつ劣化して傷つきやすくなる。劣化を促進する要因には、高コレステロール、高血圧、糖尿病、喫煙、ストレス、運動不足、過酸化物などがある。動脈の劣化に伴って動脈硬化が起こりやすく、心筋梗塞、脳梗塞、脳溢血の原因になる。

動脈硬化の進行

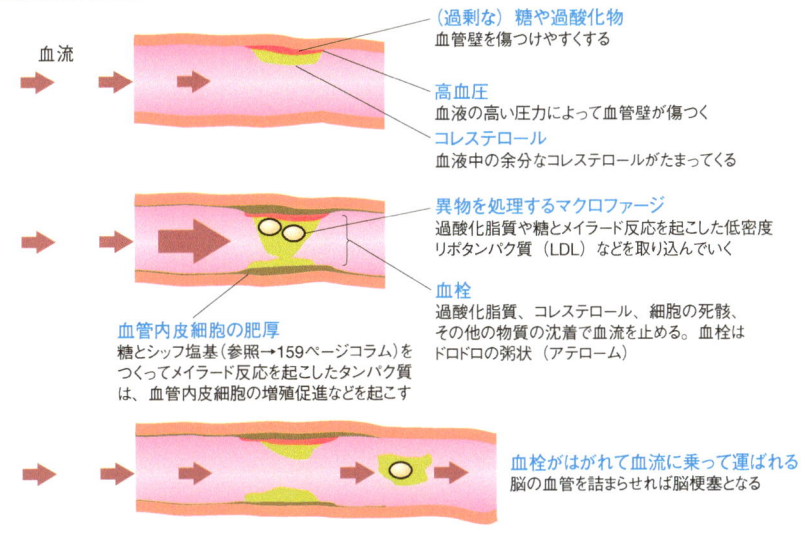

血流

（過剰な）糖や過酸化物
血管壁を傷つけやすくする

高血圧
血液の高い圧力によって血管壁が傷つく

コレステロール
血液中の余分なコレステロールがたまってくる

異物を処理するマクロファージ
過酸化脂質や糖とメイラード反応を起こした低密度リポタンパク質（LDL）などを取り込んでいく

血栓
過酸化脂質、コレステロール、細胞の死骸、その他の物質の沈着で血流を止める。血栓はドロドロの粥状（アテローム）

血管内皮細胞の肥厚
糖とシッフ塩基（参照→159ページコラム）をつくってメイラード反応を起こしたタンパク質は、血管内皮細胞の増殖促進などを起こす

血栓がはがれて血流に乗って運ばれる
脳の血管を詰まらせれば脳梗塞となる

動脈硬化を防ぐためには

- ◆ バランスの良い食事を摂る　　◆ 食べすぎない　　◆ 糖分を摂りすぎない
- ◆ コレステロールの多い食品に気をつける
- ◆ 野菜を先に食べると腸での糖分吸収が抑えられる
- ◆ 飲みものは、お茶や紅茶（カテキン）、赤ワイン（ポリフェノール）、コーヒー、野菜ジュース、適量のアルコールなど抗酸化作用のある物質を摂れるものが望ましい
- ◆ 軽い運動、散歩、ジョギングなどの有酸素運動をする　　◆ 禁煙が望ましい
- ◆ ストレスをためない

補項15.3 脂肪細胞からの脂肪酸の動員

　空腹時にはインスリン濃度が低下し、アドレナリンが分泌されて、脂肪細胞はアドレナリンのシグナルを受け取って脂肪を分解する（①）。脂肪細胞に蓄えられている脂肪（主にトリアシルグリセロール）が分解され、血流に乗って種々の組織に供給される。

アドレナリンは細胞膜のアドレナリン受容体に結合する（①-A）

　血液中のアドレナリンは細胞膜にあるアドレナリン受容体に結合する。アドレナリン受容体は7回膜貫通タンパク質の1種で、アドレナリンを特異的に受け入れる窪みを持っている。細胞質側にはGタンパク質（α、β、γの3量体）が結合している。

細胞外からの膜受容体への結合が細胞内の変化を引き起こす

　アドレナリンがアドレナリン受容体に結合すると、受容体タンパク質の構造が少し変化して細胞質側で結合しているGタンパク質が解離する（①-B）。Gタンパク質3量体の一部が分離して、膜に結合しているアデニル酸シクラーゼに結合し、アデニル酸シクラーゼが活性化される。アデニル酸シクラーゼはATPからサイクリックAMP（cAMP）をつくっていく（①-C）。cAMPは細胞質中に拡散し、cAMPで活性化するタイプのタンパク質リン酸化酵素に結合し、活性化する。cAMPで活性化したタンパク質リン酸化酵素は種々のタンパク質のリン酸化修飾をする（①-D）。そのなかにはトリアシルグリセロールリパーゼも含まれる。リン酸化修飾によって活性化したトリアシルグリセロールリパーゼは、脂肪（トリアシルグリセロール）を分解していく（①-E）。他の酵素も働いて、脂肪細胞に蓄えられている脂肪は遊離の脂肪酸とグリセロールになる。

遊離した脂肪酸とグリセロールのその後（①-F）

　遊離脂肪酸は血液に放出されるとアルブミンに結合し、血流に乗って種々の組織細胞に取り込まれる。取り込まれた脂肪酸はミトコンドリアに入り、エネルギー源として利用される。グリセロールはそのまま血流に乗って肝臓に取り込まれ、糖の新生経路に入る。

① 脂肪の分解

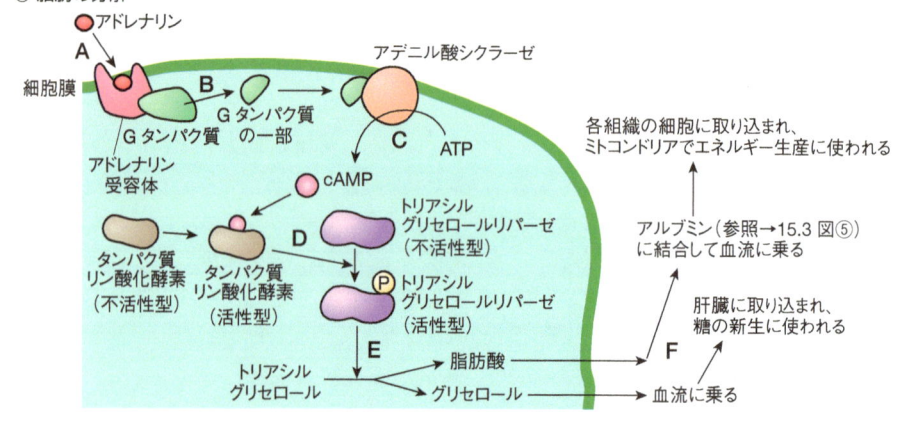

> **column**　**シス脂肪酸とトランス脂肪酸**
>
> 　脂肪酸は、不飽和結合が1個の場合、2重結合周辺の構造がシス型である。脂肪酸に2重結合が入っているおかげで細胞膜の脂質は流動性があり、膜に関係した生命機能を維持できる。パンやケーキを作るとき生地に滑らかさを出すために使う油脂（ショートニング）やマーガリンは、その製造工程で2重結合が入っていると脂肪酸の流動性が邪魔になる。そのため工業的に水素添加処理などが行われ、2重結合をなくす（飽和化する）。このとき2重結合の周辺の構造がトランス型になった脂肪酸も副産物として生じる。トランス型の脂肪酸は、摂りすぎると血管を傷害したり食物アレルギーの原因になったりするのではないかなどの懸念が持たれている。

学生の感想など

◆脂肪は悪者だと思っていたのですが、生きていくなかで大切な役割があるのだと知りました。
◆良質の脂肪を摂取するにはどのような食材がよいですか。エネルギーに変わりやすい（分解されやすい）脂肪を摂るには、何を食べたほうがよいですか。
⇒酸化の進んだものは避けたほうがいいと思います。腸で吸収されにくく下痢を起こしやすいですし、体内に吸収されても過酸化物を発生させて細胞膜を破壊したりDNAを傷害したりします。開封して長く冷蔵庫や冷凍庫に保存したものとか、古い油で揚げたものとかは避けるべきです。
◆過剰になったアセチルCoAは直接ケトン体になって他の細胞に運ばれるのですか？　それとも何らかの形で肝臓まで運ばれケトン体となって他の細胞へと運ばれるのですか？
⇒ケトン体は肝臓だけでつくられます。肝臓の細胞は種々のリポタンパク質を受容して脂質を取り込むことができるので、肝臓は脂質の代謝調節のセンターになっているのかもしれません。
◆脂肪酸がアシルCoAになってβ酸化されていくとき、奇数鎖末端のC3個はβ酸化を受けないのでしょうか？
⇒推測ですが、プロピオニルCoAがβ酸化を受けないのはβ酸化を開始する酵素であるアシルCoA脱水素酵素がプロピオニルCoAの脂肪酸部分が短すぎてうまく保持できないからか、あるいはCαとCβの間を2重結合にするのにCγ部分を保持する必要があるためかもしれません。
◆エネルギーロスのないβ酸化のプロセスがとても面白いと思いました。

第16章

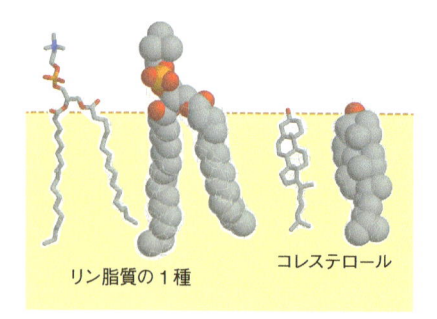

リン脂質の1種　コレステロール

疎水性に満ちた脂質は、どのようにして合成されるのだろう？
脂質からつくられるさまざまな生理活性物質の合成経路は？　　　［PDB ID：3K2S］

脂質の合成

　上の図は、生体膜を構成しているリン脂質とコレステロール。炭化水素の疎水性の部分が膜の内側（黄色い部分）に埋まっている。

　脂質には栄養源として貯蔵される脂肪（トリアシルグリセロール）と、細胞の膜成分になる糖脂質やリン脂質、さらにコレステロールなどがある。トリアシルグリセロール、糖脂質、リン脂質は脂肪酸がもとになってつくられる。細胞質の中では脂肪酸がもとになる合成系と、コレステロールに代表されるグループの合成系の2つの合成系が基本になって、他の脂質の合成系が発達している。

　脂肪酸はリン脂質になって細胞膜を構成した後も、その一部は切り出されてプロスタグランジンなどの局所で働く生理活性物質の合成に使われる。

　コレステロールからはステロイドホルモンなど全身の機能に影響する物質の合成系が派生する。

　この章では、これらの2つの基礎的な合成系と、それらから派生する生理活性物質やホルモンなどの代謝がどのように進行するのかを見ていく。

KEYWORD　　2炭素ごとの伸長　　縮合の繰り返し　　パルミチン酸とコレステロール

16.1 脂質合成の全体像

脂質の合成はアセチル CoA が出発点

ミトコンドリアで生じたアセチル CoA は、クエン酸になった後、細胞質に輸送されるものもある。細胞質でクエン酸は改めて補酵素 A（CoA-SH）と反応してアセチル CoA になり、脂質合成の出発点になる。アセチル CoA から先の合成代謝は 2 つの経路に分かれる。

2 炭素分ずつ炭素鎖が伸長し、脂肪酸などがつくられる経路（①-A）

伸長する炭素鎖（炭素 2 個）はマロニル CoA（炭素 3 個）から供給され、二酸化炭素（炭素 1 個）が放出される。この代謝はマロニル CoA をつくるアセチル CoA カルボキシラーゼと脂肪酸の 2 炭素分ずつの伸長を行う脂肪酸合成酵素（複合体）で進行し、炭素 16 個の脂肪酸であるパルミチン酸がつくられる。パルミチン酸は脂肪や細胞膜などの脂質合成の原料になる。マロニル CoA をつくるアセチル CoA カルボキシラーゼが、代謝の調節部位である。

縮合反応の繰り返しで炭素鎖が伸長し、コレステロールなどがつくられる経路（①-B）

アセチル CoA やその縮合体が縮合反応を繰り返して、コレステロールが生じ、そこからステロイドや胆汁酸がつくられる。縮合の途中で分岐してテルペンやユビキノン、ビタミン A、その他の疎水性部分の炭素鎖がつくられる。この経路は初期の縮合で働く HMG-CoA 還元酵素が調節部位である。

① 脂質合成の全体像

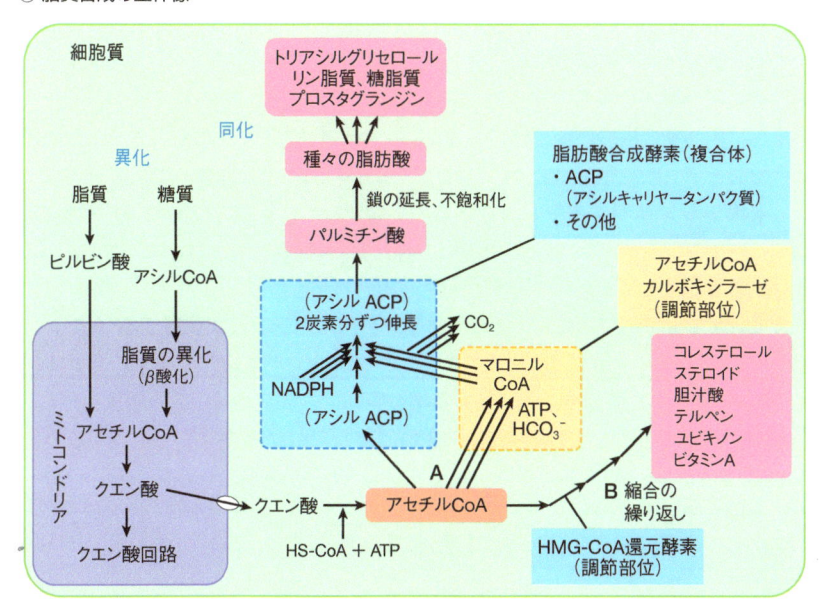

16.2 パルミチン酸の合成

① アセチル CoA からマロニル CoA が生成する

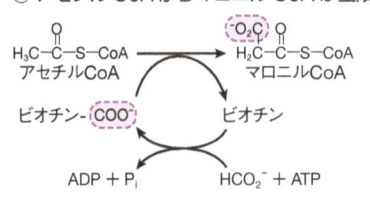

② ビオチン

③ アセチル CoA 1分子とマロニル CoA 7分子からパルミチン酸が生成する

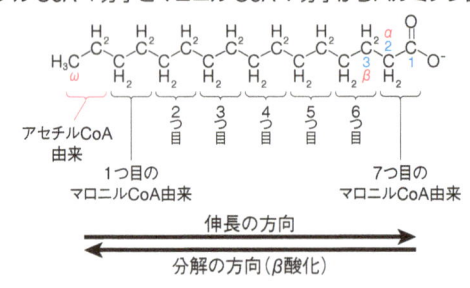

アセチル CoA からマロニル CoA が生成する（①）

アセチル CoA のアセチル基（炭素2個）にアセチル CoA カルボキシラーゼの補酵素ビオチン（②）から炭酸が供給されて炭素3個のアシル基を持つマロニル CoA が生じ、脂肪酸鎖の伸長に使われる。

この反応は脂肪酸合成の調節部位であるが、アセチル CoA カルボキシラーゼの調節機構は生物種で異なる。哺乳類では、クエン酸（アセチル CoA の前駆体）でフィードフォワード促進、長鎖アシル基でフィードバック阻害を受ける。リン酸化修飾で不活性型になる。大腸菌では、グアニンヌクレオチドで調節され、菌の核酸合成と菌体の成長分裂に必要な細胞膜合成が調和する。

アセチル CoA 1分子とマロニル CoA 7分子からパルミチン酸が生成する（③）

アセチル CoA 1分子に、マロニル CoA から2炭素分の炭素鎖が7回供給される。マロニル CoA の炭素鎖は3炭素分だが、結合反応の際に二酸化炭素（CO_2）が放出され、1回ごとに2炭素分が伸長する（参照→補項16.1）。パルミチン酸1分子を生成するのに、アセチル CoA は8分子、ATP は7分子、NADPH は14分子消費される。なお、伸長と分解は、逆の方向に進む。

16.3 脂肪酸鎖の伸長と不飽和化

① 脂肪酸鎖の伸長と不飽和化

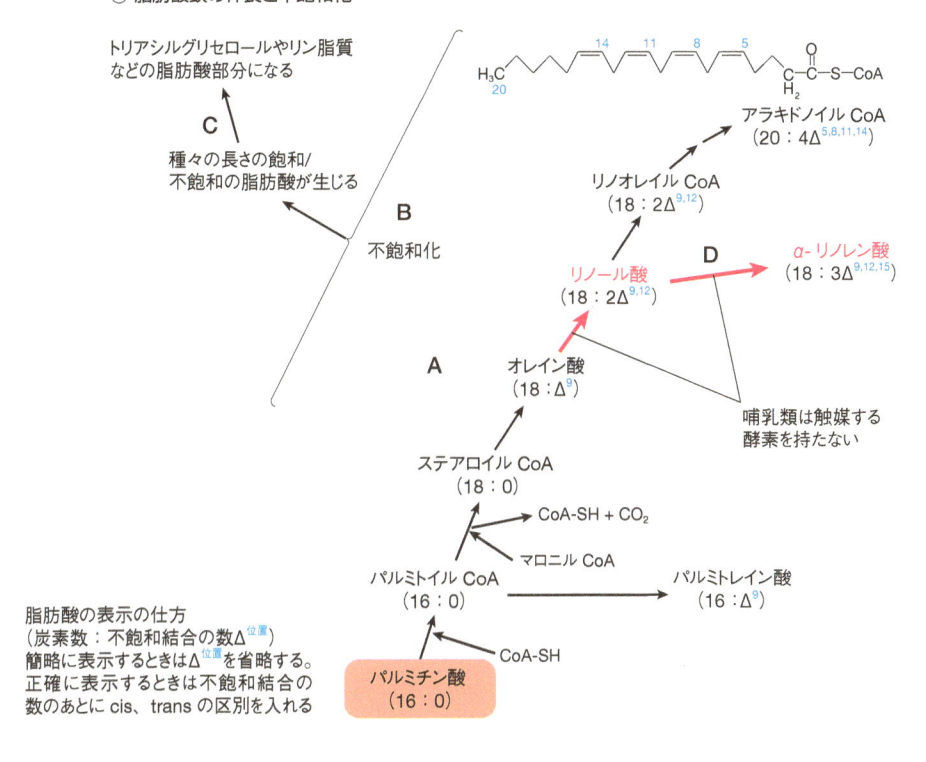

トリアシルグリセロールやリン脂質などの脂肪酸部分になる

C

種々の長さの飽和/不飽和の脂肪酸が生じる

B 不飽和化

A

アラキドノイル CoA
(20：4Δ^{5,8,11,14})

リノオレイル CoA
(18：2Δ^{9,12})

D

リノール酸
(18：2Δ^{9,12})

α-リノレン酸
(18：3Δ^{9,12,15})

オレイン酸
(18：Δ^9)

ステアロイル CoA
(18：0)

CoA-SH + CO$_2$
マロニル CoA

パルミトイル CoA
(16：0)

パルミトレイン酸
(16：Δ^9)

CoA-SH

パルミチン酸
(16：0)

哺乳類は触媒する酵素を持たない

脂肪酸の表示の仕方
(炭素数：不飽和結合の数Δ位置)
簡略に表示するときはΔ位置を省略する。
正確に表示するときは不飽和結合の数のあとに cis、trans の区別を入れる

　パルミチン酸が種々の脂肪酸を合成する出発点になり、脂肪酸鎖の伸長と不飽和化が進む（①）。伸長は 2 炭素ずつ進み、炭素数が偶数になるものが多くなる。

脂肪酸鎖の伸長や不飽和化でも補酵素 A（CoA-SH）が働く

　脂肪酸鎖の伸長や不飽和化は、補酵素 A（CoA-SH）に結合した脂肪酸であるパルミトイル CoA やステアロイル CoA などが基質になって進行する（①-A）。炭素鎖の伸長反応では、マロニル CoA から 2 炭素ずつ C が供給され、パルミチン酸（炭素 16 個）からステアロイル酸（炭素 18 個）、アラキドン酸（炭素 20 個）へと伸びる。炭素鎖の不飽和化（2 重結合が入ること）は、脂肪酸不飽和化酵素の働きで、カルボキシ末端から 9 個離れた位置の炭素、12 個離れた位置の炭素、…と規則的に進行する（①-B）。生成した種々の長さと不飽和度を持った脂肪酸はトリアシルグリセロールやリン脂質、糖脂質の成分になる（①-C）。

リノール酸とα-リノレン酸は必須脂肪酸（①-D）

哺乳類では、オレイン酸からリノール酸への変換、リノール酸からα-リノレン酸への変換を触媒する酵素は欠けているが、リノール酸からアラキドノイルCoAを経てアラキドン酸を合成していく経路の酵素は保全されて働いている。哺乳類は従属栄養生物で食物連鎖のピラミッドの上位に位置するため、植物や無脊椎動物の合成したリノール酸やα-リノレン酸を食物から補える。ヒトにとって、リノール酸とα-リノレン酸は食物から摂取する必要のある必須脂肪酸である。

n-6系脂肪酸とn-3系脂肪酸（②）

ω炭素を1とすると（ピンクの数字）、最初の不飽和結合はリノール酸では6で、α-リノレン酸では3になる。この数字を使って、リノール酸などは n-6（ω-6）系脂肪酸、α-リノレン酸などは n-3（ω-3）系脂肪酸と呼ばれる。

n-6系脂肪酸にはリノール酸（18：2）の他にγ-リノレン酸（18：3）やアラキドン酸（20：4）が含まれる。これらの脂肪酸はアラキドン酸経由でプロスタグランジン類の原料になる。一方、n-3系脂肪酸にはα-リノレン酸（18：3）の他にイコサペンタエン酸（20：5）、ドコサペンタエン酸（22：5）、ドコサヘキサエン酸（DHA）（22：6）が含まれる。DHAは血中の中性脂肪量の減少や脳内セロトニン量の維持などの生理活性が注目されている。

② n-6系脂肪酸とn-3系脂肪酸

n-6系　リノール酸（18：2 cis,cis-Δ^{9,12}）

α-リノレン酸（18：3 all cis-Δ^{9,12,15}）

n-3系　ドコサヘキサエン酸（DHA）（22：6）

16.4 C₃化合物への脂肪酸の付加

脂質の合成は、ミトコンドリア、小胞体（膜の細胞質側）、ペルオキシソームで行われる。炭素骨格が3個の低分子化合物（C₃化合物）が脂質合成の土台になる。C₃化合物としてはグリセロール3-リン酸、ジヒドロキシアセトンリン酸、およびセリンが使われ、Cの位置に結合する物質によって種々の脂質が形成される。

グリセロール3-リン酸をもとにした脂質の合成経路を下に示す（①）。[C1]、[C2]、[C3] はそれぞれ C₃化合物の C の位置を示している。グリセロール3-リン酸から出発して、[C1] に飽和脂肪酸アシル CoA から供給される飽和脂肪酸が結合し、[C2] に不飽和脂肪酸アシル CoA から供給される不飽和脂肪酸が結合してホスファチジン酸になる。ホスファチジン酸の [C3] に結合するものによって、トリアシルグリセロール、ホスファチジルコリン、ホスファチジルエタノールアミン、ホスファチジルセリン、ホスファチジルイノシトールなどのグリセリン骨格を持つ脂質が形成される。化学基を供与する物質は CoA 化合物あるいは CDP 化合物（参照→ 5.4）で、ともに高エネルギー化合物である。

① グリセロール3-リン酸からトリアシルグリセロールおよびグリセリン骨格を持つ脂質の合成

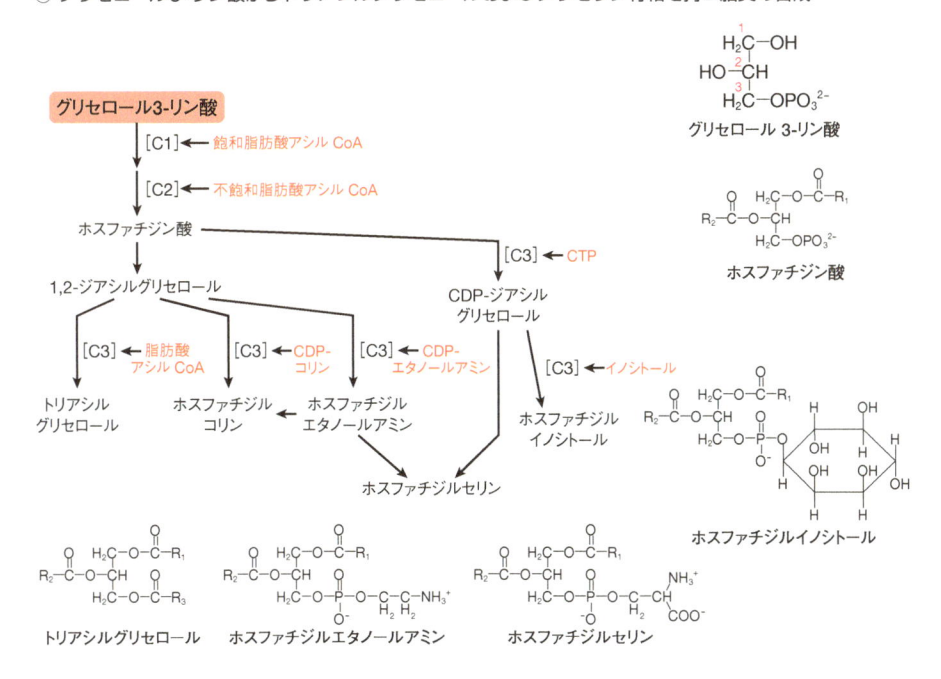

16.5 コレステロールとステロイドホルモン

HMG-CoA 還元酵素がコレステロールの合成代謝を調節する

アセチル CoA の 3 回の縮合で HMG-CoA（3-ヒドロキシ 3-メチルグルタリル-CoA）がつくられる（①-A）。HMG-CoA が NADPH の還元でメバロン酸になるステップを触媒する HMG-CoA 還元酵素がコレステロールなどの合成の調節部位になっている。コレステロールの合成では他の部位での調節はない。そのため、この酵素は遺伝子の転写、酵素タンパク質のリン酸化/脱リン酸化や分解という複数のレベルで調節されている。

C_5 化合物の縮合物からテルペンなどの合成系が分岐する（①-B）

C_5 化合物のイソペンテニルピロリン酸の縮合物（C_{10}、C_{15} 化合物など）からは、テルペン類、ユビキノン、クロロフィルの脂質の側鎖（フィトール側鎖）、カロテノイド、ビタミン A、E、K などの合成系が分岐する。

縮合の繰り返しでできた C_{30} 化合物がコレステロールになる（①-C）

コレステロールは C_5 化合物の 3 回の縮合による C_{15} 化合物の生成、C_{15} 化合物どうしの

① アセチル CoA からの縮合の積み重ねでコレステロールなどが合成される

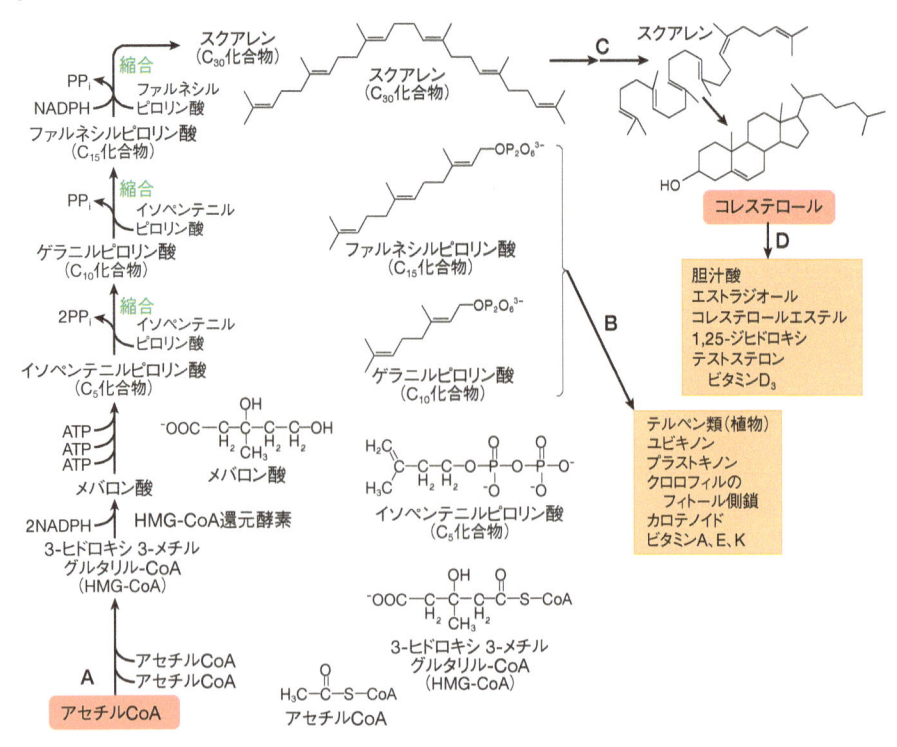

縮合によるC₃₀化合物（スクアレン）の生成、さらに、スクアレンの閉環によって生成する。コレステロールからは種々の合成系が派生する（①-D）。

コレステロールから胆汁酸類の生成（②）

胆汁酸類（タウロコール酸やグリココール酸）は、コレステロール由来のコール酸がグリシンやタウリンと結合（抱合）して生じる。肝臓でつくられたものが胆汁として胆嚢に貯蔵され、十二指腸に分泌される。

コレステロールからステロイドホルモン類の生成（③）

コレステロールはプレグネノロンに代謝され、それぞれのホルモン分泌器官の細胞でステロイド類がつくられる。糖質コルチコイドはタンパク質を分解、脱アミノ化して糖分の供給に働く。鉱質コルチコイドは腎臓でNa⁺の吸収に働く。

コレステロールからビタミンD₃の生成（④）

ビタミンD₃は体内を転々としながらつくられる。プレビタミンD₃になるステップは酵素による触媒ではなく、紫外線（300 nm付近）のエネルギーに依存している。日光に当たることによってカルシウムの吸収や骨の形成に必要なビタミンD₃がつくられる。

コレステロールからコレステロールエステルの生成（⑤）

コレステロールがリポタンパク質の一部として血液中を輸送されるとき、コレステロールエステルとなる。細胞内でコレステロールと脂肪酸に加水分解される。

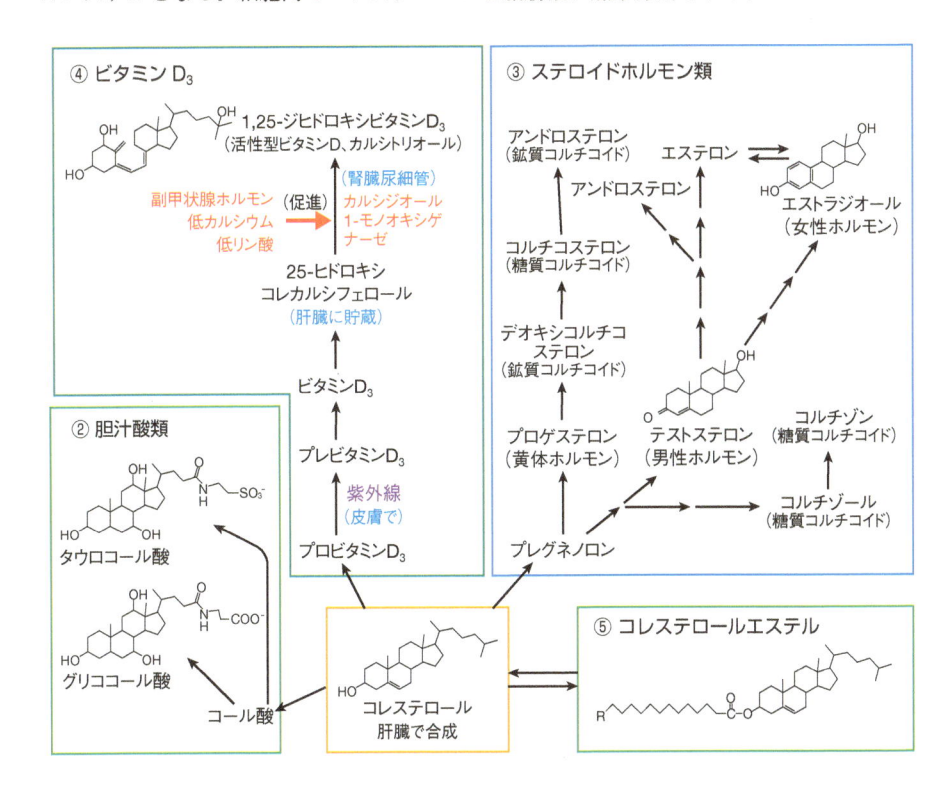

補項16.1 脂肪酸合成酵素による脂肪酸合成反応

脂肪酸合成酵素（複合体）（①）

脂肪酸合成酵素は遂次的な反応を行う酵素群よりなっている。細菌や植物の葉緑体ではそれぞれの酵素タンパク質は独立しており、それらが会合して脂肪酸合成酵素としての機能を発揮する。一方、酵母や動物では、各酵素部分は遺伝子のレベルで融合して巨大なタンパク質の一部になっている。脂肪酸合成酵素（複合体あるいは融合体）は、以下のタンパク質で構成される。

① 脂肪酸合成酵素の触媒ドメインと物質の出入り
下の図では左半分のドメインを省略しているが、左右両方で同様の反応が進行する。

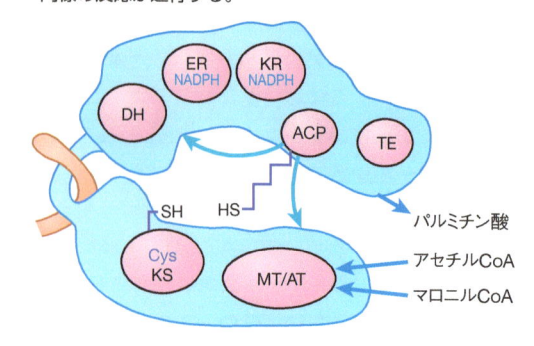

ACP：アシルキャリヤータンパク質（補酵素）
AT：アセチル CoA–ACP アシル転移酵素（ACP アセチル転移酵素）
MT：マロニル CoA–ACP アシル転移酵素（ACP マロニル転移酵素）
KS：3-オキソアシル ACP 合成酵素（β-ケトアシル ACP 合成酵素、縮合酵素）
KR：3-オキソアシル ACP 還元酵素（β-ケトアシル ACP 還元酵素）
DH：3-ヒドロキシアシル ACP 脱水素酵素（β-ヒドロキシアシル ACP 脱水素酵素）
ER：エノイル ACP 還元酵素
TE：パルミトイルチオエステラーゼ（パルミトイル ACP 加水分解酵素）

ACP はタンパク質のセリン側鎖と補欠分子族のホスホパンテテインでできた長い鎖を持っており、その先端に –SH 基がある（②）。アシル基は –SH 基の S に結合して AT から TE の触媒部位を巡っていく。

② ホスホパンテテイン（補欠分子族）

脂肪酸合成反応の進み方（③）

MT/AT は、アセチル CoA とマロニル CoA の取り入れ口になっている。ホスホパンテテイン鎖の –SH 基の –S にアセチル CoA からのアセチル基が結合する（③-A）。ホスホパンテテイン鎖の先端に結合したアセチル基は、KS のシステイン側鎖にある –SH 基の –S へと渡される（③-B）。

フリーになったホスホパンテテイン鎖の先端は MT/AT のところに戻り、今度はマロニル CoA のマロニル基を結合する（③-C）。ホスホパンテテイン鎖によってマロニル基が KS のところに運ばれる。KS にはすでにアセチル基が結合している。KS の触媒作用により、

KSの–SH基の–Sに結合していたアセチル基がマロニル基に転移し、CO_2が放出される（③-D）。この結果、アセトアセチルACPが生じる。

ACPのホスホパンテテイン鎖の先端についているアシル基は2炭素分長くなった状態で、KR（③-E）、DH（③-F）、ER（③-G）と巡っていく。余分な酸素（O）が除去されてアシル基の構造になると、このアシル基はKSに渡され（③-H）、③-Cから③-Gまでの反応が炭素鎖が2個分長くなった状態で繰り返される。緑色の枠の反応が7回繰り返されて、ホスホパンテテイン鎖の先端の脂肪酸鎖（アシル基）が炭素数16のパルミチル基になると、アシル基はKSに渡されず③-Iに進み、パルミチル基はTEによってパルミチン酸として切り出される（③-J）。

ACPは最初の状態に戻り、新しいアセチルCoAを迎えて、ステップが再開する。結局、アセチルCoA 1分子とマロニルCoA 7分子からパルミチン酸1分子が合成される。NADPHは14分子消費され、ATPはマロニルCoA生成のために7分子消費される。

③ 脂肪酸合成酵素（複合体）で進行する反応

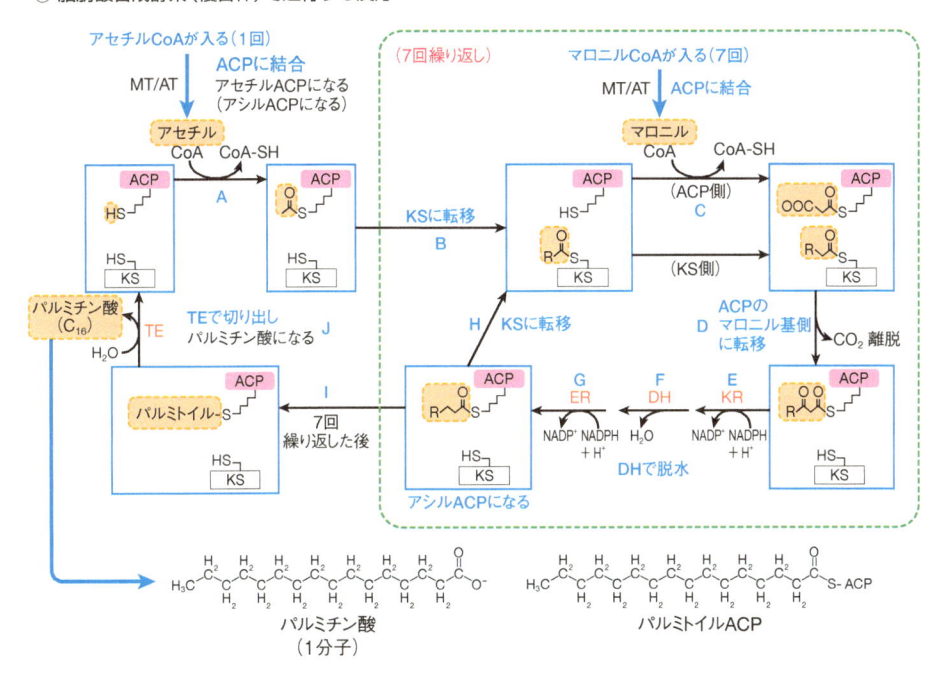

補項16.2 プロスタグランジンの合成

プロスタグランジンの合成は細胞膜からアラキドン酸が切り出されてスタートする（①-A）

　エイコサノイドは、アラキドン酸骨格を持つ化合物とその誘導体である。プロスタグランジンなどのエイコサノイドは、私たちの体内で必要に応じて局部的に生産されて働く短寿命の局所ホルモンで、平滑筋収縮、末梢血管拡張、発熱、痛覚、骨の代謝、血小板凝集防止、神経再生、アレルギー反応、炎症反応などに働く。

　エイコサノイドの素材になるアラキドン酸は、細胞膜の脂質2重層を構成するリン脂質の疎水性の足の部分として存在している。体の局所に細菌の感染や傷害などの刺激があると、ホスホリパーゼA_2によってアラキドン酸が切り出される。

アラキドン酸からプロスタグランジンやプロスタサイクリンが生成する（①-B）

　アラキドン酸はプロスタグランジンH_2合成酵素の作用でプロスタグランジンG_2を経てプロスタグランジンH_2になる。プロスタグランジンH_2合成酵素は、シクロオキシゲナーゼ（COX）活性とヒドロペルオキシダーゼ活性の2つの作用を持つ2機能酵素である。

　プロスタグランジンH_2から種々のプロスタグランジン類やプロスタサイクリンとトロンボキサン類の合成系が派生する（①-C、D）。

　シクロオキシゲナーゼの酵素活性は抗炎症剤のアスピリン（アセチルサリチル酸）の阻害作用点である。アスピリンはアラキドン酸と競合してシクロオキシゲナーゼに結合し、セリン側鎖の–OH基をアセチル化する。プロスタグランジン類の生成を阻害するので消

① エイコサノイドの合成

炎、解熱、鎮痛、血小板凝集抑制など幅広い作用がある。その反面、胃痛など副作用も幅広い。アラキドン酸からはロイコトリエンの合成系も派生している（①-E）。

> **学生の感想など**
>
> ◆アセチル CoA を出発点にさまざまな物質が合成される過程を見ることができ、興味深かった。
> ⇒アセチル CoA は生物の代謝系の中心ですね。なぜ他の物質ではなくアセチル CoA が脂質類の出発物質になったのでしょう？ 他に出発材料として適したものはないのでしょうか？生物の代謝の謎の１つです。
> ◆脂肪酸合成酵素の反応機構はよくわからなかった。
> ⇒脂肪酸合成酵素の反応機構はほんとに複雑ですね。これによく似た反応機構は多くの抗生物質やポリフェノールの合成系にあるようです。
> ◆脂質に関するものだけでも、こんなに細かくいろんな反応が起こっていたのかと、びっくりしました。

第17章

私たちの食物も、もとをたどれば太陽のエネルギーから得られる

光合成（1）光エネルギーから化学エネルギーへの変換

　植物は太陽の光と水、大気中の二酸化炭素をもとに生育し、私たちの食物になっている。私たちの食べる動物や魚、それらのエサになる小さな生物もすべて、もとをたどっていくと植物や藻類の光合成による糖の生産に依存している。光合成は、地球上のほとんどすべての生物の生存を支えている。

　地球上で初めて光合成が行われるようになったのは、30億年前ぐらいと考えられている。小さなバクテリアで発達した代謝が、やがて植物の葉緑体が行う代謝（光合成）へと発展した。

　光合成は明反応と暗反応の2つのパートに分けられる。明反応では、太陽の光のエネルギーが化学エネルギーのNADPHとATPに変換され、暗反応ではその化学エネルギーを利用して糖がつくられる。

　この章では太陽の光エネルギーがどのようにして植物に吸収され、化学エネルギーに変換されていくのかについて、植物の葉緑体の構造を見ながら学んでいく。

KEYWORD　　明反応　　O_2の発生　　光の受容

17.1 光合成の全体像

光合成は明反応と暗反応の２つでできている（①）

光合成は太陽の光を必要とする明反応と、光があってもなくても進行する暗反応の２つのパートからできている。明反応では太陽光のエネルギーを利用してNADPHとATPが生産される。明反応でできたNADPHとATPを使って二酸化炭素と水から糖を生成するのが暗反応である。

① 光合成

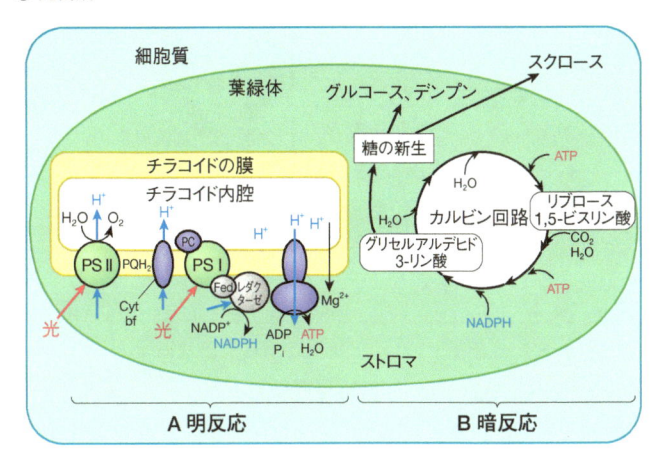

明反応の概要（①-A）

明反応は葉緑体の中のチラコイドの周辺で進行する。太陽光を受け止めて化学エネルギーに変換する装置を光化学系という。チラコイドの膜に局在する光化学系の光化学系II（PS II）と光化学系I（PS I）、その他の酵素やキノン、およびATP合成酵素などが働く。明反応では、

1. 光のエネルギーによって励起された電子が飛び出す。飛び出して不足になった電子は水の分解で補われ、副産物として酸素が発生する（①-AのPS IIのところ）。
2. 飛び出した電子は膜の中の物質で伝達される（膜の電子伝達系）。電子の伝達に伴ってプロトン（H^+）がストロマからチラコイドの内腔に移行していく。チラコイドの内腔には、高濃度のプロトンが集まる。
3. プロトンは膜を貫通して存在しているATP合成酵素を通ってストロマ側に勢いよく流れ、その力でATPが大量に合成される。

暗反応の概要（①-B）

暗反応は葉緑体のストロマで行われる。明反応で生産されたNADPHとATPを利用して二酸化炭素と水から糖がつくられる。暗反応では、

1. カルビン回路という名の代謝系が進行し、3炭糖がつくられる。
2. 3炭糖は糖の新生経路に入り、グルコースやデンプンがつくられる。
3. 3炭糖は細胞質にも移行し、細胞質ではスクロースがつくられる。

17.2 光合成を行う生物と葉緑体

原核生物の光合成（①-A）

原核生物では紅色細菌、緑色硫黄細菌、およびシアノバクテリア（藍藻）などが光合成を行う。光化学系には光化学系Ⅰ（PSⅠ）と光化学系Ⅱ（PSⅡ）の2種類がある。紅色細菌はPSⅡ、緑色硫黄細菌はPSⅠを持っている。これらの生物では光合成に伴う酸素の発生はない。シアノバクテリアにはPSⅡとPSⅠの両方があり、両システムをつないだ光合成を行う。また、光合成に伴って酸素を発生する。

① 光合成

光合成を行う生物	光合成のシステム（光化学系）	酸素の発生
原核生物（A） 　紅色細菌 　（紅色光合成細菌）	1種類（PSⅡ）	なし
緑色硫黄細菌	1種類（PSⅠ）	なし
シアノバクテリア（藍藻）	2種類（PSⅡとPSⅠ）	あり
真核生物（B） 　珪藻類、藻類、植物	2種類（PSⅡとPSⅠ）	あり

真核生物の光合成はシアノバクテリアの光合成と類似している（①-B）

真核生物では珪藻類、藻類、および植物が光合成を葉緑体で行う。PSⅡとPSⅠを結合したシステムで光合成が進行し、光合成に伴って酸素が発生する。

葉緑体の構造と由来（②）

葉緑体はミトコンドリアと同様に2重の膜を持っている。葉緑体の内膜は、大昔に寄生したバクテリアの細胞膜に由来し、外膜は宿主になった真核細胞の細胞膜に由来している。したがって、葉緑体の外膜と内膜の間の膜間腔は、ミトコンドリアの場合と同様に、寄生したバクテリアにとっては菌体の外側にあたる。

葉緑体の内部にはチラコイドという小胞と、チラコイドが重層したグラナが発達している。チラコイドとグラナ以外の部分をストロマという。

② 葉緑体

外膜
内膜
グラナ（チラコイドが重層したもの）
チラコイド

外膜
内膜
チラコイドの膜
チラコイドの内腔
ストロマ（葉緑体の内腔）

A

葉緑体のチラコイドとグラナの由来（②-A）

チラコイドは葉緑体の内膜がストロマ内に陥入して生じ、円盤状の構造になっている。チラコイドが重層して、円盤を積み重ねたようなグラナができる。

グラナやチラコイドの膜は葉緑体の内膜に由来し、つまり寄生したバクテリアの細胞膜に由来する。チラコイドの内側（チラコイドの内腔）はバクテリアの細胞膜の外側にあたる。

column　シアノバクテリアの成長でつくられた岩石（ストロマトライト）

① ストロマトライトの成長

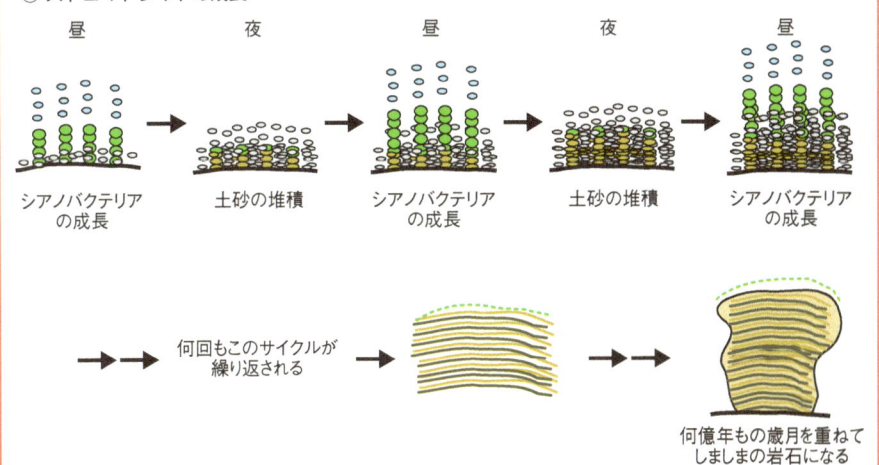

昼　　　夜　　　昼　　　夜　　　昼

シアノバクテリア　土砂の堆積　シアノバクテリア　土砂の堆積　シアノバクテリア
の成長　　　　　　　　　　　　の成長　　　　　　　　　　　　　の成長

→→　何回もこのサイクルが繰り返される　→　→→　何億年もの歳月を重ねてしましまの岩石になる

　光合成を行い酸素を発生するバクテリアやシアノバクテリア（藍藻）は、30億年前ぐらいに出現した。西オーストラリアの浅い海岸ハメリンプールには、ストロマトライトと呼ばれる層状の岩石が無数に存在している。このストロマトライトは小さなシアノバクテリアが光合成をして成長し、土砂の堆積によって埋もれ、そしてまた成長し、というサイクルを推定27億年の年月を重ねてつくられたと考えられている（①）。その上端部分ではいまもシアノバクテリアが活動している（②）。ただし、下層部分は別の微生物の活動によってつくられたという説もある。

② ストロマトライト

斜め上から撮影。
（所蔵：神奈川県立生命の星・地球博物館）

　世界各地に種々の歳月でつくられたストロマトライトがある。日本でも化石化したストロマトライトを山口県の秋吉台などで見ることができる。

17.3 光を吸収する光合成色素

光合成色素が吸収する光の波長（①）

　光を吸収しやすい化学物質は、共役2重結合＊を持っている。物質ごとに吸収する光の波長帯は異なる。

クロロフィルとカロテノイド（②、③）

　植物に多いクロロフィル a とクロロフィル b は、380〜470 nm 付近の波長の光（紺色〜空色）および 620〜680 nm 付近の波長の光（だいだい色〜赤色）を吸収する。カロテノイドは、380〜480 nm 付近の波長の光（紺色〜空色）を吸収する。緑〜黄色部分の波長の光をクロロフィルやカロテノイドはほとんど吸収しない。そのため植物などの葉は、吸収されなかった緑色〜青色に見える。

　カロテノイドには、β-カロテンやキサントフィルなどがあり、いずれも長い共役2重結合を持っている。太陽光を吸収するだけでなく、クロロフィルからたまに飛び出す電子も吸収してスーパーオキシドラジカル（・O_2^-）の発生を防いでいる。抗酸化物質として私たちの健康維持に役立っている。秋に緑葉が紅葉や黄葉に変化するのは、クロロフィルが分解した後にカロテノイドが残るためである。

バクテリオクロロフィル

　シアノバクテリアなどが持つバクテリオクロロフィルは、紫外部や赤外部の波長の光を吸収できる。

フィコエリトリンとフィコシアニン（④）

　藻類やシアノバクテリアではフィコエリトリンやフィコシアニンが利用される。いずれも色素がタンパク質に共有結合したもので、色素部分はフィコエリトロビリンとフィコシアノビリンである。フィコエリトリンは空色〜緑色〜黄色の波長の光を吸収する。フィコシアニンは緑色〜黄色〜だいだい色の波長の光を吸収する。

> **学生の感想など**
>
> ◆光エネルギーとはどのようなものですか？　光子数と振動数が関わると聞いたことがあるのですが、電子のエネルギーなどは関係ないのですか？　また、光を吸収するとはどういうことなのでしょうか？
> ⇒光はさまざまな波長の電磁波（光子）の集合体です。それぞれの波長の電磁波は波長に見合ったエネルギーを持っています。ある物質が光を吸収するというのは、その物質の電子の中でエネルギー状態の変化を起こしやすい電子がその変化に対応する特定の波長の光を取り込んでエネルギー状態を変える（励起する）ということです。クロロフィルやカロテンなどに見られる共役2重結合部分の電子は、エネルギー状態の変化を起こしやすい電子です。
>
> ◆緑と黄色の光は葉で吸収されないので、反射してわれわれの目に入り、それで植物は緑や黄色に見えることを知って、なるほど!!　と感動しました。

＊共役2重結合は単結合と2重結合が交互に繰り返された化学結合で、2重結合の電子は共役2重結合の全体に分布する（非局在化するという）。

① 光合成色素が吸収する光の波長（吸収スペクトル）*

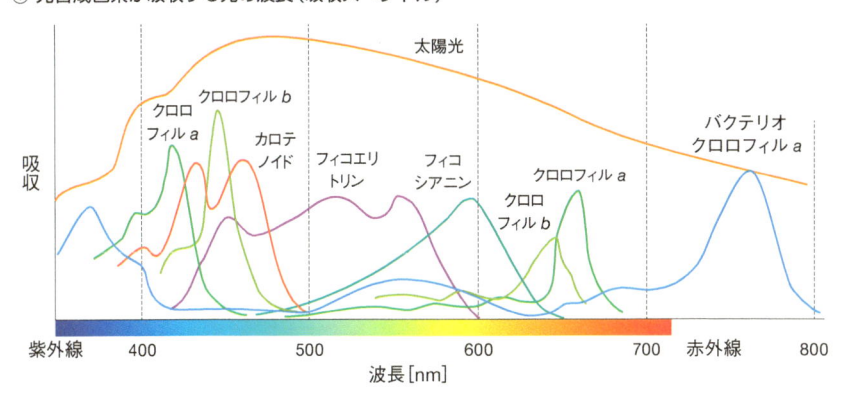

② クロロフィル

構造式は植物のクロロフィル a。植物のクロロフィル b では B の部分が $-CHO$ になっている。バクテリオクロロフィル a と b では A の部分が $-COCH_3$ および C の部分が単結合になっている。クロロフィル b では D の部分が $-CH=CH_2$ である

フィトール側鎖

ポルフィリン環

③ カロテノイド　構造式は β-カロテン

④ フィコエリトリンとフィコシアニンの色素部分

フィコエリトロビリン　　フィコシアノビリン

赤の破線部分が両者で異なる

* L. A. Moran・H. R. Horton・K. G. Scrimgeour・M. D. Perry 著、鈴木紘一・笠井献一・宗川吉汪 監訳、ホートン生化学 第5版 (2013) 東京化学同人、p.369、図15.2 を一部改変。

17.4 光エネルギーの吸収と電子の伝達

　光エネルギーの吸収と電子の伝達を模式的にまとめたものは、Z型模式図と呼ばれる（①）。縦軸は標準還元電位の値で、電子は還元電位の低い物質から高い物質に伝達される（参照→13.2）。Z型模式図を見ると、伝達される電子のエネルギーが光のエネルギーに由来していることがよくわかる。光エネルギーの吸収は2か所で行われる。その後の電子伝達の過程で膜を隔てたプロトンの濃度勾配が形成され、それはやがてATPの合成に結実する。以降の項目では、光化学系で吸収された光エネルギーがどのように電子の伝達に使われるのか、電子はどのように伝達されていくのかについて見ていく。

① Z型模式図：シアノバクテリアでの光エネルギーの吸収と電子の伝達[*]

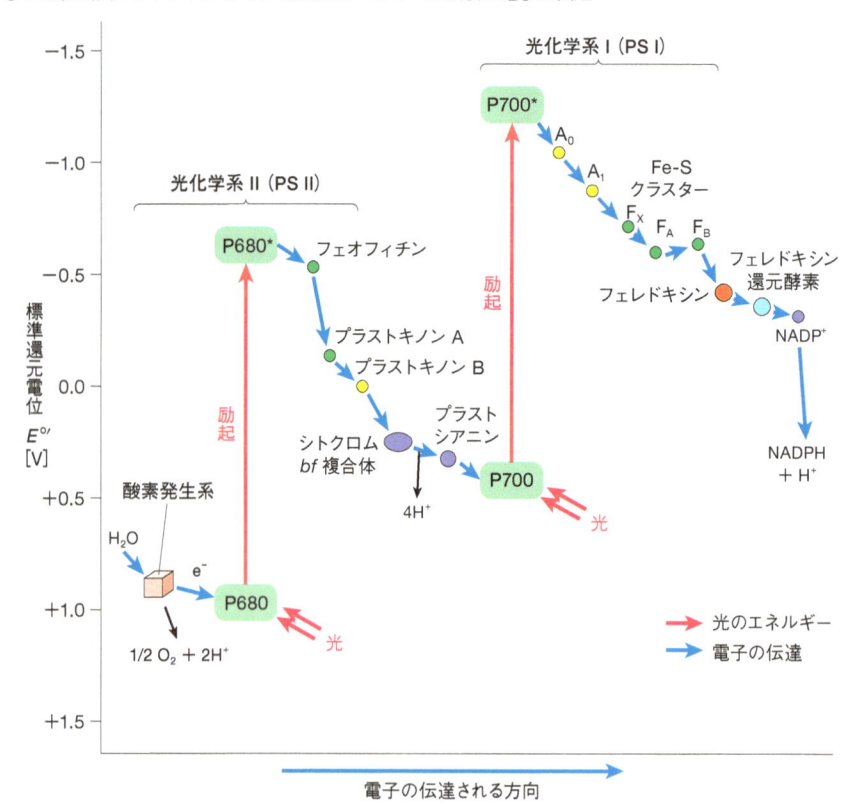

*L. A. Moran・H. R. Horton・K. G. Scrimgeour・M. D. Perry 著、鈴木紘一・笠井献一・宗川吉汪 監訳、ホートン生化学 第5版（2013）東京化学同人、p.378、図15.14を一部改変。
　A_0, A_1, F_X, F_A, F_Bは、クロロフィル、フィノキロン、[4Fe-4S]クラスターにおける電子伝達物質の略称（参照→17.7図②）。

17.5 光化学系IIでの光エネルギーの吸収と電子の伝達

光化学系IIの構造（①）

光化学系II（PS II）は2量体の超複合体。シアノバクテリアのモノマーは、20個近いタンパク質がつくる基本構造にエネルギーや電子の伝達に関わる低分子化合物が多数配置されている。

PS IIの全域には光を受け取ってそのエネルギーを伝達するクロロフィル a が30個以上あり β-カロテンもあちこちに存在している。PS IIのモノマーの中央部には、2分子のクロロフィル a でできたスペシャルペアが存在している（②）。680 nmの波長の光をよく吸収するのでスペシャルペアP680と呼ばれる。スペシャルペアのストロマ側には電子を伝達するフェオフィチンやプラストキノンがあり、チラコイド内腔側には酸素発生系がある。

光エネルギーの吸収と伝達、電子の飛び出し

PS IIでは光エネルギーの吸収の結果、電子が飛び出すが、飛び出した電子の穴埋めのために水が分解され酸素が発生する。光合成で生じる酸素はこのステップで発生したものである。

クロロフィルやカロテンに吸収された光エネルギーは近傍に存在する色素に伝達されていき、最後に中央部にあるスペシャルペアに伝達される。

光エネルギーを伝達されたスペシャルペアでは電子の運動が活発になり、勢い余って高エネルギーの電子が分子の外に飛び出す（電荷の分離）。飛び出した電子はスペシャルペアの近傍にあるフェオフィチンに飛び移る。

① 光化学系II（2量体）のモノマーの構造（シアノバクテリア）

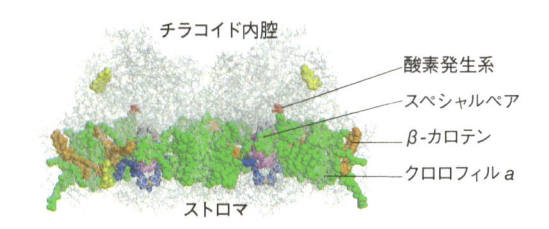

膜側から見た光学系II

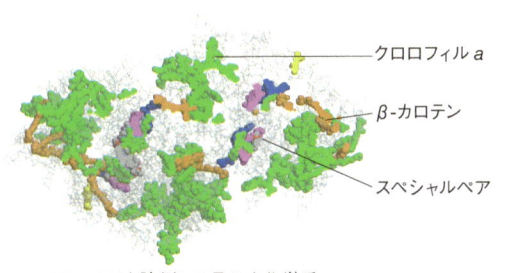

チラコイド内腔側から見た光化学系II

[PDB ID : 1S5L]

② スペシャルペアP680

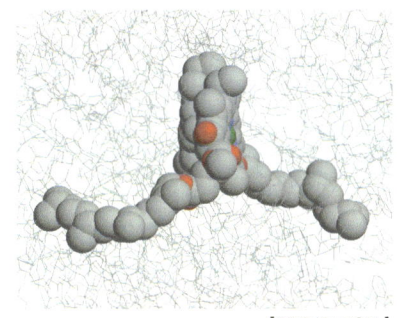

[PDB ID : 1S5L]

スペシャルペアから飛び出した電子の伝達（③-A）

スペシャルペアから飛び出した電子は、フェオフィチン、プラストキノン（PQ）A、プラストキノンBへと隣接する分子に飛び移っていく。フェオフィチンはクロロフィルaのMg^{2+}が2個のH^+に置換されたもので、プラストキノンはユビキノンに類似した物質である（④）。

PQBは電子を2個受け取ると、ストロマ側からH^+を取り込みプラストキノール（PQH_2）（⑤）となってPSⅡから離れ、チラコイドの膜の中を移動する。

スペシャルペアには水分子の分解で電子が補充され、酸素が発生する（③-B）

電子が飛び出したスペシャルペアには酸素発生系を通じて水由来の電子（$2H_2O \rightarrow 4H^+ + 4e^- + O_2$）が供給される。水由来の$H^+$はチラコイドの内腔に放出される。

ストロマ側から$2H^+$がPQに渡され、水の分解で生じた$4H^+$がチラコイド内腔に放出されるので、PSⅡでのチラコイドの膜を隔てたH^+の濃度勾配の形成は$6H^+$になる。

植物ではPSⅡを集光性複合体（LHC Ⅱ）が取り囲んでいる

PSⅡはシアノバクテリアでも植物でもほぼ同じである。ただし植物ではPSⅡをさらに集光性複合体（LHC Ⅱ）が取り囲んでいる。LHC Ⅱは多くのタンパク質およびクロロフィルとカロテノイドを含む大きな構造体である。LHC Ⅱで捕捉された光エネルギーもPSⅡに伝達されていく。

③ スペシャルペアP680から飛び出した電子の伝達とP680への電子の補充

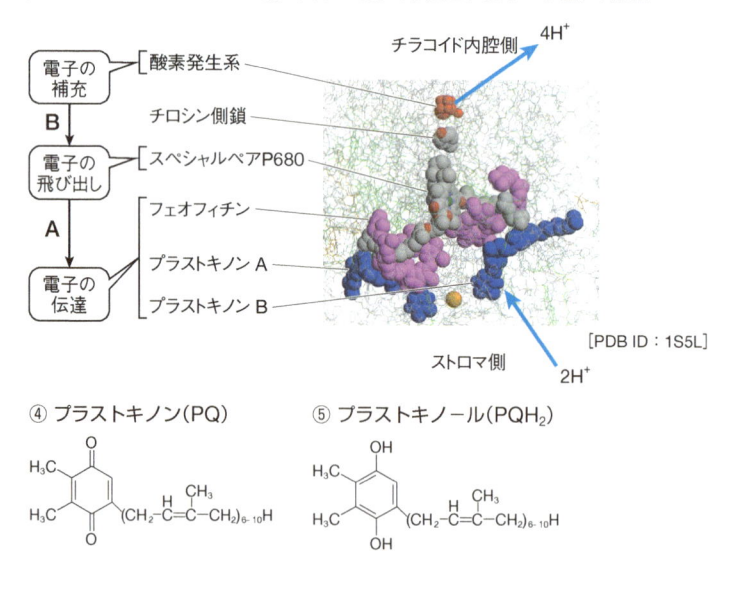

④ プラストキノン(PQ)

⑤ プラストキノール(PQH_2)

17.6 シトクロム *bf* 複合体とプラストシアニン

電子はプラストキノールからシトクロム *bf* 複合体に伝達される

光化学系IIで電子とH$^+$を得たプラストキノール（PQH$_2$）は、シトクロム *bf* 複合体のPQH$_2$結合部位に結合すると、電子をシトクロム *bf* 複合体に渡し、H$^+$をチラコイドの内腔に放出する。

シトクロム *bf* 複合体での電子の行方は2方向：プラストシアニンとPQH$_2$の再生

PQH$_2$から受け取った電子2個のうち、1個はFe-Sクラスターとシトクロム *f* を経て、膜に表在するプラストシアニンに伝えられる。もう1個の電子はシトクロム *b* の2個のヘムを経てプラストキノン（PQ）結合部位に結合しているPQに渡される。

QサイクルによりH$^+$がストロマからチラコイドの内腔に移行する（②）

PQH$_2$からシトクロム *bf* 複合体に電子が渡されるときに、H$^+$はチラコイドの内腔に放出される。PQがPQH$_2$に再生されるときには、H$^+$はストロマから補充される。PQからPQH$_2$への再生には電子が2個必要なので、これが2回行われる。2回の合計で、ストロマよりもチラコイド内腔のほうが6個分H$^+$の濃度が高くなる。

① シトクロム *bf* 複合体（Cyt *bf*）での電子とプロトンの移動

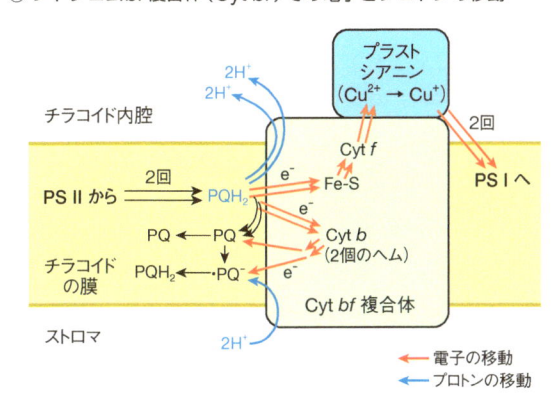

② Qサイクル

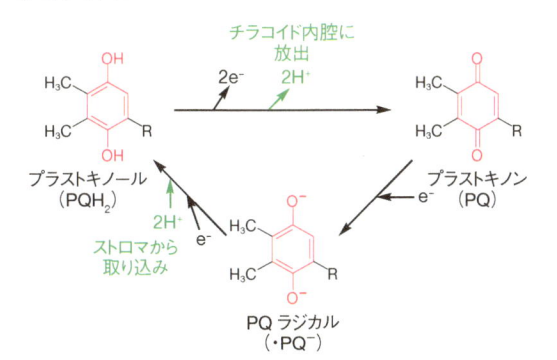

17.7 光化学系Iでも光エネルギーを吸収した電子が飛び出す

プラストシアニンに渡された電子は、光化学系I（PSI）に渡される。

PSIの構造（①）

PSIもPSIIと同じで、チラコイドの膜を貫通して存在する巨大な構造体である。シアノバクテリアのPSIは、タンパク質11個がつくるモノマーが3個会合してできている。モノマーにはクロロフィルとβ-カロテンが全体に分散して多数存在している。中央付近にはクロロフィル2分子でできたスペシャルペアのP700があり、700 nm付近の波長の光をよく吸収する。スペシャルペアP700のストロマ側にはクロロフィル、フィロキノン、[4Fe-4S]クラスター3個が存在し、フェレドキシン結合部位がある。チラコイド内腔側にはプラストシアニン結合部位がある。

PSIでも光エネルギーを吸収して電子が飛び出す（②）

PSIの全体に分散しているクロロフィルやβ-カロテンは、太陽光が当たるとそのエネルギーを吸収して隣接するクロロフィルやβ-カロテンにそのエネルギーを伝え、中央にあるスペシャルペアに伝える（②-A）。スペシャルペアの電子は、高エネルギー状態に励起されてスペシャルペアから飛び出す（電荷の分離）（②-B）。飛び出した電子は、クロロフィル、フィロキノン、[4Fe-4S]クラスターを飛び移っていく。そしてストロマ側でPSIに結合しているフェレドキシンの[2Fe-2S]クラスターに飛び移る。

PSIのスペシャルペアにはプラストシアニンから電子が補充される（②-C）

電子が1つ飛び出したPSIのスペシャルペアには、プラストシアニンから電子が補充される。プラストシアニンの銅イオンはCu^{2+}になり、プラストシアニンはPSIから離れてチラコイド膜の内腔側を移動する。

PSIIにおいて水の分解で供給された電子は、PSIIから飛び出してPQ、シトクロム *bf* 複合体、プラストシアニンとはるばる伝達されてきて、PSIにおいてスペシャルペアの電子の補充に使われることになる。

① PSIのモノマーの構造（シアノバクテリア）

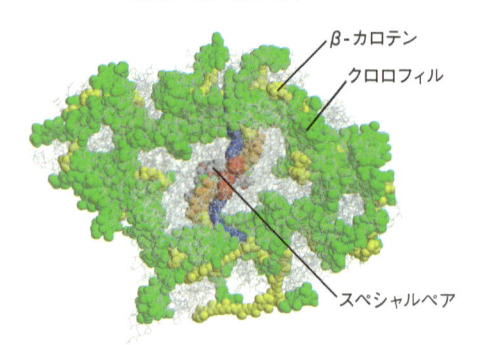

チラコイド内腔
スペシャルペアのある位置
ストロマ
β-カロテン
クロロフィル
[4Fe-4S]クラスター

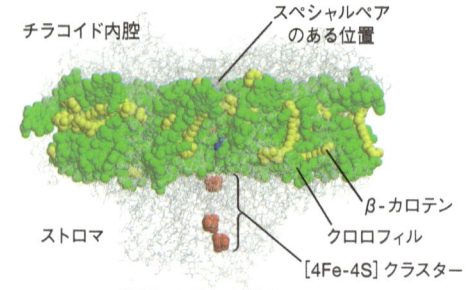

膜側から見た光学系I

β-カロテン
クロロフィル
スペシャルペア

ストロマ側から見た光学系I

[PDB ID：1JB0]

② スペシャルペア P700 から飛び出した電子の伝達

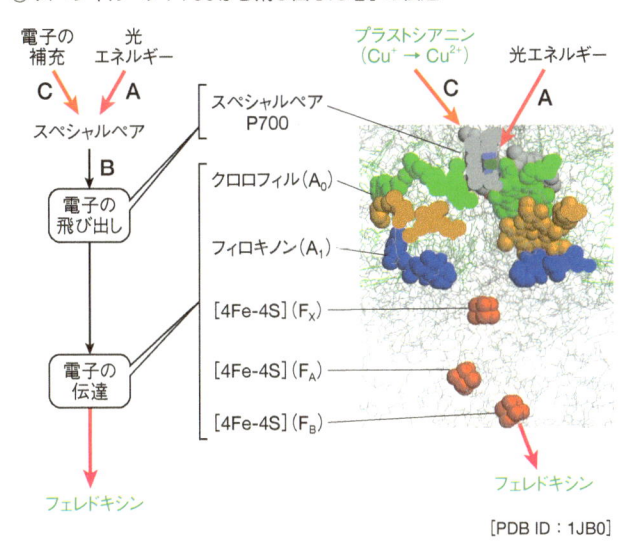

[PDB ID：1JB0]

植物では PS I も集光性複合体（LHC I）が取り囲む

植物の光化学系 I は単量体で、それを集光性複合体（LHC I）が取り囲んでいる。LHC I で捕捉された光エネルギーも光化学系 I に伝達される。

---

column　植物工場と LED（発光ダイオード）ライト

人工的に環境条件や培養液をコントロールする植物工場の技術が発達している。そこでは太陽光の代わりに人工の光が使われることが多い。LED ライトは低電圧で長寿命の光源として、白熱灯や蛍光灯にとってかわりつつある。LED ライトの特徴は光の波長域が狭いことで、赤色の LED ライトや青色の LED ライトは植物で光合成を行わせるのに適している。

学生の感想など

スペシャルペアでは 2 分子のクロロフィル a がペアをつくっているとのことですが、何か間に 2 つのクロロフィルをつなぐ物質があるのでしょうか？
⇒ペアは密着していてその間には何もありません。タンパク質が 2 つのクロロフィル a を密着させるように働いています。

17.8 NADPHの生成

　フェレドキシンに伝えられた電子は、フェレドキシン-NADP⁺還元酵素の持つFADを経てNADPに伝えられ、NADPHがつくられる（①-A）。1分子のNADPH生成に対し、電子2個とストロマのプロトン2個が消費され、チラコイド内腔にプロトン1個が放出される。

光が強くて明反応が進みすぎる場合、循環的光リン酸化で対応する

　光が強くて光合成の明反応が進みすぎると、最後に電子を受け取るはずのNADP⁺が不足する。それを避けるために循環的光リン酸化と呼ばれる電子の伝達経路が発達している（①-B）。

　この経路ではフェレドキシンまで伝えられた電子がシトクロム *bf* 複合体に戻されてプラストキノール（PQH₂）の再生に使われる。再生したPQH₂から改めてシトクロム *bf* 複合体に電子が伝えられる。そこではストロマからチラコイド内腔へのプロトンの移動が起こるので、ATP合成に必要な膜を隔てたプロトンの濃度勾配の形成が進行する。

①フェレドキシンから先の電子の伝達

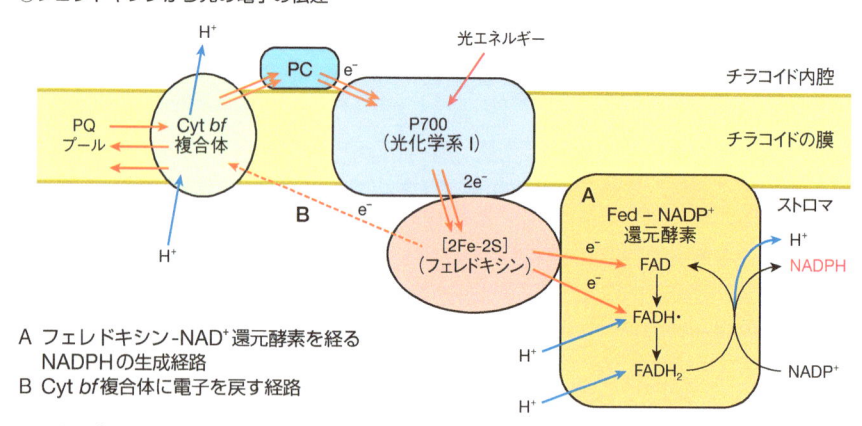

A　フェレドキシン-NAD⁺還元酵素を経るNADPHの生成経路
B　Cyt *bf* 複合体に電子を戻す経路

PC：プラストシアニン
PQ：プラストキノン
Cyt *bf* 複合体：シトクロム *bf* 複合体
Fed-NADP⁺還元酵素：フェレドキシン-NADP⁺還元酵素

17.9 プロトンの濃度勾配を利用したATPの生成

ATP合成酵素はプロトンの通過で回転し、ATPを大量に生成する（①）

電子伝達に伴って、葉緑体のストロマ部分からチラコイドの内腔に大量のプロトン（H⁺）が移動する。チラコイドの膜にはミトコンドリアの内膜と同様にH⁺の通過によって回転するローターを持ったATP合成酵素が埋め込まれている。H⁺の逆流の力によって大量のATPが生産される。

葉緑体のチラコイド膜で起こるATPの生成は光エネルギーが原動力になっているので、光リン酸化と呼ばれる。12個のH⁺の通過でATPが3分子生成する。

① ATP合成酵素はプロトンの通過で回転してATPを生成する

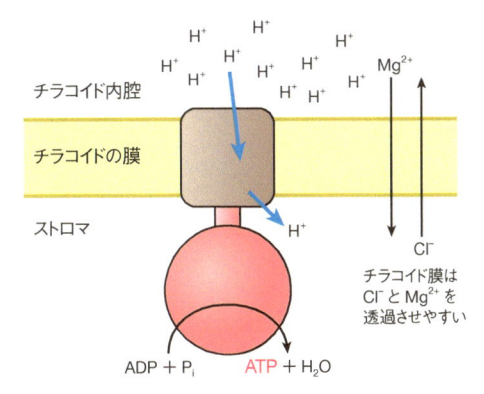

チラコイド膜はCl^-とMg^{2+}を透過させやすい

膜を隔てた電荷の勾配とプロトンの勾配

チラコイド膜を隔てて H⁺ が大量に移動すると、膜を隔てた電荷の勾配が生じる。しかし実際には Mg^{2+} が H⁺ とは逆方向に移動し、Cl^- が H⁺ と同方向に移動する。その結果、膜を隔てた電荷の勾配は解消され、H⁺ の濃度勾配だけが生じることになる。H⁺ の濃度勾配は pH で約3.5単位に達する。ストロマ側は pH7.5（H⁺の濃度は $10^{-7.5}$）になり、一方、チラコイド内腔側は pH4（H⁺の濃度は 10^{-4}）になる。

Cl^- と Mg^{2+} の移動は輸送体を介せずに起こる。チラコイドの膜は Cl^- と Mg^{2+} を透過させやすい性質を持っている。

学生の感想など

◆生物体の電子輸送（伝達）などを、電気エネルギーとして使えたら面白いと思った。そんなことしたら代謝できなくて死んじゃうかもしれないけれど、森は CO_2 を吸収し、酸素を排出し、電気をつくるようになるのになあ…なんてことを考えてました。勉強すればするほど、生物ってすごいなあと思います。
⇒森全体の利用、ユニークな発想ですね。

補項 17.1　スペシャルペアに電子を補充するために水が分解されて酸素が発生する

酸素発生系（①）

　酸素発生系はシアノバクテリア（藍藻）および植物の光化学系 II（PSII）複合体の中で発達している。酸素発生系では電子が飛び出したスペシャルペアに水の電子を引き抜いて補充する。その副産物として、酸素が発生する。電子供与体として水を使う生物だけが光合成で酸素を発生する。水以外の物質から電子を補充する生物では酸素の発生はない（②）。

酸素発生系の構造

　酸素発生系の中心には Mn_3CaO_3 のクラスターが存在し、4個の水分子を保持している。Mn_3CaO_3 のクラスターはタンパク質のアスパラギン酸（Asp）側鎖とグルタミン酸（Glu）側鎖に保持されており、チロシン（Tyr）側鎖もごく近傍に存在している。

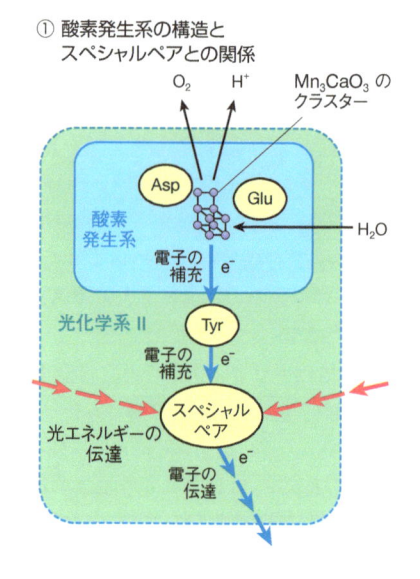

① 酸素発生系の構造とスペシャルペアとの関係

酸素の発生

　スペシャルペアを飛び出して不足になった電子の分は、酸素発生系での水の分解によって補充される。これは次のようにして起こる。

1. 電子が飛び出したスペシャルペアは、近くの Tyr 側鎖から電子を奪う。

② スペシャルペアに電子を補充する物質（電子供与体）

生物グループ	電子供与体	酸素の発生
緑色硫黄細菌	H_2、H_2S、S	なし
緑色非硫黄細菌	アミノ酸や有機酸	なし
紅色硫黄細菌	H_2、H_2S、S	なし
紅色非硫黄細菌	有機物質	なし
シアノバクテリア（藍藻）	H_2O	あり
植物（藻類）	H_2O	あり

2. 電子を引き抜かれた Tyr 側鎖（チロシンラジカル、チイルラジカル）は酸素発生系の Mn_3CaO_3 クラスターに保持されている水分子から Mn を通じて電子を引き抜いて回復する。
3. 水分子は電子を1個引き抜かれるたびに不安定になる。2個の水分子から合計4回の電子が引き抜かれ、酸素ガス（O_2）が1分子生成する。

$$2H_2O \rightarrow 4e^- + O_2 + 4H^+$$

補項17.2　光の捕捉と光エネルギーの伝達

基底状態（①-A）
電子は原子核の外側の軌道をペアになってまわっている。図ではペアの状態を逆向きの2本の矢印で示している。通常のエネルギーレベルの低い軌道の位置を長方形の枠内の下側に、エネルギーレベルの高い軌道を上側に示している。ペアの電子が通常のエネルギーレベルの低い軌道を回っている状態を基底状態という。基底状態は安定した状態である。

励起状態（①-B）
光はさまざまな波長を持ち、それぞれの波長に応じたエネルギーを持っている。波長の短い光は波長の長い光よりも高いエネルギーを持っている。

低いエネルギー軌道を回る電子（基底状態の電子）に光が当たると、高いエネルギー軌道とのエネルギーの差に等しいエネルギーを持つ波長の光だけが電子に吸収される。光のエネルギーを吸収した電子は高いエネルギー軌道に移行する。これを電子の励起という。電子が通常より高いエネルギー軌道を回る状態を励起状態という。

励起状態は不安定で、やがて基底状態に戻るか、電子は軌道外に飛び出す。

熱や蛍光の放出（①-C）
励起された電子が基底状態に戻るときに余分のエネルギーを熱エネルギーまたは蛍光として放出する。

エネルギーの共鳴転移（①-D）
励起された電子が基底状態に戻るとき、ごく近くに類似の、ないしはやや低いエネルギーレベルの化合物がある場合、放出されるエネルギーがその化合物の電子を励起状態にする。

葉緑体のクロロフィル分子やカロテン分子の間では、光で励起された分子のエネルギーは、エネルギーの共鳴転移によって近傍の分子から分子へと伝達されていく。

① 電子の状態とエネルギーの伝達のされ方

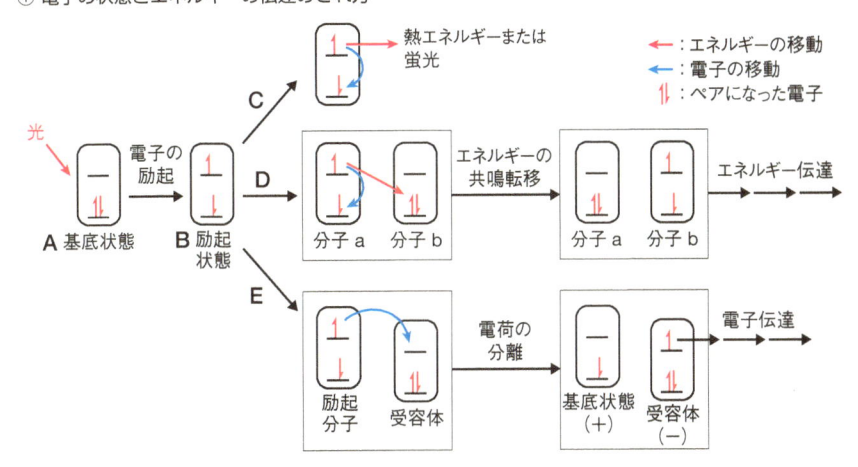

電荷の分離と電子の伝達 (①-E)

　励起された電子が自分の所属している分子から離れて、近傍にあるエネルギーレベルの低い化合物に飛び移る（電荷分離）。飛び移った電子は高いエネルギーを持っており、一連の化合物の間をパッパッパッと飛び移っていく（電子伝達）。

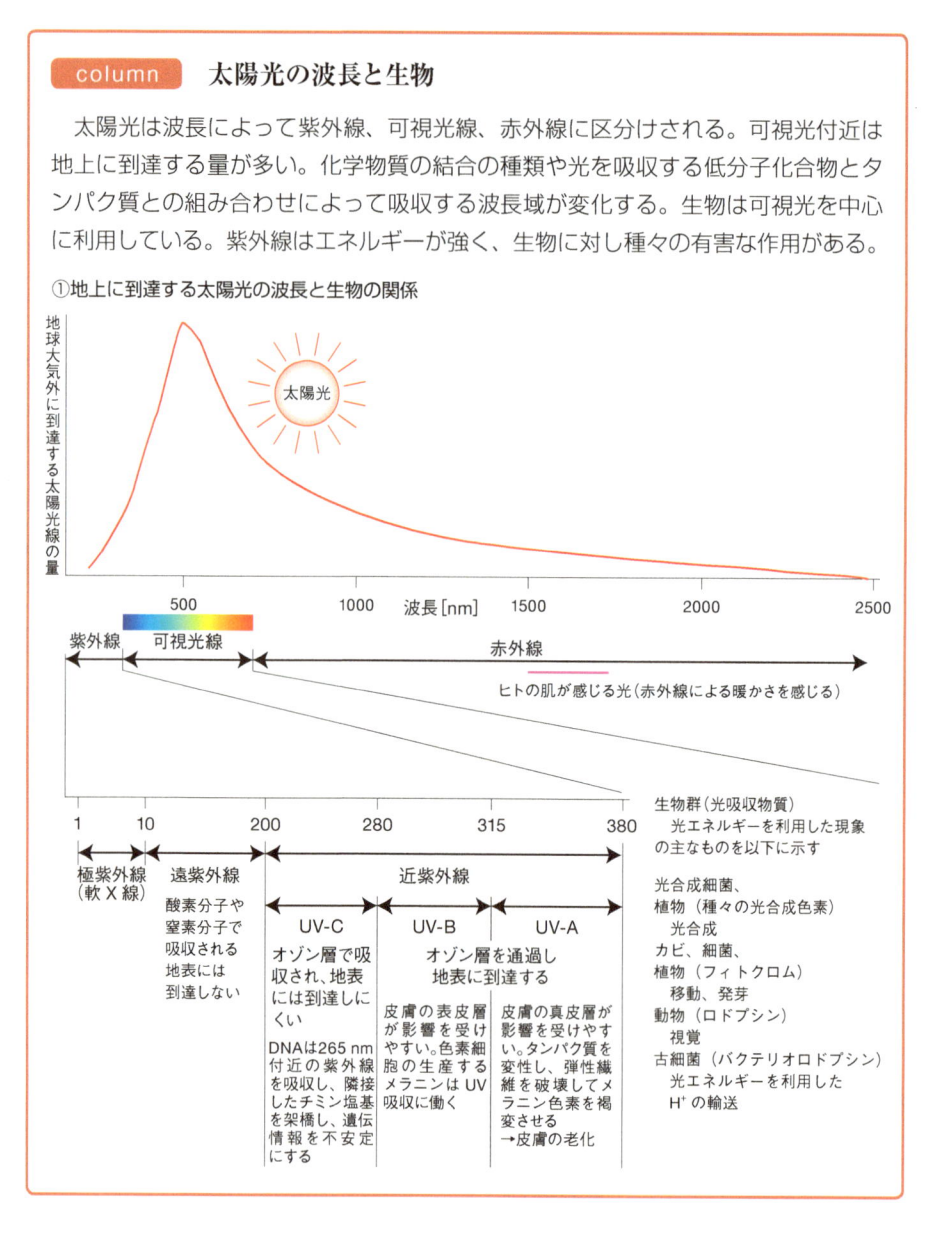

---

column　太陽光の波長と生物

　太陽光は波長によって紫外線、可視光線、赤外線に区分けされる。可視光付近は地上に到達する量が多い。化学物質の結合の種類や光を吸収する低分子化合物とタンパク質との組み合わせによって吸収する波長域が変化する。生物は可視光を中心に利用している。紫外線はエネルギーが強く、生物に対し種々の有害な作用がある。

①地上に到達する太陽光の波長と生物の関係

ヒトの肌が感じる光（赤外線による暖かさを感じる）

波長	1	10	200	280	315	380
区分	極紫外線（軟X線）	遠紫外線	UV-C	UV-B	UV-A	

- 極紫外線（軟X線）
- 遠紫外線：酸素分子や窒素分子で吸収される　地表には到達しない
- 近紫外線
  - UV-C：オゾン層で吸収され、地表には到達しにくい。DNAが265 nm付近の紫外線を吸収し、隣接したチミン塩基を架橋し、遺伝情報を不安定にする
  - UV-B：オゾン層を通過し地表に到達する。皮膚の表皮層が影響を受けやすい。色素細胞の生産するメラニンはUV吸収に働く
  - UV-A：皮膚の真皮層が影響を受けやすい。タンパク質変性し、弾性繊維を破壊してメラニン色素を褐変させる → 皮膚の老化

生物群（光吸収物質）
　光エネルギーを利用した現象の主なものを以下に示す

- 光合成細菌、植物（種々の光合成色素）
  　光合成
- カビ、細菌、植物（フィトクロム）
  　移動、発芽
- 動物（ロドプシン）
  　視覚
- 古細菌（バクテリオロドプシン）
  　光エネルギーを利用した H^+ の輸送

補項 17.3　酸化的リン酸化と光リン酸化には共通点が多い

ミトコンドリアの内膜を利用して行われる電子伝達と酸化的リン酸化は、葉緑体チラコイドの膜を利用して行われる電子伝達と光リン酸化との共通点が多い（①、②）。それぞれ図の左側から右側へ反応が進行する。

酸化的リン酸化と光リン酸化を比べて考えてみよう（復習）

1. 最初に電子を供給している物質は何だろう？
   （酸化的リン酸化では NADH や FAD だが、それらに電子を供給している物質をさかのぼって考えてもよい）
2. 電子はどうやって伝達されているのだろう？
3. 最後に電子を受け取っている物質は何だろう？
4. 光合成では酸素が発生し、呼吸では酸素が消費される。それぞれのシステムのどこでそういう結果につながるのだろう？
5. プロトン（H^+）はどのステップでどのように移動しているだろう？
6. 電子の伝達の結果、プロトンの濃度が高くなるのはミトコンドリアと葉緑体のそれぞれどこだろう？
7. ATP が合成されるのはミトコンドリアと葉緑体のそれぞれどこだろう？
8. 両方のシステムに共通する、または類似する機能を果たしている物質をマークしてみよう。

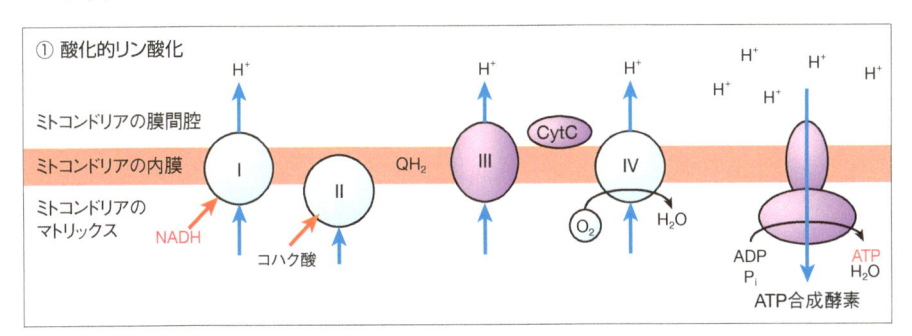

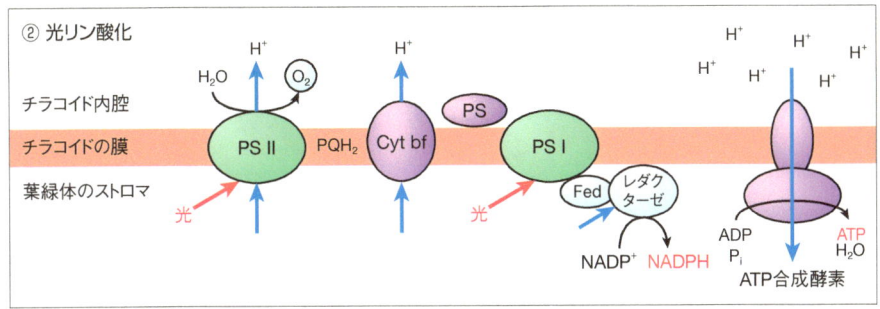

第18章

二酸化炭素と水から糖がつくられる仕組みは？
植物は環境にどのようにして適応しているだろう？

光合成（2）二酸化炭素の固定による糖の生成

　サボテンは乾燥した環境に適応している。葉が鋭いとげになって水分の蒸散を防いでいる。代謝は日光が強く乾燥した環境に適応している。

　この章では、光合成の暗反応が、どのように行われるのかを学ぶ。暗反応では、明反応で得られたエネルギーを使って二酸化炭素と水から糖がつくられる。二酸化炭素を固定する代謝の仕組み、乾燥や高温などの環境への適応の仕方、光条件（昼と夜の違い）による調節などを学ぶ。

照葉樹
太陽の陽を浴びてキラキラと輝く照葉樹。海岸近くでは照葉樹の群落が発達している。厚いクチクラの層で強すぎる光を反射するのは内部の細胞を守りながら光合成を進めていく適応の姿なのだろう

KEYWORD　暗反応　CO_2の固定　環境適応

18.1 光合成の暗反応の全体像

光合成の暗反応を明反応と比較しながら概観してみよう。

環境の必要条件と反応で生じる産物

図①は、光合成の明反応の説明で使ったものと大体同じだが、水、二酸化炭素、温度、酸素など環境の必要条件を図の下に付け加えている。明反応では光と水が必要である。光のエネルギーが高エネルギーの電子として伝達されていく過程で、電子を補充するために水が分解され、酸素が発生する。明反応ではNADPHとATPが生じる。一方、暗反応では明反応で生じたNADPHやATPを利用して、二酸化炭素が取り込まれ、糖がつくられる。具体的にいうと、解糖系や糖の新生で生じるグリセルアルデヒド3-リン酸などに由来する化合物、リブロース1,5-ビスリン酸が二酸化炭素や水を取り込み、新たな糖が生じる。

反応の起こる場所

明反応は葉緑体の中にある膜で囲まれたチラコイドで行われる。暗反応は葉緑体のストロマで進行する。

調節機構

明反応では、光の強度が強いときにはNADPHの生産を控えてATPの生産を進めていく循環的光リン酸化が行われる。暗反応では、明暗に対応した代謝調節がある。強い光強度、乾燥など特殊な環境条件に適応した代謝システムを持つ植物もある。

① 光合成

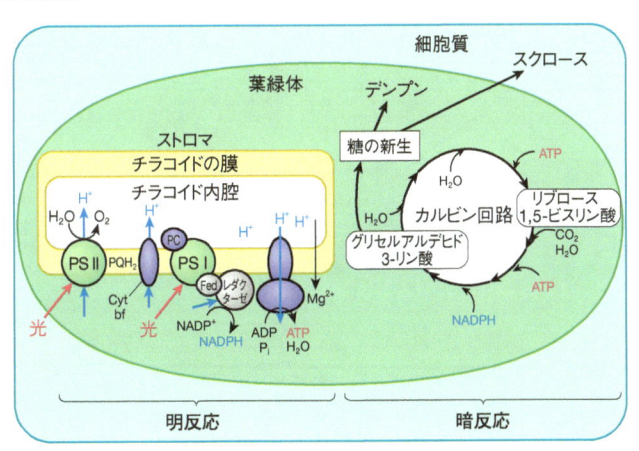

18.2 二酸化炭素を固定するカルビン回路（還元的ペントースリン酸回路）

カルビン回路で二酸化炭素が固定される（①）

　光合成で二酸化炭素を有機物に固定する代謝経路をカルビン回路という。この名称は研究者の名前にちなんでいる。還元的ペントースリン酸回路ともいうのだが、こちらはペントースリン酸経路と同じ経路があることと、NADPHの還元力を利用していることにちなんでいる。二酸化炭素の取り込みは、回路図の右下のRuBisCO（ルビスコ、ribulose 1,5-bisphosphate carboxylase/oxygenase）という酵素によって行われる。RuBisCOというのはリブロースビスリン酸カルボキシラーゼ/オキシゲナーゼの略称である。1分子のリブロース1,5-ビスリン酸に1分子の二酸化炭素と1分子の水が取り込まれ、2分子の3-ホスホグリセリン酸が形成される。

　代謝経路で複数並んでいる矢印は、トリオースリン酸（グリセルアルデヒド3-リン酸あるいはジヒドロキシアセトンリン酸）が1分子つくられるためにそれぞれの代謝ステップが何回繰り返されているのかを示している。網目状の代謝経路や同じステップの代謝が繰り返されて、二酸化炭素を受け取るリブロース1,5-ビスリン酸が再生産される。

① 二酸化炭素を固定するカルビン回路

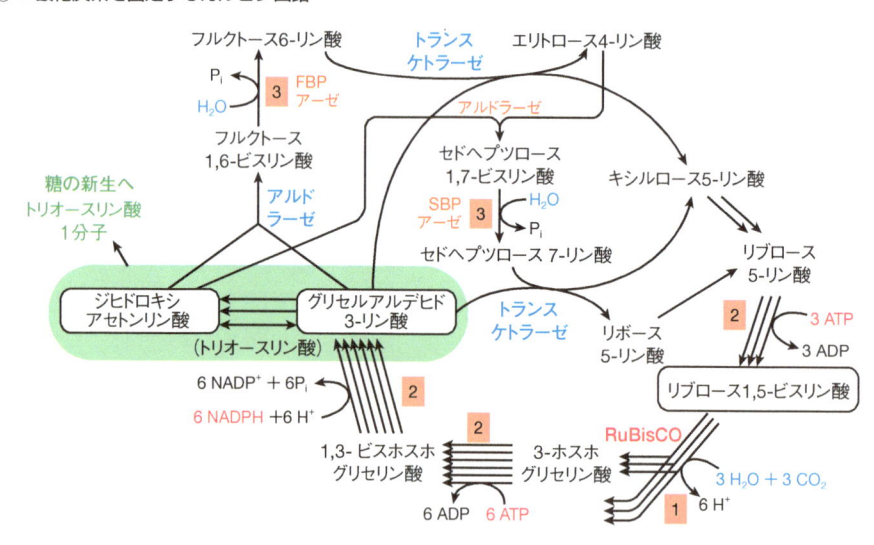

調節部位
1 CO₂固定反応（RuBisCO）
2 ATPやNADPHを消費する反応
3 ビスホスファターゼ反応

SBPアーゼ：セドヘプツロースビスホスファターゼ
FBPアーゼ：フルクトースビスホスファターゼ

1分子のトリオースリン酸を実質的に生産するために必要な原料とエネルギー

　二酸化炭素が固定されてトリオースリン酸がつくられても、その一部はリブロース1,5-ビスリン酸を再生産するカルビン回路の回転のために消費される。糖の新生に使われるトリオースリン酸を実質的に1分子生成するためには、二酸化炭素は3分子固定され（つまり、RuBisCOのステップは3回通る）、水は合計5分子使用される。エネルギー源としてはNADPHが6分子消費され、ATPは9分子消費される。

カルビン回路の調節因子は明反応で増えるもの

　カルビン回路の調節因子は、還元型のチオレドキシン（タンパク質）、アルカリ性のpH、高濃度のMg^{2+}、およびNADPHで、いずれも光合成の明反応が進行すると増加する物質や状態である。

　明反応が進行すると還元型のフェレドキシンから電子が伝達されて還元型のチオレドキシンが生じる。NADPHの濃度も高くなる。また、H^+がストロマからチラコイドの内腔に移るので、カルビン回路の代謝が行われるストロマではH^+濃度が低くなる。つまり、アルカリ性のpHになる。さらに、電荷のバランスをとるため、H^+の移行に対応してMg^{2+}がチラコイド内腔からストロマに移行し、ストロマではMg^{2+}の濃度が高くなる。

調節部位

[1]　二酸化炭素を固定するRuBisCOは、明反応の結果もたらされるpHの上昇およびMg^{2+}濃度の上昇で活性化される。また、明反応で増える還元型のチオレドキシンで活性化される。一方、暗所では、CA1P（2-カルボキシアラビニトール1-リン酸）で阻害される（参照→補項18.2）。

[2]　ATPやNADPHが消費される3か所の反応は、ATPやNADPHが生産される明反応に依存する。

[3]　ビスホスファターゼ（SBPアーゼとFBPアーゼ）により、リン酸基を1個外す反応は、pHの上昇、Mg^{2+}濃度の上昇、およびNADPH濃度の上昇で活性化される。また、明反応で増える還元型のチオレドキシンで活性化される。一方、解糖系のホスホフルクトキナーゼは、明反応で増える還元型のチオレドキシンで抑制される（参照→補項18.1）。

18.3 二酸化炭素の固定酵素 RuBisCO

RuBisCO は地球上で最も多量に存在する酵素

二酸化炭素を有機物に固定する反応を触媒する RuBisCO（リブロースビスリン酸カルボキシラーゼ／オキシゲナーゼ）は、葉緑体の全タンパク質の16％以上を占めており、地球上で最も多く存在する酵素である。この酵素は葉緑体のチラコイド膜のストロマ側の表面に付着している。触媒反応速度は遅く、1秒あたり3回ぐらいしか反応を触媒しない（k_{cat} = 3 /s）。

光合成をする生物は独立栄養生物で、二酸化炭素の固定が唯一の炭素栄養源である。反応の遅さをカバーするために葉緑体中での存在量が多くなったのであろう。

植物の RuBisCO は葉緑体の DNA と細胞核の DNA の協働でつくられる

植物の RuBisCO は大サブユニット8個と小サブユニット8個が会合した16量体で、大サブユニットどうしが会合する隙間付近に触媒部位がある（①）。大サブユニットの上に小サブユニットが付着している。

光合成細菌も RuBisCO を持っているが、光合成細菌の RuBisCO は大サブユニットだけでできており小サブユニットは存在しない。植物では大サブユニットの遺伝子は葉緑体の DNA に存在し、小サブユニットの遺伝子は細胞核の DNA に存在している。光合成細菌が真核生物の宿主に寄生し葉緑体になったと考えられている。その経過が遺伝子の状態に残存しているのだろう。

① 植物葉緑体の RuBisCO

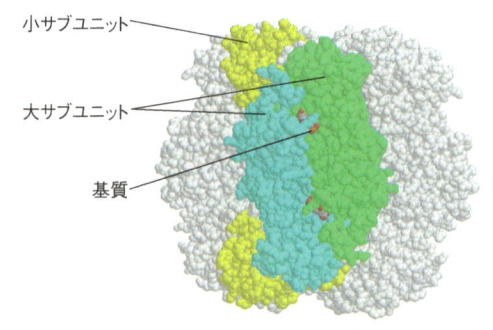

[PDB ID：1RCX]

18.4 RuBisCOの触媒作用

RuBisCOの触媒する反応（①）
RuBisCOはリブロース1,5-ビスリン酸に二酸化炭素（CO_2）を取り込んで中間体をつくり、その後水とプロトンが入って2分子の3-ホスホグリセリン酸を生じる反応を触媒する。

RuBisCOの触媒部位ではMg^{2+}に二酸化炭素と受容分子が結合する（②）
大サブユニットの触媒部位にあるリジン（Lys）側鎖がCO_2で化学修飾されてカルバミン酸になり、そこにMg^{2+}が結合している（金属イオンの活用）。CO_2を受け取るリブロース1,5-ビスリン酸と、固定されるCO_2はこのMg^{2+}の表面に結合し（近接効果と配向）、リブロース1,5-ビスリン酸とCO_2との結合反応が進む。その後、水分子が入ってきて2分子の3-ホスホグリセリン酸がつくられる。

① RuBisCOの触媒する反応

② RuBisCOの触媒部位*

---

*J. M. Berg・J. L. Tymoczko・L. Stryer 著、入村達郎・岡山博人・清水孝雄 監訳、ストライヤー生化学 第7版（2013）東京化学同人、p.542、図20.3を一部改変。

第18章 光合成（2）二酸化炭素の固定による糖の生成　255

O_2 濃度が高いときは CO_2 の固定には不要な光呼吸が加わる（③）

③ CO_2 の代わりに O_2 を取り込む光呼吸

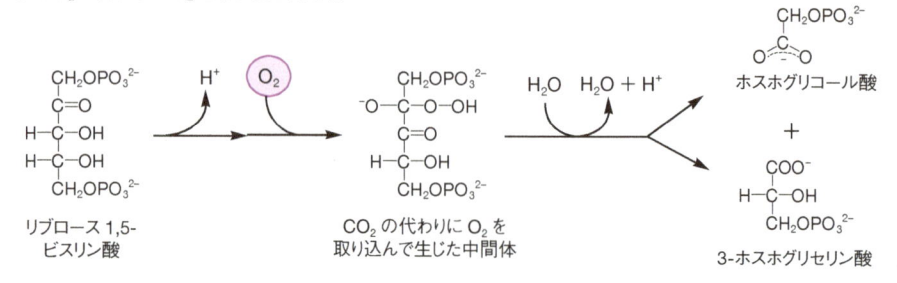

O_2 濃度が高いと CO_2 の取り込みが阻害され、RuBisCO に O_2 が取り込まれる。O_2 が取り込まれるので光呼吸という名がついているが本来は不必要な反応である。CO_2 の代わりに O_2 が取り込まれ、すぐには糖に変換されない物質（ホスホグリコール酸）が生じる。

余分な生産物であるホスホグリコール酸は、ペルオキシソームで過酸化水素（H_2O_2）を発生し、ミトコンドリアで CO_2 を出して代謝される（④）。

光呼吸の起こるわけは触媒機構を見ると理解できる

O_2 が大量にあると CO_2 が結合するはずの位置に O_2 が結合し（⑤）、O_2 がリブロース1,5-ビスリン酸と反応して3-ホスホグリセリン酸1分子とホスホグリコール酸1分子を生成してしまう。

④ 光呼吸で生じたホスホグリコール酸の代謝

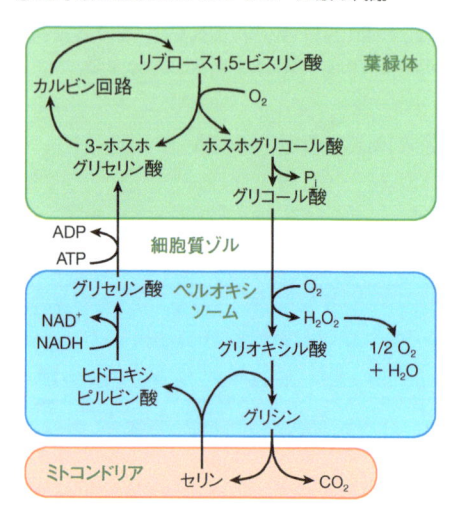

⑤ CO_2 の代わりに O_2 が入る（競合）

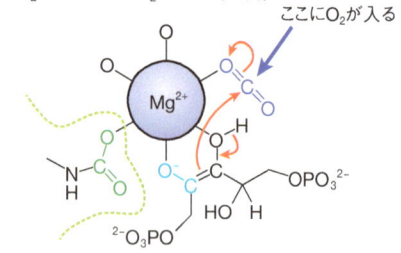

18.5 C₄植物とCAM植物の代謝

① C₄植物の代謝

② 維管束を取り囲む維管束鞘細胞

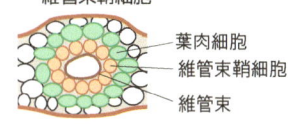

③ C₄化合物

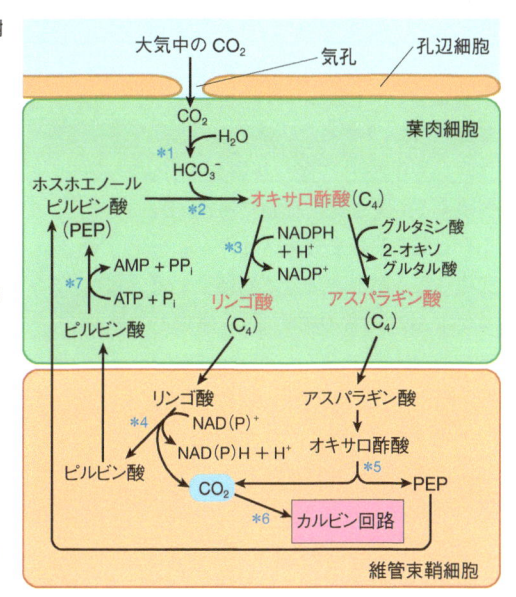

C₄植物とCAM植物の代謝で働く酵素

＊1～＊7は図①および図④の代謝ステップを表す。

* ＊1　炭酸脱水酵素
* ＊2　PEPカルボキシラーゼ
* ＊3　NAD(P)⁺-リンゴ酸脱水素酵素
* ＊4　NAD(P)⁺-リンゴ酸酵素
* ＊5　PEPカルボキシキナーゼ
* ＊6　RuBisCO（二酸化炭素固定酵素）
* ＊7　ピルビン酸オルトリン酸ジキナーゼ

C₄植物の代謝は表面側の細胞と内部の細胞とで役割分担がある（①）

　高温や光の強い環境で育つ植物のなかには、活発な明反応で生じる大量の酸素によって二酸化炭素固定が阻害されるのを防ぐための代謝システムを発達させているものがある。地球の歴史で大気中の二酸化炭素濃度が低い時期に、この適応が発達したと考えられている。

　気孔に接した葉肉細胞で二酸化炭素を一度リンゴ酸やアスパラギン酸に変換する。リンゴ酸やアスパラギン酸は原形質連絡を通って植物体の内側にある維管束鞘細胞に入る。維管束鞘細胞で改めてリンゴ酸やアスパラギン酸から二酸化炭素が切り出され、カルビン回

路による二酸化炭素の固定が行われる。維管束鞘細胞は葉の内部にあるため、酸素濃度が低い（②）。酸素ガスによる妨害がない条件で、二酸化炭素が糖に取り込まれる。リンゴ酸やアスパラギン酸は炭素4個の化合物（C_4化合物）（③）なので、このシステムを持つ植物はC_4植物と呼ばれる（トウモロコシ、サトウキビ、ススキ、シバ、ケイトウ、ヒユなど）。二酸化炭素をC_4化合物に変換する酵素が葉肉細胞で働き、C_4化合物から二酸化炭素を放出させカルビン回路の代謝を行う酵素が維管束鞘細胞で働いている。なお、通常の植物はC_3植物と呼ばれる。

乾燥地域のCAM植物では昼と夜で代謝が切り替わる（④）

乾燥地域に生育する植物では日中は孔辺細胞によって気孔を閉じ、気孔からの水分の蒸散を防いでいるものが多い（ベンケイソウ、サボテン、パイナップルなど）。夜間に気孔を開き、大気中の二酸化炭素を葉肉細胞に取り込んで、リンゴ酸に変換して液胞中に蓄える（④-A）。昼は気孔を閉じて二酸化炭素の流入がなくなる。リンゴ酸から二酸化炭素が切り出され、カルビン回路によって糖の新生に使われる（④-B）。このシステムは植物名を転用してベンケイソウ型有機酸代謝（略してCAM）、この代謝システムを持つ植物はCAM植物と呼ばれる。

④ CAM植物の代謝

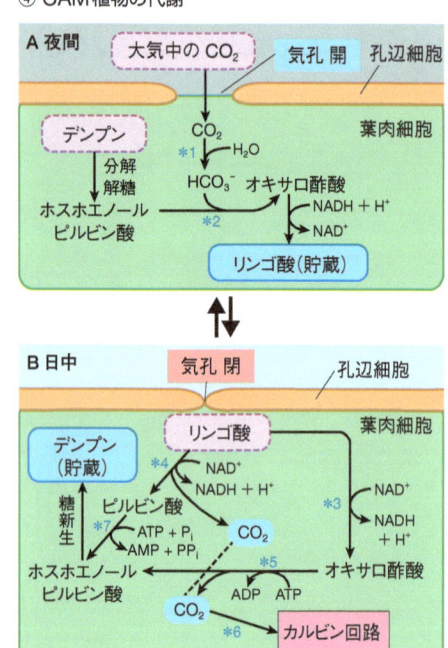

学生の感想など

◆ CAM植物、特にサボテンなどが生育する砂漠地帯などは日中と夜間の気温差も大きいと思うのですが、それに対しての対策は何かしているのでしょうか？
⇒重要な疑問です。研究テーマとしても面白いと思います。代謝だけでなく、植物体の構造の変化でも対策していると思います。例えば厚い皮の下ではフカフカした組織に断熱の役割を持たせるというような。

◆ C_3植物をC_4、CAM植物の代謝系に変えることは可能でしょうか？
⇒これも代謝だけでなく、気孔の調節や植物体の構造の変化などが関係しているかもしれません。

18.6 デンプンとスクロースの合成・分解

葉緑体でデンプンがつくられる（①-A）
　カルビン回路で生じたトリオースリン酸は解糖系の逆経路をたどり、糖として新生される。葉緑体の中ではグルコース 1-リン酸、ついで ADP-グルコースを経てデンプン*として蓄えられていく。

スクロースの形成は細胞質で進行する（①-B）
　トリオースリン酸の一部は葉緑体から細胞質に輸送され、やはり糖新生経路をさかのぼり、その一部はグルコース 1-リン酸になる。グルコース 1-リン酸は UDP-グルコースを経てフルクトース 6-リン酸と反応してスクロース 6-リン酸を生じ、その後スクロースがつくられる。

スクロースは維管束を経て根や種子に蓄えられる（①-C）
　細胞質でつくられたスクロースは、葉肉細胞から維管束を経て成長部位や根、種子などに輸送される。イモなどの根の細胞ではヘキソース単量体になった後、葉緑体の変形したアミロプラストに取り込まれ、そこでデンプンとして再合成されて貯蔵される。

① デンプンとスクロースの合成・分解

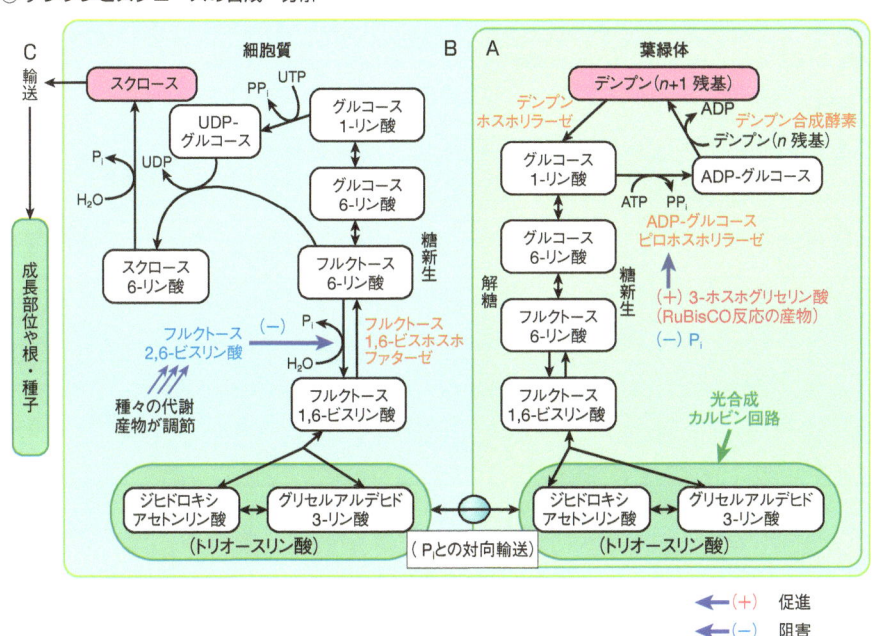

*デンプンもグリコーゲン（参照→12.4）も貯蔵のための多糖である。維管束植物ではデンプンがつくられる。細菌や藻類などでは哺乳類と同様にグリコーゲンがつくられる。

デンプンとスクロースの合成や分解は光で調節されている

　デンプンとスクロースの形成は光によって調節されている。昼間はスクロースからデンプンへの代謝が進行し、デンプンとして貯蔵されていく。夜間はその反対にデンプンが分解され、スクロースの合成が進行する。光が間接的に調節している部位には、解糖系のホスホフルクトキナーゼ（参照→ 11.2、11.4）やデンプン合成経路にある ADP-グルコースピロホスホリラーゼがある（①-A）。

---

column　光合成と呼吸の決算

　植物は光合成だけでなく呼吸によってもエネルギーを得ている。しかし、呼吸の原材料になる糖分は光合成でつくらなければならない。植物の生存・成長のためには呼吸量を上回る光合成量が必要である。

光の補償点（①）

　光合成量は光の強度によって変化するが、呼吸量は光の強度には無関係である。呼吸量と釣り合う光合成量を補償する光の強度を光の補償点という。日陰でも生育の良い植物は補償点が低く、日当たりの良い条件が必要な植物は補償点が高い。

光飽和点（②）

　光合成の量は光の強度に依存するが、一定の強度を超えると光合成量はそれ以上増加せず飽和に達する。飽和に達する光の強度を光飽和点という。日陰でも生育の良い植物（陰生植物）は飽和点が低く、日当たりの良い条件が必要な植物（陽生植物）は飽和点が高い。

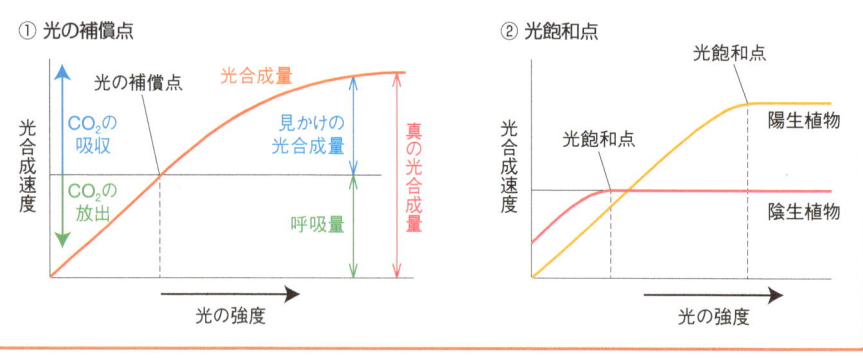

① 光の補償点　　② 光飽和点

学生の感想など

◆日中は気孔を閉じているなら、CAM 植物は日中は呼吸をしていないのですか？
⇒光合成では水の分解によって O_2 が発生するので気孔が閉じていても呼吸はできると思います。

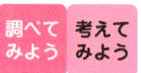

調べてみよう　考えてみよう

◆植物の環境適応にはどのようなものがあるだろうか？　塩分、乾燥、水について、適応のメカニズムを調べてみよう。

補項18.1　チオレドキシンによる酵素の活性調節

光化学系I由来の電子がチオレドキシン表面に−SH、−SHの対をつくり、表面にS−S結合を持つ酵素に影響する（①）

　光エネルギーを受けた光化学系Ⅰ（PSⅠ）の電子はフェレドキシンの鉄-硫黄［2Fe-2S］クラスターに伝えられ（①-A）、フェレドキシンからフェレドキシン-チオレドキシン還元酵素の鉄-硫黄［4Fe-4S］クラスターを経て、チオレドキシンのタンパク質表面にあるS-S結合部位に伝えられる（①-B）。電子を受け取ったチオレドキシンのS-S結合は周辺からプロトンを得て−SH、−SHとなる（①-C）（ジスルフィド交換反応）。これはグルタチオンの作用と同じである（参照→6.5）。

　光で調節される酵素のうち、タンパク質表面にS-S結合を持っているものは、チオレドキシンの−SH、−SHの作用を受けて開裂し、−SH、−SHになる（①-D）。その結果、タンパク質の立体構造が変形し触媒作用が促進あるいは抑制される（①-E）。

チオレドキシンによって活性が調節される酵素（①-D）

　明条件で活性化する酵素には、RuBisCO、RuBisCO活性化酵素、フルクトースビスホスファターゼ、およびセドヘプツロースビスホスファターゼがある。逆に明条件で抑制される酵素には解糖系のホスホフルクトキナーゼがある。このため、明条件では光合成の明反応が進行するだけでなく、暗反応も促進され糖の新生が活発になる。同時に、解糖系の代謝は抑制される。暗条件では光合成の暗反応が抑制され、解糖系の代謝が促進される。

① 光エネルギーがチオレドキシンの還元を経て酵素活性を調節する

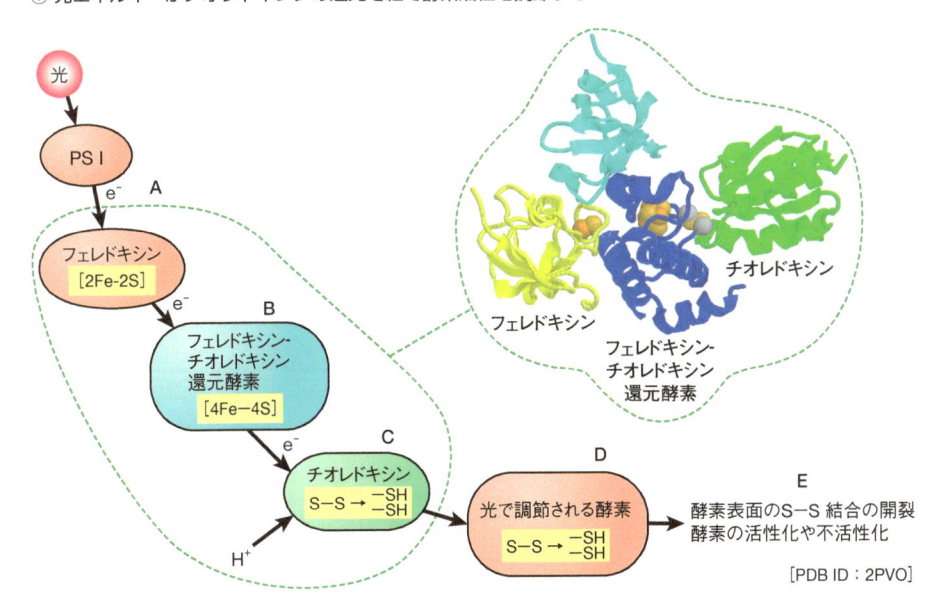

[PDB ID：2PVO]

補項 18.2　RuBisCOの活性調節

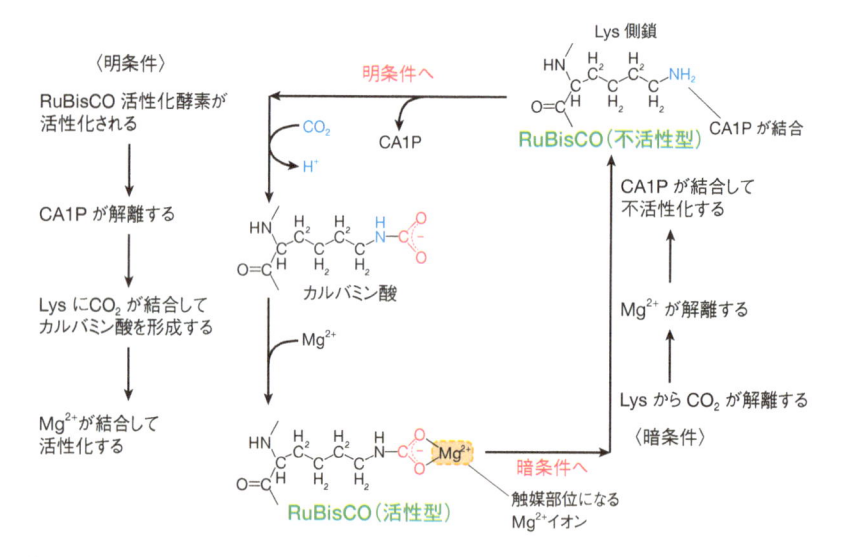

　RuBisCOは明条件と高濃度のMg^{2+}によって活性化される（①）。その仕組みはやや込み入っている。

暗条件でのRuBisCOには、触媒に必要なMg^{2+}ではなく阻害物質CA1Pが結合している

　暗条件では、RuBisCOの活性部位のリジン（Lys）側鎖を修飾しているCO$_2$と、そこに結合しているMg^{2+}の両方が外れている。代わりに阻害物質のCA1P（2-カルボキシアラビニトール1-リン酸）が結合して触媒部位をふさいでいる。CA1Pは、RuBisCOが二酸化炭素固定作用をするときの遷移状態の類似体である（②）。

明条件でRuBisCO活性化酵素が働きMg^{2+}による触媒活性部が復活する

　明条件ではチオレドキシンによって活性化されるRuBisCO活性化酵素が働いて、阻害物質のCA1Pが外れ、さらに触媒部位のLys側鎖が二酸化炭素で修飾される。ここに明反応で濃度の高くなったMg^{2+}イオンが結合してRuBisCOの触媒活性が復活する。

① RuBisCOの活性調節

② CA1PはRuBisCO反応の遷移状態の類似体

第19章

窒素は固定されてアンモニアになる
すべてのアミノ酸の窒素はアンモニアに由来する
ヌクレオチドの窒素はアミノ酸に由来する

窒素とアミノ酸の代謝

　上の写真はレンゲ畑。一昔前までは汽車に乗って地方に行くと、レンゲ畑の広がるのどかな田園風景を見ることができた。稲刈りの終わった田んぼにレンゲの種子が播かれ、早春にはレンゲ畑が一面に広がった。レンゲは田畑の肥料として使われていたのである。

　マメ科の植物は根に根粒ができ、大気中の窒素を固定してアンモニアにする。それでレンゲが栽培されていた。今日ではレンゲ畑はあまり見られず、代わりに化学肥料が使われることが多くなっている。

　根粒は、寄生している根粒菌と宿主植物との協働でつくられる組織である。根粒では窒素ガスがアンモニアに変換される。アンモニアはアミノ酸のアミノ基に取り入れられ、そこから核酸を構成するヌクレオチドにも供給されていく。この章では、生物の窒素化合物のもとになっている根粒での窒素固定を見たのち、アミノ酸を中心とした窒素化合物の代謝について見ていく。

KEYWORD　　窒素の固定　　アンモニア　　アミノ基の転移

19.1 地球上での窒素の循環

有機物の窒素の供給源は大気中の窒素ガス

　有機物に含まれている窒素の供給源は、もとをたどると大気中の窒素ガス（N_2）である。窒素ガスは2個の窒素原子が3重結合してできている。3重結合は、これまで出てきた種々の化学結合や分子間で見られる相互作用のなかで最も強い。

窒素原子が N≡N の3重結合から離れて有機化合物に取り込まれる経路（①）

　窒素原子が N≡N の3重結合から離れて有機化合物に取り込まれる経路は限られている。生命発生以前の太古の地球では、稲妻や太陽の紫外線のエネルギーが N_2 の分解と硝酸（NO_3^-）や亜硝酸（NO_2^-）の形成に使われてきた（①-A）。それらの窒素を利用して化学進化が起こり、生命が誕生した。その後、シアノバクテリアや根粒菌など一部の生物が酵素ニトロゲナーゼの作用によって N_2 をアンモニアにすることができるようになった（①-B）。

　アミノ酸のアミノ基（$-NH_3^+$）はアンモニア（NH_3）に由来し、核酸の塩基の窒素成分はすべてアミノ酸がもとになって合成される（①-C）。大気中の N_2 を固定してアンモニアをつくる反応は窒素固定生物によるものが約60%であり、分解物の再利用や人為的な工業肥料を除けば、地球上のすべての生物のタンパク質や核酸の原料の大部分をつくり出す反応である。

地球上での窒素の循環

　生物の排泄物や死骸は小動物や菌によって処理され、窒素はアンモニアに戻る（①-D）。アンモニアは亜硝酸菌によって亜硝酸になり、さらに硝酸菌によって硝酸になる（①-E）。硝酸は脱窒菌やその他の菌によって窒素ガス（N_2）になり、大気中に放出される（①-F）。NO と N_2O を経る場合は電子伝達に共役した ATP 合成に利用される。

① 大気と生物をめぐる窒素の循環

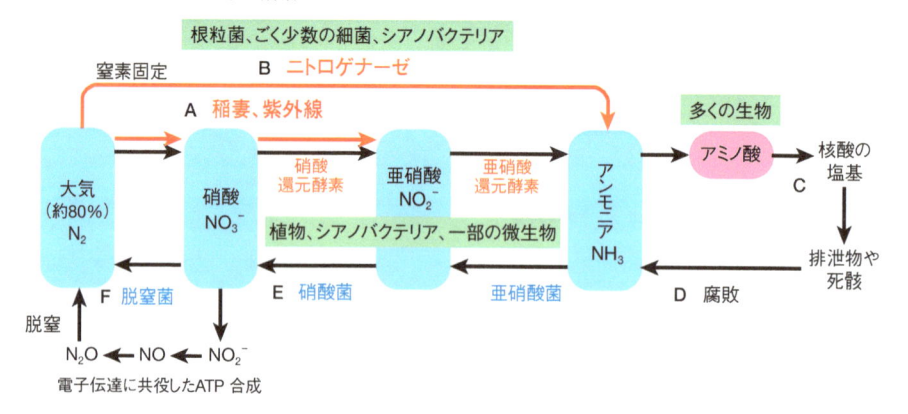

19.2 窒素の固定 ニトロゲナーゼによるアンモニアの生成

マメ科植物と根粒菌の共生（①）

根粒菌は窒素ガスを取り込んで、ニトロゲナーゼの働きでアンモニアにする。アンモニアは宿主植物によってアミノ酸に取り込まれ、タンパク質の原料などに活用される。宿主植物は窒素の固定に必要なエネルギーとしてATPと還元型のフェレドキシンを根粒菌に供給している。また窒素を固定する酵素の活動が空気中の酸素によって妨害されるのを防ぐ保護タンパク質も大量に供給している。

ニトロゲナーゼの構造（②）

ニトロゲナーゼはFeタンパク質とMo-Feタンパク質の複合体。FeタンパクATP結合部位2か所と鉄-硫黄［4Fe-4S］クラスターを1個持つ。Mo-FeタンパクはPクラスター1個とFe-Moクラスター1個を持つ。Fe-Moクラスターは、鉄、硫黄、モリブデンで構成されたクラスターでN_2分子を1個結合している（③）。

② ニトロゲナーゼ（複合体）

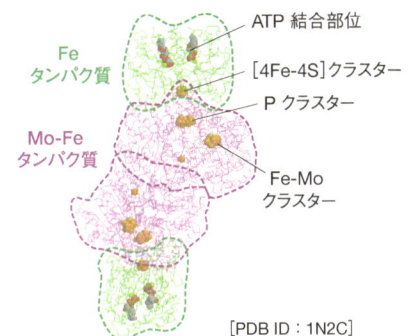

ATP結合部位
Feタンパク質
［4Fe-4S］クラスター
Pクラスター
Mo-Feタンパク質
Fe-Moクラスター

[PDB ID：1N2C]

① マメ科植物と根粒菌の共生

宿主植物による光合成・タンパク質合成
葉
ATP
還元型のフェレドキシン
保護タンパク質
アンモニア
根
根粒菌による窒素の固定

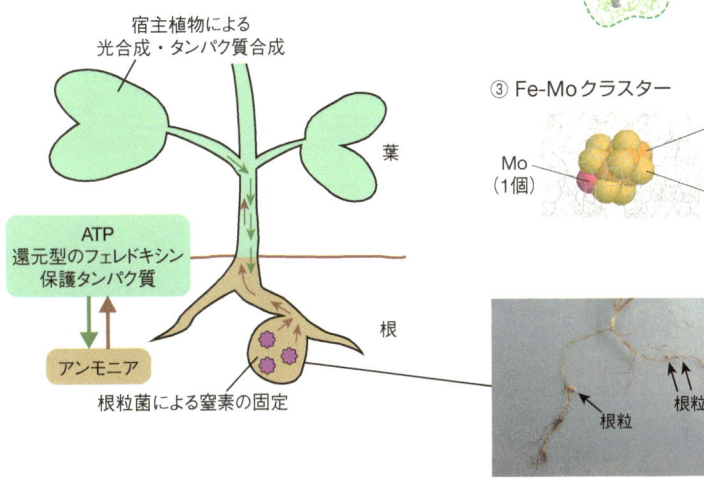

③ Fe-Moクラスター
Fe（7個）
Mo（1個）
S（9個）

根粒

第19章 窒素とアミノ酸の代謝　265

N_2 から NH_3 がつくられる過程

　光合成の明反応で生じた還元型フェレドキシンからニトロゲナーゼ（複合体）に電子が供給される（④）。電子は還元型フェレドキシンから Fe タンパク質の［4Fe-4S］クラスターを経て、Mo-Fe タンパク質の P クラスター、次いで Fe-Mo クラスターに伝達される。

　ATP が Fe タンパク質に結合すると Fe タンパク質の構造が変化し、Mo-Fe タンパク質と会合する。電子が伝達され ATP の加水分解が起こると、Fe タンパク質は Mo-Fe タンパク質から離れる。

　還元型フェレドキシンから Fe タンパク質を経る Mo-Fe タンパク質への電子の伝達は、ATP の結合と加水分解を伴って合計 8 回行われる。電子が 1 個伝達されるたびに、Fe-Mo クラスターに結合している N_2 の N どうしの結合が少しずつ不安定になる。8 回の伝達で N≡N は完全に切れ、プロトン（H^+）も取り込んで NH_3 が 2 分子形成される（⑤）。この間に ATP は合計 16 分子消費される。

④ 宿主植物から根粒菌への電子伝達と窒素の固定

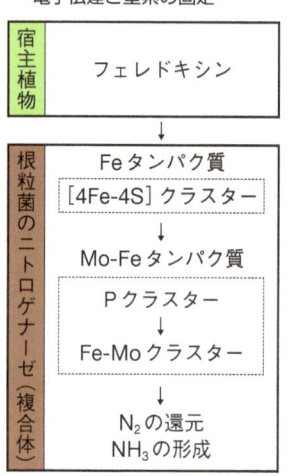

```
宿主植物 | フェレドキシン
            ↓
根粒菌のニトロゲナーゼ（複合体）
   Fe タンパク質
   ［4Fe-4S］クラスター
            ↓
   Mo-Fe タンパク質
   P クラスター
            ↓
   Fe-Mo クラスター
            ↓
   $N_2$ の還元
   $NH_3$ の形成
```

⑤ 1 分子の N_2 の固定の収支

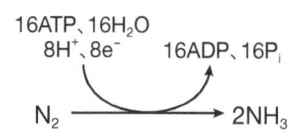

$$N_2 \xrightarrow[8H^+, 8e^-]{16ATP, 16H_2O \quad 16ADP, 16P_i} 2NH_3$$

学生の感想など

◆ N≡N の強力な結合を切ることのできるニトロゲナーゼを他のことにも利用できたらすごい。
⇒面白いアイディア。大切にしてください。

調べてみよう　考えてみよう

◆亜硝酸菌、硝酸菌、脱窒菌などのエネルギー代謝や利用について調べてみよう。
◆根粒菌や菌根菌はなぜ特定の植物としか関係を持たないのか？　マツタケについて調べてみよう。

19.3 アンモニアのアミノ酸への取り込み

アンモニアはグルタミン酸やグルタミンを経て、他のアミノ酸のアミノ基になる

アンモニアがアミノ酸に取り込まれていく経路は2つある。

1つは2-オキソグルタル酸にアンモニウムイオンが取り込まれ、グルタミン酸を生じる経路である（①）。グルタミン酸脱水素酵素が触媒し、NADHまたはNADPHが消費される。この反応で、L-グルタミン酸が生じる*。これはほとんどのアミノ酸のαアミノ基の供給源になる。また、L-グルタミン酸はうまみ成分である。

もう1つはグルタミン酸にさらにアンモニアが付加してグルタミンを生じる経路である（②）。グルタミン合成酵素（シンテターゼ）が触媒し、ATPが消費される。グルタミンはプリン環、ピリミジン環へ窒素を供給し、有毒なアンモニアの除去に働く。

生じたグルタミンは2-オキソグルタル酸と反応して2分子のグルタミン酸を生成する。グルタミン酸やグルタミンのアミノ基が、他のアミノ酸のアミノ基の供給源になる。

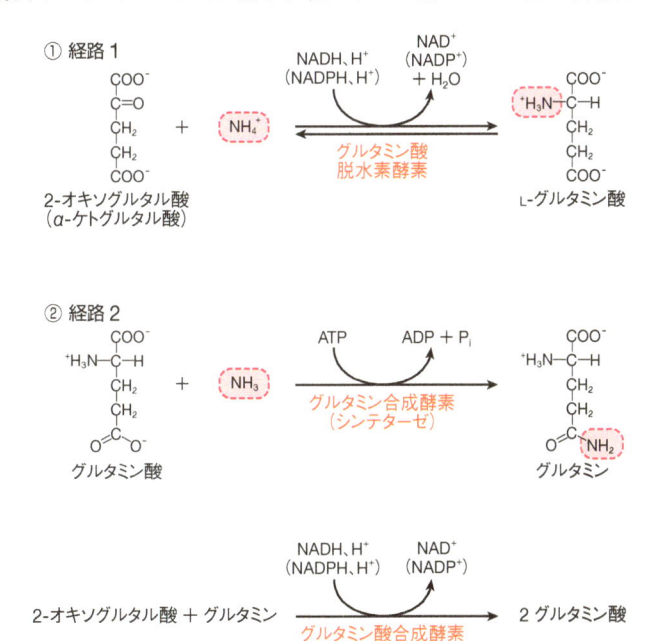

① 経路1

2-オキソグルタル酸（α-ケトグルタル酸） + NH_4^+ ⇌ [グルタミン酸脱水素酵素, NADH・H^+ (NADPH・H^+) → NAD^+ ($NADP^+$) + H_2O] → L-グルタミン酸

② 経路2

グルタミン酸 + NH_3 → [グルタミン合成酵素（シンテターゼ）, ATP → ADP + P_i] → グルタミン

2-オキソグルタル酸 + グルタミン → [グルタミン酸合成酵素（シンターゼ）, NADH・H^+ (NADPH・H^+) → NAD^+ ($NADP^+$)] → 2 グルタミン酸

*このステップではじめてD体とL体が区別されて、L体のアミノ酸が生じる。本文中のアミノ酸について、特に記述のないものはすべてL体である。

19.4 アミノ基の転移反応で新しいアミノ酸が生成する

既存のアミノ酸のアミノ基が2-オキソ酸に転移されて新しいアミノ酸ができる（①）

既存のアミノ酸のアミノ基が2-オキソ酸に転移されると新しいアミノ酸を生じる。2-オキソ酸とはカルボキシ基（–COO⁻）の隣にケト基（–C=O）がある化合物で、クエン酸回路で生じた2-オキソグルタル酸がその代表例である。2-オキソ酸は、解糖系、ペントースリン酸経路、およびクエン酸回路から生じる。

アミノ基転移酵素はピリドキサールリン酸を補酵素に持っている

アミノ基の転移反応を触媒する酵素（アミノ基転移酵素）は種々あるが、すべて補酵素としてピリドキサールリン酸（PLP）を持ち、触媒作用は共通している（②）。アミノ酸のアミノ基が一時的に酵素の持つ PLP に共有結合し、アミノ酸は2-オキソ酸になって出ていく。その後、別の2-オキソ酸が触媒部位に入り、ピリドキサールリン酸に結合しているアミノ基を受け取り、新しいアミノ酸となって出ていく。

① アミノ酸の生成

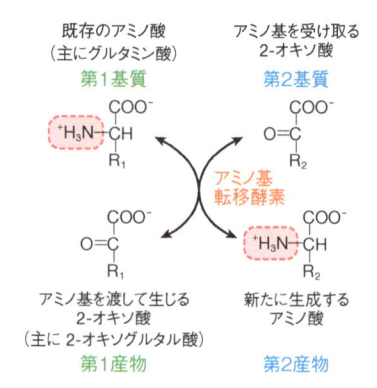

② アミノ基転移酵素の触媒作用

19.5 アミノ酸の生成経路

解糖系の中間代謝産物である 3-ホスホグリセリン酸からは、セリン、システイン、およびグリシンの合成経路が出発する。ピルビン酸からはアラニン、バリン、およびロイシンの合成経路が出発する。ペントースリン酸経路のリボース 5-リン酸からはヒスチジン、トリプトファン、フェニルアラニン、およびチロシンなどの環式化合物の合成経路が出発する。クエン酸回路の 2-オキソグルタル酸からはグルタミン酸を経てアルギニン、グルタミン、およびプロリンの合成経路が出発する。オキサロ酢酸からはアスパラギン酸を経て、アスパラギン、リジン、メチオニン、システイン、トレオニン、およびイソロイシンの合成経路が出発する（①）。

必須アミノ酸は代謝の途中の酵素の欠損が遺伝的に固定されて生じた

アミノ酸の合成経路はステップ数が多いため、遺伝子の突然変異で途中の酵素が欠落しやすい。ただし、ヒトも含めた従属栄養生物では、合成経路の一部が欠けても他の生物が生産した物質をエサとしているのでエサから補給でき、生存には問題が起こりにくい。欠損変異がそのまま遺伝的に固定された結果、必須アミノ酸はエサから摂らなければいけなくなった。

必須アミノ酸の種類は、動物種や成長の時期によって一部異なる。

- ◆ ヒト（成人）　トリプトファン、リジン、メチオニン、フェニルアラニン、トレオニン、バリン、ロイシン、イソロイシン、ヒスチジン
- ◆ ヒト（幼児）　ヒト（成人）の 9 種に加えて、アルギニン、システイン、チロシン
- ◆ ネコ、サカナ　ヒト（成人）の 9 種に加えて、アルギニン、タウリン
- ◆ トリ　ヒト（成人）の 9 種に加えて、グリシン
- ◆ ネズミ　ヒト（成人）の 9 種に加えて、アルギニン

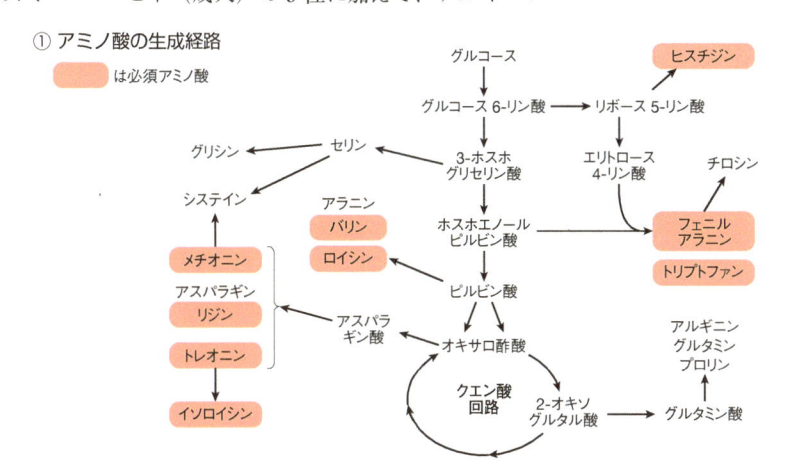

① アミノ酸の生成経路

第 19 章　窒素とアミノ酸の代謝

補項19.1　アミノ基の転移はピリドキサールリン酸に結合して進行する

アミノ基転移酵素の働き手は補酵素のピリドキサールリン酸

ピリドキサールリン酸（PLP）は、アミノ基転移酵素のタンパク質のリジン（Lys）側鎖に結合したり離れたりして働く。基質や産物のアミノ酸はPLPに結合し、2-オキソ酸は酵素タンパク質のアルギニン（Arg）側鎖に保持される。アミノ基転移酵素の1つを図①に示す。

PLPの結合相手は酵素タンパク質からアミノ酸へと変化する（②）

酵素タンパク質のLys側鎖と結合していたPLP（②-A）は、アミノ酸がやってくるとLys側鎖から離れてアミノ酸と結合する（②-B）。PLPはアミノ酸由来のアミノ基を保持する。アミノ酸はオキソ酸になって出ていく（②-C）。そして新しいオキソ酸が入ってくる（②-D）。PLPのアミノ基に2-オキソ酸が結合し（②-E）、新しいアミノ酸が形成される（②-F）。PLPは酵素タンパク質のLys側鎖と再び結合し、②-Aの状態に戻る。

① アスパラギン酸アミノ基転移酵素

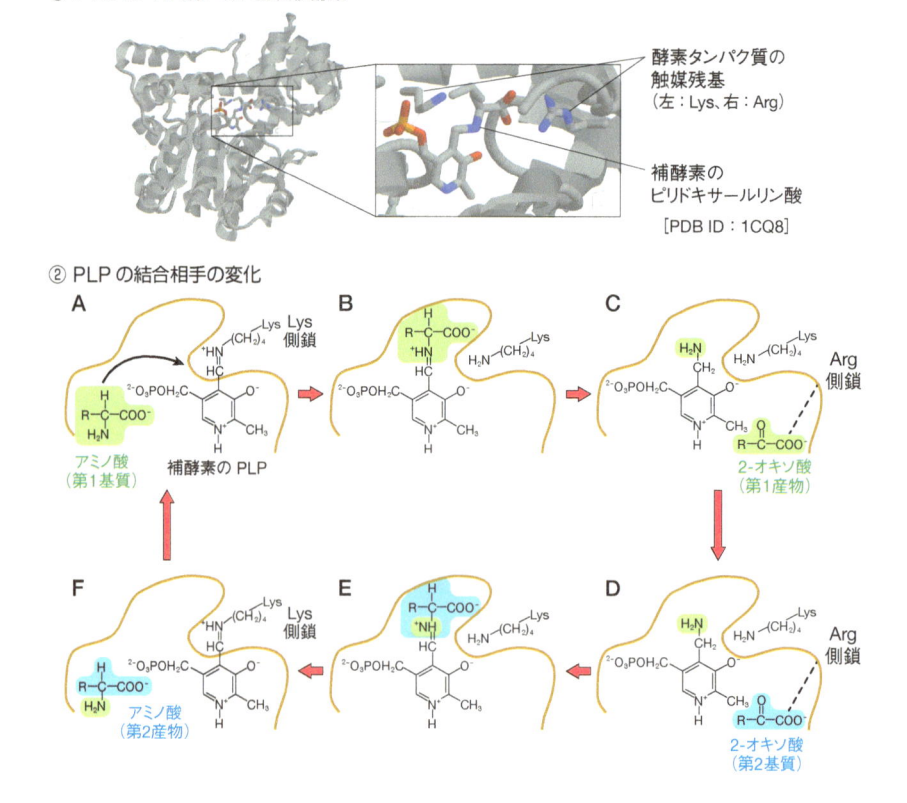

② PLPの結合相手の変化

19.6 アミノ酸から派生する低分子化合物

　アミノ酸をもとにして種々の低分子化合物の合成経路が発達している（①）。ヒスチジンからはヒスタミン、チロシンからはチロキシン、ドーパミン、アドレナリン、メラニンの生成経路が派生する。フェニルアラニンからはアントシアニン、タンニンなどのポリフェノール類、トリプトファンからはセロトニン、ニコチンアミド環（NAD⁺）の生成経路が派生する。アルギニンからは一酸化窒素＊（NO）とシトルリン、グルタミン酸からはγ-アミノ酪酸（GABA）とオルニチンの合成経路が派生する。セリンからは脂質関連の化合物の合成経路が派生している。グリシンはグルタチオン、プリン、胆汁酸、ポルフィリンなどの合成のための出発材料を提供する。メチオニンからはシステインへの代謝経路が派生する他に S-アデノシルメチオニン、ニコチアナミン、エチレン、ムギネ酸の生成経路が派生する。

① アミノ酸をもとに合成される低分子化合物（ピンク）

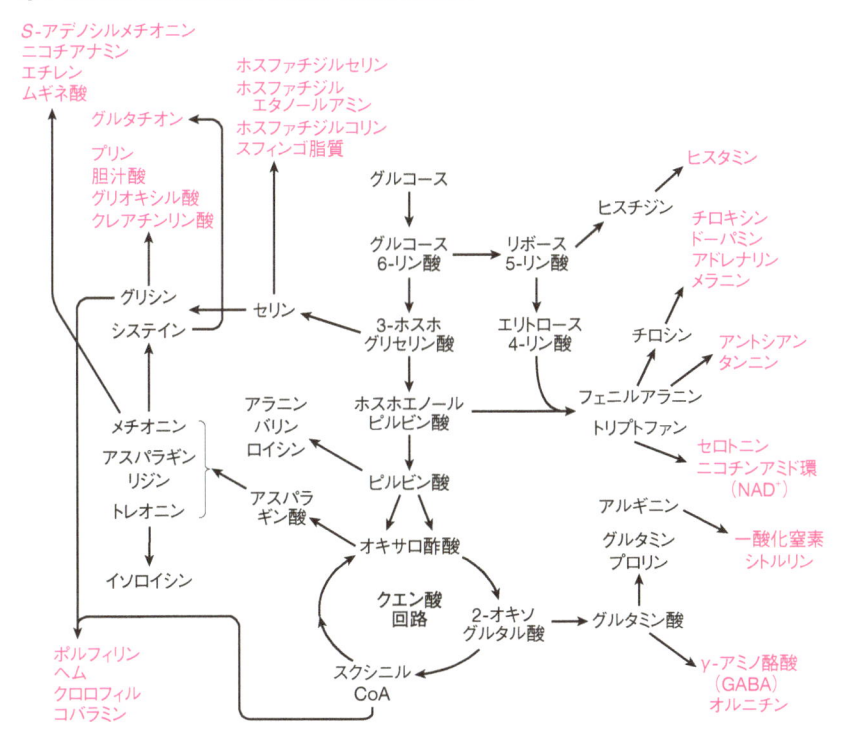

＊一酸化窒素（NO）は気体だが、血管の拡張、神経伝達などの生理作用を持つ。

19.7 アミノ酸の異化代謝（1） アミノ基はアンモニアを経て処理される

タンパク質が分解されるとペプチドやアミノ酸になり、アミノ酸は再利用される。余分のアミノ酸はアミノ基が外され、炭素骨格部分は糖や脂肪酸の原料となる。

アミノ酸からのアミノ基の取り外し（①）

アミノ基の取り外しはアミノ基転移酵素とグルタミン脱水素酵素の連携によって行われる。まず、アミノ基転移酵素によってアミノ酸のアミノ基が2-オキソグルタル酸に渡されてグルタミン酸が生じる。次いで、グルタミン酸脱水素酵素の働きによって、グルタミン酸からアミノ基がアンモニウムイオンとして外され、2-オキソグルタル酸が再生する。

① アミノ酸からのアミノ基の取り外し

アミノ酸 → 2-オキソグルタル酸 ← NH_4^+ + NADH + H^+
　↓アミノ基転移酵素　　↑グルタミン酸脱水素酵素
2-オキソ酸 ← グルタミン酸 → NAD^+ + H_2O

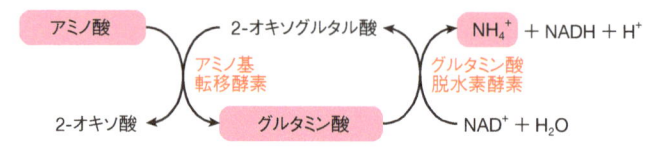

アミノ基から生じるアンモニアの処理（②）

アンモニアは反応性が高く有害なため、生合成に再利用されないものは体外に排出される。無脊椎動物や魚類および変態前の両生類は、アンモニアを水中に排出する。成体となった両生類は尿素として排出する。爬虫類や鳥類はアンモニアを尿酸に変えて排出する。陸上の脊椎動物はアンモニアを肝臓で害のない尿素に代謝する。尿素は血流に乗って腎臓に行き、尿に溶けて体外に排出される。

② アンモニアの処理

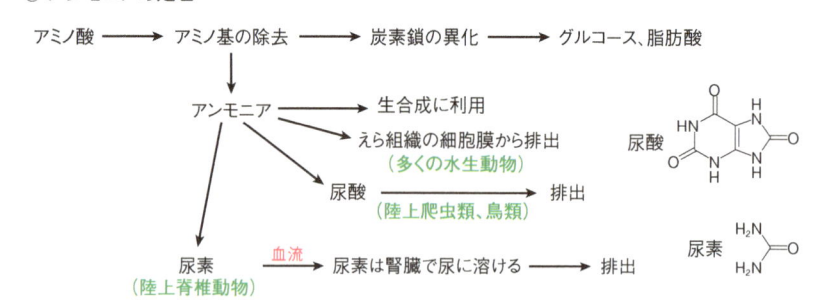

アミノ酸 → アミノ基の除去 → 炭素鎖の異化 → グルコース、脂肪酸
　　　　　　↓
　　　アンモニア → 生合成に利用
　　　　　↓　　→ えら組織の細胞膜から排出
　　　　　↓　　　　（多くの水生動物）
　　　　　↓　　→ 尿酸 → 排出
　　　　　↓　　　　（陸上爬虫類、鳥類）
　　　　尿素 →（血流）→ 尿素は腎臓で尿に溶ける → 排出
　　（陸上脊椎動物）

尿酸

尿素

尿素回路（オルニチン回路）(③)

アミノ酸のアミノ基をアンモニアに変える処理は主に肝臓で行われる。アミノ基を外してアンモニアにし（③-A）、さらにそのアンモニアと炭酸水素イオン（HCO_3^-）とを結合させて無害の物質のカルバモイルリン酸に変換するステップ（③-B）は、肝臓のミトコンドリアのマトリックス中で行われる。グルタミン酸脱水素酵素とカルバモイルリン酸合成酵素Ⅰおよびアスパラギン酸アミノ基転移酵素は肝臓のミトコンドリアで大量に発現されるように遺伝子レベルで調節されている。

カルバモイルリン酸はオルニチンと反応してシトルリンになり（③-C）、細胞質に輸送される。シトルリンはアルギニノコハク酸、アルギニンを経て尿素を生じ（③-D）、オルニチンが再生される。再生されたオルニチンはシトルリンとの対向輸送でミトコンドリアのマトリックスに戻る。この回路状の代謝は尿素回路（オルニチン回路）と呼ばれ、アンモニアを尿素に変換して無害化する。

③ 尿素回路

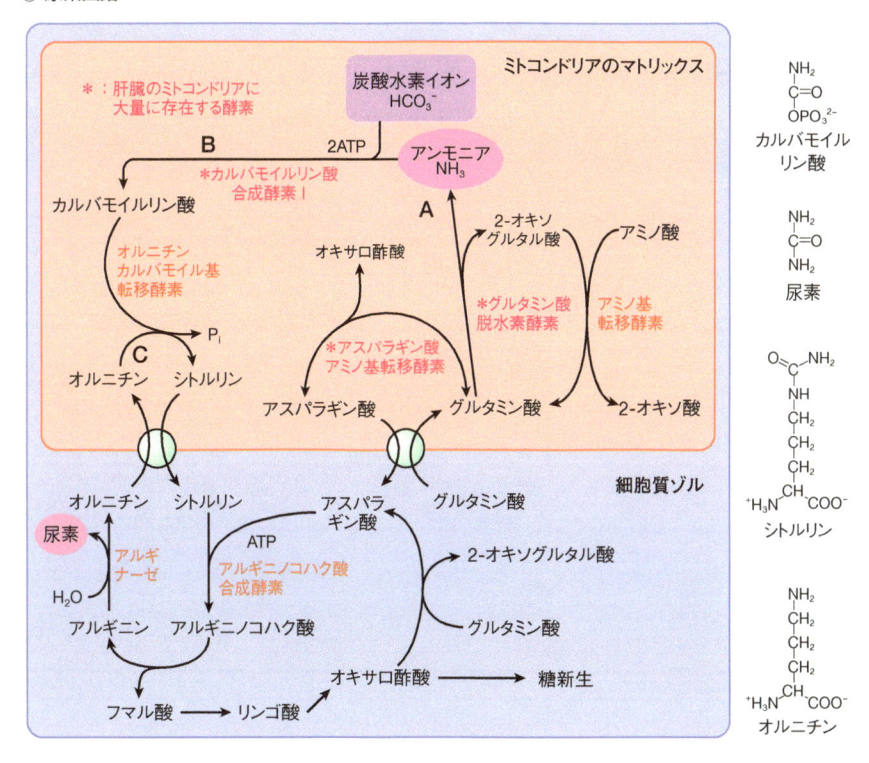

19.8 アミノ酸の異化代謝（2）炭素骨格は糖や脂肪酸に再利用される

アミノ酸の炭素骨格部分はアセチル CoA、ピルビン酸、クエン酸回路の中間代謝産物などに集約されて再利用される（①）。

ピルビン酸やクエン酸回路の中間代謝産物に集約されるアミノ酸（糖原性*）

ピルビン酸やクエン酸回路の中間代謝産物に集約されるものはオキサロ酢酸、ホスホエノールピルビン酸を経て、糖の新生経路に入るので糖原性と呼ばれる。

アセチル CoA に集約されるアミノ酸（ケト原性*）

アセチル CoA に集約されるものは脂肪酸の原料やエネルギー源として使われる。余分なものはアセト酢酸などのケトン体として他の組織に回され、そこで脂肪酸の原料やエネルギー源として利用される。そのため、アセト酢酸やアセチル CoA に集約されるものはケト原性と呼ばれる。

① アミノ酸の炭素骨格の異化代謝

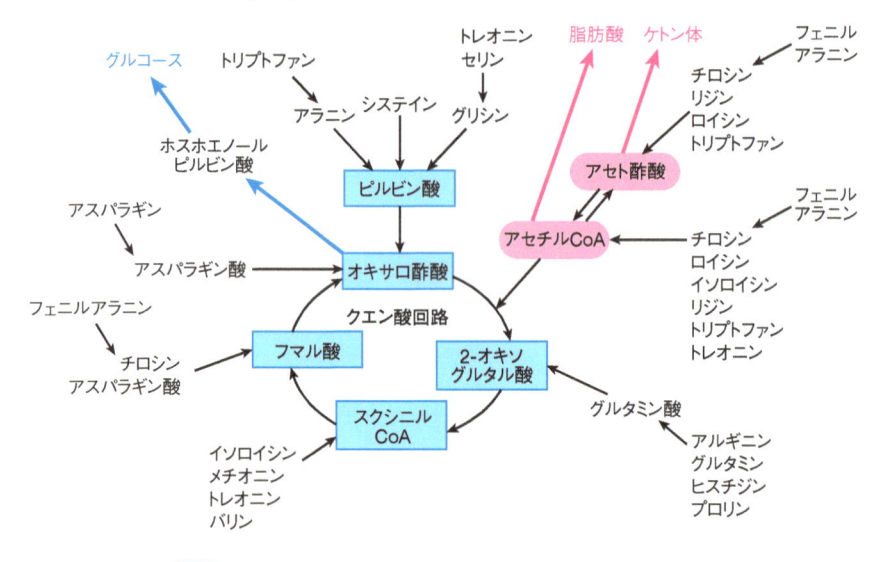

糖原性のアミノ酸： ▭ に集約される
ケト原性のアミノ酸： ⬭ に集約される

*細菌、原生動物、植物、菌類では、アセチル CoA はグリオキシル酸経路でオキサロ酢酸に変換され糖の新生経路に入っていくことができる。そのため、糖原性とケト原性を区別する必要はない。糖原性とケト原性の区別は動物の場合に意味を持つ。

補項19.2 アミノ酸合成の例（1）ヒスチジンの合成

アミノ酸の合成や異化の代謝は、20種類のアミノ酸ごとに異なる。また生物種によっても多少異なる。補項19.2～補項19.5では、いくつかの代表例を見てみよう。

ヒスチジンの合成にはホスホリボシル二リン酸（ホスホリボシルピロリン酸、PRPP）が使われる（①）。PRPPとATPによってホスホリボシルATP（②）がつくられたのち、さらに10段階ぐらいの代謝を経てヒスチジンになる。

経路内で生じる副産物のAICAR（5-アミノイミダゾール4-カルボキサミドリボヌクレオチド）（③）は、核酸の材料になるプリン塩基の合成経路でも生じる物質である。プリン塩基の合成もホスホリボシル二リン酸から出発するので（参照→補項20.1）、ヒスチジンの合成系とプリン塩基の合成系は近い関係にあるといえる。

① ヒスチジンの合成経路

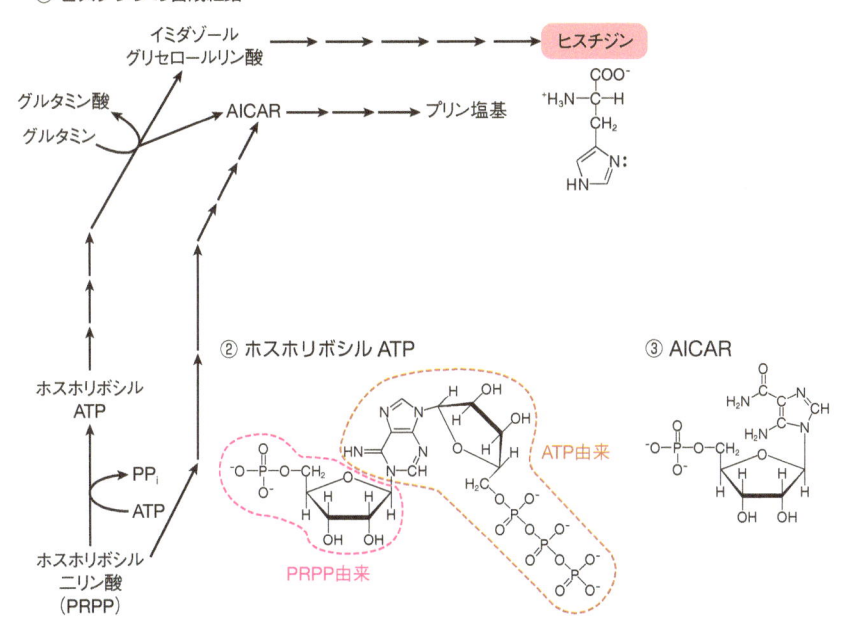

② ホスホリボシルATP

③ AICAR

第19章　窒素とアミノ酸の代謝

補項19.3 アミノ酸合成の例（2）哺乳類のシステイン合成

　システインの生合成の出発材料は2つある。1つは解糖系の中間代謝産物である3-ホスホグリセリン酸（①-A）。3-ホスホグリセリン酸からセリンがつくられ、セリンはホモシステインと反応してシステインに至る。

　もう1つの出発材料はホモシステインの供給源になるメチオニン（①-B）。メチオニンはクエン酸回路のオキサロ酢酸からアスパラギン酸を経てつくられる。しかし、ヒトをはじめとした数種の脊椎動物では途中の酵素が欠落しているので必須アミノ酸になっている。メチオニンはATPと反応してS-アデノシルメチオニンになり、メチル基を他の物質に移してアデノシンも外れた後、ホモシステインになる。ホモシステインはセリンと合体してシスタチオニンとなり、システインに至る。

　経路のところどころのステップで、PLP（ピリドキサールリン酸）は補酵素として働いている。図①において点線で囲んでいる3か所は、植物や細菌では働いているが哺乳類では存在しないか、あるいは活性の低い代謝経路である。

① 哺乳類のシステイン合成経路

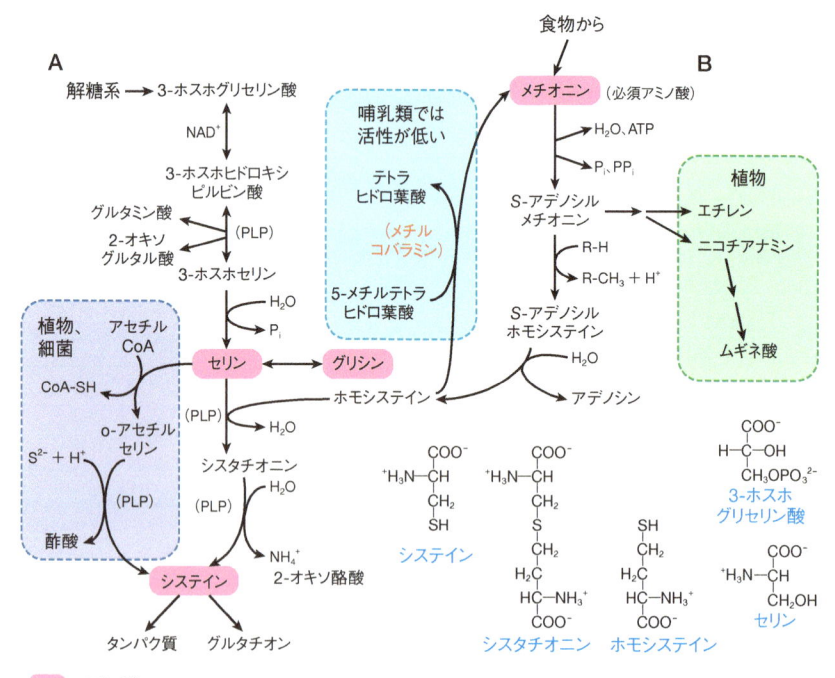

補項19.4　アミノ酸合成の例（3）シキミ酸経路

　フェニルアラニン、チロシン、およびトリプトファンは解糖系で生じるホスホエノールピルビン酸と、ペントースリン酸の経路で生じるエリトロース4-リン酸が出発材料になる。これらのアミノ酸の合成経路はシキミ酸を経由するのでシキミ酸経路と呼ばれる（①）。

　例としてトリプトファンの合成経路を詳しく見よう。トリプトファンの合成にはペントースリン酸経路から派生したホスホリボシル二リン酸（PRPP）と、別経路で生じたアミノ酸のセリンが使われる。トリプトファン合成の最終ステップで働くトリプトファン合成酵素（シンターゼ）は2機能酵素である（①-A1、A2）。①-A1の働きで生じたインドールがタンパク質内のトンネルを通ってセリンと脱水縮合してトリプトファンを生じる。

　動物はコリスミ酸を合成する途中の酵素やトリプトファン合成酵素を欠いている。そのため、フェニルアラニン、チロシン、およびトリプトファンは食物から補給しなければならない必須アミノ酸になる。

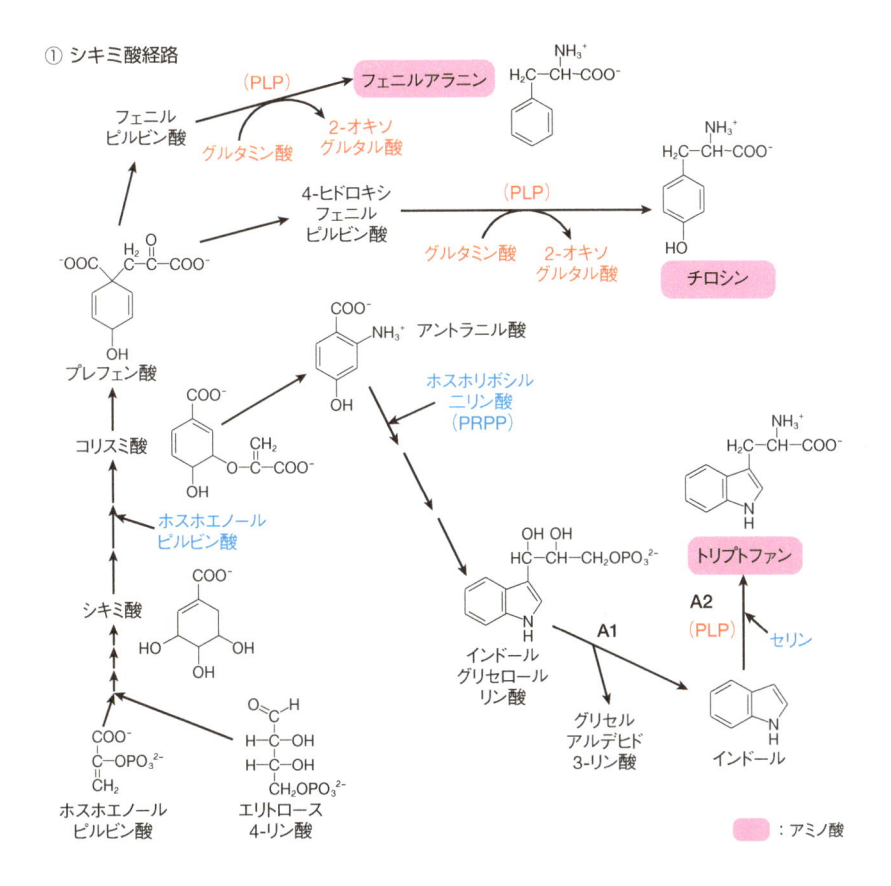

① シキミ酸経路

補項19.5 アミノ酸異化の例　フェニルアラニンとチロシンの分解

フェニルアラニンとチロシンの分解でケト原性と糖原性の両方の産物が生じる（①）

フェニルアラニンとチロシンの分解過程では、酸素分子の取り込みが数回行われる。モノオキシゲナーゼ（またはジオキシゲナーゼ）は酸素添加酵素で酸素分子の取り込みを触媒する。フェニルアラニンとチロシンの分解の最終産物としてアセト酢酸とフマル酸が生じる。アセト酢酸は脂肪酸またはケトン体として利用される（ケト原性）。フマル酸はグルコースの新生に利用される（糖原性）。

テトラヒドロビオプテリン

テトラヒドロビオプテリンは、フェニルアラニンモノオキシゲナーゼの補因子である（図①-A）。フェニルアラニンが水酸化されてチロシンに変化するとき、酸素は呼吸によって取り込まれた酸素から供給され、水素はNADHからテトラヒドロビオプテリンを経て供給される。テトラヒドロビオプテリンは4aカルビノールアミン、ジヒドロビオプテリンを経て再生される。

① フェニルアラニンとチロシンの分解

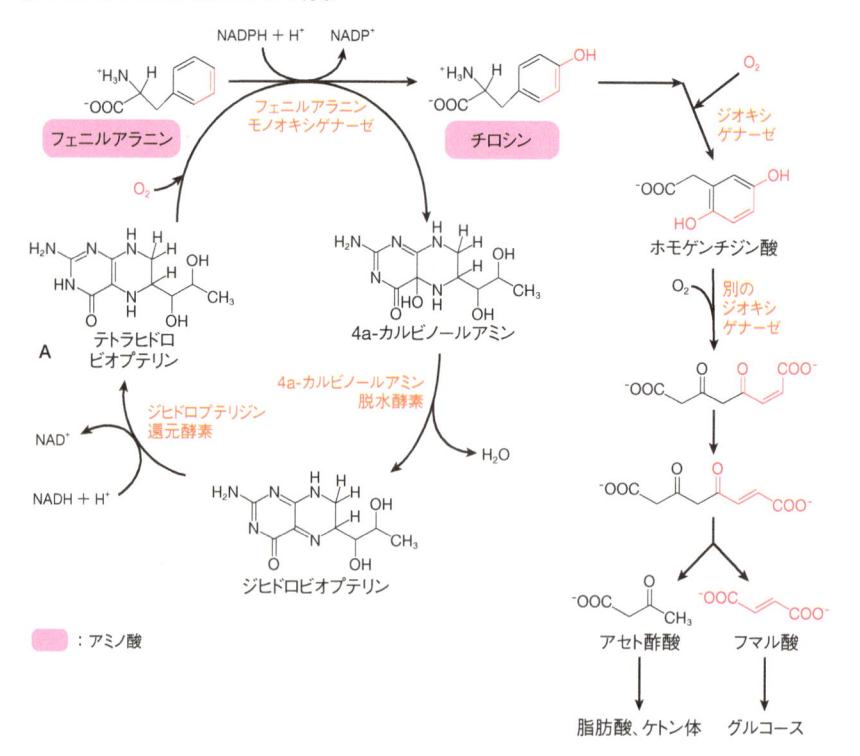

第20章 ヌクレオチドの代謝

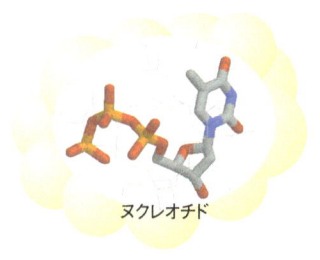

解糖系とペントースリン酸経路を経てヌクレオチドが合成される
ヌクレオチドの窒素はアミノ酸に由来する
リボヌクレオチドからデオキシリボヌクレオチドができる　　[PDB ID : 3HNE]

　ヌクレオチドはDNAやRNAの構成成分である。ここまで解糖系、電子伝達と酸化的リン酸化によるATPの合成、光合成、窒素固定などさまざまな代謝系を学んできた。ヌクレオチドの合成はこれらの代謝系で生じる産物をもとにして進行する。

　リボヌクレオチドはエネルギー供給源や種々の補酵素、核酸のRNAなどになる。また、デオキシリボヌクレオチドに変換され、遺伝子の主役として働くDNAの原材料になる。

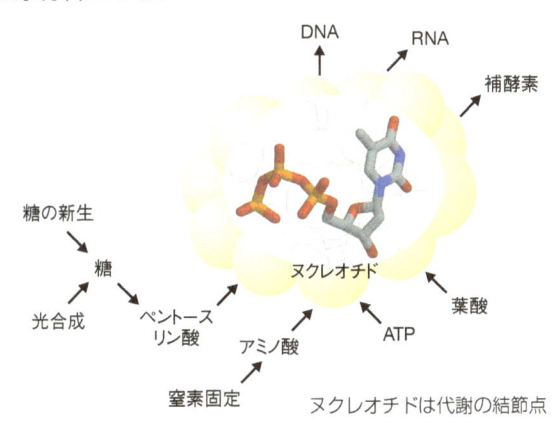

ヌクレオチドは代謝の結節点

KEYWORD　　新規合成と再利用合成　　デオキシ体の形成　　チミンの生成

20.1 ヌクレオチドの新規合成（デノボ経路）

ヌクレオチドは糖、アミノ酸、ATPなどを材料にしてつくられる

　ヌクレオチドは糖部分のリボース環に塩基が結合したヌクレオシドに、さらにリン酸基が結合している。そのため、ヌクレオチド合成には多様な物質の代謝が必要とされる（①）。ペントースリン酸の経路でつくられたリボース5-リン酸にATPからの二リン酸が加わってできるホスホリボシル二リン酸（PRPP）がリボース環のもとになる。葉酸（10-ホルミルテトラヒドロ葉酸［10-ホルミルTHF］）（②）はギ酸のホルミル基を運んで炭素を1個付加する。

② 10-ホルミルテトラヒドロ葉酸（10-ホルミルTHF）

プリン環はPRPPを土台にして合成される（③）

　ATPやGTPはプリン環を持っている。プリン環はPRPPを土台にしてアミノ酸、葉酸、炭酸などから分子素材が次々に添加され、ATPも数回消費されてできる。PRPPにグルタミン、グリシン、10-ホルミルTHF、炭酸（HCO_3^-）、およびアスパラギン酸から、次々に素材が提供されてプリン環が完成しイノシン一リン酸（IMP）が生じる。その後、代謝経路は2つに分かれ、一方はATP合成に向かい、もう一方はGTP合成に向かう。ATP合成の経路ではアスパラギン酸と2分子のATPによって部品が供給され新規のATPが生成する。1分子のATPの新規合成にPRPPの前駆体のリボース5-リン酸から数えると、既存のATP（GTP）は9分子消費される。GTPの合成でも事情は同じである。（参照→補項20.1）。

　ATPは解糖系での基質のリン酸化や電子伝達後の酸化的リン酸化または光リン酸化で生産される。しかしそれはすでにあるADPをもとにしたもので厳密にいえば再生である。ここで扱う新規の（*de novo*、デノボ）合成はATPに関係のない低分子化合物を材料にした合成である。

　ATPの新規合成に既存のATPを使うのは矛盾しているが、これは化学進化の時期にATP

① ヌクレオチドのプリン環およびピリミジン環の材料

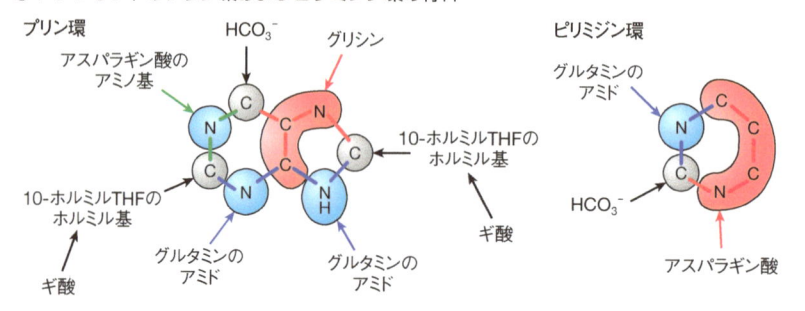

③ ヌクレオチドの新規合成経路と再利用合成経路

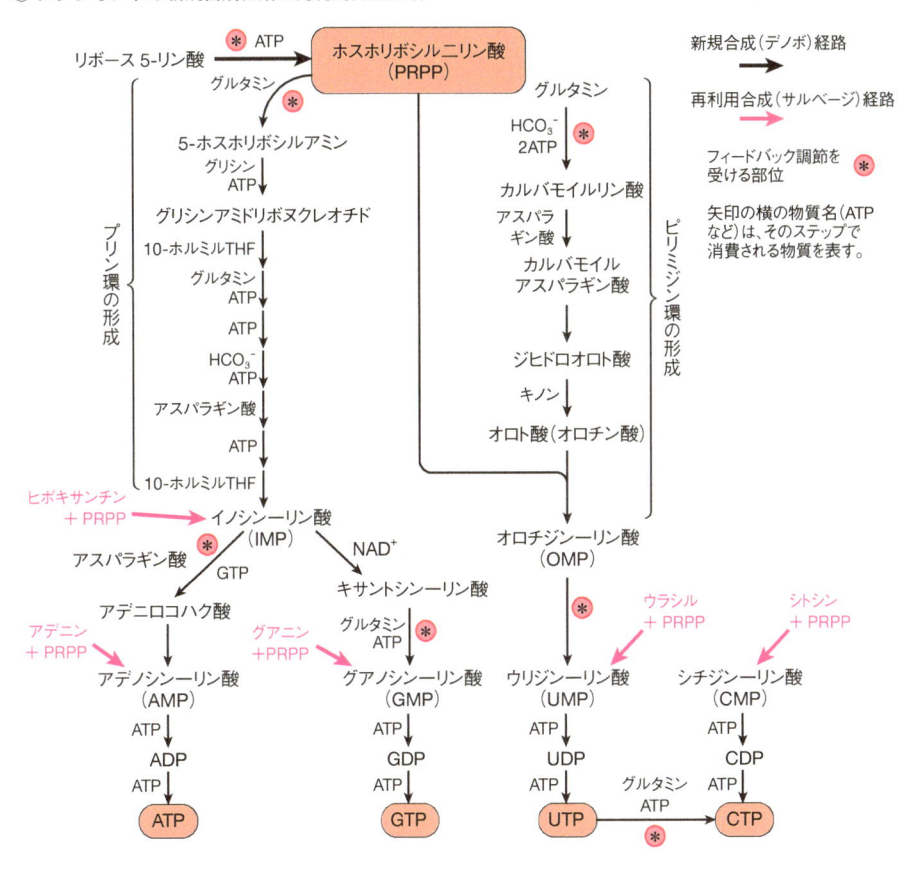

ピリミジン環は環ができてから PRPP と結合する（③）

を生成したエネルギー源が紫外線や稲妻であり、原材料も含め今日の生物の生成経路とは異なっていたことのなごりであろう。

ピリミジン環は環ができてから PRPP と結合する（③）

　UTP や CTP はピリミジン環を持っている。ピリミジン環はグルタミンに炭酸やアスパラギン酸が加わってできる。その間には ATP が消費される。ピリミジン環が PRPP に結合してピリミジンヌクレオチドのオロチジン一リン酸になる。オロチジン一リン酸はウリジン一リン酸を経て UTP になる。CTP は UTP からつくられる。

第20章 ヌクレオチドの代謝　281

20.2 ヌクレオチドの再利用合成（サルベージ経路）と合成の調節

ヌクレオチドの再利用合成（サルベージ経路）

　ヌクレオチドの新規合成では種々の代謝のバックアップと多くのエネルギーが必要である。そのため、ヌクレオチドの合成では分解途中の物質を再利用するサルベージ（＝救出・回復）経路が発達している（参照→20.1 図③）。核酸が分解されて生じた塩基とホスホリボシル二リン酸（PRPP）が直接結合し、ヌクレオチド一リン酸ができる。塩基としては、アデニン、グアニン、ウラシル、シトシン、およびヒポキサンチンが利用され、それぞれアデノシン一リン酸、グアノシン一リン酸、ウリジン一リン酸、シチジン一リン酸、およびイノシン一リン酸（IMP）になる。IMPはATPおよびGTPの原料になる。

① ヌクレオチド合成の調節

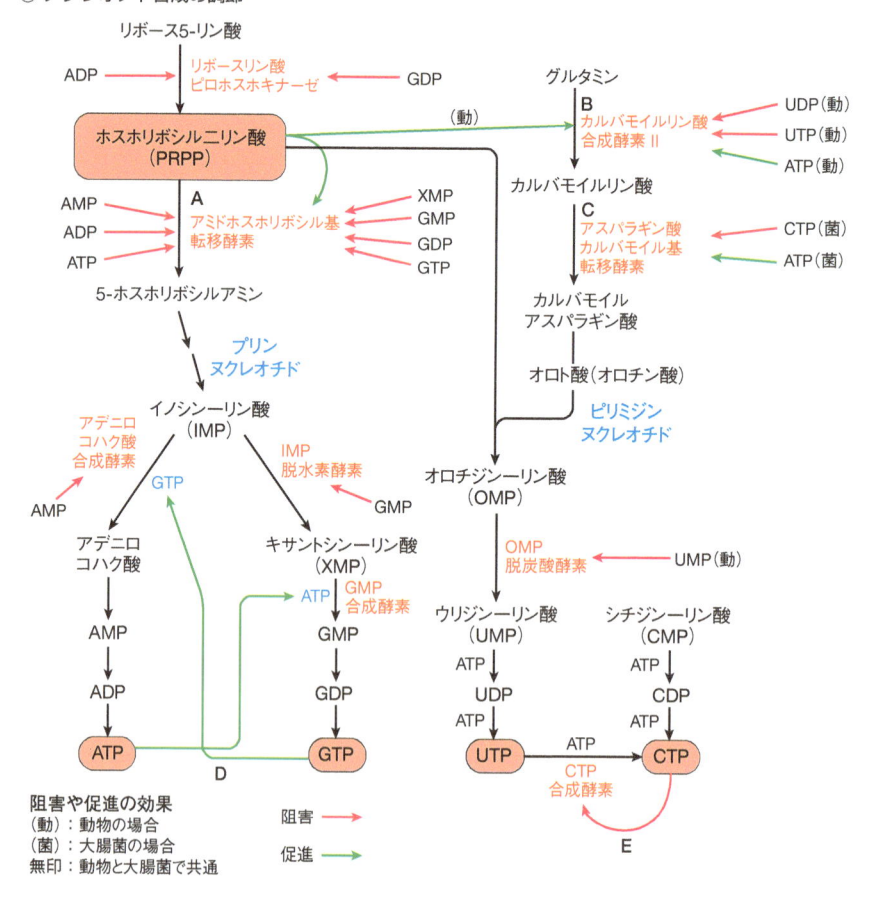

ヌクレオチド合成の調節（①）

　ヌクレオチドは核酸の原材料に使われるため、通常の代謝調節とともに4種のヌクレオチド（ATP、GTP、UTP、CTP）の供給量が同程度になるための調節も行われる。PRPPはプリンヌクレオチド、ピリミジンヌクレオチドの生成の両方に促進的に働く（フィードフォワード促進）。プリンヌクレオチド、ピリミジンヌクレオチドはそれぞれ生合成の代謝経路のはじめのほうや分岐点でフィードバック阻害の調節が行われる。プリンヌクレオチドの合成系では、PRPPが5-ホスホリボシルアミンになるステップが集中的に調節を受ける（①-A）。ピリミジンヌクレオチドの合成系では、グルタミンがグルタミンカルバモイルリン酸になるステップ（①-B）あるいはカルバモイルリン酸がカルバモイルアスパラギン酸になるステップ（①-C）が調節を受ける。

ATPとGTPの合成経路は相互に調整し合う（①-D）

　IMPからATPの合成に向かうステップのエネルギーはGTPが供給し、IMPからGTPに向かう経路のエネルギーはATPが供給する。ATPとGTPの生成がバランスよく進むようになっている。

UTPとCTPの関係（①-E）

　UTPはCTPの直接の原料になっている。CTPはこのステップを触媒するCTP合成酵素をフィードバック阻害する。

ホスホリボシル二リン酸はヌクレオチド合成のキー化合物（②）

　PRPPは核酸のすべてのヌクレオチド合成で基質になっている。どのヌクレオチドの合成が進むかは酵素の種類と2つ目の基質の存在で決まる。

② ホスホリボシル二リン酸はヌクレオチド合成のキー化合物

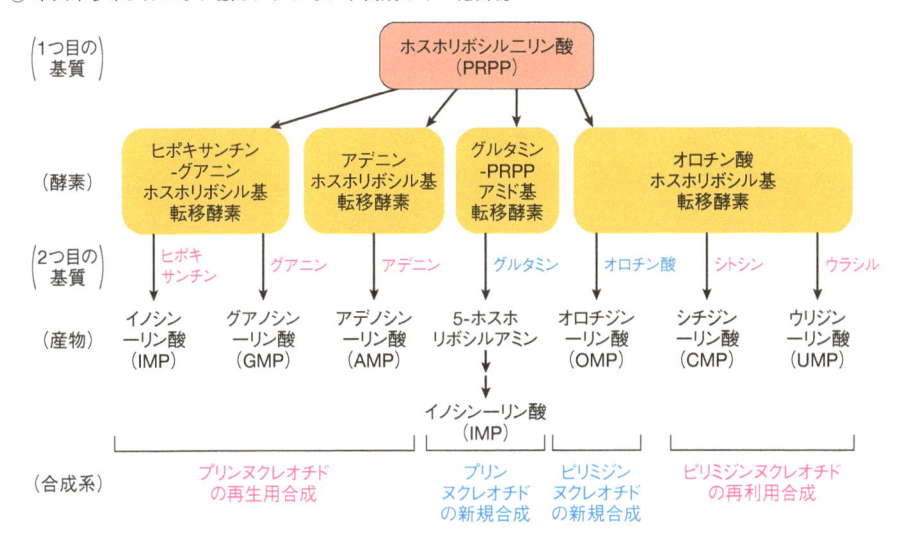

20.3 デオキシリボースとチミンの生成

RNAからDNAへの変更とウラシルからチミンへの変更は遺伝子の安定性を増した

RNAの合成素材であるヌクレオチドは、リボース環の2'の位置に–OHがあるため、RNA鎖は加水分解されやすい。一方、DNAの合成素材であるヌクレオチドでは、リボースの代わりに2'-デオキシリボースが使われるので核酸の化学的、構造的安定性が増す。また、ウラシルの代わりに、チミン（5-メチルウラシル）が使われるので、シトシンがウラシルに変わる変異を除去できる（参照→ 7.1）。

リボヌクレオチドからデオキシリボヌクレオチドへの変換（①）

4種類のリボヌクレオシド二リン酸（NDP、NはAUGCのどれでもよいことを示す）は、リボヌクレオチド還元酵素によってそれぞれ対応するデオキシリボヌクレオシド二リン酸（dNDP、dはデオキシを示す）に変換される（参照→ 20.5）。

ウラシルからチミンへの変更（②）

ウラシルからチミンへの変更のステップはチミジル酸合成酵素によって行われ、dUMPからdTMPに変換される。dTMPはその後dTTPとなり、DNAの合成に使われる。

チミンの生成と葉酸のサイクル（③）

dUMPからdTMPへの変換、つまり塩基のウラシルのメチル化に使われるメチル基はセリンのCH_2部分がテトラヒドロ葉酸を経由したものである。テトラヒドロ葉酸は細胞の増殖にとって必須の物質である。

チミンの生成はDNAの合成、細胞の増殖に直接関係する。そのため、がん細胞に対する抗がん剤のターゲットとして利用されてきた。チミンの生成ステップを阻害する物質としては、チミジル酸合成酵素を阻害するフルオロデオキシウリジンや、ジヒドロ葉酸還元

① デオキシリボースの生成

② チミンの生成

酵素を阻害するメトトレキサートやアミノプテリンなどが知られている。

これらの薬剤は正常な細胞の増殖も阻害するので、慎重な利用の仕方が求められる。

③ 葉酸のサイクル

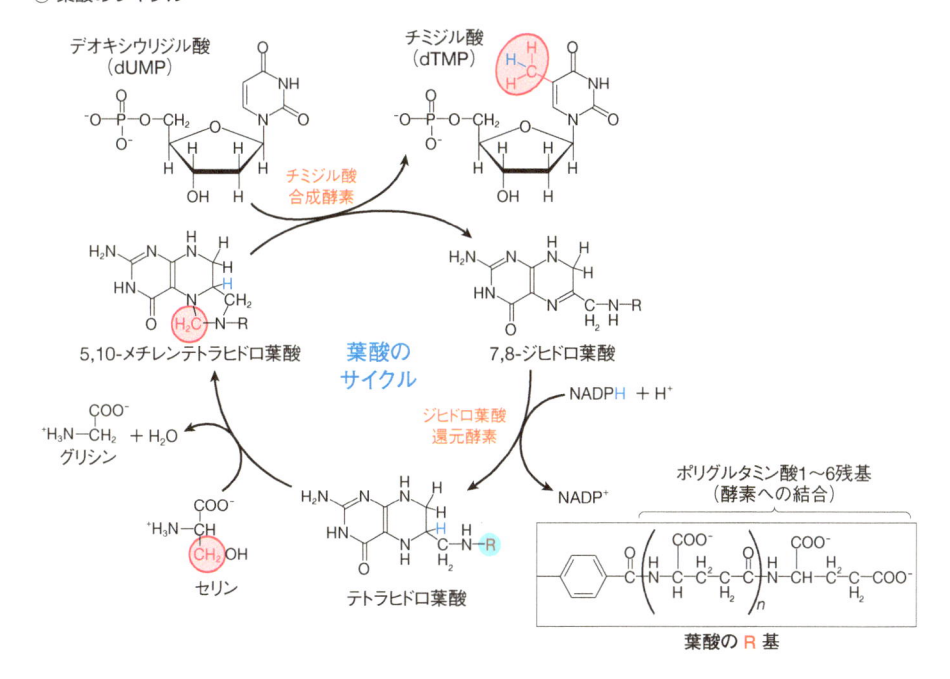

図：葉酸のサイクル

デオキシウリジル酸（dUMP） → チミジル酸（dTMP）（チミジル酸合成酵素）

5,10-メチレンテトラヒドロ葉酸 → 7,8-ジヒドロ葉酸

7,8-ジヒドロ葉酸 + NADPH + H⁺ → テトラヒドロ葉酸 + NADP⁺（ジヒドロ葉酸還元酵素）

セリン → グリシン + H₂O

ポリグルタミン酸1〜6残基（酵素への結合）

葉酸の R 基

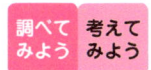

◆抗がん剤のなかにはDNAの合成を抑制するものが多い。どのような効果と副作用が考えられるか？

第20章 ヌクレオチドの代謝　285

20.4 ヌクレオチドの異化と再利用

RNA の分解で生じた塩基の一部は再利用される

　細胞の中では RNA の分解が頻繁に起こる。RNA が分解されて生じるヌクレオシド一リン酸はそれぞれリン酸基およびアミノ基が外され、糖と塩基の間のグリコシド結合が開裂する。フリーになったそれぞれの塩基は PRPP と結合してリボヌクレオチドの生成に再利用される（サルベージ経路）。

　DNA の分解で生じたチミンは、チミジンキナーゼによってチミジル酸（チミジン一リン酸、dTMP）に再生される。再利用されない塩基はさらに異化代謝される。

プリン塩基の異化代謝（①）

　プリン塩基は異化代謝されるとキサンチンを経て尿酸になる。その後は各生物のグループに応じてアラントイン、アラントイン酸、尿素、アンモニアへと代謝され排泄される。

　ヒトの場合は尿酸として血中を回り、尿で排出される。尿酸は抗酸化作用があり、体内での酸化作用を防ぐ働きをするが、尿酸が過剰にある場合は尿酸ナトリウムが析出し、痛風や結石の原因になる。

① プリン塩基の異化代謝　　② ピリミジン塩基の異化代謝

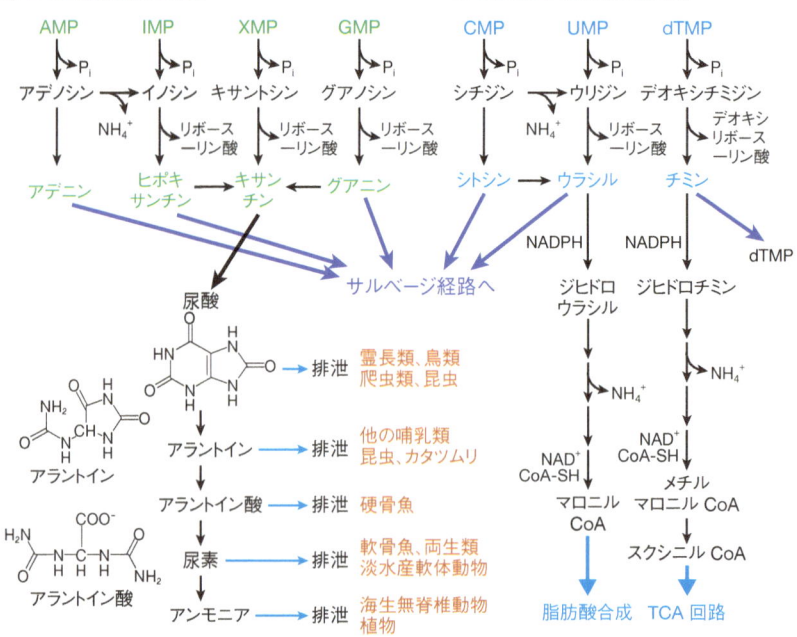

ピリミジン塩基の異化代謝（②）

シチジンとウリジンからはウラシルが生じる。ウラシルはマロニル CoA になり脂肪酸合成に使われる。チミンは異化代謝によって最終的にスクシニル CoA になり、TCA 回路に入る。

---

column　プリン体と痛風

イクラ、タラコ、キャビア、タラやアンコウのシラコ…お酒やビールもついつい進んでいくが、摂りすぎは要注意である。これらの食材に共通しているのは卵子や精子の塊であること、しかも小粒なこと。卵子や精子には、当然、核酸が豊富である。

核酸は消化されてヌクレオチドになり、塩基になる。シトシン、チミン、ウラシルなどのピリミジン塩基は脂肪酸の合成やクエン酸回路の代謝に入っていくが、アデニンやグアニンなどのプリン塩基は尿酸になる。

暴飲・暴食、身体の酷使、ストレスなどが痛風の原因になる。暴飲・暴食や身体の酷使はプリン体（プリン環を持つ物質）を増加させる。過度のストレスはアドレナリンの分泌を増し、巡り巡って排尿量が減少する。それぞれの原因は尿中の尿酸値の増加に結びつくのである。

プリン体の代謝で生成した尿酸は活性酸素と結合して体外に排出されるので、適度の尿酸は私たちの健康を支えている。しかし、過剰の尿酸は微細な結晶となって血管壁などに沈殿し、白血球が異物と認識して攻撃する。身体の節々で起こる痛風の発作や腎臓での激痛の背景には、生産過剰のプリン体に由来する尿酸が存在する。

バランスのとれた食事、程よいストレス、程よい運動、激しい仕事や運動の後の適度な休息は、私たちの健康を守るもとである。

20.5 デオキシリボースの生成を触媒するリボヌクレオチド還元酵素

① リボヌクレオチド還元酵素

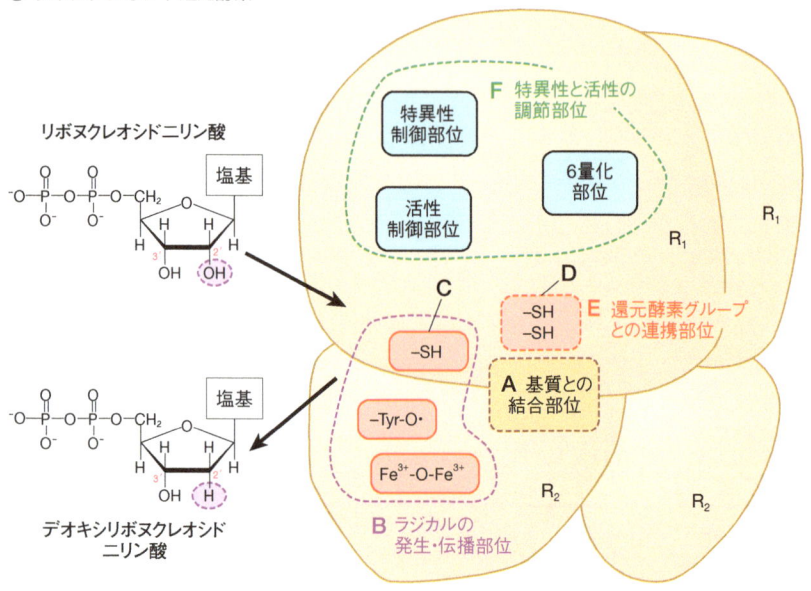

リボヌクレオチド還元酵素は、リボヌクレオシド二リン酸をデオキシリボヌクレオシド二リン酸に還元し、DNA合成の素材のもとをつくり出している（①）。

触媒機能

大腸菌のリボヌクレチオド還元酵素は、R_1 と R_2 のサブユニット2組でできた4量体である。R_1 に基質結合部位があり、それは R_2 との間隙に面している（①-A）。R_2 にラジカルを発生し伝播する部位がある（①-B）。R_1 には単独のシステイン（①-C）と、1対のシステイン（①-D）があり、図①-C のシステインは基質のリボヌクレオシド二リン酸のC3′側と、図①-D の対になっているシステインは基質のC2′側および還元酵素グループの一員であるチオレドキシン相互作用する。チオレドキシンに接近してチオレドキシン還元酵素も存在し（①-E）、リボヌクレオチド還元反応の後処理をする。

特異性と活性の調節（①-F）

デオキシリボヌクレオチドは、DNAの合成素材として使われるため、4種類のデオキシリボヌクレオチド（dATP、dTTP、dCTP、dGTP）が均等に生成するように酵素機能が調節される。

◆ 特異性制御部位にATP、dATP、dGTP、dTTPのいずれかが結合し、単量体の R_1 が2

量体になる。
◆ 活性制御部位に ATP または dATP が結合すると R_1 の 2 量体は 4 量体になる。
◆ 6 量化部位に ATP が結合する。これで触媒機能が十分発揮されるようになる。

特異性制御部位に結合する物質によって、還元されるヌクレオチドが異なる
◆ ATP が結合すると、CDP および UDP の反応が進み、dCDP および dUDP が生成する。dCDP および dUDP はその後、dCTP および dTTP になる。
◆ dTTP が結合すると、CDP および UDP の反応を阻害し、GDP の反応を促進して dGDP が生成する。dGDP はその後、dGTP になる。
 dATP が結合すると、すべての反応を阻害する。

反応のステップ
1. Fe^{3+}–O–Fe^{3+} 錯体によってチロシン側鎖にラジカルが発生する（①-B）。ラジカルの発生が反応のスタートである。そしてシステイン側鎖にラジカルが伝播する（①-C）。
2. システインラジカルの働き、および対になっているシステイン（①-D）との相互作用によってリボヌクレオシド二リン酸の C-2′ 位の OH が –H に還元され、デオキシリボヌクレオシド二リン酸が生成する。
3. ①-E に存在するチオレドキシン、チオレドキシン還元酵素、NADPH によって、酵素の ①-D のシステイン対の –SH が回復し、$NADP^+$ が生成する。

補項20.1 ヌクレオチドの新規合成では効率的な代謝を可能にする酵素系が発達

① ピリミジン環の形成

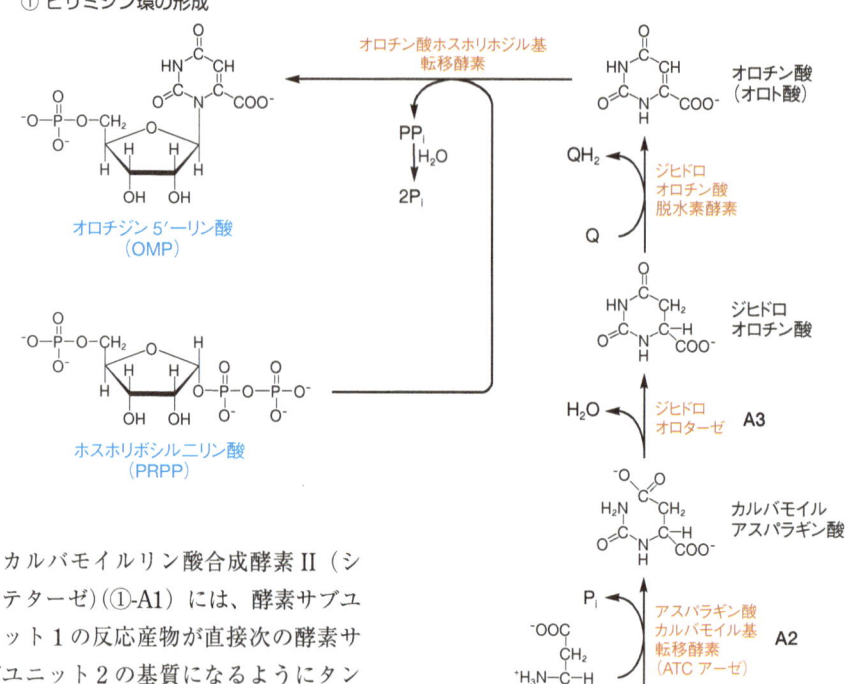

カルバモイルリン酸合成酵素Ⅱ（シンテターゼ）（①-A1）には、酵素サブユニット1の反応産物が直接次の酵素サブユニット2の基質になるようにタンパク質の内部にトンネルがあり、水溶液にさらされると不安定な中間産物を安全に受け渡す。

また哺乳類などでは①-A1～A3、②-B1～B3、②-C1とC2、②-D1とD2がそれぞれ1つのタンパク質で複数のステップの反応を触媒する多機能酵素である。

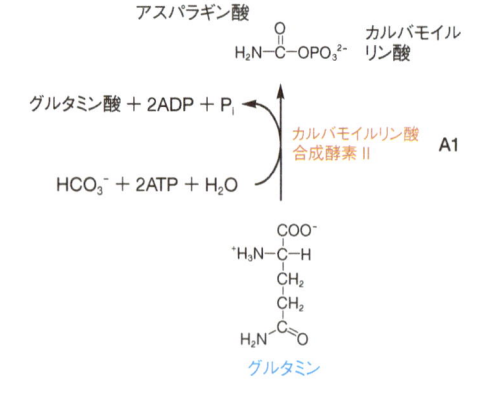

② プリン環の形成

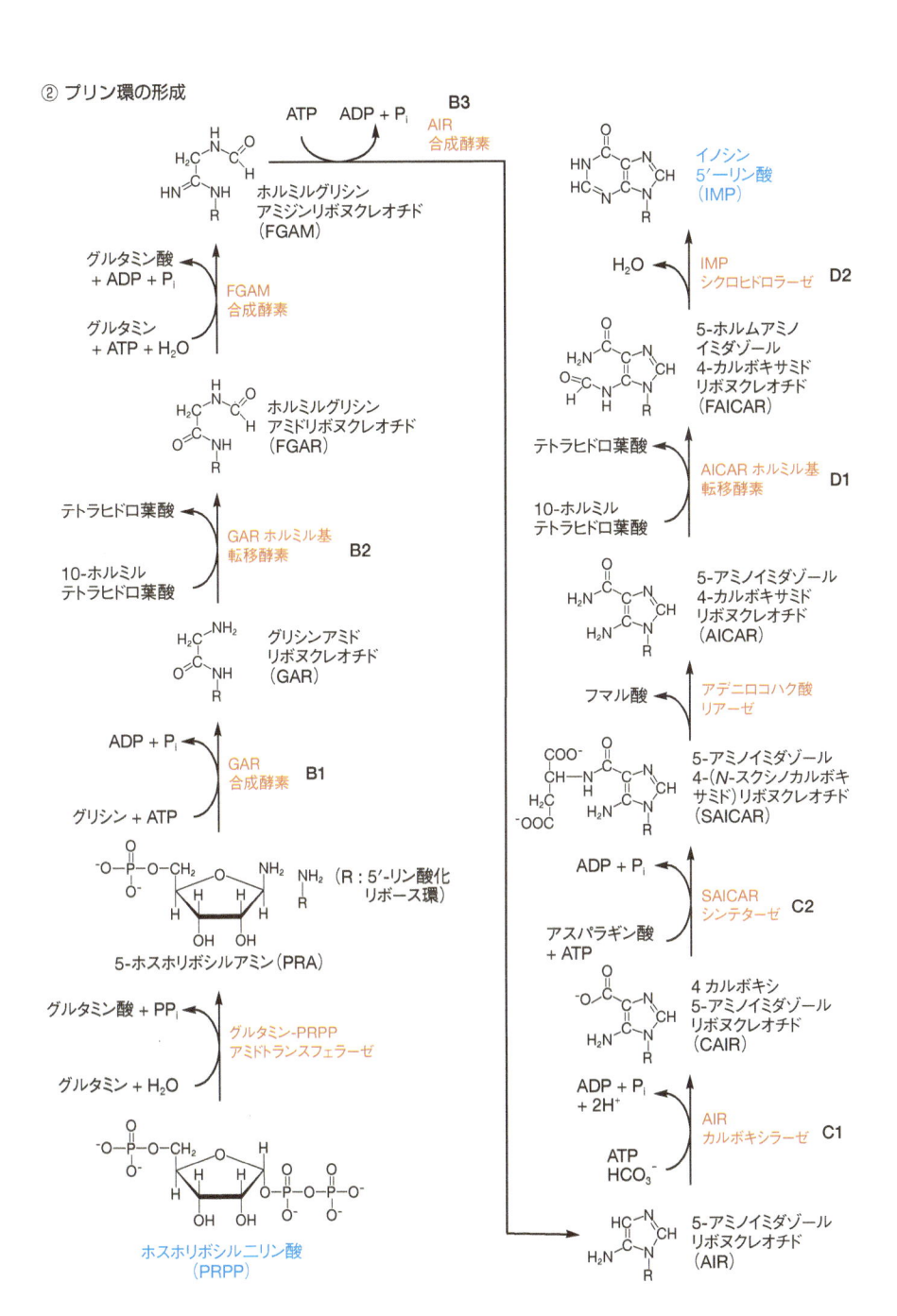

ホルミルグリシンアミジンリボヌクレオチド (FGAM)

B3 AIR合成酵素　ATP → ADP + Pi

グルタミン酸 + ADP + Pi ← FGAM合成酵素 ← グルタミン + ATP + H₂O

ホルミルグリシンアミドリボヌクレオチド (FGAR)

テトラヒドロ葉酸 ← GAR ホルミル基転移酵素 B2 ← 10-ホルミルテトラヒドロ葉酸

グリシンアミドリボヌクレオチド (GAR)

ADP + Pi ← GAR合成酵素 B1 ← グリシン + ATP

5-ホスホリボシルアミン (PRA)　（R：5'-リン酸化リボース環）

グルタミン酸 + PPi ← グルタミン-PRPPアミドトランスフェラーゼ ← グルタミン + H₂O

ホスホリボシルニリン酸 (PRPP)

↓

5-アミノイミダゾールリボヌクレオチド (AIR)

ADP + Pi + 2H⁺ ← AIR カルボキシラーゼ C1 ← ATP, HCO₃⁻

4カルボキシ5-アミノイミダゾールリボヌクレオチド (CAIR)

ADP + Pi ← SAICAR シンテターゼ C2 ← アスパラギン酸 + ATP

5-アミノイミダゾール4-(N-スクシノカルボキサミド)リボヌクレオチド (SAICAR)

フマル酸 ← アデニロコハク酸リアーゼ

5-アミノイミダゾール4-カルボキサミドリボヌクレオチド (AICAR)

テトラヒドロ葉酸 ← AICAR ホルミル基転移酵素 D1 ← 10-ホルミルテトラヒドロ葉酸

5-ホルムアミノイミダゾール4-カルボキサミドリボヌクレオチド (FAICAR)

H₂O ← IMP シクロヒドロラーゼ D2

イノシン5'-リン酸 (IMP)

第20章 ヌクレオチドの代謝

補項20.2 リボヌクレオチド還元酵素の触媒機構

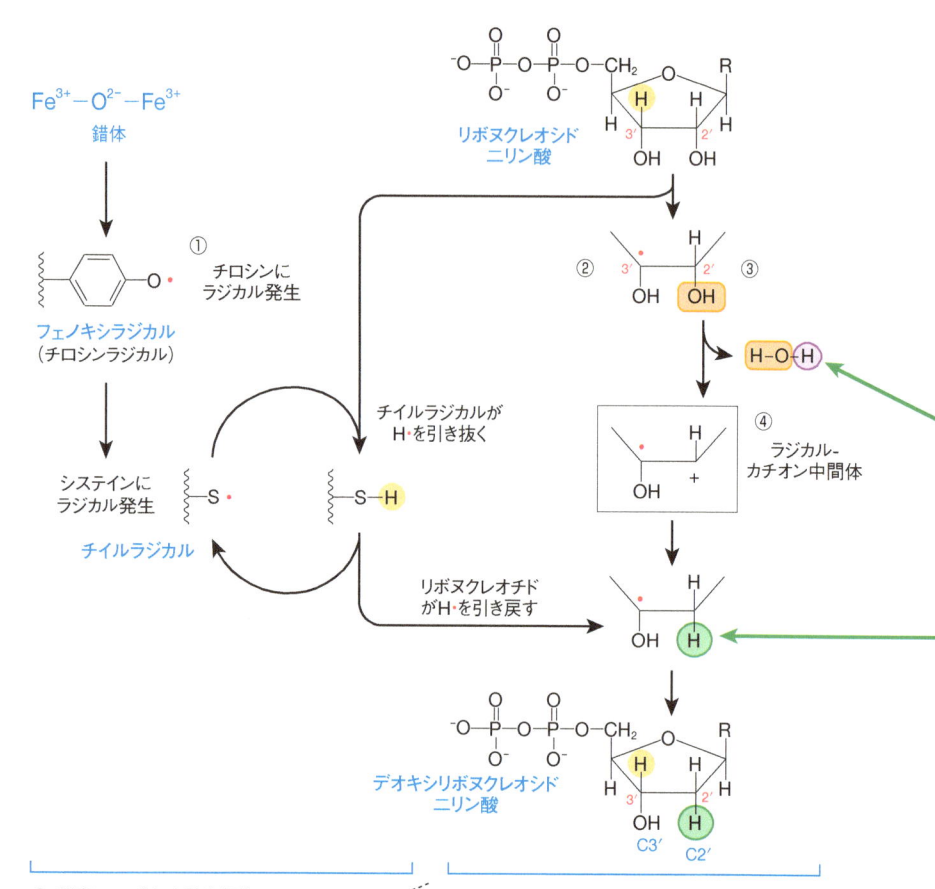

① 酵素のラジカル発生部位

$Fe^{3+}-O^{2-}-Fe^{3+}$ の錯体が Tyr 側鎖の –OH の H 原子を奪い Tyr-O・ラジカル（フェノキシラジカル）が発生する。

-Tyr の –O・ラジカルは Cys の -SH を –S・ラジカル（チイルラジカル）にする。

Cys の –S・ラジカルは基質のリボース環の C3′ の位置の H 原子を奪って –SH になる。

基質のリボース環の C3′ の位置に生じたラジカルによって –SH の H が奪われ –S・ラジカルに戻る。

②、③ 基質の変化（リボース環の C3′ と C2′）

② C3′

C3′ の H 原子がラジカルのために引き抜かれる。

C3′ の位置の –OH 基の非共有電子対とラジカルが C2′ のカチオンを安定化する。

③ C2′

C2′の位置の –OH は酵素の –SH の H^+ を得て一時的に $-H_2O^+$ になった後、分離して出ていく。

C2′の位置には（＋）電荷が残る。

④（ラジカル-カチオン中間体）

C3′ の位置に H 原子が戻される。

その後、酵素のもう一方の –SH から H を得て、C2′の位置は –H になる。

酵素タンパク質でのラジカル発生に誘発されて、基質のリボヌクレオチドでラジカル発生も含めた化学変化が起こる。それと連携してチオレドキシンとその還元酵素および NADPH による酸化・還元の連鎖反応が起こる。NADPH が還元力エネルギーを提供している。

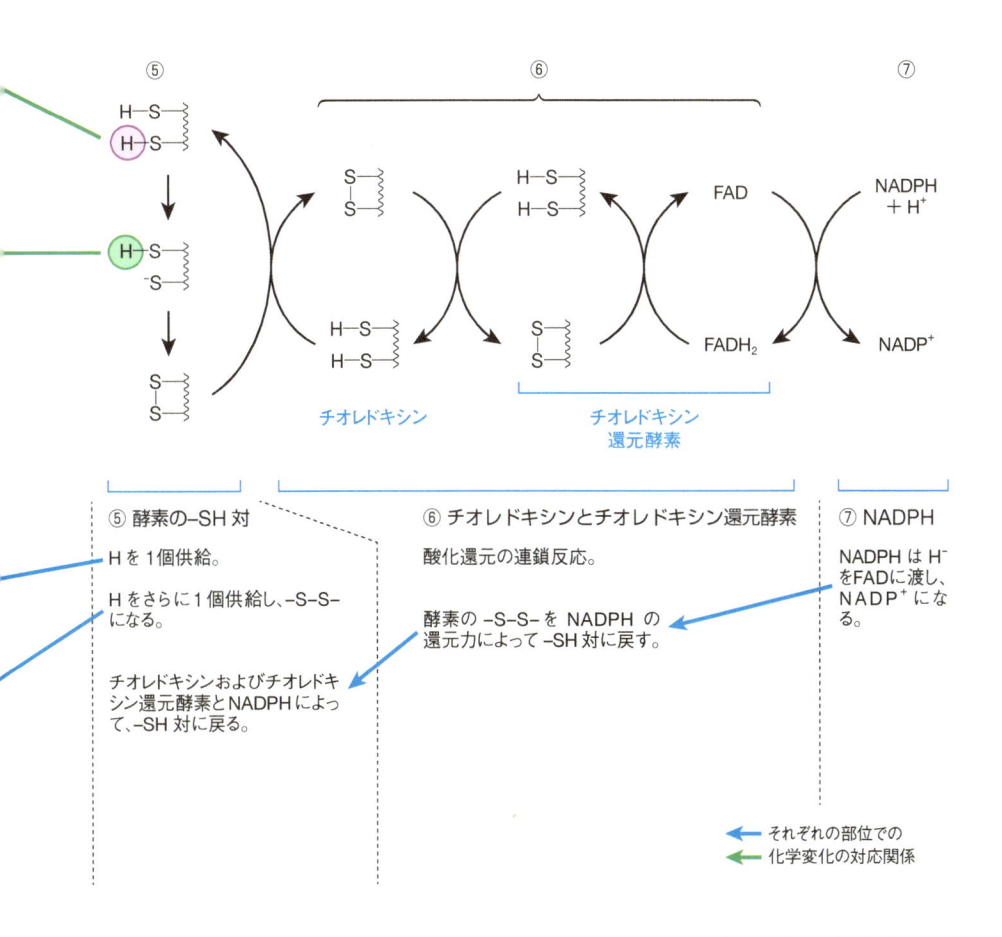

⑤ 酵素の–SH 対

H を 1 個供給。

H をさらに 1 個供給し、–S–S– になる。

チオレドキシンおよびチオレドキシン還元酵素とNADPHによって、–SH 対に戻る。

⑥ チオレドキシンとチオレドキシン還元酵素酸化還元の連鎖反応。

酵素の –S–S– を NADPH の還元力によって –SH 対に戻す。

⑦ NADPH

NADPH は H⁻ をFADに渡し、NADP⁺ になる。

← それぞれの部位での
← 化学変化の対応関係

第 20 章　ヌクレオチドの代謝　293

参考資料

書籍

1) L. A. Moran・H. R. Horton・K. G. Scrimgeour・M. D. Perry 著、鈴木紘一・笠井献一・宗川吉汪 監訳（2013）ホートン生化学 第5版、東京化学同人
2) J. M. Berg・J. L. Tymoczko・L. Stryer 著、入村達郎・岡山博人・清水孝雄 監訳（2013）ストライヤー生化学 第7版、東京化学同人
3) D. Voet・J. G. Voet 著、田宮信雄・村松正實・八木達彦・吉田　浩・遠藤斗志也 訳（2012）ヴォート生化学（上）第4版、東京化学同人
4) D. Voet・J. G. Voet 著、田宮信雄・村松正實・八木達彦・吉田　浩・遠藤斗志也 訳（2013）ヴォート生化学（下）第4版、東京化学同人
5) B. Alberts・A. Johnson・J. Lewis・M. Raff・K. Roberts・P. Walter 著（2007）Molecular Biology of the Cell 5th Ed, Garland Science
6) 日経サイエンス編集部 編（2009）生命の起源 その核心に迫る（別冊日経サイエンス168）、日経サイエンス
7) 生命の誕生と進化の38億年（ニュートン別冊）（2012）ニュートンプレス
8) 川上紳一・東條文治 著（2006）図解入門 最新地球史がよくわかる本［第2版］、秀和システム
9) 石本真 著（1996）物質から生命へ――生化学のすすめ、新日本出版社
10) 増本健 監修、ウォーク 編著（1997）金属なんでも小事典、講談社
11) 国立天文台 編（2014）理科年表 平成27年、丸善出版

ウェブサイト

1) RCSB Protein Data Bank: http://www.rcsb.org/pdb/home/home.do
2) Molecule of the Month Archive: http://www.rcsb.org/pdb/101/motm_archive.do

ソフト

1) RasMol：http://www.openrasmol.org/OpenRasMol.html

2) Avogadro：http://avogadro.cc/wiki/Main_Page
3) ChemDraw：http://www.cambridgesoft.com/software/overview.aspx

（URL は、2015 年 8 月 31 日現在のもの）

巻末付録

本書で紹介したタンパク質3次元構造のPDB IDリスト

　PDB（Protein Data Bank, http://www.rcsb.org/pdb/home/home.do）は、タンパク質や核酸の3次元構造データを集積している国際データバンクである。個々の物質のデータは、「1DFL」のように4桁の英数字の組み合わせによる個別の記号（PDB ID）がつけられている。

項目	図番号	名称	PDB ID
3.4 コラム	①	ミオシンの頭部とATP	1DFL
4.1	⑥	リン脂質の1種とコレステロール	3K2S
第7章扉	（左）	RNA（酵母のtRNA^{Phe}）	6TNA
第7章扉	（右）	DNA（1HDDによる画像を合成）	1HDD
7.1	④	DNA	1HDD
7.4	①	DNA	1HDD
7.6	③	酵母のtRNA^{Phe}	6TNA
7.7	④	ヘアピン型リボザイム（リボザイムは92塩基、基質は21塩基）	1M5O
7.7	⑤	ハンマーヘッド型リボザイム（リボザイムは34塩基、基質は13塩基）	1HMH
第8章扉	（上）	グリセルアルデヒド3-リン酸脱水素酵素	1NQO
第8章扉	（下）	組織適合抗原	2BSR
8.1	①（上段左）	炭酸脱水酵素	1CA2
8.1	①（上段右）	細胞膜の受容体（ロドプシン）	1F88
8.1	①（上から2段目）	免疫グロブリン（IgG）	1IGT
8.1	①（上から3段目）	グルタミン合成酵素	2BVC
8.1	①（下から2段目）	プロテアソーム	1JD2
8.1	①（最下段）	筋肉タンパク質ミオシンの頭部	1DFL
8.1	①（最下段）	筋肉タンパク質ミオシンの尾部（一部イラスト）	2FXO
8.1 コラム	①～⑥	炭酸脱水酵素	1CA2
8.2	②（左）	炭酸脱水酵素	1CA2
8.2	②（右）	免疫グロブリン（IgG）	1IGT
8.4	①	1本のヘリックス（炭酸脱水酵素）	1CA2
8.4	②	2本のαヘリックスのねじれ合い（ミオシン尾部の一部）	2FXO
8.4	③	7本のαヘリックス（ロドプシン）	1F88
8.4	⑤	1枚のβシート（炭酸脱水酵素）	1CA2

項　目	図番号	名　称	PDB ID
8.4	⑥	O-157のベロ毒素の一部	1R4P
8.5	①	ヘモグロビン（4量体）	1THB
8.5	②	膜の通路となるポーリン	1A0T
8.5	③	ペプシン	4PEP
8.6	②	炭酸脱水酵素	1CA2
8.6	③	抗体（抗原はエストラジオール）	1JGL
8.6	④	トランスフェリン（2個のドメイン）	1SUV
8.6	⑤	転写因子（Oct-1）	1O4X
8.6	⑥	グリセルアルデヒド3-リン酸脱水素酵素	1NQO
補項9.1	①	細胞膜の受容体（ロドプシン）	1F88
補項9.1	③	レチノイン酸受容体のDNA結合ドメイン	1DSZ
補項9.1 コラム		アビジンとビオチン	2AVI
補項9.3	②	プロトロンビンのGlaドメイン	1NL2
第10章扉		アセチルコリンエステラーゼとアリセプト	1EVE
10.4	①-A	アデニル酸リン酸化酵素	4AKE
10.4	①-C	アデニル酸リン酸化酵素(遷移状態類似体入り)	1AKE
10.8	③	アセチルコリンエステラーゼとジイソプロピルフルオロリン酸（DFP）	2DFP
10.8	⑥	アセチルコリンエステラーゼとマンバの毒	1B41
10.8	⑦	アセチルコリンエステラーゼとアリセプト（ドネペジル）	1EVE
補項10.1	②	炭酸脱水酵素	1CA2
補項10.2	②（上）	キモトリプシン	1AB9
補項10.2	②（下）	トリプシン	1AVW
補項10.2	③	キモトリプシン	5CHA
補項11.2	①、②	トリオースリン酸イソメラーゼ	2YPI
13.5 コラム		ATP合成酵素のローター	1C17
第14章扉	（上）	ATP合成酵素のローター	1C17
第14章扉	（下）	ATP合成酵素のATP合成部位	1JNV
14.2	②	鉄-硫黄［4Fe-4S］クラスター	3M9S
14.4	①	複合体Ⅱ（コハク酸脱水素酵素）	1YQ3
14.5	①	複合体Ⅲ（シトクロム bc_1 複合体）とシトクロム c	1KYO
14.6	①	複合体Ⅳ（シトクロム c 酸化酵素）	1OCO
14.7	①（上）	ATP合成酵素のローター	1C17
14.7	①（下）	ATP合成酵素のATP合成部位	1JNV
14.7	②	ATP合成酵素のローター	1C17

項　目	図番号	名　称	PDB ID
補項 14.2	①	複合体IV（シトクロム c 酸化酵素）	2OCC
補項 14.2	②（左）	複合体IV（シトクロム c 酸化酵素）	1OCR
補項 14.2	②（右）	複合体IV（シトクロム c 酸化酵素）	2OCC
15.3	⑤	血清のアルブミン	1E7I
第 16 章扉		リン脂質の 1 種とコレステロール	3K2S
17.5	①	光化学系 II（2 量体）のモノマーの構造（シアノバクテリア）	1S5L
17.5	②、③	スペシャルペア P680	1S5L
17.7	①	光化学系 I のモノマーの構造（シアノバクテリア）	1JB0
17.7	②	スペシャルペア P700	1JB0
18.3	①	植物葉緑体の RuBisCO	1RCX
補項 18.1	①	フェレドキシン - チオレドキシン還元酵素	2PVO
19.2	②	ニトロゲナーゼ（複合体）	1N2C
19.2	③	ニトロゲナーゼの Fe-Mo クラスター	1N2C
補項 19.1	①	アスパラギン酸アミノ基転移酵素	1CQ8
第 20 章扉		ヌクレオチド	3HNE

あとがき

　私は良い自然科学の本を出したいという気持ちをかねてから持っていた。多くの書店ではハウツーものや娯楽本があふれていて、自然科学分野の本が非常に少なくほとんど見当たらない所もある。これではいけない、科学的な思考が弱くなる、と思うことが多かった。また、自分自身の欲求として、生命の発生、生化学、細胞生物学、生物学などを大きくまとめて理解したいという気持ちも強かった。

　本書の出版を考えたのはおよそ7年前になる。私は生命科学系の大学で生化学を講義していた。海外の生化学の本を翻訳したものは、内容がしっかりしているが、非常に高度で難しく価格も高い。一方、安くて手ごろな生化学の本は内容に物足りなさがあった。学生にとってわかりやすく、手ごろで、内容が充実したものが必要だという思いが強くなり、徐々に自作のスライドを作って講義で利用するようになった。学生にはスライド内容をプリントにして配布し、講義中に着色や書き込みができるようにした。私は講義終了後に、プリントに話した要点や反省点などを書き込んだ。この本は、そのプリントの講義録をもとにしている。また出席カードの裏に書かれた質問や感想からいくつか選んでページの余白に入れた。

　講義で省略した項目も補充し、『ビジュアル講義　生

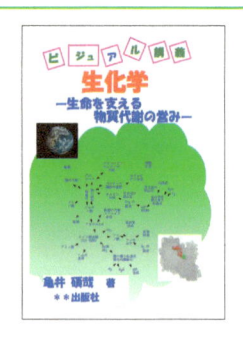

『ビジュアル辞書　生化学』という書名で講談社サイエンティフィクに出版を申し込んだ（上の図）。編集部からの要請もあり、何人かの先生方に原稿を送り、不十分な点や感想などを聞くことができた。その過程で扱う内容が大幅に増加した。私自身も内容を充実させたいと思い、「第1章　水と生命」から始め、後半部分は「核酸・タンパク質・糖鎖の合成」、そして最後に「脂質や生体高分子の自律的な集合による増殖する細胞の形成」という形で生命の生化学としてのまとまりをつけた。しかしページ数の都合で後半部分を割愛した。割愛した部分は機会があったら世に出したい。本書を作成しながら、代謝のありかたや生命進化で起きたであろうことなど、多くの気づきがあった。

　最後に次の方々に感謝します。安藤直子さん（生化学を教えている立場からの査読とコメント）、亀井成美さん（地学関係のコメントとわかりやすい表現）、森川康さん（生化学および化学関係のコメント）、宗川吉汪さん（全体へのコメントおよび用語法）。

2015年8月16日　　　　　　　　　　　　　**亀井碩哉**

索 引

数字

1次構造　96
2次元電気泳動　109
2次構造　96, 100
2次性能動輸送　53
2次代謝　30
2次メッセンジャー　54, 66
2重結合　20
2重らせん　81, 84
3次構造　96
3重結合　20
3′末端　82
[4Fe-4S] クラスター　187, 242
4次構造　96
5′末端　82
7回膜貫通タンパク質　54

英字

ADP　34, 39, 147
ADP-グルコースピロホスホリラーゼ　260
AICAR（5-アミノイミダゾール4-カルボキサミドリボヌクレオチド）　275
AMP　39, 152
ATP　13, 25, 26, 34, 39, 40, 59, 65, 119, 120, 147, 149, 150, 177, 190
ATP 合成酵素　189, 190, 192, 197, 245
a サブユニット　197
b サブユニット　197
C_2 エンド型　67
C_3 エンド型　67
C_3 化合物　225
C_4 植物　257
C_5 化合物　226

CA1P（2-カルボキシアラビニトール 1-リン酸）　262
cAMP　54, 66, 174
CAM 植物　257
cGMP　66
CoA（CoA-SH、補酵素 A）　26, 42, 178, 184, 210
Co-Q（ユビキノン）　192
Co-QH_2（ユビキノール）　192
COX（シクロオキシゲナーゼ）　230
Cyt c（シトクロム c）　192, 195
$C_α$ 原子　70, 97
c サブユニット　198
Da（ダルトン）　20
DFP（ジイソプロピルフルオロリン酸）　137
DHA（ドコサヘキサエン酸）　224
DNA　3, 65, 79, 80, 83, 85, 168, 279
　──の2重らせん　8
DNA 鎖　83
D 異性体　70
D-グルコース　60
D-リボース　61
EC 番号　128
EGF（上皮細胞増殖因子）　54
FAD　43, 184, 194
$FADH_2$　43, 178
Fe-Mo クラスター　265
Fe-S クラスター　194
FMN　44, 193
$FMNH_2$　44, 193
G6PDH（グルコース 6-リン酸脱水素酵素）　25, 165
GABA（γ-アミノ酪酸、ギャバ）　74, 271
GC 含量　84
GLUT（グルコース輸送タンパク質）　135
GLUT4　151
GM2　48

GSH（グルタチオン）　75, 271
GS-SG（酸化型グルタチオン）　75
GTP　120, 178
G タンパク質　54, 121, 174
H^+-ポンプ（H^+, K^+-ATP 加水分解酵素）　46
HDL（高密度リポタンパク質）　209, 214
HIV ウイルス　90
HMG-CoA（3-ヒドロキシ 3-メチルグルタリル-CoA）　226
HMG-CoA 合成酵素　217
IDL（中間密度リポタンパク質）　209, 215
IRE 結合タンパク質（鉄応答配列結合タンパク質）　187
J（ジュール）　20
k_{cat}（触媒定数）　129, 134
K_m（ミカエリス定数）　134, 143
k_{uncat}　129
K_w（水のイオン積）　16
LDL（低密度リポタンパク質）　209, 214
LHC I（集光性複合体 I）　243
LHC II（集光性複合体 II）　240
L-アミノ酸　70
L 異性体　70
L-グルタミン酸　267
L-乳酸　156
M（モーラー）　20
Mn_3CaO_3 クラスター　246
Mo-Fe タンパク質　265
mRNA（メッセンジャー RNA）　88, 89
N（ニュートン）　20
n-3 系脂肪酸　224
n-6 系脂肪酸　224
Na^+-ポンプ（Na^+, K^+-ATP 加水分解酵素）　53
NAD^+　43, 147, 155, 184
NADH　13, 26, 37, 43, 147, 149, 155, 178, 182, 184, 193

303

NADH 脱水素酵素（複合体 I） 192
NADH-ユビキノン酸化還元酵素（複合体 I） 192
NADP⁺ 43
NADPH 44, 165, 167, 244
O-157（腸管出血性大腸菌） 125
pH（水素イオン濃度指数） 16, 108
PAGE（ポリアクリルアミドゲル） 108
PDB 297
PEP（ホスホエノールピルビン酸） 161
PEP カルボキシキナーゼ（ホスホエノールピルビン酸カルボキシキナーゼ） 161
PFK（ホスホフルクトキナーゼ） 151, 152
P$_i$（無機リン酸） 34, 39
pI（等電点） 78, 108
pK_a 17
PLP（ピリドキサールリン酸） 268, 270, 276
PP$_i$（ピロリン酸、無機二リン酸） 39
PQ（プラストキノン） 45, 240
PQH$_2$（プラストキノール） 240
PRPP（ホスホリボシル二リン酸、ホスホリボシルピロリン酸） 168, 275, 270, 283
PSI（光化学系 I） 242, 261
PSII（光化学系 II） 239
Q（ユビキノン） 43, 192
QH$_2$（ユビキノール） 26, 43, 178, 182, 192
QH$_2$ サイト 195
Q サイクル 241
Q サイト 195
RA（レチノイン酸） 121
RNA 3, 65, 79, 88, 168, 279
RNAi（RNA 干渉） 91
RNA 鎖 83, 90

RNA ファージ 89
RNA ワールド 92
rRNA（リボソーム RNA） 89
RuBisCO（リブロースビスリン酸カルボキシラーゼ / オキシゲナーゼ） 252, 254, 262
SDS（ドデシル硫酸ナトリウム） 108
SH-CoA（補酵素 A） 42
siRNA 91
snRNA（核内低分子 RNA） 91
S-S 結合（ジスルフィド結合） 72, 75, 104
TA（トランスアルドラーゼ） 165
TCA 回路（TCA サイクル、クエン酸回路） 29, 178
TK（トランスケトラーゼ） 165, 169
TPP（チアミンピロリン酸） 166, 169, 184
tRNA（トランスファー RNA、転移 RNA） 88, 89
UbQ（ユビキノン） 192
UbQH$_2$（ユビキノール） 192
UCP（脱共役タンパク質、サーモゲニン） 201
UDP-グルコース 170
VLDL（超低密度リポタンパク質） 209, 214
V_{max}（最大初速度） 134, 143
Z 型模式図 238

ギリシャ文字

α-1,4 結合 170
α-1,6 結合 170
α 型（α アノマー） 60
α-ケトグルタル酸（2-オキソグルタル酸） 178
α ヘリックス 96, 99, 100
α-リノレン酸 224
β 型（β アノマー） 60
β-カロテン 236, 239, 242

β 酸化 206, 207, 211
β シート 96, 99, 101
β メルカプトエタノール 108
γ-アミノ酪酸（GABA、ギャバ） 74, 271
γ-カルボキシグルタミン酸 124
γ-グルタミルリン酸（グルタミル 5-リン酸） 41
ω-3 系脂肪酸 224
ω-6 系脂肪酸 224

あ

アイソザイム 210, 212
アイソトープ（同位元素） 109, 113
アイソフォーム 135, 212
アキシアル結合 67
アクアポリン 50
悪玉コレステロール 215
アクチン 38
アコニターゼ 187
亜硝酸 264
アシル CoA 42, 210
アシル CoA 合成酵素（シンテターゼ） 210
アシルカルニチン 210
アシル基 207
アスコルビン酸（ビタミン C） 123
アスパラギン酸 77, 257
アスパラギン酸アミノ基転移酵素 270
アスピリン（アセチルサリチル酸） 230
アセチル CoA 40, 42, 147, 155, 177, 178, 184, 185, 216, 222, 274
アセチル CoA アシル基転移酵素（チオラーゼ） 212
アセチル CoA カルボキシラーゼ 221
アセチル化 / 脱アセチル化 28
アセチルコリン 137

アセチルコリンエステラーゼ
　137
アセチルサリチル酸（アスピリン）
　230
アセトアルデヒド　155
アセト酢酸　216, 274
アセトン　216
アデニルリン酸化酵素　131
アデニン　80
アデノシルメチオニン　271
アデノシン三リン酸　13
アドレナリン　74, 173, 174, 180,
　218, 271
アノマー　68
アノマー炭素　61
アビジン　122
アポ酵素　107
アポリポタンパク質　208
アミド基　72
アミド平面（ペプチド平面）　97
アミノアシル tRNA　97
5-アミノイミダゾール 4-カルボ
　キサミドリボヌクレオチド
　（AICAR）　275
アミノ基　70, 71
アミノ基転移酵素　270, 272
アミノ酸　12, 69, 70, 268
　──の代謝　29
アミノ酸残基（残基）　94
アミノ酸側鎖　103
アミノ糖　63
アミノレブリン酸　186
アミン　74
アラキドン酸　224, 230
アリセプト（ドネペジル）　138
アルカロイド　30
アルギニン　78
アルギニンリン酸　40
アルギノコハク酸　273
アルコール　155
アルツハイマー病　138
アルデヒド基　60
アルドース　60

アルドースリン酸　165, 169
アルドラーゼ　148
アルブミン　209
アロステリック酵素　135
アロステリック制御　27, 135
暗号子（コドン）　89
アンチコドン　88
アントシアニン　271
暗反応　233, 250, 251
アンモニア　69, 263, 267, 272
胃　46
イオン　3, 50
イオン結合　20, 39, 104, 130
イオン種　18
異化代謝　26
維管束鞘細胞　257
いす型　67
異性化酵素　127
異性体　68
イソアロキサジン環　44
イソクエン酸　178
イソクエン酸分解酵素　185
イソプレノイド　44
イソプロピルフルオロリン酸（サ
　リン）　137
イソメラーゼ　127
一酸化窒素　66, 271
遺伝子　3, 14, 23, 79, 85
イノシトール 3-リン酸　174
飲細胞運動　215
インスリン　75, 151, 159, 161,
　172, 174
陰生植物　260
隕石　12
インターフェロン　54
インフルエンザウイルス　52, 90
インベルターゼ（スクラーゼ）
　64
ウイルス　4, 83, 89, 93
ウイロイド　90
右旋性　64
宇宙線　12
うまみ成分　59, 267

裏打ちタンパク質　55
ウラシル　80, 284
エイコサノイド　230
エイズ　90
エーテル結合　57
エクアトリアル結合　67
エクソサイトーシス　55
エステル結合　57
エタノール　147, 155, 185
エチレン　271
エナンチオマー（鏡像異性体）
　68
エネルギー　31
　──の獲得方法　32
　──の供給源　34
エノイル CoA　212
エノイル CoA ヒドラターゼ（水
　添加酵素）　211
エノラーゼ　149
エピマー　68
エムデン・マイヤーホフの経路
　150
エリトロース 4-リン酸　277
塩基　17
塩基性アミノ酸　72
塩基対　81, 84
塩橋　204
エンタルピー　35
エンドサイトーシス　55
エントナー・ドウドロフ経路
　150
エントロピー　35, 36
オキサロ酢酸　161, 178, 185,
　257, 269, 274
オキシアニオンホール　141
オキシドレダクターゼ　127
2-オキソグルタル酸（α-ケトグ
　ルタル酸）　178, 181, 267, 269,
　272
2-オキソグルタル酸脱水素酵素
　178
オプシン　121
オルニチン　271, 273

オルニチン回路（尿素回路）　273
オレイン酸　212
オロチジン一リン酸　281

か

開環　60
海水　15
解糖系　29, 34, 146, 147, 176
開放系　23
外膜　58
界面活性剤　108
解離温度（融解温度）　84
化学合成独立栄養細菌　199
化学合成無機栄養生物　31
化学進化　12, 14
可逆反応　139
架橋　159
核　4
核酸　3, 59, 82, 168
拡散　36, 53
核内低分子RNA（snRNA）　91
核膜　4
核様体　4
過酸化水素　256
過酸化物　31
可視光　248
加水分解酵素　127
活性化エネルギー　24, 132
果糖（フルクトース）　153
金づち型リボザイム（ハンマーヘッド型リボザイム）　90
雷　12
ガラクトース　153
ガラクトース1-リン酸ウリジル基転移酵素　153
ガラクトセレブロシド　48
ガラス　15
カルシウムイオン　28, 180
カルシウムチャネル　174
カルジオリピン　47
カルニチン　207, 210
カルバモイルリン酸　273

カルビン回路　29, 167, 252
2-カルボキシアラビニトール1-リン酸（CA1P）　262
カルボキシ基　61, 70, 71
カルボニル基　60
カルモジュリン　28, 174
カロテノイド　236
がん　11
ガングリオシド　48
還元型補酵素　26, 37
還元型ユビキノン（ユビキノール、還元型補酵素Q、還元型コエンザイムQ）　192
還元的ペントースリン酸回路　252
還元電位　191, 204
還元末端　170
肝細胞　163
環状AMP　174
環状DNA　85
環状アミノ酸　73
環状構造　60
環状ヌクレオチド　59, 66
緩衝作用　18
完全飽和　57
肝臓　163, 207, 216
官能基　15
気孔　258
ギ酸　13
キサントフィル　236
基質結合部位　130
基質特異性　130
基質レベルのリン酸化　147, 149
基底状態　247
逆転写　81, 90
逆平行βシート　101
嗅覚　54
吸光度　84
吸光度測定　108
競合阻害　143
強酸　17
鏡像異性体（エナンチオマー）　68
共鳴構造　40

共鳴転移　247
共役　201
共役2重結合　236
共役塩基　17
共役酸　17
共役反応　37, 41
共有結合　5, 20, 82, 104
共有結合修飾　28
共輸送　53, 177
極性　5, 10
キロミクロン　208
近接効果　133
金属イオン　107, 110, 111, 133
　――のクラスター　111
　――の配位結合　104
金属錯体　111
筋肉　34, 38, 163
グアニン　80
空間充填モデル（実体モデル）　95
クエン酸　178, 182
クエン酸回路（TCA回路、TCAサイクル、トリカルボン酸サイクル、クレブス回路）　29, 34, 147, 155, 176, 177, 178
クラスター　6
グラナ　234
グラミシジンS　75
グリオキシソーム　185
グリオキシル酸　185
グリオキシル酸経路　185, 188
グリコーゲン　3, 25, 34, 64, 160, 170
グリコーゲン合成酵素（グリコーゲンシンターゼ）　170, 172
グリコーゲンホスホリラーゼ　172
グリコゲニン　170
グリココール酸　208
グリコシド結合　65
グリシン　70
グリセルアルデヒド3-リン酸　148, 149, 157, 161

グリセルアルデヒド 3-リン酸脱水
　素酵素　107, 149
グリセロール　57
グリセロール 3-リン酸　225
グリセロール骨格　207
グリセロールリン酸シャトル
　202
グルカゴン　172, 174
グルコース　3, 24, 29, 40, 147,
　161, 170, 206
グルコース 1-リン酸　25, 170
グルコース 6-ホスファターゼ
　161
グルコース 6-リン酸　25, 148,
　151, 170
グルコース 6-リン酸イソメラーゼ
　25, 148
グルコース 6-リン酸脱水素酵素
　（G6PDH）　25, 165
グルコース輸送体　53, 151
グルコース輸送タンパク質
　（GLUT）　135
グルコキナーゼ　148
グルコン酸　150
グルタチオン（GSH）　75, 271
グルタミル 5-リン酸（γ-グルタミ
　ルリン酸）　41
グルタミン　41
グルタミン酸　69, 77, 181, 267
グルタミン脱水素酵素　272
クレアチンリン酸（ホスホクレア
　チン）　34, 40
クレブス回路（クエン酸回路）
　178
クロマチン　86
クロロフィル　181, 236
クロロフィル a　236, 239
クロロフィル b　236
軽鎖　94
ケイ素（シリカ）　15
血液　207
血液凝固　124
結合エネルギー　15

結合酵素　128
血小板　124
血中グルコース濃度　151
ケトース　60
ケトースリン酸　165, 169
ケト基　60
ケト原性　274, 278
ケトン体　216
ケラチン　3
ゲル　49
ケルビンの絶対温度　35
原核生物　4, 54, 234
嫌気生物　31
原子団　7, 70
元素組成　15
元素の周期表　112
限定分解　141
コイル-コイル構造　100
五員環（フラノース環）　60, 63
高エネルギー化合物　26
高エネルギーリン酸結合　39
光化学系　233
光化学系 I（PSI）　242, 261
光化学系 II（PSII）　239
光学異性体　69
好気呼吸（酸素呼吸）　176
　——の ATP 生成量　203
好気生物　31
光合成　29, 32, 232
光合成栄養生物　31
光合成色素　236
光合成量　260
合成酵素　128
抗生物質　30
酵素　3, 23, 24, 27, 93, 110, 126,
　128
構造異性体　68
酵母　32, 147
高密度リポタンパク質（HDL）
　209, 214
光リン酸化　147, 245, 249
コエンザイム Q（ユビキノン）
　192

コエンザイム Q_{10}（補酵素 Q_{10}）
　44
氷　6
呼吸　29, 32, 147, 155
呼吸量　260
古細菌　57, 58, 85
骨髄がん細胞（ミエローマ）　52
コドン（暗号子）　89
コハク酸　178, 182, 185
コハク酸脱水素酵素（複合体 II）
　178, 192, 194
コバラミン（ビタミン B_{12}）　112
コバルト　112
コラーゲン　3
コラーゲン繊維　123
コラーゲンヘリックス　123
孤立電子対（非共有電子対）　5
コリパーゼ　208
ゴルジ体　4, 55
コレステロール　48, 208, 214,
　217, 220, 226
コレステロールエステル　208,
　214, 227
コンフォメーション（立体配座、
　環の形）　67
根粒　263
根粒菌　265

さ

サーモゲニン（脱共役タンパク質、
　UCP）　201
サイクリック AMP（cAMP）　66
サイクリック GMP（cGMP）
　66
最大初速度（V_{max}）　134, 143
細胞　4, 14, 23
　——の成長　56
細胞質　4
細胞質ゾル　4, 163
細胞性粘菌　66
細胞増殖因子　54
細胞内共生　58
細胞分裂　56

307

細胞膜　4, 23, 46, 53
　　──の伸長　56
細胞融合　52
サイロキシン（チロキシン）　74
酢酸　42, 155, 185
酢酸菌　32
鎖状 DNA　85
鎖状構造　60
左旋性　64
ザゼンソウ　201
サッカラーゼ（スクラーゼ）　64
雑種細胞（ハイブリドーマ）　52
砂糖（スクロース）　64, 153
サブユニット（単量体）　135
サリン（イソプロピルフルオロリン酸）　137
サルベージ　281, 282, 286
酸　17
酸 - 塩基触媒　133
酸化型グルタチオン（GS-SG）　75
酸化還元酵素　127
酸化還元補酵素　43
酸化ケイ素　15
酸化的リン酸化　29, 34, 44, 147, 176, 190, 249
残基（アミノ酸残基）　94
酸素呼吸（好気呼吸）　176
酸素濃度　31
酸素発生系　239, 246
ジアステレオマー　68
シアノバクテリア（藍藻）　31, 58, 199, 235
シアル酸（Sia）　48, 61, 63
シアン化水素　13
ジイソプロピルフルオロリン酸（DFP）　137
紫外線　12
志賀毒素　125
色素　30
色素染色　109
シキミ酸経路　277
シグナル伝達　54

シクロオキシゲナーゼ（COX）　230
自己複製　14, 81
脂質　3, 29, 34, 205
脂質 2 重層の膜　4, 14, 23, 26, 36, 46, 56
シス脂肪酸　219
シスチン　472
システイン　271, 276
ジスルフィド結合（S-S 結合）　72, 75, 104
ジスルフィド交換反応（空間充填モデル）　261
実体モデル　95
シッフ塩基　159
質量作用の法則　16
シトクロム　3, 181
シトクロム b　195
シトクロム bf 複合体　241
シトクロム c（Cyt$c$）　192, 195
シトクロム c 結合部位　196
シトクロム c 酸化酵素（複合体 IV）　192
シトシン　80
シトルリン　271, 273
シナプス　137
ジヒドロキシアセトンリン酸　148, 149, 157, 161, 225
ジヒドロリポアミドアセチル基転移酵素　183
ジヒドロリポアミド脱水素酵素　183
脂肪　3, 160, 220
脂肪細胞　218
脂肪酸　47, 205, 206
脂肪酸合成酵素　228
脂肪酸鎖　223
弱酸　17
シャボン玉　57
自由エネルギー　35, 37, 132
重合数　94
集光性複合体 I（LHCI）　243
集光性複合体 II（LHCII）　240

重鎖　94
従属栄養生物　31
収束進化　130
宿主　4
主鎖（バックボーン）　80, 84, 98
出芽　55
受動輸送　53
受容体　54
循環的光リン酸化　244
硝酸　264
硝酸塩　31
脂溶性ビタミン　114
常染色体　86
小腸　53, 207, 208
蒸発熱　6
上皮細胞増殖因子（EGF）　54
小胞体　4, 55, 163
除去付加酵素　127
食細胞運動　55
触媒　24
触媒 3 残基　137, 141
触媒活性部位　130
触媒機能部位　28
触媒定数（k_{cat}）　129, 134
ショ糖（スクロース）　64, 153
シリカ（ケイ素）　15
真核生物　4, 85, 234
神経伝達物質　74
親水性　8, 10, 47
親水性アミノ酸　72
親水性側鎖　102
真正細菌　85
シンターゼ　127
シンテターゼ　127, 128
親油性（疎水性）　10
水酸化プロリン　123
水酸化リジン　123
水素イオン濃度指数（pH）　16, 108
膵臓ランゲルハンス島　151
　　──の α 細胞　151
　　──の β 細胞　151
水素化物イオン（ヒドリドイオン）

308

193
水素供与体　7
水素結合　6, 7, 20, 81, 82, 84, 104, 105, 130
　　——のエネルギー　7
水素受容体　7
水溶液　16
水溶性ビタミン　116
スーパーオキシドジスムターゼ　129
スーパーオキシドラジカル　236
スクシニル CoA　178, 181, 212
スクシニル CoA 転移酵素　217
スクラーゼ　64
スクロース（砂糖、ショ糖）　64, 153, 259
スティック表示（棒モデル）　95
ステム　88
ステロイド化合物　48
ステロイド骨格　48
ステロイドホルモン　54, 227
ストロマ　251
ストロマトライト　235
スフィンゴミエリン　47
スプライス　91
スペシャルペア　246
スペシャルペア P680　239
スペシャルペア P700　242
スルホニル基（硫酸基）　61
生合成　13
性染色体　86
生体膜　46, 53, 220
成長ホルモン　54, 112
静電結合　39
静電相互作用　105
生命の歴史　21
生理活性物質　74
生理的条件　71
赤痢菌　125
赤血球　86
石鹸　10, 57
絶対嫌気生物　31
絶対好気生物　31

切断酵素　127
セミキノン　44
セリン　225
セリンプロテアーゼ　141
セルロース　3, 8
セレノシステイン　73, 112
セレン　112
セロトニン　271
遷移状態（反応中間体）　132, 133
遷移状態類似体　131
染色体　86
前生物的合成　12
善玉コレステロール　215
走化性　54
阻害剤　126
速度定数　16, 129
疎水結合（疎水性相互作用）　9
疎水性　8, 10, 23, 47
疎水性アミノ酸　73
疎水性相互作用（疎水結合）　9, 20, 36, 104, 105, 130
疎水性側鎖　102

た

ターン　96, 101
体液組成　15
対向輸送　53, 202, 210, 273
代謝　1, 14, 23, 24, 30
　　——の相互関係　173
代謝回転数　129
代謝ネットワーク（代謝網）　30
代謝網（代謝ネットワーク）　30
大腸菌　86, 183
太陽光の波長　248
タウロコール酸　208
多価アルコール　60
脱共役　201, 203
脱共役タンパク質（UCP）　201
脱水縮合　75, 97
脱離酵素　127
多糖類　3
タバコモザイクウイルス　89

炭化水素鎖　57
単結合　20
炭酸水素イオン　139
炭酸脱水酵素（炭酸デヒドラターゼ）　105, 139
胆汁酸　207, 208, 227, 271
単糖　3, 62
タンニン　271
タンパク質　3, 93, 99
　　——の折りたたみ　36
タンパク質分解酵素　46
単量体（サブユニット）　135
チアミン（ビタミン B_1）　169
チアミンピロリン酸（TPP）　166, 169, 184
チイルラジカル（チロシンラジカル）　246
チオエステル　42
チオレドキシン　261
地球の歴史　21
窒素　263
窒素固定　29
チミン　80, 284
仲介タンパク質　55
中間体　37
中間密度リポタンパク質（IDL）　209, 215
中性アミノ酸　72
超2次構造　96
腸管出血性大腸菌（O-157）　125
潮汐　12
超低密度リポタンパク質（VLDL）　209
腸内細菌　125
チラコイド　234
チラコイド膜　50
チロキシン（サイロキシン）　74, 271
チロシン　278
チロシンラジカル（チイルラジカル）　246
沈殿　78
通性嫌気生物　31

309

痛風　287
定常状態　23
低分子化合物　3, 110
低密度リポタンパク質（LDL）
　　209, 214
デオキシリボース環　65
デオキシリボヌクレオシド二リン
　　酸　284
デオキシリボヌクレオチド　65,
　　168, 279, 288
デオキシリボヌクレオチド三リン
　　酸　82
滴定　18
鉄‑硫黄クラスター　187, 191,
　　193
鉄イオン　186
鉄応答配列結合タンパク質（IRE
　　結合タンパク質）　187
テトラヒドロビオプテリン　278
テトラヒドロ葉酸　284
テトロース（4炭糖）　62
デノボ（de novo）　280
テロメア　85
テロメラーゼ　92
転移酵素　127
電荷　7, 133
転化糖　64
電荷分離　239, 248
電気陰性度　5, 7
電気泳動　108
電子　247
電子伝達　29, 147, 190, 191, 248
転写　81, 83, 84
デンプン　64, 259
糖　59, 60, 251
　　──の新生　29, 161
糖アルコール　62
銅イオン　196
同位元素（アイソトープ）　109,
　　113
透過　14
同化代謝　26
糖原性　274, 278

糖鎖　3, 47, 51
糖脂質　47, 48, 205, 220
等電点（pI）　78, 108
等電点電気泳動　108
糖尿病　159
動脈硬化　217
冬眠　201
糖リン酸　160, 164
ドーパ　74
ドーパミン　74, 271
独立栄養生物　31
ドコサヘキサエン酸（DHA）
　　224
ドデシル硫酸ナトリウム（SDS）
　　108
ドネペジル（アリセプト）　138
ドメイン　96
トランスアルドラーゼ（TA）
　　165
トランスケトラーゼ（TK）　165,
　　169
トランス脂肪酸　219
トランスファー RNA（tRNA、転
　　移 RNA）　88, 89
トランスフェラーゼ　127
トランスフェリン受容体　187
トリアシルグリセロール　161,
　　205, 206, 208, 218, 220
トリアシルグリセロールリパーゼ
　　218
トリオース（3炭糖）　62, 148
トリオースリン酸　148, 253
トリオースリン酸イソメラーゼ
　　（トリオースリン酸異性化酵素）
　　129, 149, 157
トリカルボン酸　178
トリカルボン酸サイクル　178
トリス緩衝液　19
トリプトファン　168, 277
トリヨードチロシン（トリヨード
　　サイロニン）　74
トロンビン　124

な

内膜　58
生卵　122
ニコチアナミン　271
ニコチンアミドアデニンジヌクレ
　　オチド（NAD$^+$）　43
ニコチンアミドアデニンジヌクレ
　　オチドリン酸（NADP$^+$）　43
二酸化炭素　178, 251, 255
二酸化炭素固定　29, 250
二酸化炭素固定経路（カルビン回
　　路）　167
二糖　64
ニトロゲナーゼ　264, 265
ニトロセルロース　109
乳酸　34, 147, 155
乳酸菌　32
乳酸脱水素酵素　156
乳糖（ラクトース）　64, 153
ニューロン　137
尿酸　272
尿素　272
尿素回路（オルニチン回路）　29,
　　273
ヌクレオシド　65
ヌクレオシド一リン酸　65
ヌクレオシド三リン酸　65, 66
ヌクレオシド二リン酸　65
ヌクレオチド　25, 29, 59, 65,
　　160, 168, 279, 280
熱力学第2法則　36
燃焼　24
ノイラミン酸　61, 63
脳　163
能動輸送　53
濃度勾配　26, 38, 53
ノルアドレナリン　74

は

配位結合　20, 105
配向　133
ハイブリドーマ（雑種細胞）　52

麦芽糖（マルトース）　64
バクテリア　3
バクテリオクロロフィル　236
バソプレシン　180
発芽　185
バックボーン（主鎖）　80, 84, 98
バックボーン表示　95
発酵　29, 32, 147, 155
針金表示　95
バルジ　88
パルミチン酸　206, 222, 229
パルミトイルCoA　229
半電池　204
半透膜　36
バンドル　100
反応中間体（遷移状態）　133
ハンマーヘッド型リボザイム（金づち型リボザイム）　90
ビオチン　122, 222
光の飽和点　260
光の補償点　260
非還元末端　170
非競合阻害　143
非共有結合触媒　133
非共有電子対（孤立電子対）　5
非極性　10
ヒスタミン　74, 271
ヒスチジン　77, 168, 275
1,3-ビスホスホグリセリン酸　40, 149
ビタミン　110, 114
ビタミンA　54, 121
ビタミンB$_1$（チアミン）　169
ビタミンB$_{12}$（コバラミン）　112
ビタミンC（アスコルビン酸）　123
ビタミンD　110
ビタミンD$_3$　227
ビタミンK　124
必須アミノ酸　269
ヒドリドイオン（水素化物イオン）　43, 193
ヒドロキシアシルCoA脱水素酵素　211
3-ヒドロキシ3-メチルグルタリル-CoA（HMG-CoA）　226
3-ヒドロキシ酪酸　216
ヒドロニウムイオン　16
ヒドロペルオキシダーゼ　230
ヒドロラーゼ　127
標準還元電位　191, 204
標準条件　40
ピラノース環（六員環）　60, 63
ピリドキサールリン酸（PLP）　268, 270, 276
ピリミジン塩基　65, 287
ピリミジン環　281, 290
微量元素　112
ピルビン酸　147, 149, 150, 156, 161, 177, 178, 184, 269
ピルビン酸カルボキシラーゼ　161, 182
ピルビン酸キナーゼ　150, 152
ピルビン酸脱水素酵素　178, 183
ピルビン酸トランスロカーゼ　177
ピロホスファターゼ　40
ピロリシン　73
ピロリン酸（無機二リン酸、PP$_i$）　39, 168, 169, 184
ファージ　4, 89
ファンデルワールス相互作用　9
ファンデルワールス半径　5, 9
ファンデルワールス力　20, 104, 105, 130
フィードバック阻害　27, 135, 151
フィードフォワード促進　27, 135
フィコエリトリン　236
フィコエリトロビリン　236
フィコシアニン　236
フィコシアノビリン　236
フィブリノーゲン　124
フィブリン　124
封筒型　67
フェオフィチン　240
フェニルアラニン　278
フェレドキシン-NADP$^+$還元酵素　244
フェレドキシン-チオレドキシン還元酵素　261
付加重合　83
不競合阻害　143
複合酵素　178
複合体I　192, 193
複合体II（コハク酸脱水素酵素）　178, 192, 194
複合体III（ユビキノール-シトクロムc酸化還元酵素）　192, 195
複合体IV（シトクロムc酸化酵素）　192, 196, 200
複製　81, 83
不斉炭素原子　68
舟型　67
不飽和脂肪酸　47, 212
フマル酸　178, 199
プライマー　82
プラストキノール（PQH$_2$）　240
プラストキノン（PQ）　45, 240
プラストシアニン　241, 242
プラズマローゲン　47
フラノース環（五員環）　60, 63
フラビンアデニンジヌクレオチド（FAD）　43
フラビンモノヌクレオチド（FMN）　43
フリッパーゼ　49
フリップ・フロップ　49
プリン　271
プリン塩基　65, 286
プリン環　13, 280, 291
プリン体　287
フルクトース（果糖）　153
フルクトース1,6-ビスホスファターゼ　161
フルクトース1,6-ビスリン酸　148, 152

311

フルクトース 2,6-ビスリン酸 152
フルクトース 6-リン酸 25, 148
プロ酵素（プロエンザイム） 28
プロコラーゲン 123
プロスタグランジン 230
プロスタサイクリン 230
プロテインキナーゼ 174
プロテインホスファターゼⅠ 174
プロトプラスト 52
プロトロンビン 124
プロトン 16, 189
プロピオニル CoA 212
プロリン 101
分極 5, 7, 97
分枝鎖 57
分子ふるい効果 108
分泌 55
分泌顆粒 4
ヘアピン型リボザイム 90
閉環 60
平行βシート 101
平衡定数 16
平衡状態 35
ヘキソース（6炭糖） 62, 148
ヘキソキナーゼ 148, 151
ペプシン 103
ペプチド 52, 54, 69, 75, 99
ペプチドグリカン 75
ペプチド結合 97
ペプチド鎖 98
ペプチド平面（アミド平面） 97
ペプチドホルモン 75
ヘプトース（7炭糖） 62
ヘペス緩衝液 19
ヘム 29, 181, 186, 196
ヘム a 196
ヘム a_3 196
ヘム b 196
ヘム b_{562} 195
ヘム b_{566} 195
ヘモグロビン 3, 102, 139

ペルオキシソーム 256
ベロ毒素 125
ベンケイソウ型有機酸代謝（CAM） 258
ヘンダーソン・ハッセルバルヒの式 18
ペントース（5炭糖） 62
ペントースリン酸 160
ペントースリン酸経路 29, 164, 167
補因子 107, 110
放射性同位元素 113
棒モデル（スティック表示） 95
飽和脂肪酸 47
ポーリン 53, 102, 177
補欠分子族 107, 118
補酵素 3, 59, 65, 107, 110, 114, 118
補酵素 A（CoA、CoA-SH） 26, 42, 178, 184, 210
補酵素 Q（ユビキノン） 192
補酵素 Q_{10}（コエンザイム Q_{10}） 44
補助基質 107, 118
ホスファチジルイノシトール 47, 54
ホスファチジルエタノールアミン 47
ホスファチジルグリセロール 47
ホスファチジルコリン 47
ホスファチジルセリン 47
ホスホエノールピルビン酸（PEP） 40, 149, 161, 274
ホスホエノールピルビン酸カルボキシキナーゼ（PEP カルボキシキナーゼ） 161
ホスホグリコール酸 256
3-ホスホグリセリン酸 255, 269, 276
ホスホグリセリン酸キナーゼ 149
ホスホグリセリン酸ムターゼ

149
6-ホスホグルコノラクトン 25
ホスホグルコムターゼ 25
ホスホクレアチン（クレアチンリン酸） 34
ホスホジエステル結合（リン酸ジエステル結合） 80
ホスホパンテテイン 228
ホスホフルクトキナーゼ（PFK） 148, 151-153, 260
ホスホリパーゼ C 174
ホスホリボシル ATP 275
ホスホリボシル二リン酸（ホスホリボシルピロリン酸、PRPP） 168, 275, 280, 283
哺乳類 3
ポリアクリルアミドゲル（PAGE） 108
ポリエチレングリコール 52
ポリフェノール 30, 271
ポリペプチド鎖 96
ポルフィリン 181, 186, 271
ポルホビリノーゲン 186
10-ホルミルテトラヒドロ葉酸（10-ホルミル THF） 280
ホルミルテトラヒドロ葉酸 13
ホルモン 110
ホロ酵素 107

ま

膜小胞 14, 55
膜タンパク質 51
膜の透過性 50
膜の流動性 49
マグマ 12
マメ科植物 265
マラチオン 138
マルターゼ 64
マルトース（麦芽糖） 64
マロニル CoA 42, 221, 222
マンガン 112
マンノース 153
マンバ 138

ミエリン鞘　47
ミエローマ（骨髄がん細胞）　52
ミオシン　34, 38
ミカエリス・メンテンの式　134, 143
ミカエリス定数（K_m）　134, 143
味覚　54
水　3, 5, 10
　──のイオン積（K_w）　16
　──の解離　16
ミセル　11, 207, 208
ミトコンドリア　58, 85, 163, 176, 177
ミトコンドリアマトリックス　177
無機二リン酸（ピロリン酸、PP_i）　39, 168, 169, 184
ムギネ酸　182, 271
無機リン酸（P_i）　34, 39
娘細胞　56
明反応　232, 233
メチオニン　276
メッセンジャーRNA（mRNA）　88, 89
メナキノン　199
メラニン　271
2-モノアシルグリセロール　208
モノクローナル抗体　52
モリブデン　112
モルト　64
モル濃度　20

や

ヤモリ　9
融解温度（解離温度）　84
有機酸　182
誘導適合　131, 157
ユーリーとミラーの実験　12
遊離脂肪酸　218
輸送　14
輸送体　53
ユビキノール（QH_2）　26, 43, 192-195

ユビキノール-シトクロム c 酸化還元酵素（複合体III）　192
ユビキノン（Q、補酵素Q、コエンザイムQ）　43, 192-195
ユビキノンラジカル　195
葉酸　280
陽子（プロトン）　189
陽生植物　260
ヨウ素（ヨード）　74, 112
葉緑体　4, 58, 85, 234

ら

ラインウィーバー・バークの両逆数プロット　143
ラクターゼ　64, 153
ラクトース（乳糖）　64, 153
ラジカル　43, 133
ラミンタンパク質　123
藍藻（シアノバクテリア）　31
リアーゼ　127
リガーゼ　128
リジン（リシン）　78, 270
リソソーム　4, 55
立体異性体　60, 68
立体配座（コンフォメーション、環の形）　67
利尿ペプチド　66
リノール酸　212, 224
リパーゼ　207, 208
リブロース 1,5-ビスリン酸　255
リブロースビスリン酸カルボキシラーゼ／オキシゲナーゼ（RuBisCO）　252
リポアミド　183, 184
リボース 5-リン酸　160, 165, 167, 168, 269
リボース環　65
リボザイム　90
リポ酸　183
リボソーム　55, 89
リポソーム　10, 14, 57
リボソームRNA（rRNA）　89
リポタンパク質　207, 208, 214

リボヌクレオシド三リン酸　82
リボヌクレオシド二リン酸　284
リボヌクレオチド　65, 168, 279
リボヌクレオチド還元酵素　288, 292
リボンモデル　95
硫酸塩　31
硫酸基（スルホニル基）　61
両親媒性　10, 47
リンゴ酸　178, 182, 185, 257
リンゴ酸-アスパラギン酸シャトル　202
リンゴ酸合成酵素　185
リン酸エステル結合　39
リン酸塩緩衝液　19
リン酸化　148
リン酸化合物　47
リン酸化修飾　180
リン酸化／脱リン酸化　28, 172
リン酸カルシウム　112
リン酸ジエステル結合（ホスホジエステル結合）　80
リン酸のイオン種　18
リン酸無水物結合　39
リン脂質　3, 10, 14, 47, 205, 220
ループ　88, 96
ルビスコ（RuBisCO）　252
励起状態　247
レチナール　121
レチノイン酸（RA）　121
レムナント　208
ロイコトリエン　231
六員環（ピラノース環）　60, 63
ロドプシン　121

313

著者紹介

亀井碩哉（かめい ひろや）
東京大学理学部卒業，東京大学大学院理学系研究科博士課程単位取得満期退学．理学博士．
日本専売公社（現 日本たばこ産業株式会社）主席研究員を経て，東京農業大学客員教授，非常勤講師（〜 2013 年）．

NDC464　　329p　　21cm

ひとりでマスターする生化学

2015 年 9 月 24 日　第 1 刷発行
2022 年 9 月 1 日　第 3 刷発行

著　者	亀井碩哉（かめい ひろや）
発行者	髙橋明男
発行所	株式会社 講談社

〒 112-8001　東京都文京区音羽 2-12-21
　　販　売　(03) 5395-4415
　　業　務　(03) 5395-3615

KODANSHA

編　集	株式会社 講談社サイエンティフィク
	代表　堀越俊一

〒 162-0825　東京都新宿区神楽坂 2-14　ノービィビル
　　編　集　(03) 3235-3701

本文データ制作	株式会社エヌ・オフィス
印刷・製本	株式会社ＫＰＳプロダクツ

落丁本・乱丁本は，購入書店名を明記のうえ，講談社業務宛にお送りください．送料小社負担にてお取替えいたします．なお，この本の内容についてのお問い合わせは，講談社サイエンティフィク宛にお願いいたします．定価はカバーに表示してあります．

© Hiroya Kamei, 2015

本書のコピー，スキャン，デジタル化等の無断複製は著作権法上での例外を除き禁じられています．本書を代行業者等の第三者に依頼してスキャンやデジタル化することはたとえ個人や家庭内の利用でも著作権法違反です．

JCOPY 〈(社)出版者著作権管理機構 委託出版物〉

複写される場合は，その都度事前に(社)出版者著作権管理機構（電話 03-3513-6969, FAX 03-3513-6979, e-mail: info@jcopy.or.jp）の許諾を得てください．

Printed in Japan

ISBN 978-4-06-153895-5

講談社の自然科学書

絵でわかる免疫	安保 徹／著	税込 2,200 円
絵でわかる感染症 with もやしもん	岩田健太郎／著	税込 2,420 円
新版 絵でわかるゲノム・遺伝子・DNA	中込弥男／著	税込 2,200 円
絵でわかるカンブリア爆発	更科 功／著	税込 2,420 円
絵でわかる樹木の知識	堀 大才／著	税込 2,420 円
絵でわかる植物の世界	大場秀章／監修 清水晶子／著	税込 2,200 円
絵でわかる生物多様性	鷲谷いづみ／著	税込 2,200 円
新版 絵でわかる生態系のしくみ	鷲谷いづみ／著	税込 2,420 円
絵でわかる地震の科学	井出 哲／著	税込 2,420 円
休み時間の免疫学 第3版	齋藤紀先／著	税込 2,200 円
休み時間の生物学	朝倉幹晴／著	税込 2,420 円
休み時間の微生物学 第2版	北元憲利／著	税込 2,420 円
好きになる免疫学 第2版	山本一彦／監修 萩原清文／著	税込 2,420 円
好きになる生物学 第2版	吉田邦久／著	税込 2,200 円
好きになる分子生物学	多田富雄／監修 萩原清文／著	税込 2,200 円
好きになる解剖学	竹内修二／著	税込 2,420 円
好きになる生理学 第2版	田中越郎／著	税込 2,200 円
好きになるヒトの生物学	吉田邦久／著	税込 2,200 円
好きになる栄養学 第3版	麻見直美・塚原典子／著	税込 2,420 円
大学1年生の なっとく！生物学	田村隆明／著	税込 2,530 円
京大発！ フロンティア生命科学	京都大学大学院生命科学研究科／編	税込 4,180 円
みんなの医療統計	新谷 歩／著	税込 3,080 円
タンパク質の立体構造入門	藤 博幸／著	税込 3,850 円
カラー図解 生化学ノート	森 誠／著	税込 2,420 円

講談社サイエンティフィク https://www.kspub.co.jp/　「2022年6月現在」